普通高等教育"十一五"国家级规划教材

西安交通大学 本科"十四五"规划教材

电机学

（第4版）

苏少平 阎治安 杜锦华 周国顺 编著

西安交通大学出版社

内容提要

本书是为适应社会发展、技术进步、课程思政及各种新教学模式之需，在获得读者广泛好评的前版基础上全面系统修订而成。本书主要阐述自动化、电气自动化、机电一体化、水电、农电等专业中常用的直流电机、变压器、异步电机和同步电机的原理、结构、性能及应用，并对交流伺服技术作了一定的介绍。各章末附有小结、习题与思考题。各篇新增了课程思政内容，并根据技术发展增删了部分内容，对例题和习题进行了更新，对全书内容进行了优化重构和细节打磨，使之更臻完善。本书的编写原则是：由浅入深、承上启下，力求做到专业知识与课程思政并重。学习本书，可以为电类、机电类和控制类专业后续课程的学习打好坚实基础。

本书可作为高等院校研究生、本科生和专科生电机学课程的教材，亦可供相关技术人员参考。

图书在版编目(CIP)数据

电机学/苏少平等编著．--4 版．--西安：西安交通大学出版社，2023.9(2025.5重印)

普通高等教育"十一五"国家级规划教材　西安交通大学本科"十四五"规划教材

ISBN 978-7-5693-3494-4

Ⅰ．电… Ⅱ．①苏… Ⅲ．①电机学－高等学校－教材 Ⅳ．①TM3

中国国家版本馆 CIP 数据核字(2023)第 201600 号

书　　名	电机学(第 4 版)
	Dianjixue(Di-4 Ban)
编 著 者	苏少平　阎治安　杜锦华　周国顺
责任编辑	贺峰涛
责任校对	邓　瑞
装帧设计	伍　胜
出版发行	西安交通大学出版社
	(西安市兴庆南路 1 号　邮政编码 710048)
网　　址	http://www.xjtupress.com
电　　话	(029)82668357　82667874(市场营销中心)
	(029)82668315(总编办)
传　　真	(029)82668280
印　　刷	陕西奇彩印务有限责任公司
开　　本	787 mm×1092 mm　1/16　印张 24　字数 551 千字
版　　次	2000 年 9 月第 1 版　2006 年 8 月第 2 版
	2016 年 9 月第 3 版　2023 年 9 月第 4 版
印　　次	2025 年 5 月第 4 版第 2 次印刷(累计第 33 次印刷)
书　　号	ISBN 978-7-5693-3494-4
定　　价	56.00 元

如发现印装质量问题，请与本社市场营销中心联系。

订购热线：(029)82665248　(029)82667874
投稿热线：(029)82664954
读者信箱：eibooks@163.com

版权所有　侵权必究

前　言

本书为满足高校教学改革,适应电气工程类、控制工程类等专业面需要拓宽的思路而编写,内容符合全国高等院校电工技术类专业教材编审委员会通过的电机学课程教学大纲,适用于电力系统及其自动化、电机电器及其控制、高压技术及绝缘、工业自动化、自动化、测控、水利电力、农电等专业。通过本课程的学习,学生能掌握几种典型电机的结构、原理、特性和应用,学会其试验方法和操作技能,在实际工作中能正确选择并合理使用常用电机,并为后续专业课程的学习以及创新发展打下基础。

本书被列入普通高等教育"十一五"国家级规划教材,"西安交通大学本科"十三五"和"十四五"规划教材。第1版由西安交通大学电机教研室王正茂、阎治安、崔新艺、苏少平编著;第2、3版由阎治安、苏少平、崔新艺编著。为了适应教学改革需要,强调对学生应用能力的培养,体现电机新技术的发展,我们在第3版基础上,删去了部分过时或较少应用的内容,增加了异步发电机、交流伺服技术等内容,并对其他章节内容进行了较大幅度的调整、改进、充实和修订。

本书第4版由西安交通大学苏少平、阎治安、杜锦华和保定保菱变压器厂周国顺合作编写。其中第1~4章、第10章、第12章、第16~21章由苏少平修编,第6章、第8章、第9章、第11章、第13~15章由阎治安修编,第22章、第23章由杜锦华修编,第5章、第7章由周国顺修编,全书由苏少平组织统稿。在修编过程中比较系统地总结了西安交通大学长期以来在电机学课程教学中积累的经验,采纳了其他老师以及旧版的使用者给予的宝贵建议和意见。本书由西安交通大学王曙鸿教授和梁得亮教授主审,在此向他们表达诚挚的谢意!

由于编者水平有限,书中难免有不妥和失误之处,殷切期望读者批评指正!

编　者

2023年3月

目 录

导论　电机学概述与磁路简介 ………………………………………………… 1

思政微课　运用辩证思维方法，学好电机学，实现强国梦 ……………… 13

第一篇　直流电机

第1章　直流电机的工作原理、结构及额定值 …………………………… 16
1.1　直流电机的工作原理 ………………………………………………… 16
　　1.1.1　直流发电机的工作原理 ……………………………………… 16
　　1.1.2　直流电动机的工作原理 ……………………………………… 19
1.2　直流电机的结构 ……………………………………………………… 19
　　1.2.1　定子 …………………………………………………………… 19
　　1.2.2　转子 …………………………………………………………… 21
1.3　电枢绕组 ……………………………………………………………… 23
1.4　直流电机的额定值 …………………………………………………… 28
本章小结 ……………………………………………………………………… 28
习题与思考题 ………………………………………………………………… 29

第2章　直流电机的基本理论 ……………………………………………… 30
2.1　直流电机的励磁方式 ………………………………………………… 30
2.2　空载时直流电机的气隙磁场 ………………………………………… 31
2.3　负载时直流电机的气隙磁场 ………………………………………… 31
2.4　电枢绕组中的感应电势 ……………………………………………… 35
2.5　直流电机的电势平衡方程 …………………………………………… 36
　　2.5.1　直流发电机的电势平衡方程 ………………………………… 36
　　2.5.2　直流电动机的电势平衡方程 ………………………………… 37
2.6　电磁转矩 ……………………………………………………………… 37
2.7　直流电机的损耗和功率平衡方程 …………………………………… 38
　　2.7.1　直流电机中的损耗 …………………………………………… 38
　　2.7.2　直流发电机的功率平衡方程 ………………………………… 39
　　2.7.3　直流电动机的功率平衡方程 ………………………………… 40
本章小结 ……………………………………………………………………… 42

习题与思考题 ……………………………………………………………………… 42

第3章　直流发电机 …………………………………………………………… 44

3.1　他励直流发电机的运行特性 ……………………………………………… 44
3.1.1　开路特性 …………………………………………………………… 44
3.1.2　外特性 ……………………………………………………………… 44
3.2　并励直流发电机的运行特性 ……………………………………………… 45
3.2.1　并励直流发电机的建压条件 ……………………………………… 45
3.2.2　开路特性 …………………………………………………………… 46
3.2.3　外特性 ……………………………………………………………… 46
3.3　复励直流发电机的运行特性 ……………………………………………… 47
3.3.1　开路特性 …………………………………………………………… 47
3.3.2　外特性 ……………………………………………………………… 47
　　本章小结 …………………………………………………………………………… 48
　　习题与思考题 ……………………………………………………………………… 49

第4章　直流电动机 …………………………………………………………… 50

4.1　直流电动机的起动及改变转向 …………………………………………… 50
4.1.1　电枢回路串电阻起动 ……………………………………………… 50
4.1.2　他励直流电动机降低电枢电压起动 ……………………………… 51
4.1.3　改变直流电动机转向的方法 ……………………………………… 51
4.2　他励直流电动机的工作特性 ……………………………………………… 51
4.2.1　转速特性 …………………………………………………………… 51
4.2.2　转矩特性 …………………………………………………………… 52
4.2.3　效率特性 …………………………………………………………… 52
4.3　他励直流电动机的机械特性 ……………………………………………… 52
4.3.1　机械特性方程式 …………………………………………………… 52
4.3.2　固有机械特性 ……………………………………………………… 53
4.3.3　人为机械特性 ……………………………………………………… 53
4.4　串励直流电动机的机械特性 ……………………………………………… 54
4.5　复励直流电动机的机械特性 ……………………………………………… 55
4.6　负载的机械特性 …………………………………………………………… 56
4.6.1　恒转矩负载 ………………………………………………………… 56
4.6.2　泵类负载 …………………………………………………………… 56
4.6.3　恒功率负载 ………………………………………………………… 56
4.7　电动机稳定运行的条件 …………………………………………………… 57
4.8　他励直流电动机的调速方法 ……………………………………………… 58
4.8.1　改变电枢电压调节转速 …………………………………………… 58

	4.8.2	调节励磁回路电阻，改变励磁电流 I_f 调节转速	59
	4.8.3	电枢回路串入调节电阻调节转速	60
	4.8.4	不同调速方式时电动机的功率与转矩	61
4.9	直流电动机的制动		62
	4.9.1	能耗制动	62
	4.9.2	反接制动	63
	4.9.3	回馈制动	65
4.10	直流电机的换向		66
本章小结			67
习题与思考题			68

思政微课　"中国电机之父"钟兆琳教授与交大"西迁精神" ……… 70

第二篇　变压器

第5章　变压器的结构、原理及额定值 …… 74

5.1	变压器的用途和工作原理		74
5.2	变压器的类型		75
5.3	变压器的结构		75
	5.3.1	绕组	76
	5.3.2	铁心	77
	5.3.3	油箱和冷却装置	79
	5.3.4	总体结构	80
5.4	变压器的额定值		80
本章小结			82
习题与思考题			82

第6章　变压器的基本理论 …… 83

6.1	变压器的空载运行		83
	6.1.1	变压器空载运行时的物理分析	83
	6.1.2	磁通和电势、电压的相互关系	84
	6.1.3	变压器的变比 k 和电压比 K	85
	6.1.4	变压器空载运行时的等效电路和相量图	86
6.2	变压器的负载运行		87
	6.2.1	变压器负载运行时的磁势平衡方程	87
	6.2.2	变压器负载运行时的电势平衡方程	88
6.3	变压器的等效电路和相量图		89

  6.3.1 变压器的折算法 ………………………………………………………… 89
  6.3.2 变压器负载运行时的等效电路 ………………………………………… 91
  6.3.3 变压器负载运行时的相量图 …………………………………………… 93
 6.4 变压器的参数测定和标幺值 …………………………………………………… 94
  6.4.1 变压器的空载试验 ……………………………………………………… 94
  6.4.2 变压器的稳态短路试验 ………………………………………………… 95
  6.4.3 变压器的标幺值 ………………………………………………………… 96
 6.5 变压器运行时二次电压的变化和调压装置 …………………………………… 97
  6.5.1 变压器的电压调整率 …………………………………………………… 97
  6.5.2* 变压器的稳压装置 ……………………………………………………… 98
 6.6 变压器的损耗和效率 …………………………………………………………… 99
  6.6.1 变压器的损耗 …………………………………………………………… 99
  6.6.2 变压器的效率 …………………………………………………………… 100
 本章小结 ……………………………………………………………………………… 105
 习题与思考题 ………………………………………………………………………… 106

第 7 章 三相变压器 …………………………………………………………………… 108

 7.1 三相组式和心式变压器 ………………………………………………………… 108
  7.1.1 三相组式变压器 ………………………………………………………… 108
  7.1.2 三相心式变压器 ………………………………………………………… 108
 7.2 变压器的联结组 ………………………………………………………………… 109
 7.3 三相变压器的励磁电流和电势波形 …………………………………………… 113
  7.3.1 单相变压器励磁电流的波形 …………………………………………… 113
  7.3.2 三相变压器不同联结组中的电势波形 ………………………………… 115
 7.4 变压器的并联运行 ……………………………………………………………… 117
 7.5 三相变压器的不对称运行 ……………………………………………………… 120
  7.5.1 对称分量法的原理 ……………………………………………………… 121
  7.5.2 Yyn 联结变压器的单相短路 …………………………………………… 122
 本章小结 ……………………………………………………………………………… 124
 习题与思考题 ………………………………………………………………………… 125

第 8 章 自耦变压器、三绕组变压器和互感器 …………………………………… 127

 8.1 自耦变压器 ……………………………………………………………………… 127
  8.1.1 定义 ……………………………………………………………………… 127
  8.1.2 变比 k_a ………………………………………………………………… 127
  8.1.3 磁势平衡 ………………………………………………………………… 128
  8.1.4 容量关系 ………………………………………………………………… 128
  8.1.5 传导容量和电磁容量 …………………………………………………… 129

    8.2 三绕组变压器 ··· 129
        8.2.1 结构和用途 ··· 129
        8.2.2 特性 ·· 130
    8.3 互感器 ·· 131
        8.3.1 电流互感器 ··· 131
        8.3.2 电压互感器 ··· 132
    本章小结 ··· 132
    习题与思考题 ·· 133

第 9 章 变压器的暂态运行 ·· 134

    9.1 变压器空载合闸 ··· 134
    9.2 变压器暂态短路 ··· 136
        9.2.1 二次绕组突然短路时的短路电流 ································· 136
        9.2.2 暂态短路时的机械力 ·· 137
    9.3 过电压现象 ··· 138
    本章小结 ··· 139
    习题与思考题 ·· 140

思政微课　绿色变压器与人类可持续发展 ·· 141

第三篇　交流旋转电机的共同问题

第 10 章 交流旋转电机的绕组 ·· 144

    10.1 交流绕组概述 ··· 144
    10.2 与交流绕组相关的概念 ·· 145
    10.3 三相单层绕组 ··· 147
    10.4 三相双层绕组 ··· 150
        10.4.1 双层叠绕组 ··· 150
        10.4.2 双层波绕组 ··· 151
    本章小结 ··· 152
    习题与思考题 ·· 152

第 11 章 交流绕组中的感应电势 ··· 153

    11.1 一个线圈的感应电势 ··· 153
        11.1.1 导体的感应电势 ·· 153
        11.1.2 线圈的电势 ··· 154
    11.2 交流分布绕组的感应电势 ·· 156

11.2.1　线圈组的电势 ……………………………………………………………… 156
　　　11.2.2　单层绕组的相电势 …………………………………………………………… 157
　　　11.2.3　双层绕组的相电势 …………………………………………………………… 158
　11.3　高次谐波电势及其削弱方法 …………………………………………………………… 158
　本章小结 ……………………………………………………………………………………… 160
　习题与思考题 ………………………………………………………………………………… 160

第12章　交流绕组产生的磁势 …………………………………………………………… 162

　12.1　单相绕组的磁势 ………………………………………………………………………… 162
　12.2　单相脉振磁势的分解 …………………………………………………………………… 168
　12.3　三相绕组的基波合成磁势 ……………………………………………………………… 169
　12.4　三相绕组合成磁势中的高次谐波磁势 ………………………………………………… 171
　12.5　交流旋转电机中的主磁通和漏磁通 …………………………………………………… 172
　　　12.5.1　主磁通 …………………………………………………………………………… 172
　　　12.5.2　漏磁通及漏电抗 ………………………………………………………………… 172
　　　12.5.3　影响漏电抗大小的因素 ………………………………………………………… 173
　本章小结 ……………………………………………………………………………………… 174
　习题与思考题 ………………………………………………………………………………… 174

思政微课　从"交直流之争"看事物的两面性 ………………………………………………… 176

第四篇　异步电机

第13章　异步电机的基本理论 …………………………………………………………… 180

　13.1　异步电机的结构及额定值 ……………………………………………………………… 180
　　　13.1.1　定子 ……………………………………………………………………………… 180
　　　13.1.2　气隙 ……………………………………………………………………………… 182
　　　13.1.3　转子 ……………………………………………………………………………… 182
　　　13.1.4　异步电动机的型号及额定值 …………………………………………………… 183
　13.2　异步电机的三种运行状态 ……………………………………………………………… 184
　　　13.2.1　三相异步电动机的工作原理——异步电机作为电动机运行 ……………… 184
　　　13.2.2　异步电机作为发电机运行 ……………………………………………………… 185
　　　13.2.3　异步电机在制动状态下运行 …………………………………………………… 186
　13.3　异步电动机的电势平衡 ………………………………………………………………… 186
　　　13.3.1　定子绕组的电势平衡方程 ……………………………………………………… 186
　　　13.3.2　转子绕组的电势平衡方程 ……………………………………………………… 187
　13.4　异步电动机的磁势平衡 ………………………………………………………………… 188

13.4.1　转子磁势的大小和转速 …………………………………………………… 188
　　　13.4.2　磁势平衡方程 …………………………………………………………… 189
　13.5　异步电动机的等效电路及相量图 ………………………………………………… 190
　　　13.5.1　把转子旋转的异步电动机折算为堵转时的异步电动机
　　　　　　——频率折算 ……………………………………………………………… 190
　　　13.5.2　异步电动机的转子绕组折算和等效电路 ……………………………… 191
　　　13.5.3　异步电动机的相量图分析 ……………………………………………… 193
　　　13.5.4　等效电路的简化——异步电动机的近似等效电路 …………………… 194
　13.6　三相异步电动机的功率平衡及转矩平衡方程 …………………………………… 194
　　　13.6.1　功率平衡方程及效率 …………………………………………………… 194
　　　13.6.2　转矩平衡方程 …………………………………………………………… 196
　13.7　异步电动机的电磁转矩和机械特性 ……………………………………………… 198
　　　13.7.1　电磁转矩 ………………………………………………………………… 199
　　　13.7.2　机械特性 ………………………………………………………………… 199
　　　13.7.3　最大转矩及过载能力 …………………………………………………… 200
　　　13.7.4　起动电流和起动转矩 …………………………………………………… 201
　　　13.7.5*　转矩的实用公式 ……………………………………………………… 203
　13.8　异步电动机的负载特性 …………………………………………………………… 204
　13.9*　三相异步电动机的参数测定 …………………………………………………… 206
　　　13.9.1　空载试验 ………………………………………………………………… 206
　　　13.9.2　堵转试验 ………………………………………………………………… 207
　本章小结 …………………………………………………………………………………… 208
　习题与思考题 ……………………………………………………………………………… 209

第14章　三相异步电动机的起动及速度调节 …………………………………… 212
　14.1　异步电动机的起动性能 …………………………………………………………… 212
　14.2　笼型异步电动机的起动方法 ……………………………………………………… 212
　　　14.2.1　直接起动 ………………………………………………………………… 212
　　　14.2.2　降压起动 ………………………………………………………………… 213
　　　14.2.3　软起动 …………………………………………………………………… 215
　14.3　绕线式异步电动机的起动 ………………………………………………………… 216
　　　14.3.1　转子回路串电阻起动 …………………………………………………… 216
　　　14.3.2　转子回路串频敏变阻器起动 …………………………………………… 217
　14.4　改善起动性能的三相笼型异步电动机 …………………………………………… 218
　14.5　异步电动机的调速方法综述 ……………………………………………………… 220
　14.6　三相异步电动机的变极调速 ……………………………………………………… 221
　　　14.6.1　单绕组变极三相异步电动机的变速原理 ……………………………… 221
　　　14.6.2　单绕组变极三相异步电动机的转动方向分析 ………………………… 222

  14.6.3 变极三相电动机接法及其功率与转矩的关系 ……………………… 222
 14.7 异步电动机变频调速 ……………………………………………………………… 224
  14.7.1 从基频向低变频调速 …………………………………………………… 225
  14.7.2 从基频向高变频调速 …………………………………………………… 227
 14.8 异步电动机改变定子电压调速 …………………………………………………… 227
 14.9 绕线式转子异步电动机调速 ……………………………………………………… 229
  14.9.1 在转子回路中串电阻调速 ……………………………………………… 229
  14.9.2 在转子回路接入附加电势调速——串级调速 ………………………… 230
 本章小结 …………………………………………………………………………………… 232
 习题与思考题 ……………………………………………………………………………… 232

第 15 章 单相异步电动机 …………………………………………………………… 235

 15.1 单相异步电动机的结构及分类 …………………………………………………… 235
 15.2 单相异步电动机的磁场和机械特性 ……………………………………………… 235
  15.2.1 一相定子绕组通电时的磁场和机械特性 ……………………………… 235
  15.2.2 两相定子绕组通电时的磁场和机械特性 ……………………………… 236
 15.3 各种类型的单相异步电动机 ……………………………………………………… 237
 本章小结 …………………………………………………………………………………… 241
 习题与思考题 ……………………………………………………………………………… 241

第 16 章 三相异步发电机 …………………………………………………………… 242

 16.1 并网运行的异步发电机 …………………………………………………………… 242
 16.2 独立运行的异步发电机 …………………………………………………………… 243
 16.3 异步发电机运行分析 ……………………………………………………………… 245
 16.4 双馈异步发电机 …………………………………………………………………… 247
 16.5 无刷双馈异步发电机 ……………………………………………………………… 250
 本章小结 …………………………………………………………………………………… 252
 习题与思考题 ……………………………………………………………………………… 252

思政微课 异步电动机技术创新助力中国高铁领先世界发展 ………………… 254

第五篇 同步电机

第 17 章 同步电机原理和结构 ……………………………………………………… 258

 17.1 同步发电机原理简述 ……………………………………………………………… 258
  17.1.1 结构模型 ………………………………………………………………… 258
  17.1.2 工作原理 ………………………………………………………………… 258

17.1.3 同步电机的运行方式 ·· 259
 17.2 同步发电机的型式和结构 ·· 259
  17.2.1 同步发电机的两种基本型式 ·· 259
  17.2.2 同步发电机的结构特点 ·· 260
  17.2.3 同步发电机励磁方式简介 ·· 261
 17.3 同步电机的额定数据和型号 ·· 263
  17.3.1 同步电机的额定数据 ·· 263
  17.3.2 国产同步电机的型号 ·· 264
 本章小结 ·· 264
 习题与思考题 ··· 264

第18章 同步发电机的基本理论 ·· 265

 18.1 空载运行分析 ·· 265
  18.1.1 空载气隙磁场 ··· 265
  18.1.2 空载特性 ·· 266
 18.2 负载运行和电枢反应分析 ·· 266
  18.2.1 负载后的磁势分析 ·· 266
  18.2.2 电枢反应 ·· 267
  18.2.3 电枢反应电抗和同步电抗 ·· 270
 18.3 同步发电机的电势方程及相量图 ··· 271
 18.4 同步发电机的基本特性及电抗测定 ····································· 273
  18.4.1 短路特性 ·· 273
  18.4.2 利用短路特性和空载特性求同步电抗 ···························· 273
  18.4.3 零功率因数负载特性 ··· 274
  18.4.4 利用零功率因数特性和空载特性求直轴电枢磁势和定子漏抗 ······ 275
  18.4.5 外特性和电压调整率 ··· 275
 本章小结 ·· 277
 习题与思考题 ··· 278

第19章 同步发电机的并网运行 ·· 280

 19.1 并联条件及并联方法 ·· 280
 19.2 功率平衡方程和功角特性 ·· 283
  19.2.1 功率平衡方程 ··· 283
  19.2.2 功角及功角特性 ·· 283
 19.3 并网后有功功率及无功功率的调节、V形曲线 ··················· 285
  19.3.1 有功功率的调节 ·· 285
  19.3.2 无功功率的调节 ·· 286
 本章小结 ·· 290

习题与思考题 ··· 291

第 20 章　同步电动机 ··· 293
20.1　同步电动机工作原理 ··· 293
20.2　同步电动机电势平衡方程和相量图 ································· 294
20.3　同步电动机的优点 ·· 295
20.4　同步电动机的功角特性 ·· 296
20.5　同步电动机的异步起动法 ··· 296
20.6　磁阻同步电动机 ··· 298
20.7　开关磁阻电动机简介 ··· 300
　　本章小结 ·· 300
　　习题与思考题 ·· 301

第 21 章　同步发电机的异常运行 ·· 302
21.1　三相同步发电机不对称运行的分析方法 ··························· 302
21.2　稳态不对称短路分析 ··· 304
　　21.2.1　单相线对中点短路 ··· 304
　　21.2.2　两相线对线短路 ·· 305
21.3　三相突然短路分析 ·· 306
　　21.3.1　分析的基本方法——超导闭合回路磁链不变原则 ······ 306
　　21.3.2　三相突然短路的物理过程 ···································· 306
　　21.3.3　突然短路时的电抗 ··· 308
21.4　突然短路电流 ·· 309
21.5　同步电机的振荡 ··· 310
21.6　不对称运行和突然短路的影响 ······································· 312
　　21.6.1　不对称运行的影响 ··· 312
　　21.6.2　突然短路的影响 ·· 312
　　本章小结 ·· 312
　　习题与思考题 ·· 313

思政微课　中国在同步发电机领域取得的辉煌成就 ················· 314

第六篇　交流伺服技术

第 22 章　交流旋转电机的伺服控制 ····································· 318
22.1　交流电机伺服控制系统 ·· 318
22.2　坐标变换 ·· 320

  22.3 异步电动机的控制 ·· 323
    22.3.1 异步电动机的数学模型 ·· 324
    22.3.2 矢量控制 ·· 328
    22.3.3 直接转矩控制 ·· 332
  22.4 同步电动机的控制 ·· 334
    22.4.1 同步电动机的数学模型 ·· 334
    22.4.2 矢量控制 ·· 337
    22.4.3 直接转矩控制 ·· 341
  22.5 特种电机及其伺服控制 ··· 341
    22.5.1 步进电动机 ·· 341
    22.5.2 自整角机 ·· 343
    22.5.3 电机扩大机 ·· 344
  本章小结 ··· 346
  习题与思考题 ··· 346

第 23 章 变频器供电对电机性能的影响 ·· 348

  23.1 变频器供电系统的分类 ··· 348
    23.1.1 180°导通电压型逆变器供电系统 ··· 351
    23.1.2 脉宽调制型逆变器供电系统 ·· 352
  23.2 变频器供电对电机电流的影响 ··· 353
    23.2.1 180°导通电压型逆变器供电对电机电流的影响 ···································· 354
    23.2.2 电压脉宽调制型逆变器供电对电机电流的影响 ···································· 354
  23.3 变频器供电对电机转矩的影响 ··· 355
  23.4 变频器供电对电机损耗的影响 ··· 356
    23.4.1 对定转子谐波铜耗的影响 ·· 357
    23.4.2 对谐波铁耗的影响 ·· 357
    23.4.3 对谐波附加杂散损耗的影响 ·· 359
  23.5 变频器供电下谐波的抑制方法 ··· 359
    23.5.1 正弦波逆变器调制方法 ·· 359
    23.5.2 多重移相叠加技术 ·· 359
    23.5.3 多电平技术 ·· 361
  本章小结 ··· 362
  习题与思考题 ··· 362

思政微课 中国古代机关术与现代交流伺服控制技术 ··· 363

参考文献 ··· 365

导论　电机学概述与磁路简介

电机是与电(电能)相关的装置。传统意义上的**电机就是指以磁场为媒介，基于电磁感应原理实现机电能量转换或电能自身形式改变的装置。发电机**将机械能转换成电能，实现发电；**变压器**将一种电压等级的电能改变为另一种电压等级的电能，实现变电；**电动机**则将电能转换成机械能以驱动生产机械运转，实现用电。**电机学**就是阐述电机基本原理、分析方法、操作和实验技能的课程，其主要研究对象是发电机、变压器和电动机等，是电类、机电类和控制类专业极其重要的**专业基础课**。

一、为什么要学习电机学

首先，电机在国民经济和人民生活中有着极其广泛的应用，发挥着无比巨大的作用。

人类社会的电气化、信息化、智能化都必须以电能为基础。而电能的生产、传输、变换、分配和利用都必须依靠电机来完成，离开了电机，现代文明将无从谈起。

发电机是生产电能的主设备。在全球不计其数的发电厂中，大型发电机组分秒不停地将各种能源所蕴含的机械能转换成电能，大规模集中地生产着电能。

变压器是电能传输、变换、分配的主设备。密布全球的数不清的变电站、电力传输网、配电站，依靠电力变压器的升压、联络、降压、配电等作用，将发电厂集中生产的电能极速、高效、安全地提供给城市和乡村。

电动机在电能的利用中发挥着主力军作用。在国民经济的所有领域，如工农业、交通运输、国防及日常生活的各个方面，都广泛使用各种各样的电动机驱动生产机械或装备。工业机床、农业排灌、矿石采掘、冶金钻探、高铁牵引、轧钢造纸、医疗设备、家用电器等的原动力都来自各种不同类型、规格、容量的交直流电动机。

控制电机和微特电机在各种自动控制系统中发挥着极为重要的作用。随着科技的发展，各行各业的自动化程度越来越高，各种各样的控制电机和特种电机发挥着越来越重要的作用。此类电机功率小、品种多、精度要求高。例如，雷达定位、卫星飞控、飞船跟踪、汽车无人驾驶、船舶自动操纵，以及计算机、自动记录仪表、医疗设备、录音摄影和现代家用电器等的运行控制等，都使用了大量的控制电机和各种微特电机。

电机在人们日常生活中的应用也越来越广泛。有人统计，工业化国家的一个普通家庭，家用电器中的电机总数达数十台；一部现代化的小轿车，其内部装备的各种电机已超过50台。

总之，电机在发电、输变电、电力拖动、自动控制、民生等各个领域都起着不可替代的重要作用。随着现代电力电子技术、智能控制理论、超导技术以及各种新材料、新机理、新工具、新领域的研发与拓展,电机的应用前景将更加广阔。

其次,电机学这门课程与电类、机电类和控制类专业的各种专业课程密切相关,是极其重要的专业基础课,也是电类、机电类和控制类从业人员的重要理论课。

对于在电力系统从业的技术人员来说,必须了解发电机和变压器的特性,才能分析和解决电力系统稳定性的问题;从事电气自动化专业的技术人员必须了解系统控制对象——各类电动机,才能做好自动控制和运行;对于从事电机制造业的技术人员更应该掌握各种电机的结构原理、运行分析等;对从事机电专业的技术人员来说,必须了解掌握各种电动机的运行特性和操作方法;对于人工智能领域的从业人员,除了要了解传统电机的基本理论外,还要掌握微特电机和控制电机的性能特征。总之,电机学与各种专业课程密切相关,是极其重要的专业基础课。

二、电机类别和电机学课程的内容

电机种类繁多,性能各异,分类方法也很多,最基本和最常用的分类方法有两种。从所实现的功能及用途来分,电机有如下几类:

(1)发电机:实现机械能向电能的转换,即用来产生电能。

(2)变压器:实现交流电能电压等级的变换,即用来改变电能的形式。

(3)电动机:实现电能向机械能的转换,即利用电能驱动各种生产机械。

(4)控制电机:在自控系统起执行及信号的检测、放大和解算等作用。

从工作机理上讲,电机或变压器中的能量转换或传递方向是可逆的,这被称为可逆性。同一电机既可作为发电机运行,亦可作为电动机运行。但在实际应用中,同一电机兼作发电机和电动机时,性能上往往难以两全其美,所以通常仍然按照实际需求分别设计和生产发电机或电动机。个别特殊用途的电机可兼作发电机和电动机,如各种起动发电机。

根据电机内电流的种类来分,电机有如下几类:

(1)直流电机:实现机械能与直流电能的转换。

(2)交流电机:实现机械能与交流电能的转换。交流电机根据结构上的差异又分为异步电机(也称感应电机)和同步电机两大类。

(3)变压器:实现交流电能电压等级的变换。变压器也采用交流电,本质上属于静止交流感应电机,但由于其功能独立,结构、运行等方面与交流旋转电机差异较大,因此通常还是自成一类为宜。

电机学课程通常是按照后一种分类法编排和教学的,主要讲述各种旋转电机和变压器的基本构造、基本理论、基本性能和基本操作方法,是一门电类专业基础课。传统电机学课程的研究对象是四种基本电机,即直流电机、变压器、异步电机和同步电机。控制电机通常放在专业课程中学习。学习电机学课程,能为后续专业课学习及从事相关专业工作打下基础。

三、电机学课程的特点

1. 基础性与专业性相统一

电机学课程既不同于纯粹的基础理论课(如高等数学、大学物理、电路、电磁场理论等),也有别于综合性和侧重点很强的专业课。它在基础课与专业课之间起着承上启下的作用,是一门极为重要的专业基础课。基础理论课所讨论问题的条件较为单纯和理想,分析过程逻辑性强。专业课遇到的一般是综合性问题,要考虑工艺、标准、经济性等实际因素。电机学课程兼具基础理论课与专业课的特点,所讨论的问题往往以精确的电磁感应理论为基础,又结合工程实际予以合理简化。电机学许多公式推导的出发点是严密的积分或微分形式的理论公式,推导过程往往会根据实际情况作出合理简化,最终公式一般比较简洁易用。

2. 理论性与实践性相统一

电机学本身具有严密的理论体系和分析方法,是理论性很强的课程;电机学所研究的对象又是具体的实实在在的电机产品,涉及许多实际操作问题,具有很强的实践性。电机学的学习除了要学习并理解课本知识外,还要动手做实验,有条件时还可以去实际生产企业实习或参观。

3. 多样性与一致性相统一

1) 电机种类的多样性与基本原理的一致性相统一

电机种类繁多,品种规格更是数以千计。电机学重点讲述的就有直流电机、变压器、异步电机和同步电机等四大类。各类又可以细分,如直流电机就有他励、并励、串励和复励等类别;变压器又可分为双绕组、自耦、三绕组变压器等;异步电机也有笼型转子和绕线转子之分;同步电机也有凸极式和隐极式之分等等。这就使得电机学课程的教学内容呈现出多样性。

但不论何种类别的电机,其基本原理又都是相通的,都是以磁场为媒介,基于电磁感应原理实现机电能量转换或电能自身形式改变的。而支撑电机原理的电磁感应理论又可以归纳为两个定律——**法拉第电磁感应定律**和**电磁力定律**。这两个定律在电机学中又可以简单地用3个基本公式来描述:$e=Blv, f=BIl, e=-N\dfrac{d\phi}{dt}$。这3个公式的含义在中学或大学物理课程中都有详述。旋转电机中最重要的感应电势公式 $E=4.44Nf\Phi k_w$ 和电磁转矩公式 $T=C_T\Phi I_a$ 以及变压器的电势公式 $E_1=4.44N_1f\Phi_m$ 分别与3个基本公式相对应。可见,各种电机在工作原理上具有一致性。

2) 电机具体结构的多样性与核心结构的一致性相统一

就每一种具体电机而言,其实际结构相当复杂,如直流电机有定子、转子、电刷、换向器,等等,加上其他结构件,可能会有几十甚至上百个零件。不同种类的电机又有各自的结构,这就使得电机学所研究的对象在具体结构上呈现出多样性。

不管电机具体结构如何复杂,其核心结构都是由电路、磁路和机械部件三类构成。电路用来承载电能,实现电能的输入或输出;磁路用来规范和导向磁通,在电机中获得能满足能量转换或传递要求的媒介——磁场;机械部件实现机械能的输入或输出,并作为电机的支撑框架。可见,电路、磁路和机械部件是各种电机共有的核心结构,电机在核心结构上呈现出一致性。

3)电机分析方法的多样性、实际问题的多样性与分析目标的一致性相统一

电机学理论中用到的方法很多,如等效电路、平衡方程、相量图、实验,等等。电机学课程中所讲述的实际问题也较多,如电动机的起动、调速、制动,发电机的自励、并网,变压器的并联运行等。这使得电机学中所涉及的分析方法和实际问题呈现出多样性。初学者如果不加以梳理,往往会感到眼花缭乱,应接不暇。但认真梳理一下,会发现这些方法所要达成的分析目标无非就是电机的主要物理量(如电压、电流、功率、转速、转矩等)和电机的运行性能(如变压器的电压调整率、效率,电动机的机械特性、工作特性,发电机的外特性,等等),也就是说,各种分析方法所要达成的分析目标是一致的。理解了这一点,就能以目标为导向灵活应用各种分析方法解决问题。

从以上分析可知,电机学课程内容较多,涉及的分析方法多样,要解决的实际问题也不少,在每个学习阶段都要认真梳理,在多样性中寻找一致性,抓住共性,并照顾到各种电机的个性。在学习过程中,应该认真听课、完成作业、做实验,反复阅读课本、总结归纳,充分利用互联网资源了解实际电机的结构和制造过程,不断培养学习兴趣,就一定能学好电机学。

四、磁路相关概念及定律

电机中的能量转换是在作为耦合场的磁场中进行的。在满足工程精度要求的前提下,通过合理假设和修正,通常能够将电机内复杂难解的三维或二维磁场分析简化成简单明了的一维**磁路**计算。广义地讲,任何磁力线经过的闭合路径都可被称为磁路。

在电机中产生磁场的方法有两种:①采用**永磁体**;②采用**载流线圈**。大多数电机采用载流线圈产生磁场,这被称为**励磁**或**激磁**,相应的线圈被称为**励磁线圈**(或**励磁绕组**),相应的电流被称为**励磁电流**。可以说,电流是磁路上的激励源。

电流在磁路 L 上所产生的**磁场强度**向量 H 与电流 i 之间的关系符合**安培全电流定律**:H 沿闭合回线 L 的线积分等于 L 所**匝链**的总电流。其表示式为

$$\oint_L \boldsymbol{H} \cdot \mathrm{d}\boldsymbol{l} = \sum i = Ni = F \tag{0.1}$$

式中:$F=Ni$ 表示闭合回线 L 所匝链的总电流,被称为作用在该回线上的**磁势**,其单位为 A,与电流单位相同。

图 0.1 给出的磁路由两个均匀磁路段构成——铁磁材料构成的铁心路段 l_1 和空气构成的气隙路段 l_2。铁心上绕有一个 N 匝励磁线圈,通以励磁电流 i,根据式(0.1)有

$$\oint_L \boldsymbol{H} \cdot \mathrm{d}\boldsymbol{l} = H_1 l_1 + H_2 l_2 = F_1 + F_2 = Ni = F \tag{0.2}$$

即

$$F_1 + F_2 = F$$

式中:$F_1 = H_1 l_1$ 为铁心磁路段上消耗的磁势,被称为该路段的**磁压降**或**磁位降**,单位为 A,其中 H_1 为铁心中的磁场强度;$F_2 = H_2 l_2$ 为气隙磁路段上消耗的磁势,即气隙磁压降或磁位

降，其中 H_2 为气隙中的磁场强度。式(0.2)所描述的规律可以推广到含有 n 个均匀磁路段和 k 个励磁线圈的一般磁路，即

$$H_1 l_1 + H_2 l_2 + \cdots + H_n l_n = F_1 + F_2 + \cdots + F_n = N_1 i_1 + N_2 i_2 + \cdots + N_k i_k = F \tag{0.3}$$

式中：$H_i = F_i/l_i$，说明**磁场强度等于单位磁路长度上的磁压降**，其单位为 A/m。式(0.3)被称为**磁路基尔霍夫定律**。这一定律表明：**构成一个闭合磁路的各个磁路段上的磁压降之和等于加在该磁路上的总磁势**。显然，磁路基尔霍夫定律是全电流定律的推论，它与电路基尔霍夫定律相对应。

磁路与电阻电路具有对应关系。电势 e 加在电路上会产生电流 i，磁势 F 加在磁路上会产生**磁通** ϕ；根据电路的欧姆定律，电流 i 流过电阻元件 R_1 时产生的电压降 $u_1 = R_1 i_1$；对应地也有**磁路欧姆定律**，即磁通 ϕ 流过**磁阻**为 R_{m1} 的磁路段时产生的磁压降 $F_1 = R_{m1} \phi = H_1 l_1$。所以，磁阻的表达式为

$$R_{m1} = \frac{F_1}{\phi} = \frac{H_1 l_1}{B_1 S_1} = \frac{1}{\mu_1} \frac{l_1}{S_1} \tag{0.4}$$

式中：μ_1 为该磁路段材料的**磁导率**；S_1 为该磁路段的截面积；$B_1 = \phi/S_1 = \mu_1 H_1$ 为**磁通密度**或**磁感应强度**。式(0.4)与电阻公式 $R = \rho l / S$ 相对应。磁阻的倒数被称为**磁导**，即

$$\Lambda_1 = \frac{\phi}{F_1} = \frac{1}{R_{m1}} \tag{0.5}$$

在 SI 单位制中，磁通 ϕ 的单位为 Wb(韦伯)；磁压降 F_1 的单位为 A；磁导 Λ_1 的单位为 H(亨利)，即 Wb/A；磁阻 R_{m1} 的单位为 1/H；磁通密度 B_1 的单位为 T(特斯拉)，即 Wb/m²；磁导率 μ_1 的单位为 H/m。

可参考图 0.1 理解磁路与电路的对应关系。图 0.1(a)所示为一实际磁路，图 0.1(b)给出了其等效磁路模型，其中 R_{m1} 和 R_{m2} 分别为铁心段和气隙段的磁阻。图 0.1(c)所示为相对应的纯电阻电路模型。

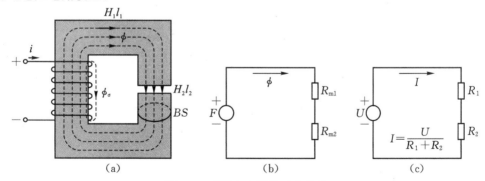

图 0.1　磁路与电路的对应关系
(a)实际磁路图；(b)主磁路的等效磁路模型；(c)相对应的电路模型

以磁性材料为主体所构建的引导绝大多数磁通行进的闭合磁路被称为**主磁路**，主磁路通过的磁通被称为**主磁通**，如图 0.1(a)中的磁通 ϕ；也有极少量的磁通经线圈周围的空气介质流通，形成所谓的**漏磁通**，如图 0.1(a)中的磁通 ϕ_σ，对应的流通路径被称为**漏磁路**。

五、铁磁材料的特性

材料的导磁性能用**磁导率** μ 或**相对磁导率** μ_r 来描述。磁场强度 H 与磁通密度 B 之间通常有如下关系：

$$B = \mu H \tag{0.6}$$

其中，μ 为磁导率，在 SI 单位制中，其单位为 H/m。真空磁导率 $\mu_0 = 4\pi \times 10^{-7}$ H/m 为常数。通常也用 μ 相对于 μ_0 的倍数即**相对磁导率** $\mu_r = \mu/\mu_0$ 来表示材料的导磁性能。大多数非磁性材料的磁导率 $\mu \approx \mu_0$，如空气、铜、铝等。

铁磁材料一般是指铁或铁与钴、钨、镍、铝及其他金属的合金，是通用的磁性材料，其磁导率 $\mu_{Fe} \gg \mu_0$ 且随着 H 的变化而变化。

研究发现，铁磁材料由大量**磁畴**构成。在无外部磁场作用的情况下，所有磁畴散乱排列，整体上不对外显示磁性。图 0.2(a)示意了铁磁材料未经磁化时内部磁畴所呈现的随机状态。

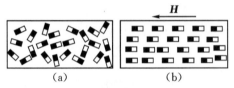

图 0.2 铁磁物质的磁化机理
(a)未磁化状态；(b)磁化饱和状态

当有外磁场 H 作用于铁磁材料时，磁畴趋向于沿 H 的指向排列，这大大了增强了磁力线的密度。当同样的 H 作用于铁磁材料时所产生的 B，比作用于非磁性材料时要大得多。所以，铁磁物质的磁导率 $\mu_{Fe} = B/H$ 远大于非磁性材料的 μ。随着 H 的增强，磁畴沿 H 方向的定向排列会越来越接近完成。当所有磁畴都沿 H 方向整齐排列后，磁畴对磁通密度的增强效应会消失，此时铁磁材料达到了**饱和**状态，其内部磁畴所呈现的状态如图 0.2(b)所示。

1. 磁化曲线

1) 起始磁化曲线

材料的**磁化曲线**是指磁通密度大小 B 随着磁场强度大小 H 变化的函数曲线。非磁性材料的 B 与 H 之间成正比，比值就是磁导率，基本上等于真空磁导率 μ_0，所以非磁性材料的磁化曲线就是一条直线 $B = \mu_0 H$，如图 0.3 中所示。

铁磁材料的 B 与 H 之间呈非线性关系。将一块未磁化的铁磁材料进行磁化，当 H 从 0 逐渐增大时，B 也随之增大，曲线 $B = f_1(H)$ 被称为铁磁材料的**起始磁化曲线**，如图 0.3 中的 $Oabcd$ 所示。

起始磁化曲线基本上可分为 4 段：开始磁化时，H 较弱，磁畴受 H 的作用力较小，磁通密度 B 增大较为平缓，如图 0.3 中 Oa 段所示；随着 H 的增强，大量磁畴开始转向 H 的方向，B 快速增大，$B = f_1(H)$ 曲线的斜率较大，如图 0.3 中 ab 段所示；若 H 继续增强，由于大部分磁畴已经指向了 H 方向，可转向的磁畴越来越少，B 的增大也越来越慢，这种现象被称

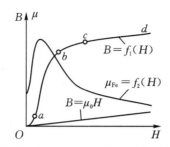

图 0.3 铁磁材料的起始磁化曲线分析

为**饱和**,如图 0.3 中的 bc 段所示,b 点通常被称为**膝点**;达到饱和以后,几乎所有磁畴都已指向 H 方向,此后,再增大 H 时,铁磁材料所特有的磁畴转向效应已完全消失,B-H 曲线基本与非磁性材料的 $B=\mu_0 H$ 直线相平行,如图 0.3 中的 cd 段所示。

由于铁磁材料的磁化曲线不是直线,所以磁导率 μ_{Fe} 亦非常数,其值随着 H 值而变,如图 0.3 中 $\mu_{Fe}=f_1(H)$ 所示。**磁导率特别大、非常数以及有饱和现象是铁磁材料的基本特征**。设计电机或变压器时,为了以较小的励磁电流获得较大的主磁通,通常将铁心材料磁化曲线膝点附近的磁通密度值选为工作磁通密度。

2) 磁滞回线

若对铁磁材料进行周期性磁化,B 与 H 之间的函数关系将变成如图 0.4 中的封闭曲线 $abcdefa$ 所示。由此可见,当 H 从 0 开始向最大值 H_m 增加时,B 相应地从 0 向最大值 B_m 增加;以后如逐渐减小 H 时,B 将沿 ab 下降。当 $H=0$ 时,B 值并没有减小到 0,而是等于 B_r。这种撤掉外磁场($H=0$)后,铁磁材料中仍然保留一定磁通密度的现象被称为**剩磁现象**,B_r 被称为**剩磁**。要使 B 减小到 0,必须加相应的反向磁场强度 H_c,被称为**矫顽力**。B_r 和 H_c 是铁磁材料的两个重要参数。铁磁材料所具有的这种磁通密度变化落后于磁场强度变化的现象被称为**磁滞现象**。由于存在磁滞现象,因此铁磁材料的 B-H 曲线呈现闭合回线,被称为**磁滞回线**。**剩磁和磁滞现象是铁磁材料的又一特征**。

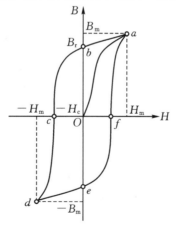

图 0.4 铁磁材料的磁滞回线

根据磁滞回线形状的不同,可以将铁磁材料分为**软磁材料**和**硬磁材料**两大类。磁滞回线窄、剩磁 B_r 和矫顽力 H_c 都小的材料被称为软磁材料,如图 0.5(a)所示。此类材料包括铸铁、硅钢片等。软磁材料的磁导率高，可以用来制造电机和变压器的铁心。磁滞回线宽、剩磁 B_r 和矫顽力 H_c 都大的材料被称为硬磁材料，如图 0.5(b) 所示。由于硬磁材料的 B_r 较大，因此可以用来制造永磁体。硬磁材料有铁氧体、铝镍钴和稀土等。稀土是一种性能优异的永磁材料，具有广阔的应用前景。

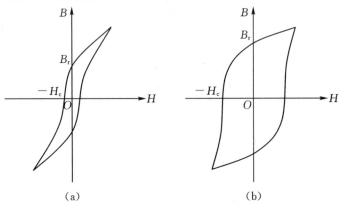

图 0.5 软磁材料和硬磁材料的磁化曲线
(a)软磁材料；(b)硬磁材料

3) 基本磁化曲线

对于同一铁磁材料，以不同的磁场强度幅值 H_m 的磁场反复磁化，可以得到一系列大小不同的磁滞回线，如图 0.6 所示。将各磁滞回线在第 I 象限的顶点连起来，所形成的 B-H 关系曲线被称为**基本磁化曲线**或**平均磁化曲线**。基本磁化曲线是单值函数，使用较为方便，并且能基本满足工程计算所要求的精度，所以得到了普遍应用。

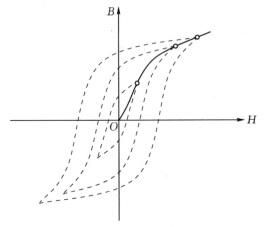

图 0.6 基本磁化曲线

2. 铁心损耗

旋转电机属于机电能量转换设备，在能量转换过程中，会产生一定的**功率损耗**。**输出功率** P_2 总是小于**输入功率** P_1，其比值 $\eta = P_2/P_1$ 被称为**效率**。旋转电机的功率损耗一般分为三类：电流 i 在电路电阻 R 上产生的欧姆损耗 $p_{Cu} = Ri^2$ 被称为**铜耗**或**铝耗**；旋转部件所产生的**机械损耗** p_m 以及交变磁通在铁心中引起的所谓**铁心损耗**（简称**铁耗**）p_{Fe}。铜耗和机械损耗原理简单，概念清楚，易于理解。而铁耗无论是具体计算还是概念理解都稍显复杂。这里仅对铁耗产生的基本机理做简单介绍。

1) 磁滞损耗

铁磁材料处于交变磁场中时，材料被反复磁化，大量磁畴或相互黏滞，或相互碰擦，周期性地消耗能量，造成功率损失，这种损耗被称为**磁滞损耗**。

分析表明，磁滞损耗 p_h 与磁场交变的频率 f、铁心体积 V 以及铁心材料磁滞回线的面积 $\oint \boldsymbol{H} d\boldsymbol{B}$ 成正比，即

$$p_h = fV \oint \boldsymbol{H} d\boldsymbol{B} \qquad (0.7)$$

试验证明，磁滞回线面积与磁密幅值 B_m 的 n 次方成正比，因此磁滞损耗可写成

$$p_h = C_h f V B_m^n \qquad (0.8)$$

式中：C_h 是与材料有关的系数；对一般的**硅钢片**，$n = 1.3 \sim 2.3$。由于硅钢片导磁性能好且磁滞回线面积小，用其作为电机和变压器的铁心，不但能有效减小铁心体积，还可以减少铁心中的磁滞损耗。

2) 涡流损耗

铁磁材料处于交变磁场中时，铁心中磁通密度 $\boldsymbol{B}$ 随时间周期性变化，根据电磁感应原理，铁心中将产生感应电势，由于铁心本身就是导电的，所以会出现感应电流。这些电流围绕磁力线作旋涡状流动，被称为涡旋电流，简称**涡流**，如图 0.7(a)所示。涡流在铁心中引起的损耗被称为**涡流损耗**。不难想象，涡流遇到的电阻越大，涡流损耗越小。据此，为了减少涡流损耗，通常把电机和变压器的铁心用薄硅钢片（普通硅钢片的厚度为 0.35~0.5 mm）做成叠片结构，硅钢片沿磁力线方向排列，各片之间有绝缘漆，这样就可以将涡流的流通路径限制在硅钢片的厚度范围之内，大大增加涡流所遇到的电阻，从而减小涡流损耗。叠片越薄，损耗越小，如图 0.7(b)所示。分析表明，涡流损耗 p_e 可表示成

$$p_e = C_e \Delta^2 f^2 B_m^2 V \qquad (0.9)$$

式中：C_e 是与材料相关的系数；Δ 为硅钢片厚度。

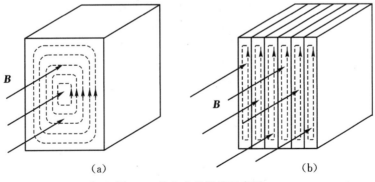

图 0.7 铁心中的涡流示意图
(a) 整块铁心；(b) 叠片铁心

铁心中的磁滞损耗和涡流损耗之和,统被称为**铁心损耗**,用 p_{Fe} 表示,即

$$p_{Fe} = (C_h f B_m^n + C_e \Delta^2 f^2 B_m^2) V \tag{0.10}$$

对于一般的硅钢片,正常工作磁通密度为 1～1.8 T,在此范围内,式(0.10)可以近似写成

$$p_{Fe} = C_{Fe} f^{1.3} B_m^2 G \tag{0.11}$$

式中:C_{Fe} 为铁心的损耗系数,可在相关手册中查到;G 为铁心重量。

需要指出的是,铁心只有处于交变磁场中时,才会产生涡流和磁滞损耗。比如直流电机的磁极所产生的是周期性分布的恒定磁场,对于定子铁心来说,磁极磁场是恒定的,理论上不产生铁心损耗;但转子铁心与周期性分布的磁极磁场之间有相对运动,相当于转子铁心处于交变磁场中,所以会产生较大的铁心损耗。

六、电机作用原理的基础

从本质上讲,电机是以磁场为媒介实现机电能量转换的设备,即电机以磁为媒介,完成电与力之间的转换。在大多数电机中,磁(磁通)又是由电(励磁电流)产生的,所以电机的作用原理基于电、磁、力三者相互作用、相互转换的规律。

1. 法拉第电磁感应定律

图 0.8 所示为典型的单相变压器原理结构,其主磁路全部由铁心构成。磁路上绕有两个线圈 N_1 和 N_2(N_1 和 N_2 同时也表示线圈匝数),当给线圈 N_1 施加交流电压 u 时,交流电压 u 会在线圈 N_1 中产生交变电流 i_1 并在磁路中产生交变磁通 ϕ,它穿过线圈 N_1 和 N_2 并形成交变磁链 ψ_1 和 ψ_2 即

$$\psi_1 = N_1 \phi, \quad \psi_2 = N_2 \phi \tag{0.12}$$

磁链的单位同磁通单位,也是 Wb。当线圈所交链的磁链随时间发生变化时,线圈中将产生感应电势,其大小和方向分别由**法拉第电磁感应定律**和**楞次定律**描述,用公式表示为

$$e_1 = -\frac{d\psi_1}{dt} = -N_1 \frac{d\phi}{dt}, \quad e_2 = -\frac{d\psi_2}{dt} = -N_2 \frac{d\phi}{dt} \tag{0.13}$$

式中:e_1、e_2 分别为线圈 N_1 和 N_2 中的感应电势,单位为 V(伏特);时间 t 的单位为 s(秒)。

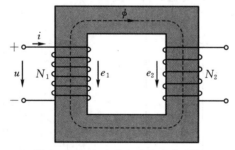

图 0.8 交流励磁和感应电势分析

法拉第电磁感应定律描述了感应电势的大小,其表述为:与线圈交链的磁链发生变化时,线圈中将产生感应电势,每匝线圈感应电势的大小等于其磁通随时间的变化率。楞次定律则描述了感应电势的方向,其表述为:磁链变化所引起的感应电势,试图产生一个阻止原

磁链变化的新磁链。式(0.13)中的负号正是楞次定律的体现,其含义为:如果规定感应电势的正方向与磁通的正方向符合右手螺旋定则,则正的磁通变化率形成负电势。

由式(0.13)可得

$$\frac{e_1}{e_2} = \frac{N_1}{N_2} \tag{0.14}$$

这正是变压器作用原理的基础。

电磁感应定律的另一表现形式,就是通常所说的直导体切割磁力线产生感应电势的公式。在旋转电机中,磁通密度 B 沿电机的气隙圆周按一定规律分布,线圈与 B 之间有相对运动。设线圈的某个**有效边(直导体)** 以线速度 v 切割磁力线,且磁力线(径向)、直导体(轴向)和导体运动方向(切线方向)三者相互垂直,则导体的感应电势为

$$e = Blv \tag{0.15}$$

式中:B 为导体所处某个瞬时位置的磁通密度,单位为 T;l 为导体长度,单位为 m;v 为导体切割磁力线的线速度,单位为 m/s;e 为导体的感应电势,单位为 V。感应电势 e 的方向由**右手定则**决定:想象伸出右手,展开手掌并伸直各指,让磁力线穿过手掌,拇指指向直导体运动的方向,则并拢的四指指向电势方向。式(0.15)正是发电机作用原理的基础。

2. 电磁力定律

载流导体在磁场中会受到**电磁力**的作用,电磁力的大小和方向由**电磁力定律**确定。通用的电磁力公式较为复杂,这里不做介绍。在电机中,磁通密度 B 通常与直导体轴向(l 的方向)垂直,作用在导体上的电磁力 f 可简单地表示为

$$f = Bli \tag{0.16}$$

式中:f 的单位为牛顿 N,其方向由**左手定则**决定:想象伸出左手,展开手掌并伸直各指,让磁力线穿过手掌,并拢的四指指向电流方向,则拇指指向导体受力的方向。在旋转电机中,作用在转子所有导体上的电磁力会使得转子受到一个合成**力矩**,被称为**电磁转矩**,它在机电能量转换中起着重要作用。式(0.16)正是电动机作用原理的基础。

总之,根据**安培全电流定律**或者**磁路欧姆定律**,可以通过线圈或绕组通电流的办法在电机或变压器中产生能量转换所需的磁场或磁通;根据**法拉第电磁感应定律**,可以通过磁通变化或者导体切割磁力线获得感应电势,从而实现电能形式的改变或者机械能向电能的转换;根据**电磁力定律**,可以通过给置于磁场中的线圈或绕组通电而产生电磁力和电磁转矩,从而实现电能向机械能的转换。这些定律正是变压器、发电机和电动机作用原理的基础。

小结

电机是进行机电能量转换的装置,变压器是进行电能自身形式改变的装置。电机和变压器是电力系统的支柱,是几乎所有行业和人民生活不可缺少的设备或元件。按照功能可分为发电机、电动机、变压器、控制电机等;按照电流可分为直流电机和交流电机,变压器可以被认为是一种静止的交流电机。

磁路是磁通流经的闭合回路。以铁磁材料为主体,引导绝大多数磁通行进的磁路被称为主磁路;沿线圈周围空间或其他非磁性材料闭合的磁路被称为漏磁路。铁磁材料具有极

高的磁导率,用它做主磁路可以大大降低励磁磁势,缩减磁路和设备的尺寸。

大多数电磁装置是利用励磁线圈通过电流来励磁的。电流产生磁场的普遍规律是安培全电流定律,在磁路中则简化为磁路基尔霍夫定律和磁路欧姆定律。

可以用磁畴理论来解释铁磁物质的特征:磁导率特别大,有饱和和剩磁现象、磁滞回线、磁滞损耗等。采用硅钢片制成的叠片铁心,可大大降低由于磁场交变引起的涡流损耗。

电机和变压器本质上是以磁为媒介,实现电与力或者电与电的转换,其基本作用原理基于两个定律——法拉第电磁感应定律和电磁力定律及其对应的3个公式:$e=-N\dfrac{\mathrm{d}\phi}{\mathrm{d}t}$,$e=Blv$,$f=Bli$。

磁势、磁通、磁阻、磁场强度、磁通密度、磁导率、磁链、电感等物理量在磁路和电机学的学习中经常用到,要对其概念、计算和计量单位有清晰的认识。

习题与思考题

0-1 什么是电机?简述电机的应用。

0-2 电机学课程有什么特点?

0-3 什么是磁路?什么是主磁路?什么是漏磁路?

0-4 为什么要用铁磁材料作为主磁路的主体?

0-5 什么是安培全电流定律、磁路基尔霍夫定律以及磁路欧姆定律?

0-6 什么是磁势?什么是磁压降?什么是磁场强度?三者有怎样的关系?

0-7 铁磁材料的磁导率为什么远远大于其他材料的磁导率?

0-8 什么是材料的磁化曲线?什么是磁路的磁化曲线?

0-9 为什么变压器或电机的铁心通常要用硅钢片叠压?

0-10 变压器、发电机和电动机作用原理的基础分别是什么?

思政微课

运用辩证思维方法,学好电机学,实现强国梦

大国重器的构筑、高精尖技术的突破、人民生活品质的提高都离不开电机技术的进步。电机发展水平关乎国家实力和经济安全。电机人才是增强国力、推动社会进步、人民幸福的重要需求之一。

在过去的100多年里,电机学为人类社会的发展作出了重要贡献。在新时代,电机学在国家战略需求和经济社会发展中仍将发挥重要作用。大国重器如高铁、航母、盾构机、大型发电机、大型变压器等,大型工程如三峡水电工程、特高压输电工程、核电工程、探月探火工程等,人民生活与健康如家电、智能汽车、人工心脏等,诸多重要领域都离不开电机技术的进步。同学们在学习电机学课程之始,就应了解电机的广泛应用和重要地位,增强学习兴趣,坚定决心意志,激发科技报国、实业报国的爱国情怀和国家富强、民族复兴道路上所应肩负的使命担当。

人工心脏

泥水平衡盾构机

中国电机工业有着艰难而辉煌的奋斗史和创业史。中华人民共和国成立以前,由于受列强侵略和殖民统治摧残,电机工业举步维艰。随着新中国成立,国民经济逐渐恢复,在中国共产党的坚强领导和政策扶植下,电机工业稳步向前、飞速发展,取得了辉煌的业绩。电机工业的快速发展和伟大成就的取得离不开党领导下的中国特色社会主义所迸发出的时代活力与执政凝聚力。同学们可以借助互联网和图书馆资源,了解中国电机工业的发展和电机前辈先贤们的奋斗历程,从中汲取精神营养和创业动力,坚定道路自信和制度自信,把学习知识技能、实现人生追求与实现中华民族伟大复兴的中国梦紧密联系在一起。

辩证思维是中国传统思维的精髓,与马克思主义唯物辩证法的思想方法相一致,都

强调事物之间的联系、发展和变化,认为事物是在不断运动和相互作用中发展的。辩证思维是科学的、正确的思维方法,在中国革命和建设的理论与实践中发挥了重要作用,在科学技术发展中也起到理论和实践指导的重要作用。电机学课程是电类、机电类和控制类专业的重要专业基础课,也是一门典型的、充满辩证法思维的课程。它在内容上涵盖了传统与现代、基础与专业、多样与一致、具体与抽象、理论与实践等多个方面的辩证统一。在学习电机学时,同学们要自觉运用辩证思维,从各种电机的个性中发掘共性,基于共性进一步拓展其个性。通过电机学课程的学习,同学们不仅能掌握专业知识和技能,还能养成正确的思维方法和良好的思维习惯,将科学的辩证思维方法应用到今后的学习、工作中去,提高思想觉悟,提升创新能力,树立理论自信,从而更好地适应社会主义现代化建设的需要。

第一篇

直流电机

　　直流电机是电机的主要类型之一,它的主要特点是使用直流电。发电机运行和电动机运行是直流电机两种不同的运行状态。本篇主要介绍直流电机的原理及其基本理论。由于直流电动机具有良好的调速特性,在许多对调速性能要求较高的场合得到广泛使用。本篇对直流电动机的起动、调速、制动进行较详细的介绍。

第1章　直流电机的工作原理、结构及额定值

直流电机是电机的主要类型之一。同一台直流电机既可作为发电机使用,也可作为电动机使用。用作直流发电机可以得到直流电源,用作直流电动机可以拖动机械负载转动。本章主要介绍直流电机的工作原理和结构,并介绍直流电机的几个额定值。

1.1　直流电机的工作原理

1.1.1　直流发电机的工作原理

图 1.1 是一台最简单的两极直流发电机原理图。N、S 是一对静止不动的**主磁极**,它可以用永久磁钢产生,或由绕在铁心上的线圈通以直流电流激励产生。两个相对的主磁极之间是一个装在转轴上的圆柱形铁心,被称为转子铁心或**电枢铁心**。电枢铁心表面均匀分布着**齿和槽**,图中 abcd 是放置在槽中的一个线圈。线圈与铁心之间相互绝缘,线圈的两端 a 和 d 分别连接到两个圆弧形铜片 1 和 2(被称为换向片)上。两个换向片构成**换向器**,换向器装在转轴上,两换向片间及换向器与转轴间用绝缘体隔开。当轴转动时,电枢铁心、线圈和换向器一起旋转,整个转动的部分被称为转子或**电枢**。

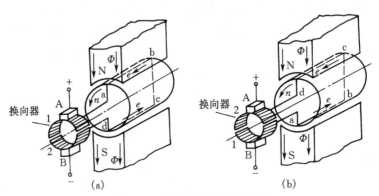

图 1.1　两极直流发电机原理图
(a)导体 ab 处于 N 极下;(b)导体 ab 处于 S 极下

A 和 B 是两个静止的**电刷**,当转子转动时,电刷与换向器滑动接触,引出线圈中的电势和电流。电刷 A 只和上边的换向片相接触,电刷 B 只和下边的换向片接触。

N 极发出的磁力线穿过主磁极和转子之间的**气隙**,经过电枢铁心,再穿过气隙到 S 极。若用原动机拖动转子逆时针旋转,线圈的 ab 边和 cd 边切割磁力线,产生的感应电势为

$$e = Blv \tag{1.1}$$

式中：B 为磁通密度；l 为 ab 和 cd 的长度；v 为切割磁力线的线速度。

感应电势的方向可用右手定则判定。在图 1.1(a)所示瞬间，处于 N 极下的 ab 边感应电势方向为 b→a，处于 S 极下的 cd 边感应电势方向为 d→c，线圈电势的方向为 d→c→b→a。显然，与连接 a 端的换向片 1 相接触的电刷 A 的电位高，被称为正电刷；与连接 d 端的换向片 2 相接触的电刷 B 的电位低，被称为负电刷，电刷引出的电势 e_{AB} 为 A 正 B 负。当转子转到如图 1.1(b)所示瞬间时，ab 边处于 S 极下，感应电势方向为 a→b，cd 边处于 N 极下，感应电势方向为 c→d，线圈电势的方向为 a→b→c→d。此时，与连接 a 端的换向片 1 相接触的是电刷 B，为负电刷，与连接 d 端的换向片 2 相接触的是电刷 A，为正电刷，电刷引出的电势 e_{AB} 仍为 A 正 B 负。

由以上分析可知，在转子旋转过程中，线圈感应电势的方向在不断地变化着，为交变电势。但由于电刷不动，与电刷相接触的换向片随着线圈边的转动而同步切换，使得电刷引出电势的方向始终保持不变。或者说，**线圈电势为交变电势，通过换向器的整流作用，从电刷引出了单向的直流电势**。可见，图 1.1 所示的电机在原动机的带动下旋转时，可以作为直流发电机为电负载提供直流电。

图 1.1 所示的是最简单的直流电机，虽然它可以用来产生方向不变的直流电势，但电势大小却是不稳定的。因为在任一瞬间，线圈 abcd 的感应电势的大小为

$$e = 2B_x lv \tag{1.2}$$

式中：B_x 为导体所在处的气隙磁通密度。线圈边的长度 l 是固定的，如果原动机的转速不变，则 l 和 v 都是常量，e 与 B_x 成正比。若将电枢铁心表面展开成平面图，气隙磁通密度分布可以用图 1.2(a)中的曲线 $B(x)$ 来表示，磁极极面下的磁通密度较强，磁极间的磁通密度较弱。线圈电势 $e(t)$ 与 $B(x)$ 成正比，其波形如图 1.2(b)所示。电刷引出电势 $e_{AB}(t)$ 的波形如图 1.2(c)所示，其中含有较大的脉动成分，这显然不是通常要求的幅值稳定的直流电势。

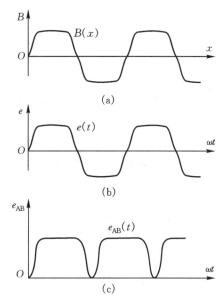

图 1.2 气隙磁场分布波形和线圈电势波形及电刷引出的电势波形

(a)气隙磁场分布波形；(b)线圈电势的波形；
(c)电刷引出的电势波形

为了得到稳定的直流电势，实际生产和使用的直流电机的电枢上绝非只有一个线圈，而是在电枢铁心表面的槽中均匀分布着多个线圈，并按一定规律串联在一起，被称为**电枢绕组**。图 1.3 所示的绕组即是其中的一种，这种绕组被称为**环形绕组**。环形绕组在早年的直流电机中使用过，后来被**鼓形绕组**（见 1.3 节）所取代。因为环形绕组图形简单直观，便于说明问题，所以在叙述直流电机原理时仍常常使用。

图 1.3 所示环形绕组电机的电枢铁心是圆筒形，上面均匀地绕着线圈，所有线圈构成一

个闭合回路。线圈两端分别连接到相邻的两个换向片上,图中有 12 个线圈和 12 个换向片。12 个线圈串联成一个闭合绕组,12 个换向片组合成换向器。换向器和圆筒形电枢铁心装在转轴(图中未画出)上,换向片间及换向器与转轴间用绝缘体隔开。N 极与 S 极之间的分界线处,径向磁通密度为 0,通常把该分界线称为磁场的**几何中性线**。电刷 A、B 分别与几何中性线上的线圈所接的换向片相接触,电刷将 12 个线圈对称地分成两条并联的支路。当转子转动到不同位置时,每条支路所串的线圈可能是不同的,但是将 N 极下所有线圈串联看成一条支路,将 S 极下所有线圈串联看成另一条支路,每条支路有 6 个线圈,这又是相对不变的。

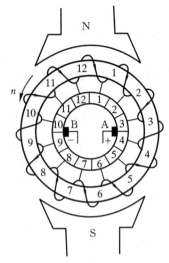

图 1.3 环形绕组直流电机原理图

在环形绕组电机中,N 极发出的绝大部分磁力线通过圆筒形铁心到达 S 极,而不进入圆筒内腔。内腔里面的导体不切割磁力线而只起连接作用,这是一种浪费。圆筒外表面的导体切割磁力线产生感应电势,感应电势的方向用右手定则判定。N 极下导体感应电势方向为流出纸面,S 极下则为流入纸面。

N 极下所有线圈串联构成一条支路,且这些线圈电势的方向相同,所以支路电势为该支路所有串联线圈电势之和,也就是正负电刷间的引出电势。此外,由于线圈对称均匀分布,所以构成闭合绕组的两条支路的电势大小相等、方向相反,不会在闭合绕组中产生环流。由图 1.3 所示的电势方向可以看出,电刷极性为 A 正 B 负,这样就构成了一台直流发电机,接上电负载后,由电刷输出的电流等于各支路的电流之和。

由于各个线圈在空间互相错开一定的位置,不会同时切割到磁场的最大值或最小值,所以串联后总电势的脉动程度就比只有一个线圈时小得多。

与只有一个线圈的情况相同,环形绕组的每个线圈也是交替切割 N、S 极下的磁力线,所以电势是交变的;但由于换向器的整流作用,电刷引出电势的方向是固定不变的。

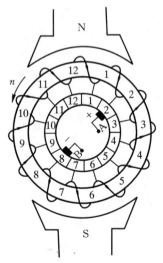

图 1.4 电刷偏离几何中性线示意图

通常,电刷总是放在与处于几何中性线的线圈所接的换向片相接触的位置,这样支路所串联的各线圈的电势方向都相同,电刷引出的总电势最大。如果电刷位置发生偏移,与不处于几何中性线的线圈所连接的换向片相接触,简单的说法就是电刷偏离几何中性线,如图 1.4 所示。这种情况下,支路中的线圈并非都处于同一极性的极下,部分线圈电势会相互抵消,使得电刷引出的总电势减小。因此,如果要得到最大电势,电刷应放在与处于**几何中性线的线圈所接的换向片相接触的位置**。

1.1.2 直流电动机的工作原理

对于图 1.1 所示的直流电机,如果卸掉原动机,并给电刷两端加上电源,则该电机可以作为电动机运行。我们以图 1.5 给出的模型来分析。

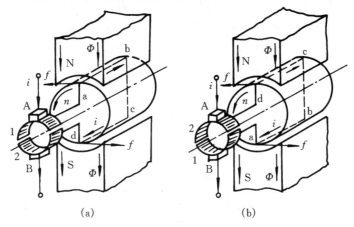

图 1.5 直流电动机原理图
(a)导体 ab 处于 N 极下;(b)导体 ab 处于 S 极下

在图 1.5(a)所示的时刻,电流从电刷 A 流入,经过线圈 a→b→c→d 从电刷 B 流出。根据电磁力定律,导体 ab 和 cd 会受到电磁力的作用。用左手定则不难判定,在此时刻,两段导体的电磁力都会产生使线圈 abcd 逆时针转动的电磁转矩。

当转子转到如图 1.5(b)所示的时刻,电流从电刷 A 流入,经过线圈 d→c→b→a 从电刷 B 流出。此时导体 ab 和 cd 的电磁力仍然产生使线圈 abcd 逆时针转动的电磁转矩。

由以上分析可知,当从电刷输入方向不变的直流电流时,在电枢旋转过程中,通过换向器的**逆变**作用,使得线圈或导体中的电流方向不断地交变,从而连续地产生作用在线圈上逆时针的电磁转矩,驱动线圈并带动转子逆时针连续转动。可见图 1.5 所示的电机在直流电源的驱动下可以连续地沿某一方向旋转,带动机械负载做功,从而实现直流电动机的功能。

实际应用中的直流电动机的电枢绕组也不是由一个线圈构成,同样由多个线圈按一定的规律连接而成,从而减小了电动机电磁转矩的波动。直流电动机电枢绕组在形式上与直流发电机相同。

1.2 直流电机的结构

直流电机主要由两大部分组成:静止的部分被称为**定子**,转动的部分被称为**转子**。定、转子铁心之间存在**气隙**。图 1.6 和图 1.7 分别是一台直流电机的纵剖面和横剖面图。下面就一些主要部件予以介绍。

1.2.1 定子

定子的主要部件包括以下几个。

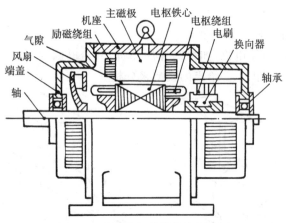

图 1.6　直流电机的结构纵剖面图

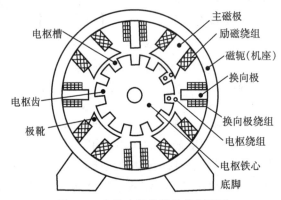

图 1.7　直流电机的结构横剖面图

1. 主磁极

主磁极的作用是产生**主磁场**。采用永久磁铁作为主磁极的直流电机被称为永磁直流电机,但绝大多数直流电机的主磁极由**主磁极铁心**和套装在铁心上的**励磁绕组**构成,通过给励磁绕组通直流**励磁电流**来产生主磁场。主磁极铁心端面向两边扩大的部分被称为**极靴**或**极掌**,其作用是扩大主极的覆盖面,改善磁场分布,并为固定励磁绕组提供支撑。为了减少转子转动时由于齿槽移动引起的附加铁耗,主磁极铁心通常是将 $1 \sim 1.5$ mm 的低碳钢板冲制成一定形状的冲片,再经过叠装固定而成。励磁绕组通常是用绝缘导线在绕组架上绕成,经绝缘处理后一起套装在主磁极铁心上。根据使用情况的不同,励磁绕组可分为**并励绕组**和**串励绕组**两种。并励绕组的匝数多,导线细;串励绕组的匝数少、导线粗。有些电机同时包括并励绕组和串励绕组。整个主磁极还要用螺杆固定在**机座**上。主磁极的个数一定是偶数,励磁绕组的连接必须使得通电后相邻主磁极的极性按 N、S 极交替排列。

2. 换向极

换向极是安装在相邻主磁极之间的小磁极,其作用是改善直流电机的换向条件,使电机运行时不产生有害的火花(参看 1.9 节)。换向极结构和主磁极类似,是由**换向极铁心**和套装在铁心上的**换向极绕组**构成,并用螺杆固定在机座上。换向极的极数一般与主磁极的极数相等。功率较小的直流电机也有不装换向极的。换向极绕组和**电枢绕组**相串联,流过的电流较大,因此,它和主磁极的串励绕组一样,采用截面积较大的导线绕成。

3. 机座和端盖

机座是直流电机的结构框架,也兼做主磁路的一部分。机座内连通主磁路的部分被称为**磁轭**,主磁极和换向极就牢固安装在磁轭上。为了保证主磁路具有良好的导磁性能,机座通常用铸钢或钢板制成。机座下部的**底脚**用于将电机固定在基础上。**端盖**装在机座两端并通过端盖中的**轴承**支撑转子,将定、转子装配成一个整体。端盖对电机内部还起防护作用。

4. 电刷装置

电刷装置是直流电机内部旋转的电枢绕组与外电路相连接的中间环节。通过电刷与换向器之间的滑动接触,可以将电枢绕组产生的电势引出来,也可将直流电源提供的电压施加到电枢绕组上。**电刷**是由石墨等材料做成的导电块,放在**刷握**中,通过弹簧机构压贴在换向器表面。电机运行时**电刷**与换向器表面形成滑动接触,焊接在电刷上的铜丝辫(被称为刷辫)引出或导入电流。单个电刷架(也称**刷杆**)的具体结构如图 1.8 所示。在需要放置电刷的位置安装电刷架。根据电流大小,一个电刷架上通常装有并排放置的一组电刷。**电刷的组数即刷杆数与主磁极的极数相等**,各刷杆等间隔地安装在一个圆形的可以转动的刷杆座(也称座圈)上,使得电刷(组)沿换向器表面圆周等间隔均匀分布。图 1.9 所示为一台 4 极直流电机的电刷装置结构简图。转动座圈即可调整电刷在换向器表面的位置。座圈通常安装在换向器所在端的端盖上。

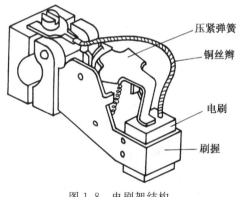

图 1.8 电刷架结构

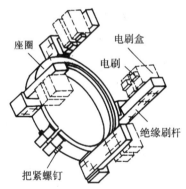

图 1.9 4 极直流电机的电刷装置结构

1.2.2 转子

直流电机的转动部分被称为转子,又称电枢。转子部分包括电枢铁心、电枢绕组、换向器、转轴、轴承、风扇等。

1. 电枢铁心

电枢铁心既是主磁路的一部分,又起着嵌放和固定**电枢绕组**的作用。为了减小铁心损耗,电枢铁心必须采用叠压结构。通常先将涂有绝缘漆的薄(0.35~0.5 mm)硅钢片冲压成圆形**冲片**,再叠压成电枢铁心。图 1.10 所示是电枢铁心冲片图。冲片外沿的**槽**是用来嵌放电枢绕组的,槽间的铁心被称为**齿部**。齿部以下的铁心被称为**电枢轭**,轭部的小圆孔起通风散热作用,被称为**通风孔**。叠压好的电枢铁心要和**转轴**装配为一体。

2. 电枢绕组

电机运行时,**电枢绕组**切割磁力线产生**感应电势**和**电枢电流**,电枢电流与**气隙磁场**作用产生电磁力并形成**电磁转矩**。感应电势和电磁转矩的产生是实现机电能量转换的关键,所以电枢绕组是直流电机中极为重要的部件。

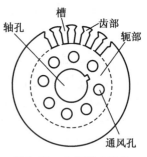

图 1.10 电枢铁心冲片

电枢绕组由许多形状相同的**线圈**按一定的规律连接而成。线圈用绝缘的圆形或矩形导线绕成。每个线圈有两个直边,分别放在某槽的上层和另一槽的下层。一个槽中的上、下两层导体之间以及线圈与电枢铁心之间都要妥善地绝缘。线圈嵌放在电枢铁心表面的槽中,槽口要用竹制或胶木制的**槽楔**封好,以免电枢转动时线圈受离心力的作用被甩出去。电枢绕组的具体连接方法和规律,将在 1.3 节中阐述。

3. 换向器

换向器是直流电机中特有的且十分关键的部件,起着连接电路和变换电流的作用。在直流发电机中,换向器将电枢绕组中的交流电转换为电刷间的直流电,起**整流**作用;在直流电动机中,换向器将电源提供给电刷的直流电转换为电枢绕组中的交流电,起**逆变**作用。

换向器由许多个楔形铜片即**换向片**组成,铜片的典型形状如图 1.11(a)所示,每个铜片上宽下窄,把所有换向片组合在一起便成为一圆筒形。相邻换向片之间用薄云母片绝缘。换向片和云母片组成的圆筒形两端用 V 形云母**套筒**和 V 形金属**压圈**压紧,形成一个整体并保证其绝缘性能,这样就构成了一个换向器,如图 1.11(b)所示。将换向器装到转轴上,每个电枢线圈首端和尾端的引线分别焊接到相应换向片的**升高片**上。

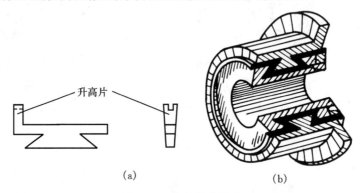

图 1.11 换向器的构造
(a)换向片;(b)换向器剖面图

电枢铁心、换向器装配在转轴上构成转子,转子通过轴承支撑在前端盖上,再与定子装配在一起。大多数直流电机的转轴上还装有风扇,用于通风冷却。

1.3 电枢绕组

电枢绕组嵌装在电枢铁心中,随转子一同旋转,切割磁力线并产生电枢电势。电枢绕组中流过电流时,电流与磁场作用产生电磁转矩。

直流电机的电枢绕组为一闭合绕组,电枢各线圈在槽内沿电枢圆周分布排列。闭合的电枢绕组本身无固定引出端。当电枢旋转时,各线圈所接的换向片依次与电刷接触,电刷就成了电枢绕组的引出端。

1. 环形绕组和鼓形绕组

图 1.3 所示的电枢绕组被称为**环形绕组**,由于其制造困难,维护不便,特别是环形铁心内部的导体不切割磁力线、不参与机电能量转换而仅起连接作用,铜材利用不充分,已不再采用。现代直流电机所采用的**鼓形绕组**,可看作由环形绕组演变而来,如图 1.12 所示。

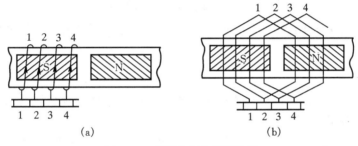

图 1.12 环形绕组和鼓形绕组
(a)环形绕组;(b)鼓形绕组

2. 绕组的构成

按照连接方式的不同,直流电机的电枢绕组可以分为**单叠绕组**、**复叠**绕组、**单波绕组**、**复波绕组**、**混合绕组**等类型,本节介绍单叠绕组和单波绕组的构成、连接方式及规律。

线圈是组成绕组的基本单元,所以线圈又被称为绕组**元件**。直流电机的电枢绕组是由结构形状相同的元件按一定规律连接而成的封闭电路。

一个元件由两个元件边和端部连线组成,元件边嵌放在电枢槽中。元件的一个边放在某槽的上层,另一个边则要放在另一槽的下层,如图 1.13 所示。元件的两端按一定规律连接到不同的换向片上,最后使整个电枢绕组通过换向片连成一个闭合回路。

为了改善电机性能,通常用较多的元件组成电枢绕组。本来应该一个槽的上、下层各放一个元件边,但由于

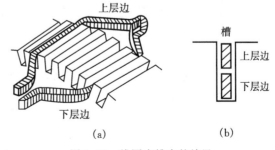

图 1.13 线圈在槽内的放置
(a)实物示意图;(b)剖面图

工艺的原因,电枢铁心不可能开太多的槽,往往在一个槽的上、下层各放 u 个元件边,如图

1.14 和图 1.15 所示。这样,一个实际槽(简称**实槽**)相当于 u 个理论上的槽(简称**虚槽**)。如果实槽数为 Z,则虚槽数为 $Z_u=uZ$,整个电枢绕组的元件数 $S=Z_u=uZ$。如果每槽上、下层只有一个元件边即 $u=1$,则整个电枢绕组的元件数 $S=Z$。

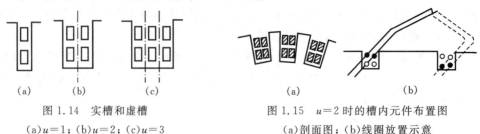

图 1.14　实槽和虚槽
(a)$u=1$；(b)$u=2$；(c)$u=3$

图 1.15　$u=2$ 时的槽内元件布置图
(a)剖面图；(b)线圈放置示意

由于每个元件有两个边,每个换向片上要连接两个元件边,故一台直流电机的元件数 S 等于换向片数 K,也等于虚槽数 Z_u,即

$$S = K = Z_u = uZ \tag{1.3}$$

每个元件可以是单匝或多匝,大部分是多匝。一般书中讲述时为画图方便,通常假定元件是单匝的。

3. 绕组的节距

节距是指被连接的两个元件边或换向片之间的距离,通常用虚槽数或换向片数来度量。表征电枢绕组连接规律的节距通常有以下 4 个。

(1) 第一节距 y_1:一个元件的两个边之间在电枢表面跨的距离,常用虚槽数来计算,它必须是一个整数。为了获得较大的感应电势和电磁转矩,y_1 一般等于或接近一个极距 τ(一个磁极所占的圆弧区域,也用虚槽数表示,$\tau=\dfrac{Z_u}{2p}$),其计算式为

$$y_1 = \frac{Z_u}{2p} \mp \varepsilon \tag{1.4}$$

式中:ε 为小于 1 的分数,用来把 y_1 凑成整数。

(2) 第二节距 y_2:在相邻串联的两个元件中,第一个元件的下层边与第二个元件的上层边在电枢表面所跨的距离,也用虚槽数表示。

(3) 合成节距 y:相串联的两个元件的对应边在电枢有面所跨的距离,也用虚槽数表示。

$$\begin{cases} y = y_1 - y_2 & \text{叠绕组} \\ y = y_1 + y_2 & \text{波绕组} \end{cases} \tag{1.5}$$

为使每一元件接到换向片的端接线不交叉,叠绕组 y 一般取正(单叠绕组 $y=1$),被称为右行绕组;单波绕组一般取

$$y = \frac{K-1}{p} \tag{1.6}$$

(4) 换向器节距 y_K:每一个元件的两端所连接的换向片之间在换向器表面所跨过的距离,用换向器片数计算。换向器节距一般等于合成节距,即

$$y_K = y \tag{1.7}$$

图 1.16 标出了单叠绕组和单波绕组的各个节距。

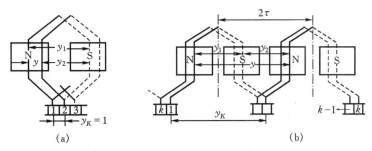

图 1.16 叠绕元件和波绕元件在电枢上的连接示意图
(a)叠绕组；(b)波绕组

4. 单叠绕组

叠绕组的特点是，对两个相邻串联的元件来说，总是后一个叠放在前一个的上面。下面以 $2p=4, u=1, Z_u=Z=S=K=16$ 为例，结合绕组展开图（图 1.17），分析单叠绕组的连接方法和规律。

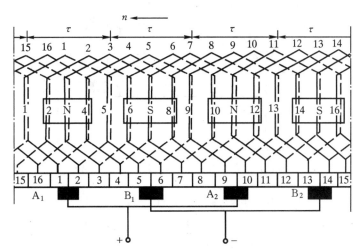

图 1.17 单叠绕组展开图(4 极 16 槽)

将已知条件代入式(1.4)可得

$$y_1 = \frac{Z_u}{2p} \mp \varepsilon = \frac{16}{4} \mp 0 = 4$$

对于**右行**单叠绕组来说

$$y = 1, y_2 = y_1 - 1 = 4 - 1 = 3, y_K = y = 1$$

16 个槽中共有 16 个元件，画出 16 个槽和 16 个换向片，将槽和换向片依次编号。在每个槽中，实线表示元件上层边，虚线表示下层边。第 1 个元件上层边放在 1 号槽，首端连接到 1 号换向片。由于 $y_1=4$，则第 1 个元件的下层边放在 5 号槽，两个元件边相距 4 个槽。第 1 个元件的尾端连到 2 号换向片。依据 $y=1$，第 2 个元件的上层边放在 2 号槽，首端连到 2 号换向片，与 1 号元件的尾端相接。第 2 个元件的下层边放在 6 号槽，尾端连接到 3 号换向片。其他元件依次类推，最后第 16 号元件的尾端连到了 1 号换向片，与第 1 个元件的首端接在了一起,使得整个电枢绕组连成了一个闭合回路。

在图 1.17 中还绘出了 4 个磁极,磁极宽度为 0.6～0.7 倍极距。本书约定,N 极磁力线方向为进入纸面,S 极磁力线方向为流出纸面。假定电枢的转动方向是从右向左,根据右手定则,可以确定各元件边中感应电势的方向,N 极下的元件边中感应电势由上而下,S 极下的则由下而上。

为了能在正负电刷间获得最大的感应电势,电刷应与处在几何中性线上的元件所连的换向片相接触。在图示瞬间,4 个电刷分别接触(1,2)、(5,6)、(9,10)及(13,14)这 4 组换向片,而这 4 组换向片所连接的元件分别是第 1、5、9、13 号元件,均处于几何中性线上。

电刷 A_1 和 B_1 将元件 1、2、3、4 串联成一条**支路**,其中元件 1 被电刷 A_1 短路;电刷 B_1 和 A_2 将元件 5、6、7、8 串联成一条支路,其中元件 5 被电刷 B_1 短路;电刷 A_2 和 B_2 将元件 9、10、11、12 串联成一条支路,其中元件 9 被电刷 A_2 短路;电刷 B_2 和 A_1 将元件 13、14、15、16 串联成一条支路,其中元件 13 被电刷 B_2 短路。基于以上分析,可以画出如图 1.18 所示的单叠绕组的支路连接图。

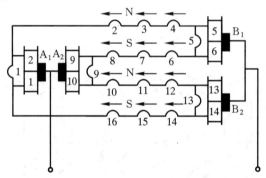

图 1.18　单叠绕组支路连接图(4 极 16 槽)

在直流电机中,通常用 a 表示电枢绕组的并联**支路对数**,用 $2a$ 表示**支路数**。上述单叠绕组的支路对数 $a=2$,支路数 $2a=4$。普遍来讲,如果直流电机的极对数为 p,则单叠绕组 $2a=2p$ 或 $a=p$。另外,电刷组的数目等于磁极数 $2p$。

直流电机运行时,电刷位置不动,电枢绕组随转子一同旋转,每个元件都不断地顺次向它前面一个元件所处的位置移动,所以,直流电机的每条支路所串联的具体元件在不断变化,但每条支路所串联的元件数目却是相对不变的。

5. 单波绕组

单波绕组的连接规律是:从某一换向片出发,把相隔约为一对极距的同极性磁极下对应位置的所有元件串联起来,回到与出发换向片相邻的换向片,再从此换向片出发,按同样的规律继续连接,直到把所有的元件连完,最后再回到起始换向片,构成一个闭合回路。绕组连接过程如波浪般前进,所以被称为波绕组。

下面以 $Z_u=Z=S=K=15, 2p=4$ 为例说明单波绕组的连接规律和特点。

将已知数据代入式(1.4)可得

$$y_1=\frac{Z_u}{2p}\mp\varepsilon=\frac{15}{4}-\frac{3}{4}=3$$

将已知数据代入式(1.6)可得

$$y=\frac{K-1}{p}=\frac{15-1}{2}=7$$

第二节距和换向器节距为

$$y_2=y-y_1=7-3=4, y_K=y=7$$

按上述连接规律可绘出该例的单波绕组展开图,如图 1.19 所示。

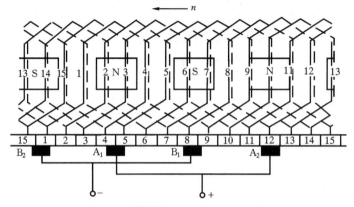

图 1.19　单波绕组展开图(4 极 15 槽)

图中磁极、电刷位置及电刷极性判断与单叠绕组相同。可以看出,$\frac{Z_u}{2p}$ 不是整数,但电刷仍要与几何中性线的元件所接的换向片相接触。

也可以取 $y_1=4, y_2=3$,画出绕组图。

按照各元件的连接顺序,可以画出如图 1.20 所示的支路连接图。由图中可见,由于单波绕组是将所有 N 极下的元件串联构成一条支路,将所有 S 极下的元件串联构成另一条支路,所以无论电机极数多与少,单波绕组只有两条支路即 $2a=2$。单波绕组的电刷组数一般仍等于磁极数。

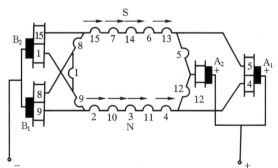

图 1.20　单波绕组支路连接图(4 极 15 槽)

单波绕组支路数少,一般用于小容量和电压较高或转速较低的电机;单叠绕组主要用于中等容量、正常电压和转速的电机;复式绕组主要用于中大容量电机。

1.4 直流电机的额定值

在直流电机外壳的铭牌上,给出了直流电机的型号和额定运行时各物理量的数值。以电动机为例,型号 Z4-12 中,Z 表示直流电机,4 表示第 4 次改型设计,12 中的 1 表示 1 号机座,2 表示采用长铁心。额定值是电机长期运行时各物理量的允许值。

直流电机的**额定值**主要有**额定功率** P_N(单位 kW)、**额定电压** U_N(单位 V)、**额定电流** I_N(单位 A)、**额定转速** n_N(单位 r/min)和**额定励磁电压** U_{fN}(单位 V)等。

对于直流发电机,额定功率指的是输出的电功率,有

$$P_N = U_N I_N \tag{1.8}$$

对于直流电动机,额定功率指的是输出的机械功率,有

$$P_N = T_N \Omega_N \text{ 或 } P_N = U_N I_N \eta_N \tag{1.9}$$

式中:T_N 为**额定输出转矩**,Ω_N 为**额定角速度**,η_N 为**额定效率**。

由于 $\Omega_N = \dfrac{2\pi n_N}{60}$,转矩、功率和转速之间具有如下关系:

$$T_N = \frac{P_N}{\Omega_N} = \frac{60}{2\pi} \frac{P_N}{n_N} = 9.55 \frac{P_N}{n_N} \tag{1.10}$$

额定励磁电流 I_{fN} 是指电机在额定电压、额定电流及额定转速下运行时所对应的励磁电流值,一般不在铭牌上标出。

如果电机在运行时,各个量都达到其额定值,则称其处于**额定运行状态**;超过额定值,称其处于**过载**运行状态,长时间过载运行可能损坏电机;负载较小,各个量远小于额定值,被称为**轻载**,轻载时电机的效率较低。因此,选择电机时应根据实际负载的要求,尽量使电机在额定或接近额定状态下运行。

本章小结

直流电机的基本原理基于电磁感应定律和电磁力定律,可以用两个简单的公式 $e=Blv$ 和 $f=BIl$ 来描述。直流电机的模型结构包括一对磁极、一对电刷、一个线圈和一对换向片。要结合模型结构理解直流电机作为发电机运行和作为电动机运行的基本原理,特别注意电刷和换向器在直流电机中的作用。

实际的直流电机包括定子和转子(电枢)两大部分,要对各部分主要零部件如主磁极、励磁绕组、机座、电刷结构、电枢铁心和绕组、换向器等构成和作用有清晰的认识。另外,定、转子之间的气隙对电机性能有重大影响。

电枢绕组是直流电机实现机电能量转换的关键部件,应该理解与电枢绕组相关的一些基本概念,如绕组元件、节距、支路对数、支路连接图等。对最简单的单叠绕组和单波绕组要能看懂绕组展开图,理解电枢电路的特点,认识其绕组元件之间的连接规律。

还应了解直流电机各额定值的含义。

习题与思考题

1-1 一台直流发电机,电枢绕组为右行单叠绕组,极数为 4,转子槽数、元件数和换向片数均为 20,每槽中放上、下各一个元件边。试求:(1)绕组节距 y_1、y_2、y 及 y_K;(2)画出绕组展开图及磁极和电刷位置;(3)自设一个电枢旋转方向和磁极极性,标出相应的电刷极性;(4)求出支路数。

1-2 已知一台直流电动机,极对数 $p=2$,转子槽数、元件数和换向片数均等于 19,左行单波绕组,试求:(1)绕组节距 y_1、y_2、y 及 y_K;(2)画出绕组展开图及磁极和电刷位置;(3)自设一个电枢旋转方向和磁极极性,标出相应的电刷极性;(4)求出支路数。

1-3 一台直流发电机的额定值如下:$P_N=67$ kW,$U_N=115$ V,$n_N=960$ r/min,$\eta_N=87\%$。求额定电流 I_N。

1-4 一台直流电动机的额定值如下:$P_N=125$ kW,$U_N=220$ V,$n_N=1500$ r/min,$\eta_N=89.5\%$。求输入功率 P_1 和额定电流 I_N。

1-5 在直流电机中,为什么电枢线圈或导体中的电势为交变电势,而电刷引出电势却为直流电势?

1-6 直流电机由哪些主要部件组成,它们的功用是什么?

1-7 为什么直流电机的电枢铁心必须用硅钢片叠成,而定子磁极铁心却用普通钢片?

1-8 直流电机的电枢绕组自成闭合回路,当电枢旋转而在其中产生感应电势时,会不会产生环流?为什么?

1-9 直流电机的电枢绕组自成闭合回路,若有一处断开,会产生什么后果?

1-10 $2p=4$ 的单叠绕组电机,如果故意拿去一对正负电刷,对电机运行有什么影响?

1-11 直流发电机和直流电动机的额定功率是指什么?一台直流电机在运行时的功率大小是由什么决定的?

第 2 章 直流电机的基本理论

2.1 直流电机的励磁方式

定子上的励磁绕组和转子上的电枢绕组是直流电机的两个基本绕组，**励磁方式**就是指这两个基本绕组之间的连接方式。不同的励磁方式将使电机的运行特性表现出较大的差别。

电刷与换向器滑动接触、电枢绕组一起构成电枢电路，用如图 2.1(a)所示的符号表示；励磁绕组构成励磁电路，用如图 2.1(b)所示的符号表示。

图 2.1 直流电机各回路的表示符号
(a)电枢回路；(b)励磁回路

图 2.2 表示采用不同励磁方式时，励磁绕组与电枢绕组之间的连接方式。按励磁方式可将直流电机分为他励、并励、串励和复励电机。

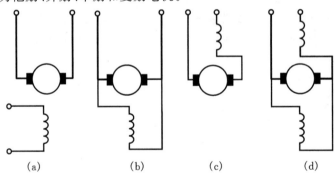

图 2.2 直流电机的励磁方式
(a)他励；(b)并励；(c)串励；(d)复励

他励电机：励磁电路与电枢电路不连接，励磁电流由独立的直流电源供电，如图 2.2(a)所示。也可以用永久磁铁作为主磁极来代替励磁电源和励磁绕组，这类直流电机被称为**永磁直流电机**。

并励电机：励磁电路与电枢电路并联相接，如图 2.2(b)所示。

串励电机：励磁电路与电枢电路串联相接，如图 2.2(c)所示。

复励电机：主磁极上绕有两个励磁绕组，一个和电枢绕组并联相接，被称为**并励绕组**；另一个和电枢回路串联相接,被称为**串励绕组**,如图 2.2(d)所示。当串励绕组产生的磁势和并励绕组产生的磁势方向相同时,被称为**积复励**(或加复励)直流电机;当串励绕组产生的磁势和并励绕组产生的磁势方向相反时,被称为**差复励**(或减复励)**直流电机**。

一般直流发电机主要的励磁方式有复励、他励和并励,直流电动机主要的励磁方式有并励、他励、串励和复励。

2.2 空载时直流电机的气隙磁场

直流电机**空载**是指电枢电流为零或者很小可以忽略不计的情况。空载时只有励磁绕组中流过电流,所以空载时直流电机的**气隙磁场**由励磁绕组单独激励。

空载时,励磁绕组产生**励磁磁势**(也称**主磁势**),励磁磁势施加在直流电机的磁路上,产生**主磁通**和**漏磁通**。主磁通穿过气隙,沿**主磁路**闭合。图 2.3 所示是一台 4 极直流电机空载时的主磁通流通途径的示意图(图中只画出了一条磁路)。从该图可见,主磁通从 N 极发出,穿过气隙,进入电枢(与电枢绕组交链),再次穿过气隙,进入 S 极,经过定子轭部,回到 N 极。

在整个主磁路中,除气隙外,其他各段磁路均由铁磁材料构成,其磁导率比气隙大得多,故总励磁磁势中大部分消耗在气隙中。在磁路不太饱和的情况下,忽略铁心中的磁阻,可以认为全部磁势都施加到气隙上,即气隙各处所加的磁势数值相等。若忽略转子表面齿槽的影响,即认为电枢表面是光滑的,则电枢圆周各点的气隙大小决定了该处磁通密度的大小。由于电机主磁极极靴下的气隙小,且基本上是均匀的,极靴以外气隙较大,所以主磁极极面下磁通密度大且基本相等,极靴外则显著减小,几何中性线处的磁通密度为零。空载时直流电机一个磁极区域的气隙磁通密度的分布如图 2.4 所示。

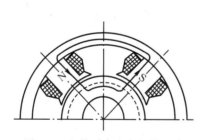
图 2.3 空载时直流电机的磁路

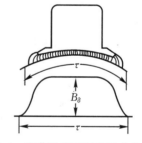
图 2.4 空载时极面下磁场分布情况

漏磁通(图 2.3 中未画出)不穿过气隙,只通过主磁极之间的空间或者主磁极端面与机座、端盖间的空间闭合。漏磁通不与电枢绕组交链,因而不会在电枢绕组中产生感应电势。

2.3 负载时直流电机的气隙磁场

当电机带上负载以后,便有电流流过电枢绕组,被称为**电枢电流**。电枢电流产生**电枢磁势**,此时电机的气隙磁场由励磁磁势和电枢磁势共同激励。电枢磁势的作用使得电机的气隙磁场与空载时相比,分布情况和大小都发生了变化,这种现象被称为**电枢反应**。

1. 电枢磁场的空间分布波形

参看图 2.5,首先分析电枢磁势沿电枢圆周的分布情况。为了简单清楚,图 2.5 中省去了换向器,将电刷与几何中性线上的导体直接相接触;省去了电枢铁心的齿槽,将导体直接放在电枢表面的气隙中;由于槽中上、下层导体电流方向相同,所以每槽只画出一个导体。在图 2.5 中,电刷在几何中性线上,如果作为发电机逆时针旋转,则 N 极下所有电枢导体的电流方向相同且流出纸面,S 极下所有电枢导体的电流方向相同且流入纸面,电枢电流沿电枢圆周的分布情况如图 2.5 所示。如果作为电动机运行,电流分布仍如图 2.5 所示时,电机的转向则为顺时针。尽管电枢在旋转,组成各支路的导体不断轮换,但由于电刷的作用,每个磁极下的各导体的电流方向总是保持不变,从而使电枢磁势成为在空间

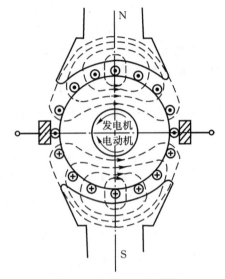

图 2.5 电枢磁场示意图

方向不变的固定磁势。根据右手螺旋定则不难判定,电枢磁势的轴线(幅值位置)在几何中性线上。电枢磁势产生的磁通由电枢铁心发出,穿过气隙,经过主磁极铁心,再次穿过气隙,回到电枢铁心而构成回路。画出磁力线,如图 2.5 中的虚线所示。可以看出,电枢磁场相对于电刷连线对称地分布。

如果把电枢转入某一主磁极下,先遇到的主磁极一边称为前极边,另一边称为后极边,则电枢磁势对主磁极磁场的作用:对发电机来讲,在前极边起去磁作用,在后极边起增磁作用;对电动机来讲,由于在电流分布相同的情况下,电动机和发电机转向相反,所以,电枢磁势在前极边起增磁作用,在后极边起去磁作用。

为了使分析简单,假设电枢铁心表面光滑,并假设电枢绕组在电枢表面均匀、连续地分布。如果电枢表面的总导体数为 N,导体电流为 i_a,电枢直径为 D_a,则电枢圆周上单位长度的平均电流 A 的值为

$$A = \frac{Ni_a}{\pi D_a} \tag{2.1}$$

式中:A 被称为电机的线负荷,单位为 A/m。线负荷的取值对电机的结构尺寸和性能有着重大影响。

如果将图 2.5 所示的图形展开,可得到如图 2.6(a)所示的展开图。取某个主磁极(如 S 极)中心线所在处为原点,在距离原点两侧 $|x|$ 处作一闭合磁路[如图 2.6(b)中虚线所示],当 $|x|<\tau/2$ 时,该闭合磁路所包围的电流总和为 $A \times 2|x|$。根据全电流定律,加在该闭合磁路上的总磁势为 $A \times 2|x|$,忽略铁心中消耗的磁势,则总磁势 $A \times 2|x|$ 消耗在两个气隙上,每个气隙上所加的磁势值为 $F_a(x) = A|x|$。假设磁力线从电枢指向定子,对应的电枢磁势为正,反之电枢磁势为负,则

$$F_a(x) = Ax \quad (-\tau/2 < x < \tau/2) \tag{2.2}$$

式(2.2)表示的是以 S 极中线处为原点,以转向为正方向,原点两侧一个极距范围内电枢磁势的函数式。同样可以写出以 N 极中线处为原点,以转向为正方向,原点两侧一个极距范围内的电枢磁势函数式为

$$F_a(x) = -Ax \quad (-\tau/2 < x < \tau/2) \tag{2.3}$$

在原点(磁极中线处)$x=0$ 处,$F_a=0$;在几何中性线处 $|x|=\tau/2$,$|F_a|=A\tau/2$ 达到其最大值。可见,电枢磁势的轴线(幅值位置)在几何中性线上,零点在磁极中线上。在一个极距 $0<x<\tau$ 的范围内,电枢磁势 $F_a(x)$ 呈三角形分布,如图 2.6(c)所示。

三角波分布的电枢磁势会在气隙圆周上产生怎样的磁场分布呢?在气隙圆周的 x 处,取宽度为 Δx、长度为 δ 的一段气隙,其磁通密度为

$$B_a(x) = \frac{F_a(x)}{R_{mg}}/S_x = \frac{F_a(x)}{\frac{1}{\mu_0}\frac{\delta}{l\Delta x}}/(l\Delta x) = \mu_0 \frac{F_a(x)}{\delta} \quad (-\tau/2 < x < \tau/2) \tag{2.4}$$

式中:$S_x=l\Delta x$ 为磁路截面积,$R_{mg}=\frac{1}{\mu_0}\frac{\delta}{l\Delta x}$ 为磁阻。在磁极表面下,气隙长度 δ 基本不变(或变化很小),于是可以认为磁通密度与电枢磁势成正比;但在极间区域(几何中性线附近),虽然电枢磁势大,但由于气隙长度也大,导致磁通密度反而减小,使得磁通密度分布如图 2.6(d)所示,即 $B_a(x)$ 呈马鞍形分布。

2. 电枢磁场对电机性能的影响

负载运行时的气隙磁场是电枢磁场与主磁场的合成。电枢磁场对主磁场的影响可用图 2.7 解释,图 2.7(a)给出的是空载时气隙磁通密度波即励磁电流单独产生的磁密波 $B_0(x)$,图 2.7(b)给出的是负载时电枢电流所产生的电枢磁通密度波 $B_a(x)$,将 $B_a(x)$ 和 $B_0(x)$ 逐点叠加,便得到负载时的合成气隙磁通密度波 $B_\delta(x)$。

$B_0(x)$ 和 $B_a(x)$ 的轴线(对称轴)相差半个极距,在每个主磁极范围内,半个磁极下 $B_0(x)$ 和 $B_a(x)$ 方向相同,另半个磁极下 $B_0(x)$ 和 $B_a(x)$ 方向相反。$B_0(x)$ 和 $B_a(x)$ 叠加后,半个极面下的磁密增加,另半个极面下的

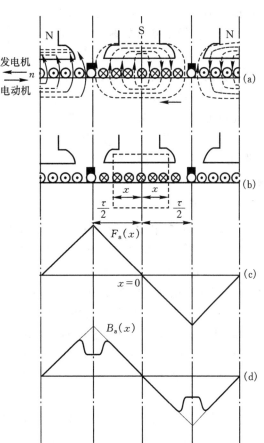

图 2.6 电枢磁场的分布波形
(a)展开图;(b)取原点和回路;
(c)电枢磁场磁势波形;
(d)电枢磁场磁通密度波形

磁密减少。

负载运行时,电枢反应使得磁通密度的分布波形与空载时相比发生了畸变,气隙磁通密度为零的物理中性线偏离了几何中性线。电枢电流越大,电枢反应越强。

如果不考虑饱和,则由于对称的关系,增加的磁通和减少的磁通恰好相等,所以一个极下的总磁通量保持不变,这时气隙合成磁通密度的分布如图 2.7(c)中的实线所示。

实际电机存在一定的饱和情况,所以在考虑饱和时,半个极下磁密的增加量总是小于另外半个极下磁密的减少量,这样,由于电枢反应,使得一个极下的总磁通量有所减少。此时气隙合成磁通密度波形如图 2.7(c)中的虚线所示。

由此可见,考虑饱和时,电枢反应不但使得气隙磁场发生畸变,而且具有一定的去磁作用,因此会给电机性能带来不良影响。

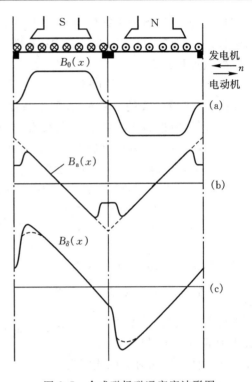

图 2.7 合成磁场磁通密度波形图
(a)空载时主磁极磁通密度波形;
(b)电枢磁场磁通密度波形;
(c)合成磁场磁通密度波形

3. 补偿绕组

在大型直流电机中,电枢磁势很强,为了克服电枢反应的不良影响,往往采用补偿绕组。补偿绕组的示意图见图 2.8。在定子磁极表面有许多槽,构成补偿绕组的导体就嵌放在这些槽中。补偿绕组的特点是:①它所产生的磁势与电枢磁势方向相反,用来抵消或减小电枢磁势的影响;②它与电枢绕组相串联,使得两个绕组电流同时增减。因此,在任何负载电流下,补偿绕组磁势都可以与电枢磁势相抵消。

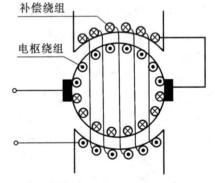

图 2.8 补偿绕组与电枢绕组串联接线示意图

但安装补偿绕组提高了电机成本,只有对电机有较高的要求时,才值得应用。

4. 电刷不在几何中性线的电枢反应

在直流电机中,磁极中线被称为直轴,几何中性线被称为交轴。由于电枢磁势的轴线总是与电刷位置一致,所以当电刷位于几何中性线时,电枢磁势的轴线也处于几何中性线上。轴线与几何中性线重合的电枢磁势被称为交轴电枢磁势,所产生的电枢反应被称为交轴电枢反应。一般直流电机电刷处于正常位置时的电枢反应就是交轴电枢反应。

如果由于某种原因,电刷偏离几何中性线一个角度 β[如图 2.9(a)所示],则电枢磁势的轴线也将逆时针转动角度 β。在这种情况下,可以把电枢磁势分成两部分来分析。在图 2.9(b)中,角度 2β 内的导体所产生的磁势为 F_{ad},其轴线与主磁极的轴线(直轴)重合,被称为直轴电枢磁势;在图 2.9(c)中,角度 $\pi-2\beta$ 内的导体所产生的磁势为 F_{aq},其轴线与几何中性线(交轴)重合,被称为交轴电枢磁势。

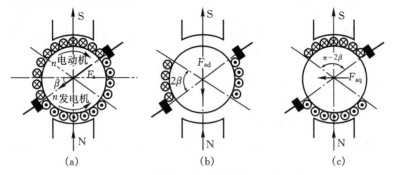

图 2.9 电刷偏离几何中性线时的电枢磁势
(a)电刷偏离几何中性线时的电枢磁势;(b)直轴电枢磁势;(c)交轴电枢磁势

直轴电枢磁势 F_{ad} 的作用从图 2.9(b)可以看出:当顺着发电机转向或逆着电动机转向将电刷移动一个小角度时,F_{ad} 与主磁极磁势方向相反,起去磁作用;当电刷逆着发电机转向或顺着电动机转向移动一个小角度时,F_{ad} 与主磁极磁势方向相同,起增磁作用。所以可把电刷偏离几何中性线时的电枢反应看成一个直轴电枢反应和一个交轴电枢反应的叠加。交轴电枢磁势 F_{aq} 的作用与前面分析的电刷在几何中性线的情况相同,通常被称为交轴电枢反应或简被称为交磁作用。

2.4 电枢绕组中的感应电势

当电枢以一定的转速向一个方向旋转时,嵌在电枢槽中的导体便切割磁力线,产生感应电势。由正负电刷间引出的总感应电势就是电枢绕组每条支路的感应电势,即一条支路中串联的所有导体感应电势之和。假定导体有效长度(嵌放在槽内的部分)为 l,导体切割磁力线的相对线速度为 v,用 B_x 表示某时刻某导体所在处的磁通密度,则此刻该导体感应电势为

$$e_x = B_x l v \quad (2.5)$$

以单叠绕组为例,设电枢绕组的总导体数为 N,共有 $2a$ 条并联支路,忽略被电刷短路的导体,则每条支路有 $N/(2a)$ 个导体。假设这 $N/(2a)$ 个导体均匀连续地分布于一个极下,同时切割不同位置处的气隙磁通密度,产生不同大小的感应电势,如图 2.10 所示。支路电势就是这些导体电势的和,这也就是电刷电势,即

$$E_a = \sum_1^{N/(2a)} B_x l v = lv \sum_1^{N/(2a)} B_x \quad (2.6)$$

式中:和式 $\sum_1^{N/(2a)} B_x$ 为曲线 $B(x)$ 所包围的面积。设 $B_p = \Phi/(\tau l)$ 为平均磁通密度,则 $\sum_1^{N/(2a)} B_x$

可以用直线 B_p 所包围的面积 $NB_p/(2a)$ 来代替，于是式(2.6)可变为

$$E_a = lv\frac{N}{2a}B_p \tag{2.7}$$

假设转速为 n，极对数为 p，则线速度 $v=2pn\tau/60$，结合 $B_p=\Phi/(\tau l)$，式(2.7)变为

$$E_a = l\frac{2pn\tau}{60}\frac{N}{2a}\frac{\Phi}{\tau l} = \frac{pN}{60a}\Phi n = C_e\Phi n \tag{2.8}$$

式中：$\Phi=B_p\tau l$ 为每极磁通。对已经制成的电机，极对数 p、支路对数 a、总导体数 N 均为定值，所以 $C_e=\dfrac{pN}{60a}$ 为常

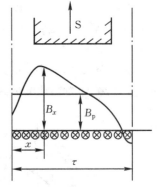

图 2.10　一个极下的合成磁场分布

数，被称为电势常数。可见，电枢绕组感应电势的大小与转速和每极磁通成正比。当转速 n 的单位是 r/min、每极磁通 Φ 的单位为 Wb 时，电枢电势 E_a 的单位为 V。

式(2.8)是基于叠绕组推导出的。对于波绕组，其每条支路中所串联的元件是同一极性的不同极下的元件，但每个元件在磁场中均匀地移过一定的位置，因此可等效地看成 $N/(2a)$ 个元件均匀地分布在一个磁极下，所以电势公式(2.8)也适合于波绕组等其他类型的绕组。

2.5　直流电机的电势平衡方程

2.5.1　直流发电机的电势平衡方程

图 2.11 是他励直流发电机接线图。在电枢回路中，当原动机拖动电枢旋转、电枢绕组切割磁力线产生感应电势 E_a 后，若将负载接入，电枢回路就有电枢电流 I_a 流过。在直流发电机中，I_a 和 E_a 方向相同。电流 I_a 会在电枢回路的电阻 R_a 上产生电阻压降 I_aR_a。由于电刷和换向器之间是滑动接触的，存在一定的接触电阻，通过电流 I_a 时会产生一定的接触电阻压降 ΔU_s。设电枢输出的端电压（负载电压）为 U，根据电路的基尔霍夫定律，电枢回路电势平衡方程为

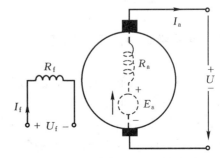

图 2.11　他励直流发电机接线图

$$E_a = U + I_aR_a + 2\Delta U_s \tag{2.9}$$

式(2.9)也适合于采用其他励磁方式的直流发电机。R_a 是电枢回路的所有绕组的总电阻，如果电机装有换向极和补偿绕组，则 R_a 中还应包含换向极和补偿绕组的电阻；如果是串励电机，R_a 中还应包含串励绕组的电阻。$2\Delta U_s$ 表示电流两次通过电刷的接触电阻压降，电刷材料是碳石墨时，一般取 $2\Delta U_s=2$ V。有时为了公式简洁，也将电刷与换向器之间的接触电阻包括到 R_a 中去，这样式(2.9)又可以写成

$$E_a = U + I_aR_a \tag{2.10}$$

2.5.2 直流电动机的电势平衡方程

直流电动机将电源供给的直流电能转换为机械能,带动机械负载转动。由直流电动机的原理可知,当电枢回路接到直流电源 U 时,电枢回路会电枢电流 I_a 流过,I_a 在磁场中受力产生电磁转矩,驱动电枢转动。同发电机一样,转动的电枢绕组切割磁力线,也会产生感应电势 E_a,用右手定则可判定,E_a 与 I_a 反向。由于电动机中的 E_a 有阻止电流流入电枢绕组的作用,因此 E_a 属于反电势。E_a 与 I_a 的方向如图 2.12 中所示。

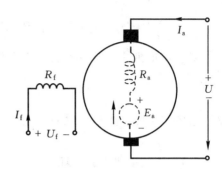

图 2.12 他励直流电动机接线图

在电动机运行状态,外施电压 U 大于反电势 E_a。反电势 E_a、电枢电阻压降 $I_a R_a$ 及电刷接触压降 $2\Delta U_s$ 共同与外施电压 U 相平衡,因此直流电动机的电势平衡方程为

$$U = E_a + I_a R_a + 2\Delta U_s \tag{2.11}$$

当 R_a 中包含电刷与换向器之间的接触电阻时,式(2.11)可以简写为

$$U = E_a + I_a R_a \tag{2.12}$$

2.6 电磁转矩

由直流电动机的原理可知,电枢电流与气隙磁场相互作用将产生电磁转矩,使转子旋转;同样,在直流发电机中,从图 1.1 可以看出,当电枢绕组中流过电流时,也将产生电磁转矩。用左手定则判定电磁转矩的方向后,可以看出:在直流电动机中电磁转矩的方向与转向相同,是拖动转矩或被称为动力转矩;而在直流发电机中电磁转矩的方向与转向相反,是制动转矩或被称为阻力转矩。

电磁转矩的计算公式推导如下。

设导体有效长度为 l,某导体某时刻所在处的磁通密度为 B_x,导体中的电流为 i_a,则该导体所受的电磁力大小为

$$F_x = B_x l i_a \tag{2.13}$$

令 D 表示电枢直径,则该导体作用在电枢上的电磁转矩大小为

$$T_x = \frac{D}{2} F_x = \frac{D}{2} B_x l i_a \tag{2.14}$$

所有 N 个导体产生的电磁转矩之和为

$$T = \sum_{x=1}^{N} T_x = N T_p = N \frac{D}{2} B_p l i_a \tag{2.15}$$

其中,$T_p = \frac{D}{2} B_p l i_a$ 为每个导体所产生的平均电磁转矩;B_p 为每极平均磁通密度。

将 $B_p = \frac{\Phi}{\tau l}$、$D = \frac{2p\tau}{\pi}$ 以及 $i_a = \frac{I_a}{2a}$ 代入式(2.15)可得

$$T = N\frac{p\tau}{\pi}\frac{\Phi}{\tau l}l\frac{I_a}{2a} = \frac{pN}{2a\pi}\Phi I_a = C_T\Phi I_a \tag{2.16}$$

式中:$C_T = \frac{pN}{2a\pi}$ 定义为电机的转矩常数,对于已经制成的电机,C_T 为一固定不变的常数。

可见直流电机的电磁转矩正比于电枢电流和每极磁通。如 I_a 单位为 A,Φ 的单位为 Wb,则 T 的单位为 N·m。

2.7 直流电机的损耗和功率平衡方程

2.7.1 直流电机中的损耗

直流发电机将机械能转换为电能,直流电动机则将电能转换为机械能。在能量转换的过程中必然有损耗。直流电机中的损耗有以下几种。

1. 机械损耗

机械损耗包括轴承摩擦、电刷和换向器的摩擦、通风等所消耗的功率。这些损耗主要受转速影响,当转速变化不大时,它们基本为常量。机械损耗用 p_m 表示。

2. 铁心损耗

虽然磁极产生的是 N、S 极交替分布的恒定磁通,但电枢在磁场中旋转,对电枢铁心来说,磁场是交变的,必然产生涡流损耗和磁滞损耗,总体被称为铁心损耗。铁心损耗的大小近似地与磁通密度 B 的 2 次方及转速的 1.2~1.5 次方成正比。铁心损耗用 p_{Fe} 表示。

3. 励磁损耗

励磁绕组通过励磁电流时,在励磁回路的电阻上会产生损耗,被称为励磁损耗,用 p_f 表示,则

$$p_f = U_f I_f = I_f^2 R_f \tag{2.17}$$

式中:U_f 为励磁绕组两端的电压,I_f 为励磁绕组中的电流,R_f 为励磁回路的总电阻。

机械损耗、铁心损耗和励磁损耗在电机空载运行时就已经存在,总体被称为空载损耗,用 p_0 表示,即

$$p_0 = p_m + p_{Fe} + p_f \tag{2.18}$$

当负载变化时,转速和电压变化不大,p_0 的数值基本不变,故也为不变损耗。

4. 负载损耗

电枢电流在电枢回路中产生的损耗被称为负载损耗,包括电枢绕组的铜耗、与电枢绕组串联的其他绕组(串励绕组、换向极绕组、补偿绕组)的铜耗、电刷和换向器的接触压降损耗。绕组铜耗 p_a 和电刷接触压降的损耗 p_b 分别为

$$p_a = I_a^2 R_a \tag{2.19}$$

$$p_b = 2I_a \Delta U_s \tag{2.20}$$

当负载电流变化时,负载损耗的数值也在变化,故又被称为可变损耗。

5. 附加损耗

除了上述的 4 种基本损耗外,直流电机中还存在着一些少量的难于计算和测量的损耗,

如由于电枢表面齿槽的存在造成磁场脉动引起的损耗,某些结构部件切割磁通产生的损耗等,这些损耗被统称为附加损耗或杂散损耗,用 p_Δ 表示。附加损耗一般按 $p_\Delta = (0.5\sim 1)\% P_2$ 估算,P_2 为输出功率。

2.7.2 直流发电机的功率平衡方程

下面以并励直流发电机为例,分析直流发电机的功率平衡关系。

设原动机由转轴上输入的机械转矩为 T_1,当发电机空载时,原动机拖动发电机在一定的转速下旋转,首先必须克服电机的摩擦等机械损耗、铁心损耗和附加损耗等所产生的空载转矩 T_0,当接上负载后,还要克服电枢电流在磁场中所产生的具有制动性质的电磁转矩,即

$$T_1 = T + T_0 \tag{2.21}$$

设发电机旋转的角速度为 Ω,则原动机由转轴上输入的机械功率为 $P_1 = T_1 \Omega$,电磁转矩所对应的功率 $P_M = T\Omega$ 被称为电磁功率,机械损耗、铁心损耗和附加损耗 $p_m + p_{Fe} + p_\Delta = T_0 \Omega$。因此

$$P_1 = P_M + p_0 = P_M + p_m + p_{Fe} + p_f \tag{2.22}$$

对电磁功率进一步推导,有

$$P_M = T\Omega = C_T \Phi I_a \Omega = \frac{pN}{2\pi a}\Phi I_a \frac{2\pi n}{60} = \frac{pN}{60a}\Phi n I_a = E_a I_a \tag{2.23}$$

可以看出,电磁功率既可由机械量 T 和 Ω 相乘而得,也是电量 E_a 和 I_a 的乘积,所以电磁功率反映了机械能转换为电能的转换环节。

另由直流发电机的电势平衡方程式(2.9)可知

$$E_a = U + I_a R_a + 2\Delta U_s \tag{2.24}$$

两边乘以 I_a 得

$$E_a I_a = UI_a + I_a^2 R_a + 2\Delta U_s I_a = UI_a + UI_f + I_a^2 R_a + 2\Delta U_s I_a \tag{2.25}$$

即

$$P_M = P_2 + p_f + p_a + p_b \tag{2.26}$$

电磁功率 P_M 扣除电枢回路的电阻损耗 p_a 和电刷接触损耗 p_b 及励磁损耗 p_f 后,即为发电机输出的电功率 $P_2 = UI$。

综上所述,当直流发电机负载运行时,输入的机械功率 P_1 应与输出的电功率 P_2 和电机内部的各种损耗相平衡。一台直流发电机的功率平衡关系可用图 2.13 表示出来,此时,功率平衡方程式为

$$P_1 = P_2 + p_a + p_b + p_f + p_m + p_{Fe} + p_\Delta = P_2 + \sum p \tag{2.27}$$

其中 $\sum p = p_a + p_b + p_f + p_{Fe} + p_\Delta + p_m$ 为电机的总损耗。

发电机的效率

$$\eta = \frac{P_2}{P_1} = \frac{P_2}{P_2 + \sum p} = \frac{P_1 - \sum p}{P_1} \times 100\% \tag{2.28}$$

当负载变化时,电机的总损耗 $\sum p$ 在变化,故效率是随负载的变化而变化的。效率 η 随输出功率 P_2 变化的关系如图 2.14 所示,它是效率曲线的典型情况,各种电机基本相同。

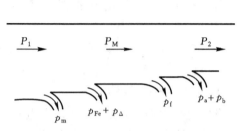

图 2.13 直流发电机的功率流程图

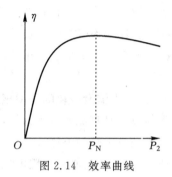

图 2.14 效率曲线

2.7.3 直流电动机的功率平衡方程

下面以并励直流电动机为例,分析直流电动机的功率平衡关系。

直流电动机的电势平衡方程式为

$$U = E_a + I_a R_a + 2\Delta U_s \tag{2.29}$$

两边乘以 I_a 得

$$UI_a = E_a I_a + I_a^2 R_a + 2\Delta U_s I_a \tag{2.30}$$

式中:UI_a 为电源输入电枢回路的电功率,$E_a I_a$ 为电磁功率,$I_a^2 R_a + 2\Delta U_s I_a = p_a + p_b$ 为电枢回路的损耗。上式两边分别加上励磁回路功率 $p_f = UI_f$,可以得到

$$UI_a + UI_f = P_1 = P_M + p_a + p_b + p_f \tag{2.31}$$

这里电磁功率 $P_M = E_a I_a = T\Omega$ 反映了电能转换为机械能的中间环节,电磁功率 P_M 扣除机械损耗 p_m、铁心损耗 p_{Fe} 和附加损耗 p_Δ 后,就是轴上输出的机械功率 P_2,即

$$P_M = P_2 + p_m + p_{Fe} + p_\Delta \tag{2.32}$$

上式两边同除角速度 Ω,得

$$T = T_2 + T_0 \tag{2.33}$$

式中:$T_2 = P_2/\Omega$ 为电动机轴上输出的机械转矩,$T_0 = (p_m + p_{Fe} + p_\Delta)/\Omega$ 为空载转矩。此式被称为直流电动机的转矩平衡方程。

将式(2.32)代入式(2.31)得到电动机的功率平衡方程式为

$$P_1 = P_2 + p_m + p_{Fe} + p_\Delta + p_a + p_b + p_f = P_2 + \sum p \tag{2.34}$$

直流电动机的功率关系可以用图 2.15 表示出来。

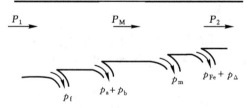

图 2.15 直流电动机的功率流程图

电动机的效率为

$$\eta = \frac{P_2}{P_1} = \frac{P_2}{P_2 + \sum p} = \frac{P_1 - \sum p}{P_1} \times 100\% \tag{2.35}$$

例 2.1 一台他励直流发电机的主要数据：$P_N = 10$ kW，$U_N = 230$ V，$n_N = 1500$ r/min，$2p = 4$，电枢虚槽数 $Z_u = 72$，每元件匝数为 4，每极磁通 $\Phi = 0.0171$ Wb，电枢绕组为单叠绕组。试求：

(1) 额定运行时的电枢感应电势；

(2) 额定运行时的电磁转矩。

解：(1) 电枢总导体数为

$$N = 2Z_u \times 4 = 8Z_u = 8 \times 72 = 576$$

单叠绕组 $a = p = 2$，所以额定运行的感应电势为

$$E_{aN} = \frac{pN}{60a} n_N \Phi = \left(\frac{2 \times 576}{60 \times 2} \times 1500 \times 0.0171\right) \text{V} = 246.24 \text{ V}$$

(2) 额定运行时的电枢电流为

$$I_{aN} = I_N = \frac{P_N}{U_N} = \frac{10 \times 10^3}{230} \text{ A} = 43.48 \text{ A}$$

电磁转矩为

$$T = \frac{pN}{2a\pi} \Phi I_N = \left(\frac{2 \times 576}{2 \times 2 \times \pi} \times 0.0171 \times 43.48\right) \text{N} \cdot \text{m} = 68.16 \text{ N} \cdot \text{m}$$

例 2.2 一台并励直流电动机的主要数据：$P_N = 67$ kW，$U_N = 230$ V，$n_N = 960$ r/min，电枢电阻 $R_a = 0.0271$ Ω，$2\Delta U_s = 2$ V，额定运行时励磁回路的总电阻 $R_f = 44.5$ Ω，铁心损耗 $p_{Fe} = 779$ W，机械损耗 $p_m = 883$ W。不计附加损耗，试求：

(1) 额定运行时的电磁功率；

(2) 额定运行时的电磁转矩；

(3) 额定运行时的效率。

解：(1) 额定运行时的输出功率即为额定功率为

$$P_2 = P_N = 67 \text{ kW}$$

根据直流电动机的功率平衡，电磁功率为

$$P_M = P_2 + p_{Fe} + p_m + p_\Delta = (67 \times 10^3 + 883 + 779 + 0) \text{ W} = 68662 \text{ W}$$

(2) 额定运行时的角速度为

$$\Omega_N = \frac{2n_N \pi}{60} = \frac{2 \times 960 \times \pi}{60} \text{ rad/s} = 100.53 \text{ rad/s}$$

电磁转矩为

$$T = \frac{P_M}{\Omega_N} = \frac{68662}{100.53} \text{ N} \cdot \text{m} = 683.00 \text{ N} \cdot \text{m}$$

(3) 设额定运行时的电枢电流为 I_{aN}，则感应电势为

$$E_{aN} = U_N - R_a I_{aN} - 2\Delta U_s$$

电磁功率为

$$P_M = E_{aN} I_{aN} = (U_N - R_a I_{aN} - 2\Delta U_s) I_{aN}$$

即
$$68662\ \text{W} = [230\ \text{V} - (0.0271\ \Omega)I_{aN} - 2\ \text{V}]I_{aN}$$

解得
$$I_{aN} = 312.78\ \text{A}$$

励磁电流为
$$I_f = \frac{U_N}{R_f} = \frac{230}{44.5}\ \text{A} = 5.17\ \text{A}$$

额定运行的输入电流为
$$I_N = I_{aN} + I_{fN} = (312.78 + 5.17)\ \text{A} = 317.95\ \text{A}$$

输入功率为
$$P_1 = U_N I_N = (230 \times 317.95)\ \text{W} = 73127.83\ \text{W}$$

效率为
$$\eta_N = \frac{P_2}{P_1} \times 100\% = \frac{67 \times 10^3}{73127.83} \times 100\% = 91.62\%$$

本章小结

励磁绕组与电枢绕组之间的连接方式被称为直流电机的励磁方式。不同励磁方式的电机性能差别较大。根据励磁方式可以将直流电机分为他励、并励、串励和复励四种。

直流电机的气隙磁场由主磁极磁势和电枢磁势共同激励。电枢磁势对主磁极激励的空载磁场的影响被称为电枢反应。电枢反应使气隙磁场发生畸变,对电机的换向产生影响。当铁心饱和时,电枢反应产生去磁效应,使每极主磁通减小,直接影响电机的运行性能。在主磁极表面安装补偿绕组可以抵消电枢反应。

直流电机感应电势的计算公式为 $E_a = C_e \Phi n$,即感应电势正比于电机的转速和每极磁通。发电机中的感应电势产生电枢电流,被称为电动势,并且 $E_a > U$,电势平衡方程式为 $E_a = U + I_a R_a + 2\Delta U_s$。电动机中的感应电势反抗电流流入电枢绕组,因此被称为反电势,并且 $E_a < U$,电势平衡方程式为 $U = E_a + I_a R_a + 2\Delta U_s$。

直流电机电磁转矩的计算公式为 $T = C_T \Phi I_a$,即电磁转矩正比于电机的每极磁通和电枢电流。发电机中的电磁转矩为阻力转矩,而电动机中的电磁转矩为动力转矩。直流电机的电磁功率 $P_M = T\Omega = E_a I_a$,显示了电机中机械能与电能之间的转换关系。

直流电机的损耗分为机械损耗、铁耗、铜耗和杂散损耗。这些损耗也同样存在于其他电机中,因此针对损耗和效率的分析具有普遍意义。功率流程图是表征电机内部功率传递关系的有用工具,借助功率流程图更便于列写直流电机的功率平衡方程式,值得注意的是,发电机和电动机的功率流向正好相反。

习题与思考题

2-1 一台直流发电机额定功率 $P_N = 11\ \text{kW}$, $n_N = 1450\ \text{r/min}$, $2p = 4$,电枢为单叠绕组,总

导体数 $N=620$ 根,每极磁通 $\Phi=0.00834$ Wb,试求该台发电机的空载电势。

2-2 一台直流电机,电枢绕组为单叠绕组,磁极数 $2p=4$,槽数 $Z=35$,每槽有 10 根导体,转速 $n_N=1450$ r/min。测得感应电势为 230 V,则每极下的磁通是多少?

2-3 一台并励直流发电机,额定功率 $P_N=82$ kW,额定电压 $U_N=230$ V,额定转速 $n_N=970$ r/min。磁极数 $2p=4$,电枢回路总电阻(包括电刷接触电阻)$R_a=0.026$ Ω,励磁回路总电阻 $R_f=26.3$ Ω。试求:(1) 在额定运行情况下的电磁功率;(2) 在额定运行情况下的电磁转矩。

2-4 一台并励直流发电机,额定功率 $P_N=27$ kW,额定电压 $U_N=115$ V,额定转速 $n_N=1460$ r/min。满载时电枢绕组铜耗为 0.6 kW,励磁绕组铜耗为 0.3 kW,电刷的接触压降 $2\Delta U_s=2$ V。试求电枢电阻 R_a、励磁回路总电阻 R_f,以及在额定运行情况下的额定电流 I_N、励磁电流 I_f、电枢电流 I_a 和电磁转矩 T。

2-5 一台并励直流发电机,已知 $P_N=67$ kW,$U_N=230$ V,$n_N=960$ r/min,$I_N=291$ A,电枢电阻 $R_a=0.0271$ Ω,$2\Delta U_s=2$ V,额定运行时励磁电流 $I_f=5.12$ A,铁心损耗 $p_{Fe}=779$ W,机械摩擦损耗 $p_m=883$ W。不计附加损耗和电枢反应的影响,试求满载时的电磁功率、电磁转矩和效率。

2-6 一台并励直流电机,接于 $U=220$ V 的直流电源上运行。已知并联支路对数 $a=1$,极对数 $p=2$,总导体数 $N=322$,转速 $n=1500$ r/min,每极磁通 $\Phi=0.0125$ Wb,电枢回路总电阻(包括电刷接触电阻)$R_a=0.21$ Ω,铁耗 $p_{Fe}=360$ W,机械损耗 $p_m=200$ W。不计附加损耗和电枢反应的影响,求:(1) 该电机是电动机还是发电机? (2) 电磁转矩;(3) 输出功率。

2-7 一台并励直流发电机,额定电压 $U_N=115$ V,额定电枢电流 $I_{aN}=15$ A,额定转速 $n_N=1000$ r/min,电枢回路总电阻(包括电刷接触电阻)$R_a=1$ Ω,励磁回路总电阻 $R_f=600$ Ω。若将这台电机作为电动机运行,接在 110 V 的直流电源上,当电动机电枢电流与发电机额定电枢电流相同时,不计附加损耗和电枢反应的影响,求电动机的转速。

2-8 直流电机空载时,气隙中的磁通密度按怎样的波形分布?负载后,气隙中的磁通密度分布波形会发生怎样的变化?

2-9 什么是直流电机的电枢反应?电刷处于正常位置时的电枢反应对气隙磁场的分布波形和每极磁通量的大小有什么影响?

2-10 直流电动机的电刷顺着转子转向偏离正常位置一个小角度,负载运行时会产生什么样的电枢反应?

2-11 直流电机的电枢感应电势大小与哪些因素有关?试推导其计算公式。

2-12 直流电机的电磁转矩大小与哪些因素有关?试推导其计算公式。

2-13 试证明等式 $E_a I_a = T\Omega$。

2-14 什么是电磁功率?对直流电动机和直流发电机来说,电磁功率的性质有何不同?

第3章 直流发电机

发电机由原动机拖动,一般转速是保持不变的。除转速外,外部可测量的量有3个:端电压、负载电流和励磁电流。本章要讨论的是当发电机正常稳态运行时,3个可测物理量中有1个保持不变,另外2个之间的函数关系。这些关系可以表征发电机的性能,称之为发电机的运行特性。发电机的运行特性曲线,随着励磁方式的不同而不同。不同励磁方式的发电机适用于不同的用途。

3.1 他励直流发电机的运行特性

3.1.1 开路特性

发电机空载运行时,在转速 $n=$ 常数,负载电流 $I=0$ 的条件下,开路端电压 U_0 随着励磁电流 I_f 变化的关系即 $U_0=f(I_f)$,被称为开路特性。

负载电流 $I=0$ 时,电枢回路电阻压降为 0,由式(2.10)可得

$$U_0 = E_a = C_e \Phi n \tag{3.1}$$

由于 $n=$ 常数,所以 U_0 正比于 Φ,而励磁电流 I_f 又正比于励磁磁势 F_f,因此开路特性曲线 $U_0=f(I_f)$ 与电机的磁化曲线 $\Phi=f(F_f)$ 在形状上完全相似,如图 3.1 所示。一般电机额定电压取在开路特性曲线开始弯曲的膝点附近。由开路特性可以判断额定电压下电机磁路的饱和程度。

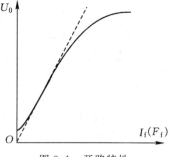

图 3.1 开路特性

3.1.2 外特性

当发电机转速 $n=n_N=$ 常数,$I_f=I_{fN}$ 保持不变(I_{fN} 为额定励磁电流,是指 $n=n_N$、$U=U_N$、$I=I_N$ 时的励磁电流值),改变负载大小时,端电压 U 随着负载电流 I 的变化而变化的关系,即 $U=f(I)$,被称为外特性。

根据式(2.10)有

$$U = E_a - R_a I_a = C_e \Phi n - R_a I_a \tag{3.2}$$

当负载电流 I 增大时,电枢电流 I_a 也增大。根据式(3.2),有2个因素会导致他励直流发电机端电压 U 随着负载的增大而下降:①电枢回路的电阻压降 $I_a R_a$ 随 I_a 增大;②电枢电流的增加使得电枢反应加强,在磁路饱和时电枢反应会产生去磁作用,电枢电流愈大,去磁作用也愈大,因此总磁通 Φ 随着 I_a 增加而减小,在转速不变的情况下,Φ 减小,端电压 U 随之下降。

图 3.2 表示的是他励直流发电机的外特性曲线,它是一条略微下垂的曲线,即端电压 U 随着负载电流 I 的增加而略微下降。

发电机从空载到满载,端电压变化的幅度,可以用电压调整率来表示。电压调整率的定义式为

$$\Delta U = \frac{U_0 - U_N}{U_N} \times 100\% \quad (3.3)$$

式中:U_0 是励磁电流为额定值时的开路电压。对一般的他励直流发电机,$\Delta U = (5 \sim 10)\%$。

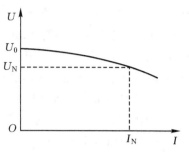

图 3.2 他励直流发电机的外特性

3.2 并励直流发电机的运行特性

3.2.1 并励直流发电机的建压条件

并励直流发电机的励磁绕组与电枢绕组并联,由发电机本身的端电压供给励磁电流,不需要另外的励磁电源。而发电机的端电压的建立又必须依靠励磁电流所产生的气隙磁场,所以,并励发电机的端电压由微小的初始值到正常运行时的较大值,有一个建立电压的过程,被称为自励过程。下面分析并励直流发电机的自励建压过程。

图 3.3 是并励直流发电机的接线原理图。考虑并励直流发电机在空载情况下建立端电压的过程。因为电机的主磁极铁心中通常会有剩磁存在,使得气隙中有一定的剩磁通。当原动机拖动发电机的转子旋转时,电枢绕组切割剩磁场而感应出不大的剩磁电势,剩磁电势加在励磁绕组上就会产生不大的励磁电流,使得主磁极获得一个不大的励磁磁势。若这个励磁磁势产生的磁通方向与剩磁通方向相同,则气隙磁通就会有所加强,感应电势也会随之增大。这样,又进一步促使励磁电流增大,使得气隙磁通继续增强。由于感应电势与励磁电流彼此相互加强,发电机的端电压就逐步上升,最后达到某一稳定值。反之,如果剩磁电势产生的不大的励磁电流所产生的磁通方向与剩磁通方向相反,剩磁通反而被削弱,则发电机就不能建立起有效而实用的端电压。此时,为了能建立起有效的端电压,就应该将励磁绕组和电枢绕组相接的两端互换。

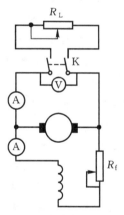

图 3.3 并励直流发电机接线原理图

下面讨论并励发电机自励建压最终能达到的稳定电压值。设励磁绕组本身电阻与励磁回路所串调节电阻之和为 R_f,励磁绕组的电感为 L_f,由于励磁电流在建压过程中是变化的,因此有自感电势,故励磁回路的电势平衡方程为

$$u_0 = R_f i_f + L_f \frac{di_f}{dt} \quad (3.4)$$

式中:u_0 表示励磁回路的端电压,也就是发电机的开路电压,它是励磁电流的函数,其函数关系 $u_0 = f(i_f)$ 就是发电机的开路特性,在图 3.4 中用曲线 1 表示。电阻压降 $i_f R_f$ 随 i_f 变化的

函数是一条过原点的直线,在图 3.4 中用直线 2 表示。图 3.4 中曲线 1 与直线 2 的差值便对应于式(3.4)中的自感电势 $L_f di_f/dt$。当 i_f 从 0 开始增加,在电压未达到稳定值前,由于 i_f 所产生的 u_0 大于 $i_f R_f$,所以 $L_f di_f/dt > 0$,这时励磁电流和电感电势就不断上升;当 i_f 产生的 u_0 正好等于 $i_f R_f$ 时,即自励建压过程达到曲线 1 和直线 2 的交点 A 点时,$L_f di_f/dt = 0$,励磁电流 i_f 不再增加,端电压 u_0 便稳定在某一数值,A 点便是发电机的空载运行点。

空载运行点并非固定,它随着励磁回路的电阻值 R_f 的改变而改变。改变 R_f 就可以改变直线 2 和曲线 1 的交点,也就调节了发电机的空载端电压。直线 $u_f = R_f i_f$ 被称为场阻线,R_f 增大,场阻线的斜率也增大,所建立起的空载端电压就越低。当 R_f 增大到使得场阻线与开路特性的直线部分(即图 3.4 中的直线 3)相切时,便没有固定的交点,无法建立稳定的端电压,与直线 3 的斜率对应的励磁回路总电阻值被称为建压临界电阻。当励磁回路的电阻大于建压临界电阻时(如图 3.4 中的直线 4),所建立的电枢端电压是很低的剩磁电压。

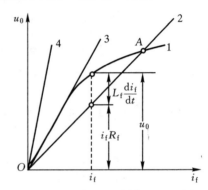

图 3.4 并励发电机的建压过程分析

从上述的自励建压过程可知,要使一台并励发电机能够建立起有效且稳定的端电压,必须满足以下 3 个条件:

(1)电机中有剩磁;

(2)励磁绕组并接到电枢绕组两端的极性正确,使得励磁电流产生的磁通与剩磁通方向相同而相互加强;

(3)励磁回路总电阻值小于建压临界电阻值。

3.2.2 开路特性

并励发电机的励磁电流很小,只占额定电流的(1~3)%。这样微小的电流在电枢绕组中引起的电枢反应和电阻压降,完全可以忽略,故开路电压也就是电枢中的感应电势,因此,并励发电机的开路特性和他励发电机相同,可以接成他励方式通过试验得到。

3.2.3 外特性

并励发电机的外特性 $U = f(I)$ 也是一条下降的曲线,当负载电流 I 增加时,除了电枢回路的电阻压降 $I_a R_a$ 和电枢反应的去磁作用会引起发电机的端电压 U 下降之外,而且由于端电压 U 的下降,还要引起励磁电流 I_f 的减小,使得每极磁通 Φ 减小,故感应电势和端电压会进一步下降。显然,并励直流发电机的外特性曲线的下降程度要比他励直流发电机更大。两者的比较见图 3.5,图中曲线 1 为他励直流发

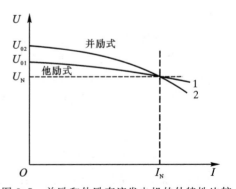

图 3.5 并励和他励直流发电机的外特性比较

机的外特性,曲线 2 为并励直流发电机的外特性。

3.3 复励直流发电机的运行特性

复励直流发电机的接线原理图如图 3.6 所示,相当于并励直流发电机增加了一个串励绕组,所以,复励直流发电机中同时存在两种励磁绕组——并励绕组和串励绕组。如果两个绕组的磁势方向相同,被称为加复励;如果两者方向相反,被称为差复励。这两个绕组中,并励绕组起主要作用,以保证开路时能产生额定电压。复励直流发电机的建压过程同并励直流发电机。

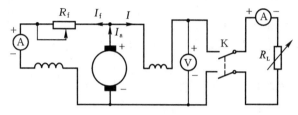

图 3.6 复励直流发电机的接线原理图

3.3.1 开路特性

开路时,负载电流为零,串励绕组不起作用,因此复励直流发电机的开路特性同并励直流发电机。

3.3.2 外特性

复励直流发电机负载运行时,负载电流同时流过串励绕组,会产生串励磁势。串励磁势会影响主磁通的大小,使得感应电势和端电压发生变化,从而影响外特性曲线的形状。

在积复励发电机中,随着负载电流的增加,电枢回路的电阻压降 $I_a R_a$ 和电枢反应的去磁作用有使端电压 U 下降的趋势,但串励磁势有使 Φ 增加从而使端电压 U 升高的趋势。如果串励绕组的作用较大,随着负载电流的增大,在额定电流时端电压就会大于额定电压即 $U > U_N$,被称为过复励;如果串励绕组的作用较小,随着负载电流的增大,在额定电流时端电压就会小于额定电压即 $U < U_N$,被称为欠复励;如果串励绕组的作用适当,使得负载电流达到额定值时,端电压恰好等于额定电压即 $U = U_N$,就被称为平复励。积复励发电机的这 3 种情况对应的外特性曲线表示如图 3.7(图中的曲线以额定电压为空载电压)所示,其中曲线 1 为过复励,曲线 2 为平复励,曲线 3 为欠复励。

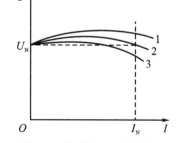

图 3.7 复励发电机的外特性

当负载电流变化时,加复励发电机的端电压变化较小,故在要求电源电压基本不变的场合中,应用比较广泛。

差复励发电机的串励绕组产生的磁势与并励绕组所产生的磁势方向相反,是一个去磁磁势。随着负载电流的增加,差复励发电机的气隙磁通减小很快,使得电枢绕组的感应电势和端电压迅速下降,通常要避免将复励发电机接成差复励。

例 3.1* 有一台并励直流发电机,额定数据为:$U_N = 200$ V,$I_N = 40$ A,$n_N = 1000$ r/min,电枢绕组的电阻 $R_a = 0.25$ Ω,并励绕组的电阻 $R_f = 68$ Ω。额定转速时测得的空载特性数据见表 3.1。

表 3.1 额定转速时的空载特性数据

I_f/A	0	0.5	1.0	1.5	2.0	2.5	3.0
E_0/V	5	90	175	202	210	215	217

不计电枢反应和电刷压降。试求:

(1)额定转速时的建压临界电阻值;

(2)额定运行时,励磁回路需要外加的电阻值。

解:(1)建压临界电阻即为空载特性曲线直线段的斜率。将空载特性绘制成如图 3.8 所示的曲线①,显然第 1 点和第 2 点均处于直线段。利用这两点的坐标可求得建压临界电阻值为

$$R_{f0} = \frac{90-5}{0.5-0} \text{ Ω} = 170 \text{ Ω}$$

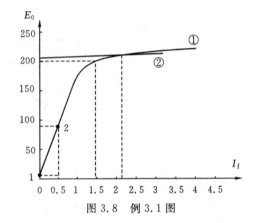

图 3.8 例 3.1 图

(2)额定运行时,励磁电流为 I_f,相应的电枢电流为 $I_a = I_N + I_f$,电势平衡方程为

$$E_0 = U_N + (I_N + I_f) R_a$$

即 $E_0 = 200 \text{ V} + (40 \text{ A} + I_f) \times 0.25 \text{ Ω} = 210 \text{ V} + (0.25 \text{ Ω}) I_f$

据此方程画出对应曲线②,该曲线与空载特性曲线交点处的励磁电流即为额定励磁电流。从图中可以看出,$I_f = 2.1$ A。励磁回路的所需外串的电阻为

$$R_{f1} = \frac{U_N}{I_f} - R_f = \left(\frac{200}{2.1} - 68\right) \text{ Ω} = 27.24 \text{ Ω}$$

本章小结

直流发电机的主要特性是空载特性和外特性。

空载特性是指直流发电机在额定转速下空载运行时,其电枢端电压随着励磁电流变化的函数关系,本质上体现了电机的磁化曲线,因此不同励磁方式的电机都可以接成他励来测量空载特性。

外特性是直流发电机在额定转速和额定励磁电流下负载运行时,端电压随输出电流变化的函数关系。不同励磁方式的直流发电机具有不同的外特性,要学会分析比较他励、并励和复励发电机外特性曲线的区别。

自励发电机建立稳定端电压需要满足三个条件:铁心有剩磁、励磁绕组接法正确以及励磁回路电阻小于建压临界电阻。

习题与思考题

3-1 一台并励直流发电机额定功率 $P_N = 100$ kW，额定电压 $U_N = 230$ V，并励绕组的每极匝数为 940 匝，空载时建立额定电压需要励磁电流 7 A，而在满载时建立额定电压则需要励磁电流 8.85 A。现在将该电机改接为平复励发电机，每极的串励绕组匝数应取多少？

3-2 一台并励直流发电机的外特性如表 3.2 所示。

表 3.2　一台并励直流发电机的外特性

端电压/V	300	285	270	253	238	230
负载电流/A	0	200	400	600	800	900

如果负载电阻为 4 Ω，负载电流和端电压各为多少？

3-3 试述并励直流发电机建立稳定端电压的条件，建立起来的电压大小受哪些因素影响？

3-4 一台并励直流发电机在运行时能够正常自励，但当停机后，原动机的转向改变，而其他均没有变化，再起动后发电机是否还能自励建压？如不能，应如何处理？

3-5 在直流发电机中，如电刷偏离几何中性线，其电枢反应将对端电压产生什么影响？

3-6 交轴电枢反应对直流发电机的外特性有什么影响？

3-7 并励直流发电机在负载运行时，它的端电压大小受哪些因素影响？

3-8 一台加复励直流发电机，如果要求它改变转向后，仍按加复励直流发电机运行，那么接线是否应该改接？为什么？

3-9 如果要使直流发电机电刷的正负极性互换，应采取什么方法？

3-10 假如一台加复励直流发电机和一台差复励直流发电机在空载时的每极磁通相等，当发电机负载时，它们的磁通将怎样变化，哪台发电机的磁通大？

第 4 章 直流电动机

4.1 直流电动机的起动及改变转向

电动机接通电源,转速从零开始上升到某一稳定值的过程就是电动机的起动过程。电动机转子待转但还没有转动的最初瞬间,电源供给的电流被称为最初起动电流,简称起动电流;最初起动瞬间的转矩被称为起动转矩。对于电动机的起动要求,主要有 2 条:①起动转矩要足够大,要能克服起动时的空载转矩和负载转矩,否则电动机就转不起来;②起动电流不能太大,如果起动电流太大,会对电源及电机本身产生有害的影响。

除了小容量的直流电动机,一般直流电动机是不允许直接接到额定电压的电源上进行全压起动的。这是因为在起动的最初瞬间,转速 $n=0$,反电势 $E_a=C_e\Phi n=0$,全压起动时的起动电流(忽略电刷接触电阻压降)为

$$I_{st} = \frac{U}{R_a} \tag{4.1}$$

由于电枢电阻是一个很小的数值,所以全压起动电流很大,将达到额定电流的 10~20 倍。这样大的起动电流将引起电机换向困难(在后续章节中介绍)及供电线路上产生很大的压降等很多问题。因此,必须采取一些适当的方法来起动直流电动机。直流电动机的起动方法主要有电枢回路串电阻起动及降压起动。

4.1.1 电枢回路串电阻起动

如果在电枢回路串入电阻 R_{st}(又称为起动电阻),电动机接到电源的瞬间,起动电流为

$$I_{st} = \frac{U_N}{R_a + R_{st}} \tag{4.2}$$

起动电流将减小,所串起动电阻越大,起动电流越小。若起动转矩大于阻力转矩,电动机开始转动后,电枢反电势 E_a 不再等于 0,在起动过程中,电流为

$$I_{st} = \frac{U_N - E_a}{R_a + R_{st}} = \frac{U_N - C_e\Phi n}{R_a + R_{st}} \tag{4.3}$$

随着转速逐渐升高,反电势 E_a 逐渐增大,起动电流逐渐减小,起动转矩也逐渐减小。为了在整个起动过程中都维持一定的电磁转矩以加快起动,可以将起动电阻 R_{st} 一段一段逐级切除,以使得电动机快速而平稳地进入稳态运行。在完成起动过程后,要将起动电阻全部切除。因为若有部分起动电阻留在电枢回路中,就要消耗较大的电能,而且起动电阻都是按照短时运行方式设计的,长时间通过较大电流就会损坏电阻,所以必须在起动完成后将起动电阻彻底从电枢电路中切除。

起动最初瞬间,$n=0$,$E_a=0$,由式(4.2)可知,起动电流很大,所以在采用电枢串电阻起

动直流电动机之前,应将电枢回路的起动电阻(可变电阻)调至阻值最大的位置,以限制起动电流;又因为起动转矩 $T_{st}=C_T\Phi I_{st}$,起动后的转速 $n=\dfrac{E_a}{C_e\Phi}\approx\dfrac{U}{C_e\Phi}$,所以起动之前应将励磁回路的外串可调电阻调至阻值最小位置,以便产生足够大的磁通,这样可使得起动转矩较大,且能保证起动后的转速不致过大而产生所谓的"飞车"危险。

4.1.2 他励直流电动机降低电枢电压起动

他励直流电动机有独立的电枢电源,可以采用降低电枢电压的方法起动。由式(4.1)可知,降低电枢电压可以减小起动电流。这种方法可使得起动过程中不会有大量的能量被消耗。

并励、串励和复励直流电动机基本上都可采用电枢串电阻的方法来减小起动电流。但特别值得注意的是,串励电动机绝对不允许空载起动,否则电动机将会达到危险的高速,电机也会因此而损坏,其中的原因将在后续章节中论述。

4.1.3 改变直流电动机转向的方法

要改变直流电动机的转向,就必须改变电磁转矩的作用方向。由直流电动机电磁转矩公式 $T=C_T\Phi I_a$ 可知,若要改变电磁转矩的作用方向,只需单独改变主磁极的极性或单独改变电枢电流的方向。如果是并励或他励电动机,只需单独将励磁绕组两引出端对调,或者单独将电枢绕组两引出端对调,即可改变电动机的转向;如果是复励电动机,将电枢绕组两引出端对调而保持各个励磁绕组中的电流方向不变,或者将并励绕组两引出端及串励绕组两引出端同时对调,保持电枢电流方向不变,就可以改变转向。而且这样改变转向后,复励电动机仍运行在积复励状态。

4.2 他励直流电动机的工作特性

工作特性是指当电动机 $U=U_N$、$I_f=I_{fN}$、电枢回路不串电阻的情况下,负载变化时,转速 n、转矩 T、效率 η 等主要物理量随输出功率 P_2 的变化而变化的关系。图 4.1 画出了这些特性曲线,下面分别讨论各个特性。

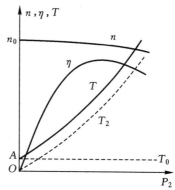

图 4.1 他励电动机的工作特性

4.2.1 转速特性

对于他励或并励电动机,在 $U=U_N$、$I_f=I_{fN}$、电枢回路不串电阻的情况下,如果负载转矩发生变化,则电磁转矩也会发生相应变化,由 $T=C_T\Phi I_a$ 可知,电枢电流 I_a 也将随之改变,必将影响电动机的转速。

由 $U=C_e\Phi n+I_aR_a+2\Delta U_s$ 可得转速表达式

$$n=\frac{U-I_aR_a-2\Delta U_s}{C_e\Phi} \tag{4.4}$$

可见，影响他励电动机转速的因素有两个：①随着电枢电流 I_a 的增加，电枢回路的电阻压降 $I_a R_a$ 增大，使得转速趋向于下降；②随着电枢电流 I_a 的增加，电枢反应的去磁作用增强引起磁通 Φ 略微减小，使得转速趋向于上升。在实际的电机中，一般来说，电阻压降的影响要比电枢反应的影响大，所以，随着电枢电流 I_a 的增加，电动机的转速降低。事实上，直流电动机电枢回路的电阻值很小，所以转速下降得比较平缓。电枢电流 I_a 基本上与输出功率 P_2 成正比，所以 $n=f(I_a)$ 曲线与转速特性曲线 $n=f(P_2)$ 类似，如图 4.1 所示。

4.2.2 转矩特性

他励电动机在负载变化时转速变化不大，可以近似地认为空载转矩 $T_0=$ 常数，由直流电动机的转矩平衡方程式

$$T = T_2 + T_0 = \frac{P_2}{2\pi n/60} + T_0 = \frac{9.55 P_2}{n} + T_0 \quad (4.5)$$

可知，如果不考虑转速的变化，则转矩特性 $T=f(P_2)$ 应为一条直线，与纵坐标交于 A 点，而 $T_2=f(P_2)$ 是一条过原点的直线；如果考虑到在负载较大时，随着 P_2 的增大 n 略有下降，则 $T=f(P_2)$ 曲线在负载较大时略向上翘，如图 4.1 中所示。

4.2.3 效率特性

效率特性是指当电动机 $U=U_N$、$I=I_{fN}$、电枢回路不串电阻时，效率随输出功率变化的函数关系，即 $\eta=f(P_2)$ 曲线，可由式(2.35)计算，曲线如图 4.1 中所示。

4.3 他励直流电动机的机械特性

4.3.1 机械特性方程式

在一定的条件下，直流电动机的电磁转矩与转速这两个机械量之间的对应关系 $n=f(T)$ 被称为机械特性。

在下面分析机械特性的过程中，因为电刷接触电阻较小，为使公式简洁，将电刷接触电阻包括在电枢电阻 R_a 中，不再单独考虑电刷接触压降，同时忽略电枢反应的影响。此外考虑到一般情况，电枢回路中串入一可变电阻 R_p。

将 $T=C_T \Phi I_a$ 代入式(4.4)，可得

$$n = \frac{U}{C_e \Phi} - \frac{R_a + R_p}{C_e C_T \Phi^2} T = n_{0L} - \beta T \quad (4.6)$$

此式被称为直流电动机的机械特性方程，其中 $n_{0L}=\dfrac{U}{C_e \Phi}$ 为理想空载转速，$\beta=\dfrac{R_a + R_p}{C_e C_T \Phi^2}$ 为机械特性斜率的绝对值。对他励电动机，如不考虑电枢反应去磁作用的影响，则认为磁通量 Φ 不随转矩而变，机械特性曲线为一条下降的直线，如图 4.2 中的曲线 1 所示。实际电机在负载运行时，随着转矩的增加，电枢电流会增大，电枢反应的去磁作用也会增强，Φ

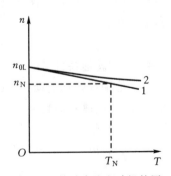

图 4.2 他励直流电动机的固有和实际机械特性

会略有减少,此种情况下,n_{0L}和β的值都会略有增加,但n_{0L}的影响更大一些,使得机械特性曲线相比于直线略微上翘,如图 4.2 中的曲线 2 所示。为分析方便,如无特殊说明,本书将忽略电枢反应对机械特性的影响,认为他励直流电动机的机械特性为一条下降的直线。

4.3.2 固有机械特性

他励直流电动机当电压 $U=U_N$、磁通 $\Phi=\Phi_N$、电枢电路外串电阻 $R_p=0$ 时的机械特性被称为固有机械特性。固有机械特性方程为

$$n = \frac{U_N}{C_e\Phi_N} - \frac{R_a}{C_e C_T \Phi_N^2} T \tag{4.7}$$

由于 R_a 很小,当电磁转矩 T 增加时,转速 n 下降很小,所以他励直流电动机的固有机械特性是一条较为平缓的下降曲线(通常认为是直线),这种特性被俗称为"硬"特性。他励直流电动机的固有机械特性如图 4.2 中曲线 1 所示。

4.3.3 人为机械特性

对他励直流电动机来说,当电枢电压、电枢回路串联的电阻、励磁电流等量发生改变后,相应的机械特性也会随之改变。如果人为地改变其中 1 个量,而另外 2 个量保持不变,所得到的机械特性被称为相应的人为机械特性,分述如下。

1. 电枢回路串入电阻时的人为机械特性

当保持 $U=U_N$、$\Phi=\Phi_N$,在电枢回路串入电阻 R_p 后,其机械特性方程为

$$n = \frac{U_N}{C_e\Phi_N} - \frac{R_a + R_p}{C_e C_T \Phi_N^2} T \tag{4.8}$$

电枢回路串入不同电阻值,就得到相应的不同人为机械特性曲线,如图 4.3 所示,图中 $R_{p3} > R_{p2} > R_{p1}$。可以看出,这些曲线是过理想空载转速 n_{0L} 点的一簇射线,R_p 越大,曲线斜率的绝对值就越大。

2. 改变电枢电压的人为机械特性

当保持 $\Phi=\Phi_N$、电枢回路所串电阻 $R_p=0$,只改变电枢电压时,机械特性方程为

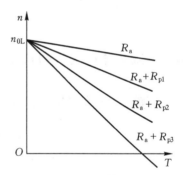

图 4.3 他励直流电动机电枢回路串入电阻时的人为机械特性

$$n = \frac{U}{C_e\Phi_N} - \frac{R_a}{C_e C_T \Phi_N^2} T \tag{4.9}$$

由于电枢电压不能超过额定值 U_N,所以只能在 U_N 以下改变电枢电压的大小。由式(4.9)可以看出,理想空载转速 $n_{0L} = \frac{U}{C_e\Phi_N}$ 随电枢电压的改变而正比变化,而斜率绝对值 $\beta = \frac{R_a}{C_e C_T \Phi_N^2}$ 则保持不变,因此,改变电枢电压的人为机械特性是一组在固有特性以下并与之平行的直线,如图 4.4 所示,图中,$U_1 > U_2 > U_3 > U_4$。

3. 减小电动机气隙磁通的人为机械特性

改变气隙磁通的大小也可以改变他励直流电动机的机械特性,由于直流电动机一般都

运行在饱和或接近饱和的状态而且不允许过饱和运行,因此,只能在额定磁通以下改变气隙磁通的大小。

当保持 $U=U_N$,电枢回路不串电阻,仅改变气隙磁通大小时的机械特性方程为

$$n = \frac{U_N}{C_e\Phi} - \frac{R_a}{C_eC_T\Phi^2}T \tag{4.10}$$

减小励磁电流 I_f 时,Φ 也减小,理想空载转速 $n_{0L}=\frac{U_N}{C_e\Phi}$ 增大,斜率的绝对值 $\beta=\frac{R_a}{C_eC_T\Phi^2}$ 也增大。因此减少气隙磁通的人为机械特性是一簇在固有特性以上的既不平行又不呈放射状的直线,如图 4.5 所示,图中 $\Phi_4<\Phi_3<\Phi_2<\Phi_1\leqslant\Phi_N$。

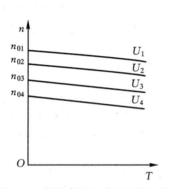

图 4.4 他励直流电动机改变电枢电压时的人为机械特性

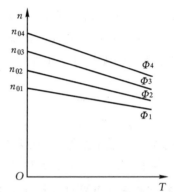

图 4.5 他励直流电动机减少气隙磁通的人为机械特性

4.4 串励直流电动机的机械特性

由直流电动机的基本方程可知,串励直流电动机的机械特性仍为

$$n = \frac{U}{C_e\Phi} - \frac{R_a}{C_eC_T\Phi^2}T \tag{4.11}$$

串励直流电动机的励磁绕组和电枢绕组是串联的,接线原理如图 4.6 所示,励磁绕组通过的电流就是电枢电流 I_a($I_f=I_a=I$),磁通 Φ 随负载电流 I 或电枢电流 I_a 的变化而变化。

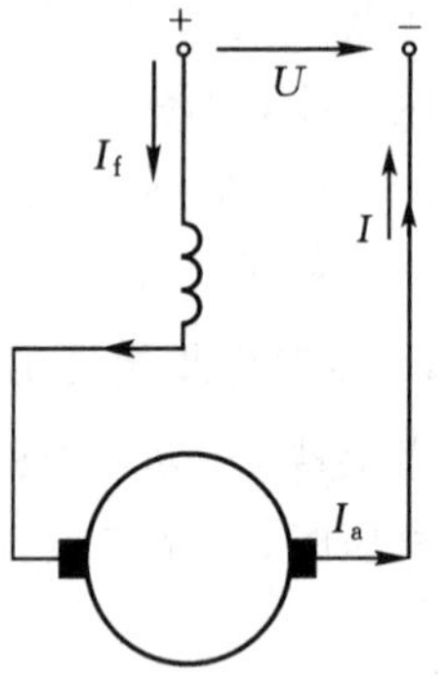

当负载较轻时,I_a 较小,Φ 也较小,可以认为电机处于不饱和状态,此时 Φ 和 I_a 成正比,设比例系数为 K,则有 $\Phi=KI_a$,所以

$$T = C_T\Phi I_a = C_TKI_a^2 \tag{4.12}$$

图 4.6 串励直流电动机的接线原理图

解出 $I_a=\sqrt{T/(C_TK)}$,代入式(4.11)可得

$$n = \frac{U}{C_eKI_a} - \frac{R_a}{C_eK} = \frac{U}{C_e}\sqrt{\frac{C_T}{K}}\frac{1}{\sqrt{T}} - \frac{R_a}{C_eK} = \frac{K_1}{\sqrt{T}} - K_2 \tag{4.13}$$

式中:$K_1=\frac{U}{C_e}\sqrt{\frac{C_T}{K}}$,$K_2=\frac{R_a}{C_eK}$。当电源电压不变时,$K_1$ 和 K_2 均为常数,所以 n 与 $\sqrt{T}$ 大致成

反比例函数关系,当负载转矩增大时,转速下降很快,其机械特性曲线如图4.7所示。由图可见,串励直流电动机的机械特性属于"软"特性。

以上结论是在负载较小即电枢电流 I_a 较小、磁路不饱和的情况下得出的。如果负载增加到一定程度,当 I_a 超过一定值时,磁路开始饱和,I_a 再继续增大,磁通 Φ 变化甚微,式(4.11)的第1项变成了一个近似不变的数值,此时转矩只与 I_a 成正比,又由于 $R_a \ll C_e C_T \Phi^2$,故转速随着负载增加而略微下降,特性变硬,接近于他励电动机,如图4.7的右边部分所示。

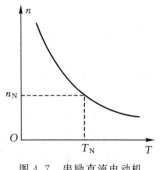

图4.7 串励直流电动机的机械特性

从式(4.12)还可以看出,当负载转矩较小时,转速很高,甚至会超过电动机转速的最高允许值,这会导致电动机结构件的损坏,所以串励直流电动机绝对不允许空载(或轻载)起动及运行。

不考虑饱和效应时,串励电动机的转矩 $T=C_T K I_a^2$,而并励电动机的转矩 $T=C_T \Phi I_a$,即串励电动机转矩正比于电流的2次方,并励电动机转矩正比于电流。同样大小的起动电流,在串励电动机中能产生较大的起动转矩,因此在起动较为困难的场合可采用串励电动机。

电动机输出功率 $P_2=T_2 \Omega$,负载转矩变化时,并励电动机的转速基本不变,因而其输出功率随着转矩近似正比变化;而在串励电动机中,由于转矩增加的同时转速在减小,故功率增加较慢或者说串励电动机具有恒功率运行的特点,有更强的过载能力。

4.5 复励直流电动机的机械特性

复励直流电动机既有并励绕组,又有串励绕组,其接线原理如图4.8所示。复励电动机一般都是积复励,即串励绕组磁势和并励绕组磁势方向相同。当复励电动机中并励绕组起主要作用时,它的运行特性就接近于并励直流电动机;当串励绕组起主要作用时,它的运行特性就接近于串励电动机。所以积复励电动机的机械特性介于并励和串励电动机之间,如图4.9所示。复励电动机空载时,串励绕组磁势虽然很小,但由于并励绕组磁势的存在,使得空载时的磁通 Φ 不至于太小,所以复励电动机的空载转速不会太高,避免了串励电动机轻载或空载时容易出现的"飞车"现象。

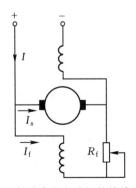

图4.8 复励直流电动机的接线原理图

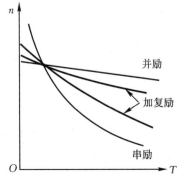

图4.9 复励直流电动机的机械特性

4.6 负载的机械特性

电动机拖动机械负载运转,就构成了一个电力拖动系统,系统的工作状况不仅取决于电动机的特性,同时也取决于负载的机械特性。

机械负载的转矩与转速之间的关系,称之为负载的机械特性(有时也称之为转矩特性),负载的机械特性由负载的性质所决定。

以下介绍几种典型负载的机械特性。

4.6.1 恒转矩负载

恒转矩负载的特点是负载转矩的大小为常量,与转速变化无关。恒转矩负载又分为反抗性和势能性两种类型。

1. 反抗性恒转矩负载

由摩擦力产生恒阻力转矩的负载,均属于反抗性恒转矩负载。这类负载的转矩方向总是与转速的方向相反,负载转矩永远是阻力转矩,其机械特性曲线如图4.10所示,位于第Ⅰ、Ⅲ象限中。

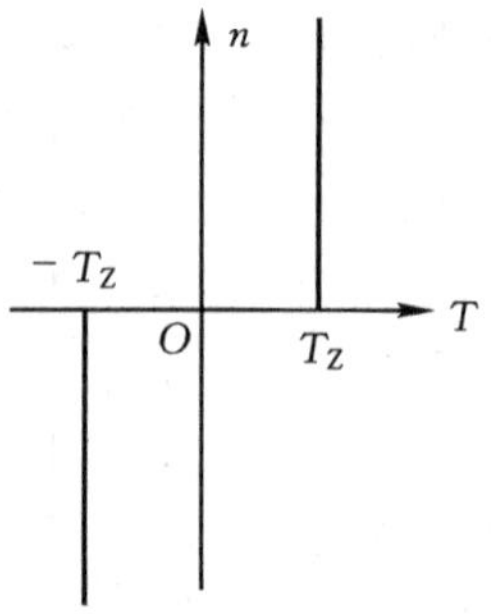

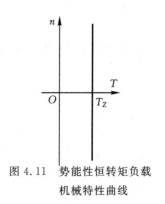

图4.10 反抗性恒转矩负载机械特性曲线

2. 势能性恒转矩负载

这种恒转矩负载在实际应用中有起重机、电梯等。其特点是负载转矩由重力作用产生,转矩方向不因电动机转速大小和方向的改变而改变。例如:当起重机提升重物时,负载转矩为阻力转矩,其作用方向和电动机转动方向相反;当起重机下放重物时,负载转矩的作用方向不变,与电动机转动方向相同。这种负载的机械特性曲线如图4.11所示,位于第Ⅰ、Ⅳ象限中。

图4.11 势能性恒转矩负载机械特性曲线

4.6.2 泵类负载

该类负载的实际应用有水泵、通风机等,其转矩大小与转速的2次方成正比,其特性曲线如图4.12所示。

4.6.3 恒功率负载

在车床上加工工件时,由于工艺的要求,粗加工切削量大,切削阻力大,应开低速;精加工切削量小,切削阻力小,应开高速。此种情况下负载为恒功率负载,在不同转速下,负载转矩基本上与转速成反比,而切削功率基本不变,负载的机械特性曲线呈现恒功率的性质,如图4.13所示。但具体到每次切削中的切削转矩仍属于恒转矩性质的负载。

实际的负载可能是以一种典型情况为主与其他典型情况的组合。

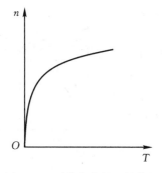

图 4.12 泵类负载的机械特性

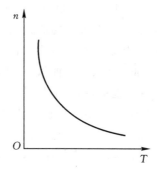

图 4.13 恒功率负载的机械特性

4.7 电动机稳定运行的条件

前面已分别分析了电动机的机械特性和负载的机械特性。下面以最简单的电力拖动系统为例,来分析电动机拖动负载运行的情况。所谓最简单的电力拖动系统,是指电动机与生产机械轴与轴直接相连而组成的拖动系统。实际的拖动系统中,电动机可能是通过多轴变速间接地带动负载运转的,但可以通过折算简化为最简单的拖动系统。

电动机拖动负载运行时,一般情况下负载转矩 $T_2 \gg T_0$,为分析问题方便,通常忽略空载转矩 T_0,即认为 T_2 为全部阻力转矩 T_Z。

由于是轴与轴直接相连,因此,电动机的转速与负载的转速在任何时刻都是相同的,而电动机的电磁转矩 T 和负载的阻力转矩 T_Z 分别受各自机械特性的约束,未必总是相等的。如果 $T > T_Z$,则系统处于加速状态;反之若 $T < T_Z$,则系统处于减速状态;只有当 $T = T_Z$ 时,系统才处于稳速运行状态。将电动机的机械特性 $n = f(T)$ 和负载的机械特性 $n = f(T_Z)$ 画在同一坐标系中,只有两条特性曲线的交点 A 才可能被称为系统的工作点,如图 4.14 所示。图中给出的是一台他励直流电动机和某恒转矩负载的机械特性曲线。

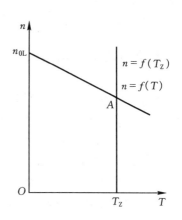

图 4.14 他励直流电动机拖动恒转矩负载的机械特性曲线

两条曲线 $n = f(T)$ 和 $n = f(T_Z)$ 的交点仅仅是电力拖动系统可能的稳定运行点,而不是必然的稳定运行点。系统若要在交点处稳定运行,还必须满足其他稳定性条件。分析表明,电力拖动系统能够稳定运行的充分必要条件是:①电动机的机械特性 $n = f(T)$ 和负载的机械特性 $n = f(T_Z)$ 有交点;②在交点处 $\dfrac{\mathrm{d}T}{\mathrm{d}n} < \dfrac{\mathrm{d}T_Z}{\mathrm{d}n}$。通常情况下,只要电动机的机械特性曲线 $n = f(T)$ 是下降的,电力拖动系统就能稳定运行。

一般来说,拖动系统稳定运行是指:在运行过程中,如果出现一些小的扰动,如电网电压波动或负载转矩大小发生变化,系统转速随之会发生变化,当这些扰动消失后,如果系统能恢复到原来运行状态,则认为原来的运行点是稳定的;反之,如果经过扰动后,转速一直上升或下降到零,则原来的运行点不是稳定运行点。

例如，在图 4.15 中，开始时电动机的机械特性曲线是曲线 1，负载的机械特性曲线是曲线 2，系统在交点 A 运行，转速为 n_A。如果电源电压突然降低，使得电动机的机械特性曲线由曲线 1 突变为曲线 3，开始变化的瞬间，由于机械惯性，转速不能突变，电动机的运行点突变到了 B 点，这时电动机的转矩 T 小于负载转矩 T_Z，电动机会逐渐减速，一直到 C 点，即 $T=T_Z$ 时，系统稳定在 C 点运行。当扰动消失后，电源电压又恢复原值，电动机机械特性曲线又回到了曲线 1。扰动消失的瞬间，转速不能突变，电动机的运行点突变到了 D 点，这时 $T>T_Z$，电动机会逐渐加速，一直到 A 点，即 $T=T_Z$ 时，系统又重新稳定在 A 点运行。

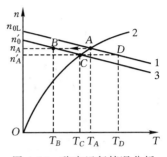

图 4.15 稳定运行情况分析

通过对系统在 A 点运行、出现扰动及扰动消失后的状态变化的分析，可以看出，A 点是一个稳定运行点。在分析中，由于转速变化的机械过渡过程用时比绕组电感引起的电磁过渡过程用时长得多，因此，分析中忽略了电磁过渡过程的影响。

假如电动机的机械特性是一条上翘的曲线，如图 4.16 中的曲线 1 所示，如果这时出现一些小的扰动，如电网电压下降，通过类似上述的分析可知，系统将不能稳定运行。

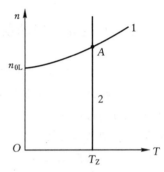

图 4.16 不稳定运行情况

4.8 他励直流电动机的调速方法

电动机拖动机械负载运行时，工作点就是电动机机械特性与负载机械特性的交点。如果调节电动机的参数，使得电动机机械特性发生变化，就可以改变工作点，即改变转速。由电动机机械特性表达式(4.6)可知，他励直流电动机有 3 种调节转速的方法：①改变电枢电压 U；②改变励磁电流 I_f，即改变磁通 Φ；③调节电枢回路串入的电阻 R_p。这三种调速方法实质上是改变了电动机机械特性，使之与负载机械特性交点即工作点改变，达到调速的目的。下面分别介绍这三种方法。为方便分析，设负载均为恒转矩负载。

4.8.1 改变电枢电压调节转速

当他励直流电动机的磁通 $\Phi=\Phi_N$ 保持不变，电枢回路不串电阻，仅改变电枢电压时，电动机机械特性公式(4.6)中的 n_{0L} 值改变，而 β 值不变，此时机械特性为一簇平行于固有特性的曲线，如图 4.17 所示。图中各曲线对应的电压 $U_1>U_2>U_3>U_4$。当改变电枢电压 U 时，电动机机械特性曲线与负载机械特性曲线有不同的交点 A_1、A_2、A_3、A_4，对应于拖动系统不同的工作点，从而使系统获得不同的转速。

一般情况下，电动机的电枢电压 U 不允许超过额定电压

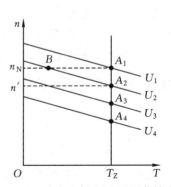

4.17 改变电枢电压 U 调节转速

U_N,所以 U 只能在额定电压 U_N 之下调节。可见,这种调速方法只能在额定电压对应的转速之下改变转速。

例 4.1 一台他励直流电动机,额定功率 $P_N = 10 \text{ kW}$, $U_N = 110 \text{ V}$, $I_N = 107.6 \text{ A}$, $n_N = 1500 \text{ r/min}$,电枢回路总电阻 $R_a = 0.0824 \text{ Ω}$,带动一恒转矩负载运行。在额定运行的情况下,将电枢电压降为 105 V,求稳定后电动机的转速为多少?

解: 调速前为额定运行,电枢电势为

$$E_{aN} = U_N - I_N R_a = (110 - 107.6 \times 0.0824) \text{ V} = 101.13 \text{ V}$$

$$C_e \Phi = \frac{E_{aN}}{n_N} = \frac{101.13}{1500} \text{ V} \cdot \text{min/r} = 0.06742 \text{ V} \cdot \text{min/r}$$

调速前,电磁转矩与负载转矩相平衡;调速稳定后,电磁转矩仍会与负载转矩相平衡。由于电动机拖动的是恒转矩负载,所以调速稳定后的电磁转矩与调速前的电磁转矩相等;又由于题目中的电动机为他励,磁通量也不变。

由 $T = C_T \Phi I_a$ 可知,调速稳定后,电枢电流也不变,即

$$I_a = I_N = 107.6 \text{ A}$$

电枢感应电势为

$$E_a = U - I_a R_a = (105 - 107.6 \times 0.0824) \text{ V} = 96.13 \text{ V}$$

转速为

$$n = \frac{E_a}{C_e \Phi} = \frac{96.13}{0.06742} \text{ r/min} = 1425.8 \text{ r/min}$$

如果例 4.1 中给出的是并励直流电动机,电枢电压变化时,磁通也会发生相应的变化,在分析计算时还应当考虑磁通变化对其他量所产生的影响。

改变电枢电压 U 调速法具有较好的调速性能:①电枢电压 U 的改变,不会引起电动机机械特性中 β 值的改变,即电动机机械特性的"硬度"不变,所以转速稳定性较好;②调速范围较大,同时便于控制,可以做到无级平滑调速,损耗较小。在调速要求较高时,往往采用这种方法。采用该方法的一个限制是转速只能在额定电压对应的转速之下调节。此外,应用该方法时,电枢回路需要一个专门的可调压电源,成本较高。过去用直流发电机作为可调压直流电源,随着电力电子技术的发展,目前一般采用可控硅调压设备。

4.8.2 调节励磁回路电阻,改变励磁电流 I_f 调节转速

调节他励或并励直流电动机励磁回路所串入的可变电阻,改变励磁电流 I_f,即可改变磁通 Φ。在 $U = U_N$ 保持不变,电枢回路不串电阻的条件下,仅减小 Φ 时,电动机机械特性(式 4.6)中 n_{0L} 和 β 值均增大,如果负载不是很大,则会转速升高。Φ 减小越多,转速升得越高。不同的 Φ 值对应不同的机械特性曲线,如图 4.18 所示,图中 $\Phi_1 > \Phi_2 > \Phi_3 > \Phi_4$,各机械特性曲线和负载机械特性曲线的交点分别为 A_1、A_2、A_3、A_4,在不同的交点处有不同的转速。

为使电动机不至于过饱和,磁通 Φ 只能在额定值之下

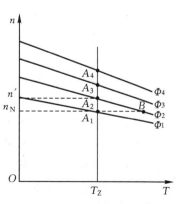

图 4.18 改变励磁电流调速

调节。

例 4.2 一台他励电动机,$U_N=220$ V,$I_N=40$ A,电枢回路总电阻 $R_a=0.5$ Ω,$n_N=1000$ r/min,拖动一恒转矩负载运行。如果增加励磁回路电阻,使磁通减少到 $\Phi'=0.8\Phi_N$,试求:(1)磁通刚减少瞬间的电枢电流;(2)转速稳定后的电枢电流和转速。(不计电枢反应的影响)

解: 额定运行时 $E_a=U_N-I_NR_a=(220-40\times0.5)$ V$=200$ V

$$C_e\Phi_N=\frac{E_a}{n_N}=\frac{200}{1000}\text{ V}\cdot\text{min/r}=0.2\text{ V}\cdot\text{min/r}$$

磁通减小瞬间 $E_a'=0.8E_a=160$ V

$$I_a'=\frac{U_N-E_a'}{R_a}=\frac{220-160}{0.5}\text{ A}=120\text{ A}$$

此时电磁转矩 $T'=C_T\Phi'I_a'=C_T(0.8\Phi)(3I_a)=2.4C_T\Phi I_a$,比原来的电磁转矩增大,如图 4.18 中的 B 点,电动机转矩大于负载转矩,转速上升。

新的稳定状态 $T=C_T\Phi I_a=C_T\Phi''I_a''=C_T(0.8\Phi_N)I_a''$

$$I_a''=\frac{1}{0.8}I_a=\frac{40}{0.8}\text{ A}=50\text{ A}$$

$$E_a''=U_N-I_a''R_a=(220-50\times0.5)\text{ V}=195\text{ V}$$

$$n''=\frac{E_a''}{C_e\Phi''}=\frac{195}{0.2\times0.8}\text{ r/min}=1219\text{ r/min}$$

减少磁通调速通常也称弱磁调速或弱磁增速。由于励磁电流很小,只有额定电流的 $(1\sim3)\%$,在励磁电路中接入可变电阻调速时,功率损失很小,便于控制,而且可以采用连续调节变阻器,实现平滑调速。弱磁调速的限制是转速只能由额定磁通对应的转速向高调,所允许达到的最高转速受电动机本身机械强度及换向能力的限制。

4.8.3 电枢回路串入调节电阻调节转速

他励或并励直流电动机在保持电枢电压 $U=U_N$、磁通 $\Phi=\Phi_N$ 不变,当给电枢回路串入可调电阻 R_p 后,其机械特性表达式如式(4.8)所示。电枢回路的总电阻为 R_a+R_p,使得机械特性斜率的绝对值 β 增大。不同的 R_p 值,对应不同 β 及不同的机械特性曲线,与负载机械特性曲线交于不同的点 A_1、A_2、A_3,即电动机运行在不同工作点,如图 4.19 所示,图中 $R_{p3}>R_{p2}>R_{p1}$,即 R_p 取值越大,β 值就越大。因此增大电阻 R_p 可以降低电动机的转速。

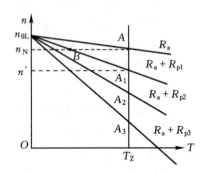

图 4.19 电枢回路串电阻调速

例 4.3 某台他励直流电动机,额定功率 $P_N=10$ kW,$U_N=110$ V,$I_N=107.6$ A,$n_N=1500$ r/min,电枢回路电阻(含电刷接触电阻)$R_a=0.0824$ Ω。若带动一恒转矩负载运行,在运行中电枢回路串入电阻 $R_p=0.1$ Ω 后,试求:(1)刚串入电阻瞬间的电枢电流 I_a;(2)转速稳定后的电枢电流 I_a;(3)转速稳定后电动机的转速。

解: 在额定功率运行时,工作点在 A 点,感应电势为

$$E_a = U_N - I_N R_a = (110 - 107.6 \times 0.0824) \text{ V} = (110 - 8.9) \text{ V} = 101.1 \text{ V}$$

注：他励电动机可用 I_N 直接代替 I_a；如果是并励电动机，则应先求出 I_a 后代入。

刚串入电阻的瞬间，由于转速不能突变，磁通 Φ 不变，感应电势 E_a 也不变，因此这时的电枢电流将骤然降为

$$I_a = \frac{U_N - E_a}{R_a + R_p} = \frac{110 - 101.1}{0.0824 + 0.1} \text{ A} = 48.794 \text{ A}$$

电枢电流减小后，电动机的电磁转矩也减小，如图 4.19 中的 B 点，在负载转矩不变的情况下，电动机的转速将降低。

随着电动机转速的降低，感应电势 E_a 也将逐渐减小，电枢电流和电磁转矩开始增大，最终增大到和负载转矩平衡，在新的稳定转速下运行，如图 4.19 中的 A_1 点。由于是恒转矩负载，所以当磁通 Φ 不变时，电动机的电磁转矩还应恢复到原来的值，即 $T = C_T \Phi I_a =$ 常数。电枢回路串入电阻 R_p 后，在新的稳定状态，电枢电流 I_a 也应等于原值，即 $I_a = I_N = 107.6$ A。这时感应电势为

$$E_{a1} = U_N - I_N(R_a + R_p) = [110 - 107.6 \times (0.0824 + 0.1)] \text{ V}$$
$$= (110 - 19.6) \text{ V} = 90.4 \text{ V}$$

由电势公式 $E_a = C_e n \Phi$ 可知，在 Φ 不变时，$E_a \propto n$，所以电枢回路串入电阻稳定后的转速为

$$n_1 = n_N \frac{E_{a1}}{E_a} = \left(1500 \times \frac{90.4}{101.1}\right) \text{ r/min} = 1341 \text{ r/min}$$

显然，电枢回路串入电阻调速方法的特点是：设备简单，但只能使电动机的转速降低，且低速时转速变化率较大，使得调速的稳定性变差；此外，由于可调电阻 R_p 接在电枢电路中，流过的电流大，不仅功率消耗大，使电动机效率降低，而且不易做到连续调节，难以实现平滑调速。

4.8.4 不同调速方式时电动机的功率与转矩

电动机的允许输出功率，主要取决于电动机的发热，而发热又主要取决于电枢电流。电动机在不同的转速下，只要电枢电流不超过额定值 I_{aN}，则电动机的额定容量在各种转速下都能得到充分利用。

对电枢回路串电阻调速和调压调速来说，在调速过程中，磁通 Φ 不变。由 $T = C_T \Phi I_a$ 可知，若在不同转速下保持 $I_a = I_{aN}$，则电动机输出转矩 $T_2 \approx T$ 是恒定的，输出功率 $P_2 = T_2 \Omega \propto n$ 是变化的。反之，他励直流电动机驱动恒转矩负载运行时，若采用这两种方法调节转速，在不同的转速下，电枢电流都能保持 $I_a = I_{aN}$ 不变。具有这种特点的调速方法属于恒转矩调速方式。

对于弱磁调速，在调速过程中，磁通 $\Phi = \frac{U_N - I_{aN} R_a}{C_e n} \propto \frac{1}{n}$ 是变化的。若在不同的转速下保持 $I_a = I_{aN}$，则转矩 $T_2 \approx T = C_T I_{aN} \Phi \propto \frac{1}{n}$ 是变化的，输出功率 $P_2 = T_2 \Omega =$ 常数是恒定的。反之，他励直流电动机驱动恒功率负载运行时，若采用弱磁调速，在不同的转速下，电枢电流都能保持 $I_a = I_{aN}$ 不变。具有这种特点的调速方法属于恒功率调速方式。

稳定运行时，电动机的输出功率和转矩取决于负载，所以，调速方式与负载的配合关系，

决定了电动机的容量能否得到充分利用。对恒转矩负载选用恒转矩调速方式,或对恒功率负载选用恒功率调速方式较为适当,否则,电动机在一种转速下电流达到额定值,在另一种转速时可能出现电流超过额定值或电流没能达到额定值的情况。

4.9 直流电动机的制动

在电力拖动系统运行过程中,经常需要采取某些措施使电动机尽快停转,或者从高转速降到低转速运转,或者限制势能性负载在某一转速下稳定运转,停转、减速或限速都涉及电动机的制动问题。实现电动机的制动运行既可以采用机械的方法,也可以采用电磁的方法。电磁制动就是使电动机产生与其旋转方向相反的电磁转矩,以达到制动的目的;电磁制动的特点是制动转矩大,操作控制方便。直流电动机的电磁制动方法有能耗制动、反接制动和回馈制动等。

4.9.1 能耗制动

1. 能耗制动过程

他励直流电动机拖动反抗性恒转矩负载运行,其能耗制动的接线如图 4.20 所示。当闸刀合向电源时,电动机处于正向电动运行状态。需要制动时,将闸刀合向下方,励磁回路仍接在电源上,励磁电流 I_f 和主磁通 Φ 都未变,电枢电路从电源断开,与电阻 R 一起构成电枢回路。此时拖动系统的转动部分由于惯性继续旋转,所以电枢电势 $E_a = C_e\Phi n$ 的方向不变。E_a 将在电枢回路中产生电流 I_a',其方向与 E_a 方向一致,即与原来电动机运行时的电枢电流 I_a 的方向相反,所以电磁转矩 $T = C_T\Phi I_a'$ 与电动机转向相反,为制动转矩,使得转速逐渐下降。这时电动机实际上运行于发电状态,将转动

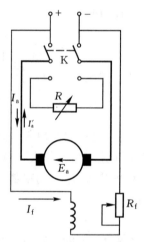

图 4.20 能耗制动的接线图

部分的动能转换成电能消耗在电枢回路的电阻上,所以被称为能耗制动。电阻 R 为限流电阻或称制动电阻。在制动过程中,R 限制制动电流过大,并消耗电能。

从机械特性来分析,由于 $U=0$,$\Phi=\Phi_N$,这时电动机的机械特性函数式变为

$$n = -\frac{R_a + R}{C_e C_T \Phi_N^2} T \tag{4.14}$$

这是一条过原点的直线,如图 4.21 所示。当闸刀合向下方的瞬间,由于转速不能突变,电动机的运行点瞬间从 A 到 B,B 点对应的电磁转矩 $T_B < 0$,起制动作用。在 T_B 和负载转矩 T_Z 的共同作用下,系统减速。此后随着动能的消耗,转速下降,E_a 和 I_a' 也随之减小,制动转矩逐渐减小,电动机的运行点由 B 点沿着能耗制动时的机械特线下降到

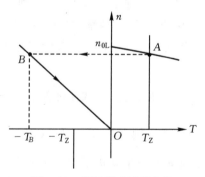

图 4.21 能耗制动过程中的机械特性曲线

原点 O 时,电磁转矩 T 和转速 n 都降为 0。运行点从 $B \to O$ 的变化过程被称为能耗制动过程。

制动电阻 R 越小,能耗制动开始瞬间的制动转矩 T_B 和电枢电流 I'_a 就越大。这种制动方法在转速较高时制动作用较大,随着转速的下降,制动作用也随之减小,在低速时可配合使用机械制动装置,使系统迅速停转。

2. 能耗制动运行

他励直流电动机拖动势能性恒负载运行,例如起重机吊放重物时,如果本来运行在正向电动机状态,即如图 4.22 中的 A 点,若突然采用能耗制动,系统就进入能耗制动过程,转速逐渐降到 0,其运行点由 $A \to B \to O$。在 O 点电磁转矩为 0,若不采取其他的配合制动措施,其后由于势能性恒转矩负载的作用,系统将开始反转。反转后电动机的感应电势 E_a 将反向,电枢电流 I_a 和电磁转矩 T 也随之反向,对下降的重物起制动作用。随着转速的反向升高,E_a、I_a、T 均逐渐增大,最后达到 $T = T_Z$ 而稳定运行在 C 点。在 C 点,系统以转速 n_C 匀速下放重物,其机械特性曲线如图 4.22 所示。C 点的这种稳定运行状态被称为能耗制动运行。电动机电枢回路串入的制动电阻不同,能耗制动运行时系统转速也不同。

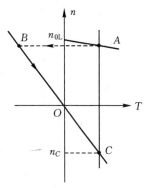

图 4.22 能耗制动运行过程中的机械特性曲线

4.9.2 反接制动

1. 电压反接制动

他励直流电动机电压反接制动的接线如图 4.23 所示。双向闸刀合向上方时,电动机电枢接正向电压 U_N 而处于正向电动运行,合向下方时则为电压反接制动。他励直流电动机的电枢电压突然反接后,电枢电流 I_a 也将反向,由于主磁通 Φ 不变,所以电磁转矩 $T = C_T \Phi I_a$ 反向,由此产生阻碍电动机旋转的制动转矩。

电动机正向运行时,电枢电流 $I_a = \dfrac{U_N - E_a}{R_a}$ 数值较小,电压反接后,$I_a = \dfrac{-U_N - E_a}{R_a}$ 数值很大。为了限制电枢电流,在反接电枢电压的同时必须在电枢回路串入一个足够大的限流电阻 R。

电压反接制动时,$U = -U_N$,$\Phi = \Phi_N$,电枢回路总电阻为 $R_a + R$,电动机的机械特性函数式变为

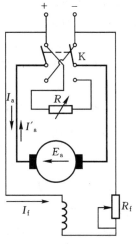

图 4.23 电压反接制动的接线图

$$n = \frac{-U_N}{C_e \Phi_N} - \frac{R_a + R}{C_e C_T \Phi_N^2} T = -n_{0L} - \beta T \quad (4.15)$$

对应的机械特性曲线是一条过 $-n_{0L}$ 点,斜率为 $-\beta$ 的直线,如图 4.24 中的 BE 所示。

电动机拖动反抗性恒转矩负载运行在 A 点。在电压反接的瞬间,转速不能突变,电动机的运行点发生 $A \rightarrow B$ 的突变。在 B 点,电枢电流反向,电磁转矩 $T = C_T \Phi I_a$ 也反向而成了阻碍电动机旋转的制动转矩,电动机开始减速。运行点沿机械特性发生 $B \rightarrow C$ 的变化,在 C 点 $n = 0$,如图 4.24 所示,此时如果 $|T| > |T_Z|$,应迅速将电源开关从电网拉开。否则,在反向电压的作用下,电动机将反向起动,最后稳定在第Ⅲ象限的 D 点运行,如图 4.25 所示。电压反接制动在整个制动过程中均具有较大的制动转矩,因此制动速度快,在需要频繁正、反转的拖动系统中,常常采用这种方法。

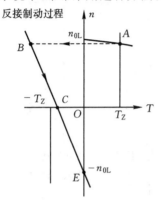 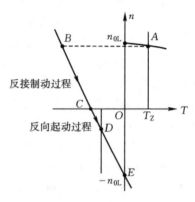

图 4.24 电压反接制动过程的机械特性曲线　　图 4.25 电压反接制动接反向起动的机械特性曲线

2. 电势反接制动

他励直流电动机拖动势能性恒转矩负载运行,电枢回路串入电阻,将引起转速下降,串联的电阻越大,转速下降越多。如果电阻大到一定程度,将使得电动机机械特性曲线和负载机械特性曲线的交点出现在第Ⅳ象限,如图 4.26 中所示。这时电动机按正向转动接线,并加正向电压,但转向却和第Ⅰ象限的正转向相反。

起先,电动机运行在第Ⅰ象限的 A 点,若给电枢回路突然串入较大的电阻 R,其机械特性函数式变为

$$n = \frac{U_N}{C_e \Phi_N} - \frac{R_a + R}{C_e C_T \Phi_N^2} T = n_{0L} - \beta T \quad (4.16)$$

对应的机械特性曲线为一条过 n_{0L} 点,斜率为 $-\beta$ 的下倾直线,如图 4.26 中的 BD 所示。

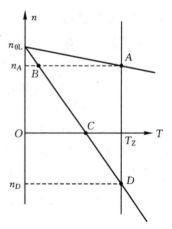

图 4.26 电势反接制动的机械特性曲线

在串联电阻的瞬间,电动机的运行点会发生 $A \rightarrow B$ 的突变,随后系统逐渐减速,运行点发生 $B \rightarrow C \rightarrow D$ 的变化。$B \rightarrow C$ 的过程仍然在第Ⅰ象限进行,属于串电阻降速过程。在 C 点 $n = 0$,若要停机,则必须关断电源并卸掉负载。如果不关电源、不卸负载,则在负载转矩 T_Z 的作用下,系统将反转并进入第Ⅳ象限即 $C \rightarrow D$ 过程,此时 $n < 0$,$E_a = C_e \Phi n < 0$,虽然 $I_a = \frac{U_N - E_a}{R_a + R} > 0$,$T = C_T \Phi I_a > 0$,但由于 T 的作用方向与 n 相反,T 对系统的反转起制动作用,所以 $C \rightarrow D$ 的过程属于制动过程。在此过程中,由于 $E_a < 0$,

所以此过程被称为电势反接制动,又因为系统是被负载转矩 T_Z 拉着反转的,所以该过程也被称为倒拉反转。当运行点到达 D 点后,电磁转矩 T(与反转的 n 反方向)与负载转矩 T_Z(与反转的 n 同方向)重新达到平衡,所以 D 点被称为电势反接制动运行点或倒拉反转运行点。

电势反接制动常用于起重设备限速下放重物的场合。在以这种方式(即如图 4.26 中的 D 点)运行时,电动机的电磁转矩对反转的转速(重物下降)起了制动作用,限制了重物下降的速度。改变 R 的大小,即可改变运行点 D 的位置,可使重物以不同的速度匀速下降。

4.9.3 回馈制动

1. 正向回馈制动

如图 4.27 所示,他励直流电动机加额定电压 U_N 拖动恒转矩负载 T_Z 稳定运行在 A 点。如果采用降电压调速,将电压从 U_N 降为 U_1,电动机机械特性曲线向下平移,理想空载转速由 n_{0L} 降为 n_{01}。

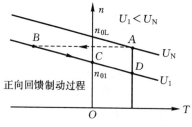

图 4.27 正向回馈制动过程

在降低电压的瞬间,转速不能突变,电动机的运行点从 A 突变到 B,主磁通 Φ 不变,感应电势 $E_a = C_e\Phi n$ 也不变,如果电压下降较多,可能出现 $E_a > U_1$ 的情况,此时 B 点会出现在第 II 象限,电枢电流 I_a 随之反向,电磁转矩 $T = C_T\Phi I_a$ 也变成负值而成为制动转矩。在 T 和 T_Z 的共同作用下,转速下降,运行点从 B 向 C 逐步变化,$B \rightarrow C$ 的过程是制动过程。在 C 点,$n = n_{01}$、$E_a = U_1$、I_a 和 T 均为 0,制动状态结束。此后在 T_Z 的作用下系统继续减速,运行点从 C 向 D 逐步变化,$C \rightarrow D$ 的过程中,$n < n_{01}$,$E_a < U_1$,I_a 和 T 均变为正值,所以 $C \rightarrow D$ 属于电动运行,最后稳定在 D 点运行。这里要特别注意的是 $B \rightarrow C$ 过程,系统运行在第 II 象限,I_a 和 U_1 反向,从电动机流向电源,实际是电动机将电能回馈给电源,而且转向为正,所以 $B \rightarrow C$ 过程被称为正向回馈制动。

电力机车在下坡时,可将驱动机车的直流电动机接成他励,利用正向回馈制动限制车速。在重力加速度的作用下,原来正向电动运行的电动机的转速超过理想空载转速即 $n > n_{0L}$ 时,电枢电势 $E_a = C_e\Phi n$ 随之增大到大于电源电压即 $E_a > U$,电枢电流 I_a 反向,从电动机流向电源即电动机向电源回馈电能,电磁转矩 T 变负而成为制动转矩,电动机运行在正向回馈制动状态,限制机车速度的进一步上升。

2. 反向回馈制动

他励直流电动机拖动势能性恒转矩负载运行,如果采用电压反接制动,当系统运行在第 IV 象限时,可以利用反向回馈制动,将系统转速限制在某一稳定值。结合图 4.28 所示的机械特性曲线图来分析。

电动机起先在 A 点以电动状态稳定运行。采取电压反接制动后,电动机的运行点会出现 $A \rightarrow B \rightarrow C \rightarrow D \rightarrow E$ 的变化过程。$A \rightarrow B$ 是电压反接制动瞬间工作点的突变,$B \rightarrow C$ 为电压反接制动过程,$C \rightarrow D$ 为反向起动和反向电动运行过程。在

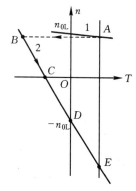

图 4.28 反向回馈制动过程

势能性负载转矩 T_Z 的作用下,系统的反向转速会超过反向理想空载转速 $-n_{0L}$ 而进入第Ⅳ象限即 $C\rightarrow D$ 过程。在 $C\rightarrow D$ 过程中,$|n|>|-n_{0L}|$,$|E_a|>|-U_N|$,电枢电流 I_a 由电机流向电源,向电源回馈电能,并产生阻碍系统反转的电磁转矩。在 D 点,转矩平衡,电动机以较高的转速反转,我们说电动机运行在反向回馈制动状态,限制了系统反转速度的进一步上升。

4.10 直流电机的换向

直流电机运行时,旋转的电枢绕组元件经过电刷从一条支路进入另一条支路,元件中的电流改变方向,这一过程被称为换向。

图 4.29 表示了电枢旋转时一个单叠绕组元件通过电刷换向的过程,为简便起见,图中所画电刷宽度等于换向片宽度,电枢从右向左旋转,电刷的左边有一条支路,右边也有一条支路,两条支路中的电流大小均为 i_a,左边支路电流方向为从左向右,右边支路电流方向为从右向左,两条支路电流汇聚成 $2i_a$ 通过电刷引出。

在图 4.29(a)所示的瞬间,电刷仅与换向片 1 接触,两条支路的电流均经过换向片 1 流向电刷。跨接在换向片 1 和换向片 2 之间的线圈 1 即将经历换向过程,该线圈电流方向为从右向左。当电枢旋转到电刷同时与换向片 1 和换向片 2 接触时,线圈 1 被电刷短路,正在经历换向过程,如图 4.29(b)所示。当电枢旋转到电刷仅与换向片 2 接触时,线圈 1 从右边支路进入了左边支路,其电流方向也变为从左向右,线圈 1 就完成了换向过程。通常把正在经历换向过程的线圈称为换向元件,把换向过程所需的时间称为换向周期 T_h。在一般电机中,$T_h \approx 0.0005 \sim 0.002$ s,即换向周期非常短促。

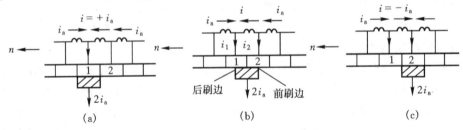

图 4.29 一个线圈的换向过程
(a) 电刷仅与换向片 1 接触;(b) 电刷同时与换向片 1 和换向片 2 接触;(c) 电刷仅与换向片 2 接触

有多种因素会导致直流电机的换向困难,其直接后果就是在电刷下产生火花。当火花大到一定程度时,有可能损坏电刷和换向器表面,从而使电机不能正常工作。因此在直流电机中,对换向过程的研究始终是一个重要课题。

影响换向的电磁方面的原因主要体现在两个方面:一是由于换向周期非常短,换向过程中电流大小和方向的变化会在换向元件中产生自感电势;二是由于电枢反应使换向元件所在处磁通密度不为零,从而在换向元件中产生切割电势。这两种感应电势均有迟滞或阻碍换向元件中电流方向改变的负面作用。

另外还有机械、化学、电刷材料等诸多方面的因素,都能对换向过程产生影响。

从电磁方面改善换向最有效的办法是装换向极,因此除少数小容量电机外,一般直流电机都装有换向极。换向极装在定子上相邻的主磁极之间,即磁场的几何中性线上。换向极所产生的磁势——换向极磁势,一方面要抵消电枢反应磁势,另一方面还要在换向元件中产生感应电势来抵消自感电势,改善换向。换向极绕组与电枢绕组串联,且换向极磁势与电枢磁势方向相反。换向极磁势的大小正比于电枢电流,随着电枢电流的改变而改变,无论负载如何变化,都能实时地抵消电枢磁势。图 4.30 给出了换向极绕组与电枢绕组的连接示意图。

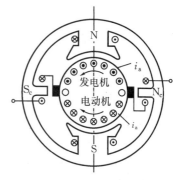

图 4.30 换向极绕组与电枢绕组的连接示意图

对于未安装换向极的小型串励直流电机,可采用移动电刷位置的方法来改善换向。这种方法将电刷从正常位置(与处于几何中性线处的元件所接的换向片相接触)移开一个合适的小角度,使换向元件所产生的切割电势的方向与自感电势的方向相反,相互抵消,以达到改善换向的目的。并励电机采用此方法的缺点是:当电刷移动到某一位置后,切割电势的大小是一定的,而负载变化时,电枢磁势的大小随电枢电流按正比变化,因此不能在任何负载情况下都使两者相互抵消;另外,移动电刷后,还要产生直轴去磁电枢反应,使发电机电压降低,使电动机转速升高,并可能出现运行不稳定现象。因此,此方法只在小容量电机中有所采用。

对于机械、化学、电刷材料等方面影响换向的因素,应针对性地采取措施,如排除机械故障,选用合适牌号的电刷等来改善换向。

大容量及工作条件较困难的直流电机还采用装补偿绕组的办法,用补偿绕组抵消电枢反应对气隙磁场的影响,以改善换向。

本章小结

直流电动机是把直流电能转换为机械能的装置。本章以他励直流电动机为主,讨论了直流电动机的工作特性和机械特性。基于机械特性,分析了电力拖动系统稳定运行的条件,讲述了直流电动机的起动、调速和制动过程的分析与计算。

直流电动机的固有机械特性是指:保持电枢电压和励磁电流为额定值,电枢回路不串电阻时,电动机的两个重要机械量——转速和电磁转矩之间的函数关系。用公式表示为:$n = \dfrac{U}{C_e \Phi} - \dfrac{R_a}{C_e C_T \Phi^2} T$。机械特性是分析直流电动机起动、调速、制动和运行稳定性的基础。

直流电动机直接起动会产生很大的起动电流,为限制起动电流而采取的措施主要是降压起动和电枢回路串电阻起动。

直流电动机的调速方法与三种人为机械特性相对应,分别是:降低电枢电压调速、电枢串电阻调速和降低磁通量调速(弱磁调速)。

直流电动机的电气制动方法包括能耗制动、电压反接制动、电势反接制动、回馈制动等。制动运行时,电磁转矩与转向相反,在机械特性图上,工作点位于第Ⅱ、Ⅳ象限。

最后,对直流电机换向的概念、影响换向的因素以及改善换向的措施作了简单介绍。

习题与思考题

4-1 一台起重机由他励直流电动机拖动,$P_N=11$ kW,$U_N=440$ V,$I_N=29.5$ A,$n_N=730$ r/min,$R_a=1.05$ Ω。若要求以-300 r/min 的转速下放重物,可以采用哪几种方法实现?

4-2 一台直流并励电动机,$P_N=10$ kW,$U_N=220$ V,$n_N=1500$ r/min,额定效率 $\eta_N=84.5\%$,电枢回路总电阻 $R_a=0.316$ Ω,励磁回路的电阻 $R_f=178$ Ω。现欲使电枢起动电流限制为额定电流的 1.5 倍,起动变阻器的电阻应为多大?

4-3 一台直流并励电动机额定数据如下:$P_N=17$ kW,$U_N=220$ V,$n_N=3000$ r/min,$I_N=88.9$ A,电枢回路总电阻 $R_a=0.0896$ Ω,励磁回路的电阻 $R_f=181.5$ Ω。若忽略电枢反应的影响,试求:(1) 电动机的额定输出转矩;(2) 在额定负载时的电磁转矩;(3) 额定负载时的效率;(4) 在理想空载($I_a=0$)时的转速。

4-4 一台直流并励电动机额定数据如下:$P_N=17$ kW,$U_N=220$ V,$n_N=3000$ r/min,$I_N=88.9$ A,电枢回路总电阻 $R_a=0.0896$ Ω,励磁回路的电阻 $R_f=181.5$ Ω。若忽略电枢反应的影响,当电动机拖动额定的恒转矩负载运行时,电枢回路突然串入一电阻 $R=0.15$ Ω,试求:(1) 串入电阻瞬间,电动机的电枢电流和转速;(2) 稳定后电动机的电枢电流和转速。

4-5 一台直流并励电动机,$P_N=7.5$ kW,$U_N=110$ V,$n_N=1500$ r/min,$I_N=82.2$ A,电枢回路总电阻 $R_a=0.1014$ Ω,励磁回路的电阻 $R_f=46.7$ Ω。若忽略电枢反应的影响,试求:(1) 电动机电枢电流 $I_a=60$ A 时的转速;(2) 假如负载转矩不随转速而改变,将电机的主磁通减少 15%,求达到稳定状态时的电枢电流及转速。

4-6 一台直流并励电动机,$P_N=7.5$ kW,$U_N=110$ V,$n_N=1500$ r/min,$I_N=82.2$ A,电枢回路总电阻 $R_a=0.1014$ Ω,励磁回路的电阻 $R_f=46.7$ Ω。原在额定情况下运行,现电源电压突然下降至 100 V,若负载转矩保持不变,试求:(1) 电压下降瞬间的电枢电流;(2) 稳定运行后的电枢电流;(3) 稳定运行后的转速。(分析时假定磁路不饱和,并忽略电枢反应的影响。)

4-7 一台直流并励电动机,$U_N=220$ V,电枢回路总电阻 $R_a=0.316$ Ω,空载时电枢电流 $I_{a0}=2.8$ A,空载转速为 1600 r/min。(1) 如在电枢满载电流为 52 A 时,将转速下降到 800 r/min,在电枢回路中须串入的电阻值为多大?(忽略电枢反应)(2) 这时电枢回路的功率真正输入电枢中的百分比为多少?这说明什么问题?

4-8 一台直流并励电动机,$U_N=220$ V,电枢回路总电阻 $R_a=0.032$ Ω,励磁回路的电阻 $R_f=27.5$ Ω。用该电动机驱动起重机,当使重物上升时,$U=U_N$,$I_a=350$ A,$n=795$ r/min,而将重物下放时(重物负载不变,电磁转矩也近似不变),电压及励磁电流保持不变,转速 $n=300$ r/min,电枢回路中要串入多大电阻?

4-9 一台直流串励电动机 $U_N=220$ V,$I_N=40$ A,$n_N=1000$ r/min,电枢回路总电阻为 0.5 Ω。假定磁路不饱和,试求:(1) 电动机电枢电流 $I_a=20$ A 时,电动机的转速及电磁转矩;(2) 如果电磁转矩保持上述值不变,而电压减低到 110 V,此时电动机的转速及电流。

4-10 一台并励直流电机，在发电机状态下运行时，其换向极能起改善换向作用，当其接线不作任何改变，改作电动机运行，此时换向极是否仍起改善换向作用？

4-11 如果把起动电阻按照图4.31的方法连接，是否恰当，为什么？正确的方法应当怎样连接？

4-12 直流电动机的起动电流取决于什么？正常工作时的工作电流又取决于什么？

4-13 如在并励电动机的励磁回路中接入熔断丝是否合理？可能出现什么后果？

4-14 在起动直流电动机后，若仍把部分起动电阻留在电枢回路内，对电动机的运行情况和起动变阻器有什么影响？

4-15 一台加复励发电机改为电动机运行时，如果串励、并励绕组以及电枢绕组间的相对连接都未改变，试问：这时是加复励电动机还是差复励电动机，为什么？

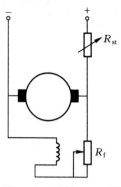

图4.31 习题4-11图

4-16 如何改变以下电机的转动方向：(1)串励电动机；(2)并励电动机；(3)复励电动机。仅仅改变电源的正、负极性，能使转向改变吗？

4-17 为什么并励电动机可以空载运行，而串励电动机不能空载运行？

4-18 一台并励电动机，如果电源电压U、励磁电流I_f和拖动的负载转矩T_Z都不变，若在电枢回路串入适当电阻，电枢电流会不会改变？电动机的输入功率和输出功率有没有变，为什么？

4-19 一台并励电动机，如果电源电压U和拖动的负载转矩T_Z都不变，若减小励磁电流I_f，试问：电枢电流、转速、电动机的输入功率及输出功率将会怎样变化？

4-20 改变励磁回路的电阻调速时，电动机的最高转速和最低转速受什么因素限制？

4-21 采用调压调速时，电动机的励磁绕组为什么要接成他励，如果仍并联在电枢两端会产生什么影响？

4-22 一台并励电动机在拆装时不小心变动了电刷位置，之后在运行过程中负载增大时，电动机的转速愈来愈高，不能稳定运行，试分析这是什么原因引起的。

4-23 某一台串励直流电动机如果接在额定电压不变的50 Hz交流电源上，则该电动机能产生转矩吗？如果能产生转矩，转向是恒定的还是交变的？

思政微课

"中国电机之父"钟兆琳教授与交大"西迁精神"

在西安交通大学兴庆校区电气工程学院大楼前的草坪中间,静静伫立着一尊汉白玉雕像,一位慈眉善目的老人戴着眼镜、微笑地注视着来来往往的学子。他就是被誉为"中国电机之父"的钟兆琳先生。钟先生不仅是学识渊博的电机宗师,而且具有高尚的民族气节和爱国情怀,是"西迁精神"的倡导者和践行者。

钟兆琳教授雕像

20世纪30年代,钟先生主持设计了中国第一台分列芯式互感器和第一台交流发电机、电动机,为中国电机制造工业的起步和发展奠定了重要基础。1955年,国务院决定将交大内迁西安,支援大西北的工业和国防建设。钟先生积极拥护这一决定,并放弃了当年在上海舒适的生活条件,携家带口来到西安,为西安交通大学的创业和发展作出了不可磨灭的贡献。钟老先生执教交大60余载,一直秉持理论与实践相结合的科学理念。除了主持交通大学电机系的教学工作外,钟先生还担任多家民族企业的技术顾问,将毕生所学与民族电机工业的发展紧密结合。他为中国电机教育和中国电机工业的发展培养出不计其数的人才。每届学生毕业,钟先生都要勉励大家"好男儿志在四方",鼓励毕业生到大西北和其他祖国建设最需要的地方去工作。钟兆琳教授晚年仍不懈地为国家发展贡献力量,他深入大西北调研交通和水利建设,并向政府有关部门提供专业建议。

临终前,他将自己毕生积蓄2万余元捐给西安交通大学,用以资助贫困家庭学子完成学业。这一善举促成了西安交通大学"钟兆琳奖学金"的设立。

钟兆琳先生的一生,是致力于实业救国、科学报国、教育强国的一生,是为国家富强和民族复兴不懈奋斗的一生,充分诠释了习近平总书记2020年4月22日在西安交通大学所讲的"西迁精神的核心是爱国主义,精髓是听党指挥跟党走,与党和国家、与民族和人民同呼吸、共命运,具有深刻现实意义和历史意义"。

为了纪念钟先生,西安交通大学电机实验室在他去世后被正式命名为"钟兆琳电机工程实验室"。同学们在完成电机实验课程之后,常会来到钟先生的雕像前,缅怀他的丰功伟绩,感受他的人格魅力。实验室有一台随钟先生一同西迁并至今仍在使用的"开启式直流发电机",在学习直流电机相关内容时,学生们可以去拜访这一"西迁精神"的生动见证者,从中感受那份深深植根于国家建设中的宝贵精神财富。学习钟先生和其他中国电机先贤们不计个人名利得失、全身心投入国家建设的感人事迹,可以使同学们加深对"西迁精神"的理解,激发大家继承和发扬前辈们家国一体的精神,以及学成报国的强烈愿望和远大理想。

钟兆琳电机工程实验室

第二篇

变压器

变压器的作用是将一种电压的交流电能转换为同频率的另一种电压的交流电能,是电力系统中最主要的设备之一。变压器的原理与其他类型电机一样,也是建立在电磁感应定律基础上,所以可以认为它是一种静止感应电机。本篇以电力变压器为主,分析变压器工作原理和运行特性,介绍三相变压器、几种特殊变压器及变压器暂态运行的问题。

第 5 章　变压器的结构、原理及额定值

5.1　变压器的用途和工作原理

变压器属于静止电机，它可将一种电压、电流的交流电能转换为同频率的另一种电压、电流的交流电能。从电力的生产、输送到分配，使用着各式各样的变压器。首先，从电力系统来讲，变压器就是一种主要设备。我们知道，要将大功率的电能输送到很远的地方去，采用较低的电压及相应的大电流来传输是不可能的。这是由于：一方面，大电流将在输电线上产生大的功率损耗；另一方面，大电流还将在输电线上引起大的电压降落，致使电能根本送不出去。为此，需要变压器来将发电机的端电压升高，相应电流即减小了。一般来说，当输电距离愈远，输出功率愈大时，要求的输出电压也愈高。例如，当采用 110 kV 的电压时就可以将 5×10^4 kW 的功率输送到约 150 km 的地方；而当采用 500～750 kV 的高压时，就可以将约 2×10^6 kW 的功率输送到约 1 000 km 的地方。因此，随着输电距离、输送容量的增大，对变压器的要求也越来越高。

大型动力用户只需要 3 kV、6 kV 或 10 kV 的电压，而小型动力与照明用户只需要 220 V 或 380 V 电压，这就必须用降压变压器把输电线上的高电压降低到配电系统的电压，由配电变压器满足各用户用电的电压。图 5.1 即为变压器在电能传输、分配中的地位示意图。

图 5.1　变压器在电能传输、分配中的地位示意图

由上可知，在电力系统中变压器的地位是非常重要的，不仅需要变压器的数量多，而且要求性能好、技术经济指标先进，还要保证运行时安全可靠。

变压器除了在电力系统中使用之外，还用于一些工业部门中。例如，在电炉、整流设备、电焊设备、矿山设备、交通运输的电车等设备中，都要采用专门的变压器。此外，在实验设备、无线电装置、无线电设备、测量设备和控制设备中，也使用着各式各样的变压器。

单相变压器的工作原理图如图 5.2 所示。在闭合铁心上绕有两个线圈（对变压器而言，线圈也

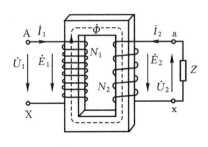

图 5.2　单相变压器工作原理图

可被称为绕组),其中接受电能即接到交流电源一侧的叫作一次绕组(也可被称为原边绕组或初级绕组),而输出电能一侧的叫作二次绕组(也被称为副边绕组或次级绕组)。变压器的工作原理建立在电磁感应原理的基础上,即通过电磁感应,在两个电路之间实现电能的传递。铁心是闭合铁心,用硅钢片叠压制成。

由于一次绕组接通交流电源后,流过一次绕组的电流是交变的,因此在铁心中就会产生一个交变磁通,这个交变磁通在一、二次绕组中感应出交流电势 e_1 和 e_2,该电势的大小 E_1 和 E_2 均正比于磁通的变化率与对应绕组的匝数,由于闭合铁心中的交变磁通一、二次绕组共用,则有

$$\frac{E_1}{E_2} = \frac{N_1}{N_2} \tag{5.1}$$

式中:E_1——一次绕组的感应电势有效值;

E_2——二次绕组的感应电势有效值;

N_1——一次绕组的匝数;

N_2——二次绕组的匝数。

如果略去绕组电阻压降和漏抗压降,则可认为 $U_1 \approx E_1$,$U_2 \approx E_2$,于是有

$$\frac{U_1}{U_2} = \frac{N_1}{N_2} \tag{5.2}$$

此关系式说明了一、二次侧电压之比近似等于其匝数比。因此在一次绕组不变的情况下改变二次绕组的匝数,就可以达到改变输出电压的目的。若将二次绕组与负载相接,二次侧就会有电流流过,这样就把电能传输给了负载,从而实现了传输电能、改变电压(实质上电流、阻抗也改变了,但主要用来改变电压)的要求,这就是变压器工作的基本原理。

5.2 变压器的类型

变压器按不同的分类方式可分成多种类型,列举如下:

按相数可分为单相变压器、三相变压器。

按绕组型式可分为双绕组变压器、三绕组变压器、自耦变电器。

按调压方式可分为无励磁调压变压器、有载调压变压器。

按铁心结构可分为心式变压器、壳式变压器。

按绕组的绝缘和冷却介质可分为油浸式变压器、干式变压器、气体绝缘式变压器。

按用途可分为电力变压器(如升压变压器、降压变压器、配电变压器等)、互感器、试验用变压器、特种变压器(如电炉变压器、整流变压器、换流变压器、移相变压器等)。

按冷却方式可分为自然冷式、风冷式、水冷式、强迫油循环风(水)冷方式等变压器。

5.3 变压器的结构

从变压器的基本原理知,变压器主要是由铁心以及绕在铁心上的一、二次绕组所组成,因此绕组和铁心是变压器的最基本部件——电磁部分。此外,根据结构和运行的需要,变压

器还有油箱及冷却装置、绝缘套管、调压和保护装置等主要部件。下面以绕组和铁心为重点来介绍各部件的结构和作用。

5.3.1 绕组

绕组是变压器的电路部分,它用绝缘扁导线或圆导线绕成。变压器的绕组一般都绕成圆形,因为这种形状的绕组在电磁力的作用下有较好的机械性能,不易变形,同时也便于绕制。为了适应不同容量与电压等级的需要,电力变压器绕组有多种型式,常用的同心式绕组结构如图 5.3 所示。

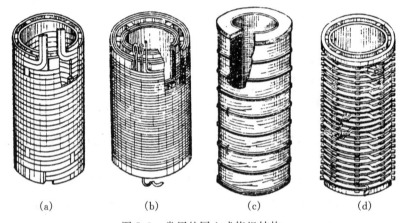

图 5.3 常用的同心式绕组结构
(a)双层式;(b)多层式;(c)分段式;(d)纠结式

根据高压绕组与低压绕组的相对位置,绕组又可分为同心式与交叠式两类。

同心式绕组适用于心式变压器。心式变压器的结构图如图 5.4 所示。大部分同心式绕组都将低压绕组套在里面,高压绕组套在外边。另外,高、低压绕组之间,绕组和铁心之间都必须有一定的绝缘间隙,并用绝缘纸筒把它们隔开。同心式绕组根据绕线方式可分为双层式、连续式、分段式、纠结式等,具体如图 5.3 所示。可以看出,为了便于绝缘,低压绕组套装

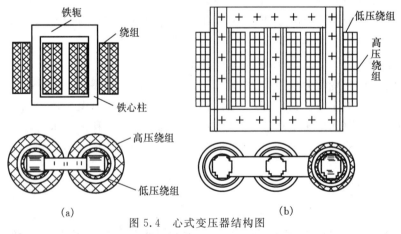

图 5.4 心式变压器结构图
(a)单相心式变压器;(b)三相心式变压器

在靠近铁心柱的地方。

交叠式绕组应用得不多,只是壳式变压器和电压低、电流大的电炉变压器等才采用这种绕组。壳式变压器的结构图如图 5.5 所示。

所谓交叠式绕组就是高压绕组和低压绕组各分别做成若干个线饼沿铁心柱高度依次交错放置的绕组,其结构图如图 5.6 所示。由于绕组均为饼形,因此这种绕组也被称为"饼式"绕组。

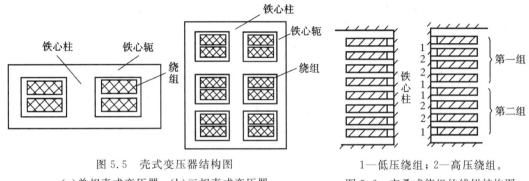

图 5.5 壳式变压器结构图
(a)单相壳式变压器;(b)三相壳式变压器

1—低压绕组;2—高压绕组。
图 5.6 交叠式绕组的线饼结构图

按绕组型式(不论是单相或三相)还可将变压器分为双绕组变压器、三绕组变压器和自耦变压器。其中双绕组变压器是最常用的,即有一个一次侧,一个二次侧;而三绕组变压器有一套一次绕组接交流电源,二次绕组有两套,可同时供两个负载;自耦变压器的一、二次绕组有共同耦合的部分(详见本书 8.1 节)。

变压器绝缘的有关术语和定义,按国标 GB/T 1094.3 的规定执行。

5.3.2 铁心

铁心是变压器的磁路部分,它由薄的硅钢片叠压而成。变压器的铁心有两种基本型式,即心式和壳式。铁心本身由铁心柱和铁轭两部分组成。被绕组包围着的部分被称为铁心柱,铁轭则作为闭合磁路之用。

在图 5.4(a)所示的单相心式变压器中,绕组放在两个铁心柱上,两柱上的对应侧绕组可接成串联或并联。在图 5.4(b)的三相心式变压器中,每相各有一个心柱,用两个铁轭把所有的铁心柱连接起来。

图 5.5(a)的所示的单相壳式变压器具有两个分支的闭合磁路,铁心围绕着绕组的两面,好像是绕组的"外壳"。图 5.5(b)所示的三相壳式变压器可以看作是 3 个并排在一起的单相壳式变压器。

心式变压器较壳式变压器的结构简单,绕组的安置和绝缘比较容易,因而心式变压器目前应用得最为广泛。只有很少的变压器厂生产壳式变压器,一般大容量电力变压器(如电炉变压器)上才采用。

变压器铁心内的磁通是交变的。因而会产生磁滞损耗和涡流损耗,为了减少这些铁耗,铁心通常用含硅量 5% 左右、厚度为 0.23 mm、0.27 mm 或 0.3 mm(也有用其他不同厚度的)且两面涂有绝缘漆的硅钢片叠成。硅钢片又分为冷轧与热轧两种。冷轧硅钢片的电磁性能较热轧硅钢片要好。冷轧晶粒取向磁性钢带推广后，变压器已不再使用热轧硅钢片了。

变压器铁心的交叠方式，就是把裁成长条形的硅钢片用几种不同的排法交错叠压，每层将接缝错开，图5.7～图5.10分别表示变压器铁心的不同叠装方式，即每层用四片式、六片式、七片式等形式交错叠装，这样的好处是各层磁路的接缝不在同一地方，气隙小，磁阻小，可以减少接缝处的铁耗。当硅钢片叠到合适尺寸后用螺杆或夹件夹紧，即成为一个坚固的铁心整体。在装绕组时，先把上面铁轭的钢片抽出套上绕组后，再将铁轭钢片插回去重新夹紧。图5.10中的卷铁心是将硅钢片条料紧密连续卷制而成，铁心柱和铁轭一体，绕组直接绕制在铁心柱上。

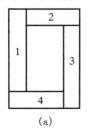 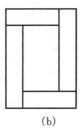

图 5.7　四片式铁心叠装方法
(a)奇数层；(b)偶数层

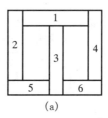 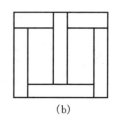

图 5.8　六片式铁心叠装方法
(a)奇数层；(b)偶数层

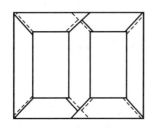

图 5.9　七片式铁心的斜切叠装法

图 5.10　渐开线式铁心的叠装法

卷铁心与传统的叠铁心相比，重量轻，空载损耗和噪声均相对较低，广泛用于小容量节能变压器。卷铁心是将硅钢片条料在专用的铁心卷绕机上不间断、紧密连续卷制而成，其磁通路径与硅钢片的轧制方向一致。卷铁心工艺性能好，材料利用率几乎可达100%。卷铁心必须经高温退火处理，不仅消除了铁心卷制时产生的机械应力，而且细化了硅钢片的磁畴，提高了硅钢片二次再结晶能力，使硅钢片的性能大大优于其出厂时的性能。如图5.10所示，立体三角卷铁心是由三只相同的半圆截面卷铁心组合而成，三相铁心柱呈等边三角形，这样使三相铁心磁路完全对称，铁轭中磁通密度较低，空载电流、空载损耗比较小。与传统叠片式S9型同容量配电变压器相比，空载损耗下降约44%，空载电流减小约90%，噪声级下降约13 dB。

铁心柱的截面在小型变压器里是方形或长方形的，而在大型变压器里为了充分利用空间，铁心柱的截面是阶梯形的，容量大的变压器级数多。各种形状的铁柱截面如图5.11所示。

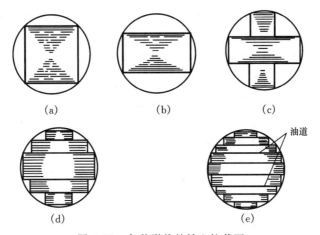

图 5.11 各种形状的铁心柱截面

(a)方形铁心；(b)长方形铁心；(c)十字形铁心；(d)无油道多级铁心；(e)有油道多级铁心

铁心轭截面有方形的，也有阶梯形的，几种铁心轭的截面如图 5.12 所示。当然，铁心柱为阶梯形时，铁心轭也应采用阶梯形截面，这样磁通在铁轭中的分布才能比较均匀。

在大容量变压器中，铁柱和铁轭的尺寸都很大，为了保证变压器工作时铁心内部能可靠地冷却，在叠片间留有油道，它的方向与硅钢片的方向平行或垂直，分别被称为纵向油道和横向油道，具有一个纵向、两个横向油道的铁心柱截面如图 5.13 所示。

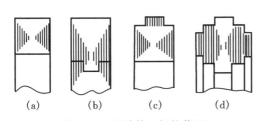

图 5.12 几种铁心轭的截面

(a) 方形；(b) T 字形；(c) 倒 T 字形；(d) 多级阶梯形

图 5.13 具有一个纵向、两个横向油道的铁心柱截面图

5.3.3 油箱和冷却装置

变压器油箱是保证铁心和绕组浸入变压器油中的容器，要保证不渗漏油，并有一定的机械强度，上面也要安装变压器的各种工作和保护用的组件。

为了加强绝缘和冷却，一般电力变压器的铁心和绕组都浸入变压器油中，只是在一些特殊场合，例如要求防火、防爆的地方（如矿井）才采用无油的干式变压器。

变压器油在油箱中充满整个空间，通常有两个作用：一是作为变压器的相与相、相与地之间的绝缘物用，二是通过油在受热后的对流作用或强迫油循环的方法散热。变压器油是一种矿物油，使用变压器油时，应当注意它的介质、黏度、着火点以及杂质含量等等是否符合国家标准。变压器油要求十分纯洁。水分对变压器油的绝缘强度影响很大，如其中含有0.004%的水分时，绝缘强度将降低约 50%；若要保持 100%的绝缘强度，则水分的含量必须在0.0008%以下。此外,变压器油在较高温度下长期与空气接触时还将逐渐老化。所谓老化主要是产生氧化作用,在油内产生悬浮物,同时油的酸度增加。悬浮物将积附在绕组和铁心表面上,阻碍传热并堵塞油道,酸度会影响绝缘材料的绝缘性能。所以运行中的变压器每1~2年需将变压器油过滤或进行处理一次。

储油柜也叫油枕,是满足变压器油体积变化,减少或防止水分和空气进入变压器,延缓变压器油和绝缘老化的保护装置。储油柜有敞开式和密封式两大类。敞开式储油柜的油通过吸湿器与大气相通;密封式储油柜内装有胶囊或金属波纹,使空气与变压器油隔开,更好地防止油老化。储油柜一般安装在油箱上面旁侧,如图5.14所示。油枕上部呼吸管接吸湿器,底部进油口通过油管与油箱连通,油管水平部位一般安装一只气体继电器。气体继电器是变压器的一种保护用组件,安装在储油柜连通油箱的水平油管中部,当变压器内部有故障而使油分解产生气体或造成油流冲击时,继电器动作,发出信号或自动切断变压器运行。

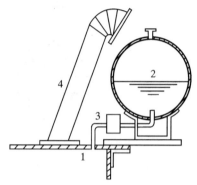

1—主油箱;2—储油柜;
3—气体继电器;4—安全气道。
图5.14 储油柜的装设图

在中小型油浸式变压器中,也有不安装储油柜的,变压器油的胀缩通过其他方式处理,例如采用瓦楞形(波纹式)箱壁油箱。瓦楞形箱壁用薄钢板轧制而成,箱壁本身具有较高的机械强度和弹性变形能力,瓦楞腔内充满变压器油,由温度变化所引起的变压器油体积胀缩可以通过瓦楞变形来补偿。

5.3.4 总体结构

任何一台变压器的结构都是由许多作用不同的部分所组成。图5.15所示为一台常用的中等容量的油浸式电力变压器实物图,从图上可以看出它的结构大致有以下几个部分:绕组、铁心、油箱、高低压套管、调压分接开关、储油柜和气体继电器等。

在上述这些部分中,绕组、铁心和油箱是属于变压器的本体部分,是结构的最基本部分,常被称为"器身";而高、低压套管,调压分接开关,储油柜等等,则属于变压器的辅助部分,又被称为变压器的"组件"。其中高、低压套管是将变压器内部的高、低压引出线(即输入和输出引线)引到油箱外部作为引线绝缘之用的,调压分接开关用于在一定范围内调整变压器的输出电压。

5.4 变压器的额定值

变压器的额定值,又叫铭牌值,是指变压器制造厂在设计、制造时给变压器正常运行所规定的数据,指明该台变压器在什么样的条件下工作,承受多大电流、外加多高电压等等。制造厂都把这些额定值刻在变压器的铭牌上。变压器的主要额定值如下:

(1) 额定电压 U_{1N}/U_{2N},单位为V或kV。U_{1N}是指变压器正常运行时电源加到一次侧

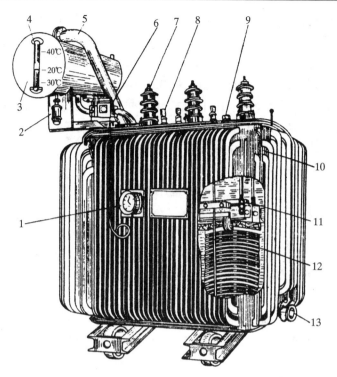

1—信号式温度计；2—吸湿器；3—储油柜；4—油表；
5—安全气道；6—气体继电器；7—高压套管；8—低压套管；
9—分接开关；10—油箱；11—铁心；12—线圈；13—放油阀门。

图 5.15 油浸式电力变压器实物图

的额定电压；U_{2N} 是指变压器一次侧加上额定电压后，变压器处于空载状态时的二次电压。在三相变压器中，额定电压均指线电压。

(2) 额定容量 S_N，单位为 VA 或 kVA（容量更大时也用 MVA）。它表示变压器额定时的视在功率。通常把变压器的一、二次绕组的额定容量设计得相同。

(3) 额定电流 I_{1N}/I_{2N}，单位为 A 或 kA。它是变压器额定运行时所能承受的电流，I_{1N}、I_{2N} 分别被称为一、二次侧的额定电流。在三相变压器中，额定电流均指线电流。

对单相变压器则有
$$I_{1N}=\frac{S_N}{U_{1N}}, \qquad I_{2N}=\frac{S_N}{U_{2N}} \tag{5.3}$$

对三相变压器则有
$$I_{1N}=\frac{S_N}{\sqrt{3}U_{1N}}, \qquad I_{2N}=\frac{S_N}{\sqrt{3}U_{2N}} \tag{5.4}$$

(4) 额定频率 f_N，单位为 Hz，我国一般采用 50 Hz。

(5) 接线图与联结组别（见 7.2 节），变压器联结组的规定参考国标 GB/T 1094.1—2013。

此外，铭牌上还记载着相数 m、阻抗电压 u_k、型号、运行方式、冷却方式、重量等。变压器的型号中各量所表示的意义，可查阅上海科学技术出版社出版的《电工手册》。例如：SFPZ9—360000/220 型电力变压器，其型号中各符号和数字的含义为：

S——三相变压器；

F——风冷却；

P——强迫油循环；

Z——有载高压；

9——变压器的性能水平符合 GB/T 6451 中的 9 型产品要求；

360000——该变压器的额定容量为 360 MVA(即 36 万 kVA)；

220——该变压器高压侧的额定线电压为 220 kV。

本章小结

  变压器是把一种电压的电能转换成另一种电压的电能的交流静止电器设备。它主要用来改变电压的大小，以满足电能传输、分配以及国民经济各部门的需要。变压器的工作是建立在电磁感应原理基础上的。

  变压器的主要部件是铁心和绕组，其各自的类型、作用及其他组件等基本结构，读者要有一定的了解。对于从事设计、制造变压器的人员，这些内容就显得尤为重要。

  本章的重点是掌握变压器的几个主要额定值的物理意义，并注意额定容量与一、二次侧额定电压和额定电流之间的关系。

习题与思考题

5-1 有一台单相变压器，额定容量 $S_N = 250$ kVA，一、二次绕组的额定电压为 $U_{1N}/U_{2N} = 10$ kV/0.4 kV，试计算一、二次绕组的额定电流 I_{1N} 和 I_{2N}。

5-2 有一台三相变压器，主要铭牌值为 $S_N = 5000$ kVA，$U_{1N}/U_{2N} = 66$ kV/10.5 kV，一次侧为 Y 接法，二次侧为 d 接法。试求：(1)额定电流 I_{1N}、I_{2N}；(2)线电流 I_{1L}、I_{2L}；(3)相电流 I_{1p}、I_{2p}。

5-3 简述变压器的基本工作原理。

5-4 变压器的用途有哪些？

5-5 变压器的主要结构部件有哪些？各自的作用是什么？

5-6 变压器的额定值中有哪些应注意的问题？

5-7 变压器按铁心如何分类？

5-8 变压器按绕组如何分类？

第6章 变压器的基本理论

本章是对变压器的运行情况进行比较深入的分析,通过分析逐步找出变压器的各种内在规律。在本章中将着重分析磁通、磁势、电流、电压、功率传递等关系,从而进一步了解变压器的各种特性。分析时将从双绕组变压器的空载运行开始,然后再分析负载运行。

6.1 变压器的空载运行

变压器的一次绕组接在交流电源上而二次绕组开路时的运行叫作空载运行。此时,一次绕组流过的电流用 $\dot{I}_1=\dot{I}_0$,二次绕组的电流用 $\dot{I}_2=0$ 来表示。空载运行是比较简单的,按照从简单到复杂、由浅入深的认识规律,先从变压器空载运行开始分析。

6.1.1 变压器空载运行时的物理分析

变压器空载运行时的物理模型图如图 6.1 所示。图上在一个公共闭合铁心上,套有一、二次两个绕组,它们的匝数分别为 N_1 与 N_2。A-X 是一次绕组出线端,这时加上具有额定频率 f_1 和正弦波形的额定电压 u_1。a-x 是二次绕组的出线端,这时两端开路,因而二次侧没有电流,处于空载运行状态。

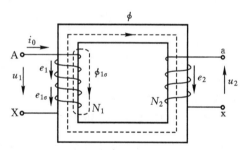

图 6.1 变压器空载运行时的物理模型图

在电压 u_1 的作用下,一次绕组内将流过空载电流 i_0 并产生相应的空载磁势($F_0=I_0N_1$),在磁势 F_0 的作用下铁心内将要产生磁通 ϕ。由于 i_0 主要产生空载磁通,又被称为空载电流或励磁电流,F_0 又被称为励磁磁势。

空载时铁心内产生的磁通可分为两个部分。其中,主要的一部分磁通 ϕ 是以闭合铁心为路径,它既匝链一次绕组,又匝链二次绕组,是变压器能量传递的主要因素,属于工作磁通,称它为主磁通;还有另一部分磁通 $\phi_{1\sigma}$,它仅和一次绕组相匝链而不与二次绕组相匝链,主要通过非磁性介质(变压器油或空气)而形成闭路,属于非工作磁通,这部分磁通就被称为一次绕组的漏磁通。

由于变压器的铁心都是用高导磁材料硅钢片制成的,它的导磁系数 μ 为空气的 2000 倍以上。因此,空载运行时绝大部分磁通都在铁心中闭合,只有很少部分漏在铁心外面。根据试验分析和计算,在空载运行时主磁通占全部磁通的 99% 以上,而漏磁通仅占全部磁通的 1% 以下。

根据电磁感应定律,任一交变磁通都将在与其相匝链的绕组中感应出相应的电势。因此,主磁通 ϕ 将分别在一、二次绕组中感应电势 e_1 和 e_2;而漏磁通 $\phi_{1\sigma}$ 则只是在一次绕组中感应出漏感电势 $e_{1\sigma}$。在图 6.1 中所取定的参考正方向下,一、二次绕组的感应电势和漏感电势可以分别用下列方程式来表示:

$$e_1 = -N_1 \frac{\mathrm{d}\phi}{\mathrm{d}t} \tag{6.1}$$

$$e_2 = -N_2 \frac{\mathrm{d}\phi}{\mathrm{d}t} \tag{6.2}$$

$$e_{1\sigma} = -N_1 \frac{\mathrm{d}\phi_{1\sigma}}{\mathrm{d}t} \tag{6.3}$$

6.1.2 磁通和电势、电压的相互关系

为了进一步了解变压器的空载运行情况,还需对磁通和感应电势、电压的相互关系再做分析。

假设主磁通 ϕ 是按正弦规律变化的,则有

$$\phi = \Phi_\mathrm{m} \sin \omega t \tag{6.4}$$

式中:Φ_m 为主磁通的幅值。

将式(6.4)代入式(6.1)可得

$$e_1 = -N_1 \frac{\mathrm{d}\phi}{\mathrm{d}t} = -N_1 \frac{\mathrm{d}(\Phi_\mathrm{m}\sin\omega t)}{\mathrm{d}t} = N_1 \omega \Phi_\mathrm{m} \sin(\omega t - 90°)$$

$$= E_{1\mathrm{m}} \sin(\omega t - 90°) \tag{6.5}$$

同理有

$$e_2 = E_{2\mathrm{m}} \sin(\omega t - 90°) \tag{6.6}$$

从式(6.5)、式(6.6)可以看出,当主磁通按正弦规律交变时,它所产生的感应电势也按正弦规律交变,感应电势在时间相位上永远滞后于它所匝链的磁通 90°。

若电势用有效值表示,则因最大值 $E_{1\mathrm{m}} = N_1 \omega \Phi_\mathrm{m}$,而有效值 $E_1 = \frac{E_{1\mathrm{m}}}{\sqrt{2}} = \frac{1}{\sqrt{2}} N_1 \omega \Phi_\mathrm{m}$,且 $\omega = 2\pi f$,故可得

$$E_1 = \frac{1}{\sqrt{2}} 2\pi f N_1 \Phi_\mathrm{m} \approx 4.44 f N_1 \Phi_\mathrm{m} \tag{6.7}$$

同理有

$$E_2 \approx 4.44 f N_2 \Phi_\mathrm{m} \tag{6.8}$$

由于它们都是按照正弦规律变化的,故可以用复数式来表示:

$$\dot{E}_1 = -\mathrm{j} 4.44 f N_1 \dot{\Phi}_\mathrm{m} \tag{6.9}$$

$$\dot{E}_2 = -\mathrm{j} 4.44 f N_2 \dot{\Phi}_\mathrm{m} \tag{6.10}$$

同理,根据式(6.3),对漏感电势 $e_{1\sigma}$ 可以有

$$e_{1\sigma} = -N_1 \frac{\mathrm{d}\phi_{1\sigma}}{\mathrm{d}t} = \omega N_1 \Phi_{1\sigma\mathrm{m}} \sin(\omega t - 90°) \tag{6.11}$$

或

$$\dot{E}_{1\sigma} = -\mathrm{j} 4.44 f N_1 \dot{\Phi}_{1\sigma\mathrm{m}} \tag{6.12}$$

上式也可以表示成电抗压降的形式,即

$$\dot{E}_{1\sigma} = -\mathrm{j} \dot{I}_1 \omega L_{1\sigma} = -\mathrm{j} \dot{I}_1 X_{1\sigma} \tag{6.13}$$

式中：$X_{1\sigma}=\omega L_{1\sigma}$ 是对应于漏磁通的一次绕组的漏电抗，它是一个常数，不随电流的大小而变。这是由于漏磁通主要通过非磁性介质，由于它的磁阻很大，几乎消耗了回路全部的磁压降，而且它的导磁率 μ_0 是常数，因此 $\phi_{1\sigma}$ 的磁路的磁导也是一个不变的值，所以漏电抗 $X_{1\sigma}$ 也是一个常数。

此外，在一次绕组中由于存在电阻 R_1，当电流从绕组中流过时，还将产生电阻压降 $j\dot{I}_1 R_1$。

于是根据图 6.1 所规定的正方向，可得一次侧用相量表示的电势平衡方程式为

$$\dot{U}_1 = -\dot{E}_1 - \dot{E}_{1\sigma} + \dot{I}_1 R_1 \tag{6.14}$$

将式（6.13）代入式（6.14）可得

$$\dot{U}_1 = -\dot{E}_1 + j\dot{I}_1 X_{1\sigma} + \dot{I}_1 R_1 = -\dot{E}_1 + \dot{I}_1 Z_1 \tag{6.15}$$

式中：$Z_1 = R_1 + jX_{1\sigma}$ 为一次绕组的漏阻抗。此外，空载时由于二次侧没有电流，所以也就不产生压降，变压器的二次电压就等于它的感应电势，即

$$\dot{E}_2 = \dot{U}_2 \tag{6.16}$$

从式（6.14）可以看出，与电源电压 $\dot{U}_1$ 相平衡的 3 个压降是感应电势 $\dot{E}_1$、一次绕组的漏感电势 $\dot{E}_{1\sigma}$ 以及一次绕组上的电阻压降 $\dot{I}_1 R_1$。但是，在这几个因素中，到底哪个是决定感应电势 $\dot{E}_1$ 的主要因素呢？在此有必要从数量上做进一步的分析比较。

变压器一次绕组中的电阻压降通常是很小的，即使当 $I_1 = I_{1N}$ 时，一次绕组的电阻压降 $I_{1N}R_1$ 也不到 U_{1N} 的 1%。因此完全可以把 $I_1 R_1$ 一项忽略掉。如前所述，一次侧漏磁通 $\phi_{1\sigma}$ 只占全部磁通的 1% 以下，因此它所产生的漏感电势 $E_{1\sigma}$ 也是不大的。通过实测分析，发现即使当 $I_1 = I_{1N}$ 时，$E_{1\sigma}$ 的大小也不会超过 U_{1N} 的 10%。因此，$E_{1\sigma}$ 在进行定性分析时也可以忽略不计。

在忽略电阻压降 $I_1 R_1$ 及漏感电势 $E_{1\sigma}$ 之后，式（6.14）即变为

$$-\dot{E}_1 \approx \dot{U}_1 \tag{6.17}$$

式（6.17）表明：在数值上 $E_1 \approx U_1$；在波形上，e_1 和 u_1 近似相同；在相位上，e_1 和 u_1 相差 $180°$。

比较式（6.9）与式（6.17）可知：

$$\dot{U}_1 \approx -\dot{E}_1 = j4.44 f N_1 \dot{\Phi}_m \tag{6.18}$$

从上式可以看出，变压器内部的主磁通，主要决定于外加电源电压和频率。可以这样认为，由于外加电源电压要求变压器产生一定的主磁通 $\dot{\Phi}_m$，以便能够在一次绕组上感应出一定的电势 $\dot{E}_1$ 来和它相平衡。因此，也可以认为变压器的主磁通主要是由外加电源电压 $\dot{U}_1$ 制约的，这是变压器的一个重要特性。

显然，对于已经运行的变压器，由于它的匝数 N_1 是确定的，则 $\dot{\Phi}_m$ 的大小主要决定于电源电压 $\dot{U}_1$ 的大小和频率。而在设计与制造变压器时，如果外加电源电压 $\dot{U}_1$ 和频率 f 已经给定，则变压器主磁通的大小就取决于变压器一次绕组的匝数 N_1。

6.1.3 变压器的变比 k 和电压比 K

1. 变比 k

通常把变压器一次绕组感应电势 E_1 对二次绕组感应电势 E_2 之比称为变压器的变比，

用符号 k 来表示，即

$$k = \frac{E_1}{E_2} = \frac{4.44fN_1\Phi_m}{4.44fN_2\Phi_m} = \frac{N_1}{N_2} \tag{6.19}$$

上式表示的变比 k 也就等于一、二次绕组的匝数比。当单相变压器空载运行时，由于 $U_1 \approx E_1$，$U_2 = E_2$，再考虑到 $S_1 = S_2$，即 $U_1 I_1 = U_2 I_2$，则有

$$k = \frac{E_1}{E_2} \approx \frac{U_1}{U_2} = \frac{I_1}{I_2} \tag{6.20}$$

对于三相变压器，式(6.20)中的电势、电压和电流均取每相值。从式(6.19)和式(6.20)可以看出：如果 $N_2 > N_1$，则 $E_2 > E_1$，这就是升压变压器；反之，如果 $N_2 < N_1$，则 $E_2 < E_1$，这就是降压变压器。因此，变压器之所以能够改变电压，根本原因就是两个绕组的匝数不同，在设计制造时适当选择一、二次绕组的匝数比即可实现人们所要求的电压变换。但是，应当着重指出，一次绕组的匝数并不是可以任意选定的，它必须符合式(6.18)，即

$$U_1 \approx 4.44fN_1\Phi_m = 4.44fN_1 B_m S$$

或

$$N_1 \approx \frac{U_1}{4.44fB_m S} \tag{6.21}$$

式中：U_1——电源电压(V)；

Φ_m——磁通量的最大值(Wb)；

B_m——磁通密度的最大值(T)，通常，在采用热轧硅钢片时取 1.1~1.475 T，对冷轧硅钢片取 1.5~1.7 T；

S——铁心的有效截面积(m^2)；

f——电源频率(Hz)。

通常在设计制造变压器时，电源电压 U_1 和频率 f 都是已知的，只要根据铁心材料即可决定 B_m，再选取一定的铁心截面积 S，运用式(6.21)即可很方便地确定一次绕组匝数 N_1 的大致范围，再根据变比 $k = N_1/N_2$，就可以确定二次绕组的匝数 N_2 了。

变比 k 是变压器的重要参数，无论是单相变压器或者是三相变压器，k 对变压器的设计、制造和运行检修都有着密切关系。对三相变压器而言，k 是相绕组匝数比或相电压之比。

2. 电压比 K

变比 k 为相电势之比或每相电压之比，又是匝数之比，但绝非线电压之比。而电压比 K 定义为线电压之比，仅在讨论三相变压器联结组或联结组实验时才用到电压比 K。实验时的计算公式为

$$K = \left(\frac{U_{AB}}{U_{ab}} + \frac{U_{BC}}{U_{bc}} + \frac{U_{CA}}{U_{ca}}\right) \times \frac{1}{3} \tag{6.22}$$

6.1.4 变压器空载运行时的等效电路和相量图

如前所述，变压器空载运行时，空载电流 i_0 产生励磁磁势 F_0，F_0 建立主磁通 ϕ，产生所需要主磁通的电流叫作励磁电流，用 i_m 表示。空载时 $i_m = i_0$。而交变的磁通 ϕ 将在一次绕组内产生感应电势 e_1。励磁电流 i_m 又包括两个分量，其中单独产生磁通的电流为磁化电流 $\dot{I}_{0w}$。$\dot{I}_{0w}$ 与电势 $\dot{E}_1$ 之间的夹角是 90°，故 $\dot{I}_{0w}$ 是一个纯粹的无功电流。铁心中的磁通交变，一定存在着涡流损耗和磁滞损耗，励磁电流还应包括一个对应于铁心损耗的有功电流 $\dot{I}_{0y}$。即

$\dot{I}_m = \dot{I}_{0w} + \dot{I}_{0y}$，考虑铁耗影响的变压器相量图如图 6.2 所示。所以考虑铁心损耗的影响后，产生 $\dot{\Phi}_m$ 所需要的励磁电流 $\dot{I}_m$ 便超前 $\dot{\Phi}_m$ 一个小角度 α。

将主磁通感应的电势 $-\dot{E}_1$ 沿 $\dot{I}_m$ 方向分解为分量 $\dot{I}_m R_m$ 和分量 $\dot{I}_m X_m$ 的相量之和，以便得出空载时的等效电路。故从图 6.2 相量图知

$$-\dot{E}_1 = \dot{I}_m R_m + j\dot{I}_m X_m = \dot{I}_m Z_m \quad (6.23)$$

式中：励磁电阻 R_m 是反映铁耗的等效电阻。励磁电抗 X_m 是主磁通 $\dot{\Phi}$ 引起的电抗，反映了变压器铁心的导磁性能，代表了主磁通对电路的电磁效应。

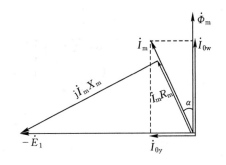

图 6.2 考虑铁耗影响的变压器相量图

用一个支路 $R_m + jX_m$ 的压降来表示主磁通对变压器的作用，再将一次绕组的电阻 R_1 和漏电抗 $X_{1\sigma}$ 的压降在电路图上表示出来，即得到变压器空载时的等效电路，如图 6.3 所示。

一次绕组的电阻 R_1 和漏磁通 $\dot{\Phi}_{1\sigma}$ 引起的电抗 $X_{1\sigma}$ 基本上是不变的常量，或者说，R_1 和 $X_{1\sigma}$ 不受

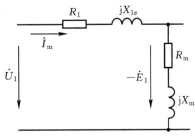

图 6.3 变压器空载时的等效电路

饱和程度的影响。但是，由于铁心存在饱和现象，**使得 R_m 和 X_m 都是随着饱和程度的增大而减小的**。在实际应用中应当注意这个结论。但是，变压器在正常工作时，由于电源电压变化范围很小，故铁心中主磁通的变化范围不大，励磁阻抗 Z_m 也基本保持不变。

6.2 变压器的负载运行

6.2.1 变压器负载运行时的磁势平衡方程

1. 变压器的规定正方向

交流电路分析时，为了使用相量运算，一定要先标出各电量的正方向才能列出方程式进行求解。在研究交流电机和变压器时，由于每种电机的电路是一定的，电机学中对各量的正方向进行了规定，形成所谓的"惯例"。变压器负载运行时的规定正方向如图 6.4 所示。如果不按此"惯例"，得到的电路方程正负号形式便不同。这样做除了带来不方便，也并无什么益处。

图 6.4 中变压器的正方向为什么如此规定？简单解释如下：电源电压 $\dot{U}_1$ 的正方向（即"箭头"方向）为由上至下的电位降方向；一次绕组流过电流 $\dot{I}_1$，其正方向即从绕组的首端 A 流入。一次电流 $\dot{I}_1$ 产生的磁势所建立的主磁通和漏磁通分别是 $\dot{\Phi}$ 和 $\dot{\Phi}_{1\sigma}$，则电流和磁通之间的正方向应符合右手螺旋关系。主磁通同时匝链一、二次绕组并在其中感应出电势 $\dot{E}_1$ 和 $\dot{E}_2$。根据电磁感应定律，$\dot{E}_1$、$\dot{E}_2$ 的正方向与 $\dot{\Phi}$ 的正方向，$\dot{E}_{1\sigma}$ 和 $\dot{E}_{2\sigma}$ 与 $\dot{\Phi}_{1\sigma}$ 和 $\dot{\Phi}_{2\sigma}$ 的正方向，均应符合右手螺旋关系。注意，这里的电势 $\dot{E}_1$、$\dot{E}_2$ 等的正方向均指电位升方向，并非电位降。这样二次电压 $\dot{U}_2$ 和电流 $\dot{I}_2$ 的正方向就是由下至上。因此就得到了变压器负载运行时的规定正方向，如图 6.4 所示。

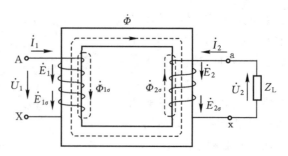

图 6.4 变压器负载运行时的规定正方向

2. 磁势平衡方程式

变压器负载运行时，二次电流所产生的磁势 $\dot{I}_2 N_2$ 也作用于铁心上，力图改变铁心中的主磁通 $\dot{\Phi}$ 及其感应的电势 $\dot{E}_1$，由电势平衡方程式(6.15)知，一次电流也变为 $\dot{I}_1$，但是，实际变压器中的一次侧漏阻抗 Z_1 很小，其电压降 $\dot{I}_1 Z_1$ 远小于 $\dot{E}_1$，因此 $\dot{U}_1$ 的数值由电网电压所决定，可认为不变。这样变压器负载运行时的主磁通及产生它所需要的合成磁势 $\dot{I}_1 N_1 + \dot{I}_2 N_2$ 应该与空载运行时的磁势 $\dot{I}_0 N_1$ 相等，故磁势平衡方程式为

$$\dot{F}_1 + \dot{F}_2 = \dot{F}_m \approx \dot{F}_0 \tag{6.24}$$

或

$$\dot{I}_1 N_1 + \dot{I}_2 N_2 = \dot{I}_m N_1 \approx \dot{I}_0 N_1 \tag{6.25}$$

式中：$\dot{F}_1$——一次绕组磁势；

$\dot{F}_2$——二次绕组磁势；

$\dot{F}_m$——建立主磁通所需要的合成磁势，也叫励磁磁势，计算时用空载磁势 $\dot{F}_0$ 代替。

将式(6.25)中第一个等号两边同除以 N_1，整理后并考虑 $k = N_1/N_2$，得

$$\dot{I}_1 = \dot{I}_m + \left(-\frac{\dot{I}_2}{k}\right) = \dot{I}_m + \dot{I}_{1L} \tag{6.26}$$

式中

$$\dot{I}_{1L} = -\frac{\dot{I}_2}{k} \tag{6.27}$$

从式(6.26)可以看出，当变压器负载后，一次电流 $\dot{I}_1$ 可以看成由两个分量组成：一个分量是励磁电流分量 $\dot{I}_m$，它在铁心中建立起主磁通 $\dot{\Phi}$；另一个分量是随负载变化的分量 $\dot{I}_{1L}$，用来抵消负载电流 $\dot{I}_2$ 所产生的磁势，所以 $\dot{I}_{1L}$ 又被称为一次电流的负载分量。

由于在额定负载时，$\dot{I}_m$ 只是 $\dot{I}_1$ 中的一个很小的分量，一般只占 I_{1N} 的 2%～8%，因此在分析负载运行的许多问题时，都可以把励磁电流忽略不计，这样从式(6.26)可以有

$$\dot{I}_1 + \frac{1}{k}\dot{I}_2 \approx 0 \tag{6.28}$$

从数值上则可认为

$$I_1/I_2 \approx N_2/N_1 = 1/k \tag{6.29}$$

上式是表示一、二次绕组内电流关系的近似公式。同时说明了变压器一、二次绕组电流大小与变压器一、二次绕组的匝数大致成反比。由此可见，由于变压器一、二次绕组匝数不同，所以它不仅能够起到变换电压的作用，而且也能够起到变换电流的作用。

6.2.2 变压器负载运行时的电势平衡方程

变压器负载运行时的各电磁量的物理过程如下：

$$\dot{U}_1 \begin{cases} \dot{I}_1 \longrightarrow \dot{I}_1 R_1 \\ \phantom{\dot{I}_1} \searrow \dot{I}_1 N_1 \longrightarrow \dot{\Phi}_{1\sigma} \longrightarrow \dot{E}_{1\sigma} = -\mathrm{j}\dot{I}_1 X_{1\sigma} \\ \phantom{\dot{I}_1} \dot{I}_\mathrm{m} N_1 \longrightarrow \dot{\Phi}_\mathrm{m} \longrightarrow \begin{cases} \dot{E}_1 = -\mathrm{j}4.44 f N_1 \dot{\Phi}_\mathrm{m} \\ \dot{E}_2 = -\mathrm{j}4.44 f N_2 \dot{\Phi}_\mathrm{m} \end{cases} \\ \phantom{\dot{I}_1} \nearrow \dot{I}_2 N_2 \longrightarrow \dot{\Phi}_{2\sigma} \longrightarrow \dot{E}_{2\sigma} = -\mathrm{j}\dot{I}_2 X_{2\sigma} \\ \dot{I}_2 \longrightarrow \dot{I}_2 R_2 \end{cases}$$

变压器负载时,除了铁心内的主磁通 $\dot{\Phi}_\mathrm{m}$ 外,还分别有一、二次绕组漏磁通 $\dot{\Phi}_{1\sigma}$ 与 $\dot{\Phi}_{2\sigma}$ 单独与一、二次绕组相匝链,二者分别相应由一、二次绕组的磁势单独产生。

主磁通 $\dot{\Phi}_\mathrm{m}$ 将在一、二次绕组内分别感应出电势 $\dot{E}_1$ 和 $\dot{E}_2$;而漏磁通 $\dot{\Phi}_{1\sigma}$ 和 $\dot{\Phi}_{2\sigma}$ 也将分别感应出一次绕组漏感电势 $\dot{E}_{1\sigma}$ 及二次绕组漏感电势 $\dot{E}_{2\sigma}$。

根据图 6.4 所示的参考方向,可以分别列出负载时一、二次侧的电势平衡方程式。

负载时一次侧的电势平衡方程式与空载时的电势平衡方程式基本相同,即

$$\begin{aligned} \dot{U}_1 &= -\dot{E}_1 + \dot{I}_1 R_1 + \mathrm{j}\dot{I}_1 X_{1\sigma} \\ &= -\dot{E}_1 + \dot{I}_1 (R_1 + \mathrm{j} X_{1\sigma}) = -\dot{E}_1 + \dot{I}_1 Z_1 \end{aligned} \tag{6.30}$$

同样,也可求出二次侧的电势平衡方程式为

$$\begin{aligned} \dot{U}_2 &= \dot{E}_2 - \dot{I}_2 R_2 + \dot{E}_{2\sigma} \\ &= \dot{E}_2 - \dot{I}_2 R_2 - \mathrm{j}\dot{I}_2 X_{2\sigma} \\ &= \dot{E}_2 - \dot{I}_2 (R_2 + \mathrm{j} X_{2\sigma}) = \dot{E}_2 - \dot{I}_2 Z_2 \end{aligned} \tag{6.31}$$

式中:$\dot{E}_{2\sigma}$——二次绕组的漏感电势,它同样可以用二次绕组的漏抗压降来表示,即

$$\dot{E}_{2\sigma} = -\mathrm{j}\dot{I}_2 X_{2\sigma} \tag{6.32}$$

R_2——二次绕组的电阻;
$X_{2\sigma}$——二次绕组的漏电抗;
Z_2——二次绕组的漏阻抗。

6.3 变压器的等效电路和相量图

通过前面两节的分析得出了变压器的基本公式(6.26)、(6.30)和(6.31),但是要直接运用这些公式去解析变压器的问题,仍然是比较复杂的。这主要是由于一、二次绕组的匝数不同,使得一次侧和二次侧的电量均为独立的量,这两侧是靠磁耦合的,计算时很不方便,画相量图也比较困难。因此,在实际分析计算时希望有一种简便的方法,这就是本节所要介绍的折算法和等效电路。

6.3.1 变压器的折算法

如前所述,在实际的变压器中,由于 $N_1 \neq N_2$,就使得变压器的分析计算复杂化了。如果设想能够把实际的二次绕组用一个匝数和一次绕组相同,而占有原来二次绕组同样的几何位置的等效二次绕组来代替,使得变比 $k=1$,则变压器的分析计算工作将会大大简化。

所谓等效二次绕组,就是说用其代替实际的二次绕组以后对变压器一次侧的运行丝毫

没有影响。由上一节的分析可知，二次绕组内的负载电流是通过它的磁势来影响一次绕组中的电流的，因此，只要保证二次绕组能产生同样的磁势 F_2，那么从一次侧看过去，效果将完全一样。然而要产生同样的 F_2，二次绕组的匝数却可以自由选定，并不一定必须是 N_2。

现在完全可以保持一次绕组和铁心不变，而把二次绕组的匝数换成 N_1，并相应地改变此绕组和负载的阻抗值，使得二次侧的电流变为 $\dot{I}_2'$，以满足 $\dot{I}_2'N_1 = \dot{I}_2 N_2 = \dot{F}_2$ 的关系。而这个电流为 $\dot{I}_2'$、匝数为 N_1 的二次绕组和原来电流为 $\dot{I}_2$、匝数为 N_2 的二次绕组，对一次侧来说则完全是等效的。

应用这种方法把实际的二次绕组用一个和一次绕组具有相同匝数的等效二次绕组来代替，就称为二次绕组折合到一次侧或二次侧折算到一次侧。这种方法就被称为**变压器的折算法**。另外，按同样的原则也可以把一次侧的量折算到二次侧。在实际应用中，应当折算到哪一侧去主要看解决哪一侧的问题方便而定。通常以二次侧折算到一次侧的情况为多。

经过折算后，由于一、二次绕组的匝数相同，故它们的电势相同，因此就有可能把它们连接成一个等效电路。这样，变压器原来具有的两个电路和一个磁路的复杂问题就可以简化成一个等效的纯电路问题，从而大大简化了变压器的分析计算。

显然，这种折算法只是人们处理问题的一种方法，因此在折算后，变压器的磁势、功率以及损耗等都不应有改变。换句话说，采用折算法并不改变变压器的电磁物理过程。

下面具体来推导折算后的变压器和实际变压器二次侧各量之间对应的关系式。现以等效变压器二次侧各量加上一撇（′）来标记其折合到一次侧的量，并称其为折算值。

1. 电势和电压的折算

折算后，变压器两侧绕组有着相同的匝数，即 $N_1 = N_2'$，由于电势的大小与绕组的匝数成正比，故

$$\frac{E_2'}{E_2} = \frac{N_2'}{N_2} = \frac{N_1}{N_2} = k$$

式中：k——变比。

因此有
$$E_2' = E_2 k \tag{6.33}$$

上式说明了要把二次电势折合到一次侧，只需乘以变比 k。

同理，二次侧其他电势和电压也应按同一比例折算，得

$$E_{2\sigma}' = E_{2\sigma} k \tag{6.34}$$
$$U_2' = U_2 k$$

2. 电流的折算

在将二次电流折算到一次侧时，磁势不应改变，即：$I_2' N_2' = I_2 N_2$。所以

$$I_2' = I_2 \frac{N_2}{N_2'} = I_2 \frac{N_2}{N_1} = I_2 \frac{1}{k} \tag{6.35}$$

即经过折算后的电流为折算前实际值的 $\frac{1}{k}$ 倍。

3. 阻抗的折算

要把二次侧的阻抗折算到一次侧去，必须遵守有功功率和无功功率不变的原则。因此

$$I_2'^2 R_2' = I_2^2 R_2$$

故
$$R'_2 = R_2 \left(\frac{I_2}{I'_2}\right)^2 = R_2 k^2 \tag{6.36}$$

同理
$$I'^2_2 X'_{2\sigma} = I^2_2 X_{2\sigma}$$

故
$$X'_{2\sigma} = X_{2\sigma} \left(\frac{I_2}{I'_2}\right)^2 = X_{2\sigma} k^2 \tag{6.37}$$

因此阻抗折算时,必须将折算前的阻抗乘以 k^2。

二次侧的电压和负载阻抗也一定要进行折算,即
$$U'_2 = U_2 k, \quad Z'_L = Z_L k^2 \tag{6.38}$$

6.3.2 变压器负载运行时的等效电路

前面分析了变压器空载运行时的等效电路,下面进一步分析变压器负载运行时的等效电路。

变压器负载运行示意图如图 6.5 所示,这是根据前述公式画出的。图中二次绕组所有量均已折算到一次侧。$Z'_2 = R'_2 + jX'_{2\sigma}$ 为二次绕组的漏阻抗;二次侧输出端接有负载,其阻抗为 Z'_L;二次电压为 $\dot{U}'_2$;二次侧感应电势为 $\dot{E}'_2$。由于所有二次侧各量都已折算到一次侧,而 $N'_2 = N_1$,所以可以把它看作是匝数比为 1 的变压器,故 $\dot{E}_1 = \dot{E}'_2$。换句话说,端点 b-d 和 c-e 分别是等电位的,故可以把它们连接起来,如图中虚线所示。这样做并不破坏一、二次侧电路的独立性,因此在连线上并无电流流过,所以运行情况仍不变。既然两个绕组已经通过连线并联起来,便可以合并成一个绕组,看作是有励磁电流 $\dot{I}_m = \dot{I}_1 + \dot{I}'_2$ 流过,因 $I'_2 = I_2/k$,这样就与式(6.26)完全等值。这样合并后的绕组连同变压器铁心在内就相当于一个绕在铁心上的电感线圈,如前所述就可以用等值阻抗 $Z_m = R_m + jX_m$ 来代替,这样就得到了变压器负载运行时的等效电路,如图 6.6 所示。

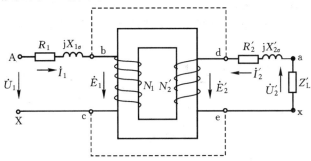

图 6.5 变压器负载运行示意图

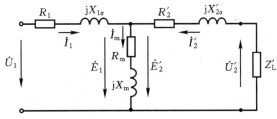

图 6.6 变压器负载运行时的等效电路

以上说明,负载运行时的变压器完全可以用图 6.6 所示的 T 型电路来代替。一次侧支路的参数为漏阻抗 Z_1,有电流 $\dot{I}_1$ 流过;励磁支路是励磁阻抗 Z_m,有电流 $\dot{I}_m$ 流过;与励磁支路并联的二次侧支路是二次侧阻抗 Z_2' 和负载阻抗 Z_L' 的串联,有电流 $\dot{I}_2'$ 流过。

在图 6.6 的等效电路中,消耗在 R_1 及 R_2' 中的功率损耗 $I_1^2 R_1$ 和 $I_2'^2 R_2'$ 分别代表一次绕组和二次绕组中的铜损耗;消耗在 R_m 中的损耗 $I_m^2 R_m$ 代表变压器内的铁损耗;$U_1 I_1$ 为输入视在功率;$U_2' I_2'$ 为输出视在功率;$E_1 I_1 = E_2' I_2' = E_2 I_2$ 是一次侧通过电磁感应传递给二次侧的电磁视在功率。图 6.6 中的等效电路中的各电量的正方向均应按 6.2 节所规定的正方向画出。

图 6.6 所示的 T 型等效电路虽然能正确反映变压器负载运行的情况,但是它含有串联及并联的支路,计算时较复杂。在一般变压器中,励磁阻抗 Z_m 比漏阻抗要大得多(例如SJ—100 kVA 变压器的参数:$Z_m = 5\,550\,\Omega, Z_1 = 9.9\,\Omega$),因此如果把励磁回路移到一次侧漏阻抗 Z_1 的左边,就成为变压器的近似(或"Γ"形)等效电路,如图 6.7 所示。这对 $\dot{I}_1$、$\dot{I}_2'$ 和 $\dot{E}_1$ 都不会引起很大误差,但计算上却大大简化。

此外,在分析变压器运行的某些问题时,例如二次绕组的端电压变化、变压器并联运行的负载分配等,由于励磁电流 I_m 相对于额定电流是比较小的(I_m 只占 I_{1N} 的 2%~8%),因此在分析上述问题时常常可以把 I_m 忽略不计,从而将电路进一步简化为一个串联阻抗电路,简化等效电路如图 6.8 所示。用 Z_k 表示变压器的全部漏阻抗,包括一次侧和二次侧的漏阻抗,即

$$Z_k = R_k + jX_k \tag{6.39}$$

式中

$$R_k = R_1 + R_2' = R_1 + R_2 k^2 \tag{6.40}$$

$$X_k = X_{1\sigma} + X_{2\sigma}' = X_{1\sigma} + X_{2\sigma} k^2 \tag{6.41}$$

Z_k 被称为短路阻抗;R_k 被称为短路电阻;X_k 被称为短路电抗,可以用稳态短路试验求出(详见下节)。在采用图 6.8 所示的简化等效电路后,分析将十分简便,而所得结果的准确度也能满足工程上的要求。

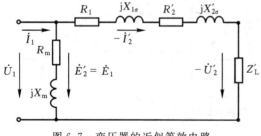

图 6.7 变压器的近似等效电路

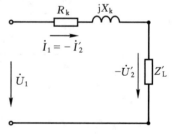

图 6.8 简化等效电路

当需要在二次电压基础上分析问题时,就应该用折算到二次侧的等效电路。从上可以看出,一台变压器的阻抗,不论 Z_k 还是 Z_m,从高压侧或低压侧看进去数值是不同的,因此若用欧姆数来说明阻抗的大小时,必须说明它是折算到哪一侧的数值,或是在哪个电压基础上的,不然意义就不明确。可以看出,如果高压和低压的变比是 k,那么从高压侧看进去的阻抗值是从低压侧看进去的 k^2 倍。

总的说来,折算法和等效电路是一种很重要的分析方法。它是一种分析两个绕组之间

通过电磁感应来传递能量时的相互关系的常用方法,不仅用来分析变压器的问题,也可用于其他电机的分析中。

6.3.3 变压器负载运行时的相量图

应用变压器负载运行时的基本公式和折算法,可以把负载时一、二次绕组的电势、电压和电流之间的相位关系用相量图来清楚地表示。一般把相量图作为定性分析的工具。图 6.9 为变压器感性负载时的相量图。下面就来简单介绍它的绘制情况。

(1) 先将主磁通 $\dot{\Phi}$ 作为参考相量画在水平轴方向(也可以画在垂直轴方向)。

(2) 根据 $\dot{E}_1 = \dot{E}'_2 = -\mathrm{j}4.44fN_1\Phi_\mathrm{m}$ 画出相量 $\dot{E}_1 = \dot{E}'_2$,它落后于主磁通 $90°$,此线是垂直向下的。

(3) 二次电流 $\dot{I}'_2$ 的大小和相位由二次电势 $\dot{E}'_2$ 和二次侧电路的总阻抗 $Z'_2 + Z'_\mathrm{L}$ 的性质所决定,即

$$\dot{I}'_2 = \frac{\dot{E}'_2}{Z'_2 + Z'_\mathrm{L}} \tag{6.42}$$

式(6.42)中的 $Z'_\mathrm{L} = R'_\mathrm{L} + \mathrm{j}X'_\mathrm{L}$ 为负载阻抗。由此求出 $\dot{I}'_2$ 值,可在图上画出相量 $\dot{I}'_2$。图中的 φ_2 为 $\dot{I}'_2$ 与 $\dot{E}'_2$ 之间的夹角,被称为内功率因数角。

(4) 根据二次侧漏感电势 $\dot{E}'_{2\sigma} = -\mathrm{j}\dot{I}'_2 X'_{2\sigma}$ 落后于 $\dot{I}'_2$ $90°$ 以及 $\dot{U}'_2 = \dot{E}'_2 - \dot{I}'_2 Z'_2$,在相量 $\dot{E}'_2$ 上依次减去 $\mathrm{j}\dot{I}'_2 X'_{2\sigma}$ 和 $\dot{I}'_2 R'_2$,即可求得二次电压相量 $\dot{U}'_2$,$\dot{U}'_2$ 和 $\dot{I}'_2$ 之间的夹角 φ_2 决定于负载的功率因数。

(5) 根据励磁电流 $\dot{I}_\mathrm{m}$ 相量应超前于主磁通 $\dot{\Phi}$ 一个夹角 α 的原则(参见空载时的相量图),作出 $\dot{I}_\mathrm{m}$ 相量,再按公式 $\dot{I}_1 = -\dot{I}'_2 + \dot{I}_\mathrm{m}$ 在图上作出一次电流 $\dot{I}_1$ 相量。

(6) 在与相量 $\dot{E}_1$ 相差 $180°$ 的方向作出相量 $-\dot{E}_1$,再按一次侧电势平衡方程式 $\dot{U}_1 = -\dot{E}_1 + \dot{I}_1 R_1 + \mathrm{j}\dot{I}_1 X_{1\sigma}$,分别在相量 $(-\dot{E}_1)$ 的末端加上电阻压降 $\dot{I}_1 R_1$ 及电抗压降 $\mathrm{j}\dot{I}_1 X_{1\sigma}$,于是得出一次电压相量 $\dot{U}_1$。标出 $\dot{I}_1$ 与 $\dot{U}_1$ 的夹角 φ_1 即该变压器的功率因数角。至此,图 6.9 中的相量图即全部画成。

按照同样的原则及方法,可以绘制出在纯电阻负载下的相量图和容性负载时的相量图。绘制的过程读者可以自行分析推导,这里不再详述。

以上已经全面介绍了变压器的基本方程式、相量图和等效电路这样三种分析变压器的工具和方法,它们虽然形式不同,但实质上是一致的。例如,与 T 型等效电路(图 6.6)对应的方程式如下:

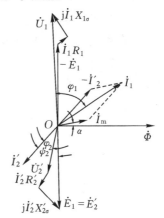

图 6.9 变压器感性负载时的相量图

$$\begin{cases} \dot{U}_1 = -\dot{E}_1 + \dot{I}_1(R_1 + \mathrm{j}X_{1\sigma}) \\ \dot{U}'_2 = \dot{E}'_2 - \dot{I}'_2(R'_2 + \mathrm{j}X'_{2\sigma}) \\ \dot{I}_\mathrm{m} = \dot{I}_1 + \dot{I}'_2 \end{cases} \tag{6.43}$$

将以上两式的二次侧折算量(即带"′"者)用对应的 6.3.1 节的有关公式代入式(6.43)后,可得到未折算前的实际方程式,则式(6.43)中第二式的实际公式只是将各物理量的"′"去掉

了。这说明折算的确是等效的。三种分析方法中,基本方程式是基础,而相量图和等效电路则是基本方程式的另一种表达方式。通常,在做定性分析时,应用相量图分析比较清楚;在做定量计算时,用等效电路使计算顺利进行。

6.4 变压器的参数测定和标幺值

等效电路中的各种电阻、电抗、阻抗和变比,如 R_1、X_m、Z_m、Z_k、k 等,被称为变压器的参数,它们对变压器的运行性能有直接的影响。知道了变压器的参数后,就可以得出变压器的等效电路,也就可以利用等效电路去分析、计算变压器的运行性能。同时,从设计、制造的观点看,合理选择参数对变压器的产品成本和技术经济性能都有较大的影响。

关于在设计时计算与选择变压器参数的问题将在有关课程中详细讨论,这里不再提及,下面只介绍参数的试验测定。通常,变压器的参数可以通过变压器的空载试验和稳态短路试验来求得。

6.4.1 变压器的空载试验

变压器空载试验的主要目的为:①测量空载电流 I_0;②测定变比 k;③测量该变压器的铁损耗 p_{Fe};④测定励磁参数 $Z_m = R_m + jX_m$。

图 6.10 为单相变压器空载试验接线图。试验时二次侧开路,一次侧加上额定电压,然后通过仪表分别测量出 U_1、U_{20}、I_0 和空载损耗 p_0。

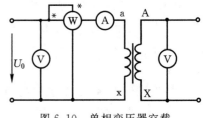

图 6.10 单相变压器空载试验接线图

由于变压器空载运行时二次绕组开路,故本身不存在铜损耗,在一次绕组中虽有空载电流产生的铜损耗,但因 I_0 较小,因而可忽略不计。故可以认为变压器空载时的输入功率 p_0 完全是用来抵偿变压器的铁损耗,即 $p_0 \approx p_{Fe}$。$I_0 = I_m$,即等于励磁电流。

这样,根据空载试验所测出的 U_1、U_{20}、I_0 和 p_0 即可算出

$$z_m = \frac{U_1}{I_0} \tag{6.44}$$

$$R_m = \frac{p_0}{I_0^2} \tag{6.45}$$

$$X_m = \sqrt{z_m^2 - R_m^2} \tag{6.46}$$

变比为

$$k = \frac{U_1}{U_{20}} = \frac{U_{高压}}{U_{低压}} \tag{6.47}$$

式中:U_{20} 为空载时测出的二次电压。

应当注意,由于 Z_m 与磁路的饱和程度有关,不同电压下测出的数值是不一样的,故应取额定电压下的数据来计算励磁阻抗。

原理上,空载试验可以在高压侧做也可以在低压侧做,但为了方便与安全起见,空载试验常在低压侧做。但应注意,低压侧所测得的励磁阻抗 Z_{m2} 要折算到高压侧还必须乘以 k^2,

即 $Z_m = Z_{m2}k^2$。详见例 6.1 中励磁阻抗 Z_m 的计算方法。

此外,对于三相变压器来说在应用上述公式时,必须根据一相的损耗以及相电压和相电流来计算各参数。关于空载实验的其他问题还可参考有关书籍。

6.4.2 变压器的稳态短路试验

当变压器的二次侧直接短路时,二次电压是等于零的,这种情况就是变压器的短路运行方式。如一次侧在额定电压下运行时,二次侧发生短路,就会产生很大的短路电流,这种情况被称为突然短路,这在变压器运行时是不允许的。在本节中讨论稳态短路试验,以前曾叫短路试验。

单相变压器稳态短路试验接线图如图 6.11 所示。为了使短路电流不致很大,试验时外加电源电压一般必须降低到额定电压的 10% 以下,为此一次侧一般通过调压器接到电源上。试验时,电压从零逐步增加,直到高低压绕组电流达额定值为止,然后读取短路电流 I_k、一次侧短路电压 U_k 和短路损耗 p_k 等数据,并记录试验时的环境温度 θ。

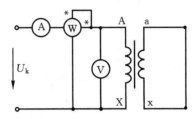

图 6.11 单相变压器稳态短路试验接线图

通常把短路试验在一次电流为额定时的短路电压实际值 U_k 用一次侧额定电压的百分数表示,称为阻抗电压 u_k,即

$$u_k = \frac{U_k}{U_{1N}} \times 100\% \tag{6.48}$$

在进行短路试验时,当二次绕组电流达额定值 I_{2N} 时,一次绕组中的电流也达 I_{1N},这时绕组中的铜耗就相当于额定负载时的铜耗(故把该试验又叫负载损耗的测定)。从简化的等效电路可以看出,当二次侧短路而一次侧通入额定电流时,一次侧所加的端电压只是为了与变压器的阻抗压降 $I_{1N}Z_k$ 相平衡。由于短路试验时所加的电压 U_k 很低,所以铁心中的主磁通也非常小,故完全可以忽略励磁电流与铁耗,这时输入的功率被认为就是绕组的铜损耗。

根据试验所测出的各个数据,可以分别计算出变压器的各短路参数,即

$$U_k = I_{1N}z_k, \quad \text{故} \quad z_k = \frac{U_k}{I_{1N}} \tag{6.49}$$

由于
$$p_k = I_{1N}^2 R_k, \quad \text{故} \quad R_k = p_k/I_{1N}^2 \tag{6.50}$$

从而短路电抗为

$$X_k = \sqrt{z_k^2 - R_k^2} \tag{6.51}$$

此外,根据规定,在计算变压器的性能时,绕组电阻应换算到 75 ℃ 时的数值,即(注:绕组材料为铜时的系数为 234.5,若绕组材料为铝,将系数换成 228 即可)

$$R_{k75} = \frac{234.5 + 75}{234.5 + \theta} R_k \tag{6.52}$$

式中:θ 为进行短路试验前的绕组温度(℃)。

因而,在 75 ℃ 时相应的短路阻抗为

$$z_{k75} = \sqrt{R_{k75}^2 + X_k^2} \tag{6.53}$$

同空载试验一样，上面所列的只是单相的计算方法，对三相变压器应该用每相的值来计算。另外，式(6.52)使用于铜导线构成的绕组。注意到没有特殊声明时，R_k、z_k 被认为已经是 75 ℃时的值。

应当指出，阻抗电压 u_k 值是变压器的重要参数，它的大小主要决定于变压器的设计尺寸，但 u_k 值的选择却涉及变压器的成本、效率、电压稳定性、短路电流大小等。通常从正常运行的角度看，希望变压器的短路电压小一些，这样可以减少运行时的电压降落，从而使端电压的波动受负荷变化的影响小一些。此外，u_k 小还可降低铜损耗。但是，为了降低突然短路时的短路电流，又希望 u_k 值大一些。因此变压器阻抗电压 u_k 值的选择，应当具体情况具体分析，要处理正常运行与事故时的不同要求，并考虑变压器制造成本等因素来正确地解决。

6.4.3 变压器的标幺值

在电机或电力工程的计算工作中，有时不采用实际的物理单位来表示各物理量（例如电阻的单位用"Ω"、电压的单位用"V"、电流的单位用"A"表示），而采用实际值与某对应单位值的比值来表示。此对应单位值就是基值，一般取对应的额定值，而**标幺值就是实际值与该基值的比值**。例如：三相变压器的 U_{1Np}、I_{1Np} 就是一次侧相电压、相电流的基值；而一次侧阻抗（含电阻和电抗）的基值就是 $z_{1N}=U_{1Np}/I_{1Np}$；变压器总损耗（含功率）的基值就是 $S_N=mU_{1Np}I_{1Np}$。

以一次侧物理量为例，用标幺值表示的实际值如下。

一次电压的标幺值为 $U_1^*=U_1/U_{1Np}$；一次电流的标幺值为 $I_1^*=I_1/I_{1Np}$；一次侧的电阻、电抗、阻抗和变压器空载损耗的标幺值分别为

$$R_1^* = R_1/z_{1N} = \frac{I_{1Np}R_1}{U_{1Np}} \tag{6.54}$$

$$X_{1\sigma}^* = X_{1\sigma}/z_{1N} = \frac{I_{1Np}X_{1\sigma}}{U_{1Np}} \tag{6.55}$$

$$p_0^* = p_0/S_N = \frac{p_0}{m_1 U_{1Np} I_{1Np}} \tag{6.56}$$

二次侧量以此类推。因此标幺值是与实际值一一对应的，各物理量的标幺值的表示方法就是在各对应物理量的右上（或下）角加"*"号。显然，标幺值是无量纲的。

由于一、二次侧的额定电压和额定电流是不相同的，所以一、二次侧的阻抗基值也不同，不难看出，这二者也是相差 k^2 倍。在具体计算某一侧阻抗的标幺值时，必须与同一侧的基值相比较。但变压器的短路阻抗的基值为一次侧的额定值 $z_{1N}=U_{1Np}/I_{1Np}$，则如下式表示：

$$z_k^* = \frac{z_k}{z_{1N}} = \frac{I_{1Np}z_k}{U_{1Np}} \tag{6.57}$$

又根据稳态短路实验时的 $I_{1Np}z_k=U_k$，则式(6.57)右端又可表示成

$$\frac{I_{1Np}z_k}{U_{1Np}} = \frac{U_k}{U_{1Np}} = U_k^* = u_k \tag{6.58}$$

故采用标幺值后，短路阻抗和短路电压的标幺值就相等了，即

$$z_k^* = U_k^* = u_k \tag{6.59}$$

这就是将短路电压叫阻抗电压的原因所在,条件是要采用标幺值表示。它的有功分量 U_R^* 和无功分量 U_X^* 分别被称为电阻电压和漏抗电压,如下式所示:

$$\begin{cases} U_R^* = R_k^* = \dfrac{I_{1\mathrm{Np}} R_k}{U_{1\mathrm{Np}}} \\ U_X^* = X_k^* = \dfrac{I_{1\mathrm{Np}} X_k}{U_{1\mathrm{Np}}} \end{cases} \tag{6.60}$$

显然,$z_k^* = \sqrt{R_k^{*2} + X_k^{*2}}$。

采用标幺值进行计算有如下好处:

(1) 采用标幺值表示比实际值更能明确表示其运行状态。例如,实际值 $I_2 = 3000$ A,而此值的对应标幺值 $I_2^* = 1.5$,说明变压器过载了。

(2) 计算方便,便于性能比较。例如,不论变压器的大小、形状如何,变压器的两个主要指标的大小一般为 $I_0^* = (2 \sim 8)\%$,$U_k^* = (5 \sim 17.5)\%$,因此各种工程手册中用标幺值表示各有关物理量当然就屡见不鲜了。

(3) 采用标幺值后,等效电路中各参数无须再进行折算。例如 $R_2'^* = R_2^*$。说明如下:

$$R_2'^* = \dfrac{R_2'}{z_{2N}'} = \dfrac{R_2 k^2}{z_{2N} k^2} = \dfrac{R_2}{z_{2N}} = R_2^*$$

6.5 变压器运行时二次电压的变化和调压装置

6.5.1 变压器的电压调整率

当变压器的二次侧流过负载电流时,由于绕组内存在着一定的漏阻抗,所以将产生一定的电压降落,这就使得负载时的二次电压 U_2 不同于空载时的二次电压 U_{20}。当一次电压 U_1 保持不变时,变压器从空载到负载,其二次电压相应的变化数值与负载电流的大小、负载的性质(即 $\cos\varphi_2$ 的大小)以及变压器本身的参数等有关。通常,二次电压的变化程度用电压调整率来表示。

所谓变压器的电压调整率是指空载时的二次电压 U_{20} 与负载时的二次电压 U_2 之差与额定二次电压 U_{2N} 之比值,用百分数来表示,即

$$\Delta U = \dfrac{U_{20} - U_2}{U_{2N}} \times 100\% \tag{6.61}$$

由于空载时的二次电压 U_{20} 就等于二次侧的额定电压 U_{2N},故上式也可如下表示:

$$\Delta U = \dfrac{U_{2N} - U_2}{U_{2N}} \times 100\% \tag{6.62}$$

上式即为电压调整率的定义表达式,是用二次侧量表示的,若将上式右边分子、分母同乘以变比 k,则为用一次侧量(或折合到一次侧)表示:

$$\Delta U = \dfrac{U_{1N} - U_2'}{U_{1N}} \times 100\% \tag{6.63}$$

下面来推导一个有实用意义的公式,即式(6.65)。

变压器简化等效电路对应的相量图如图 6.12 所示,用标幺值表示各相量大小,并作辅助线(即图中虚线)。

由式(6.62)知，$\Delta U = 1 - U_2^*$，由于实际 γ 角很小，略去后，线段 $\overline{OA} = \overline{OD}$，由几何关系知

$$\overline{OD} = \overline{DC} + \overline{CO} \approx \overline{OA} = U_{1N}^* = 1.0$$

所以 $\Delta U = \overline{DO} - \overline{CO} = \overline{DC}$

$$= \overline{CF} + \overline{FD} = \overline{CF} + \overline{BE} \qquad (6.64)$$

在 △BCF 中存在 $\overline{CF} = \overline{BC}\cos\varphi_2 = I_1^* R_k^* \cos\varphi_2$

又在 △ABE 中存在 $\overline{BE} = \overline{AB}\sin\varphi_2 = I_1^* X_k^* \sin\varphi_2$

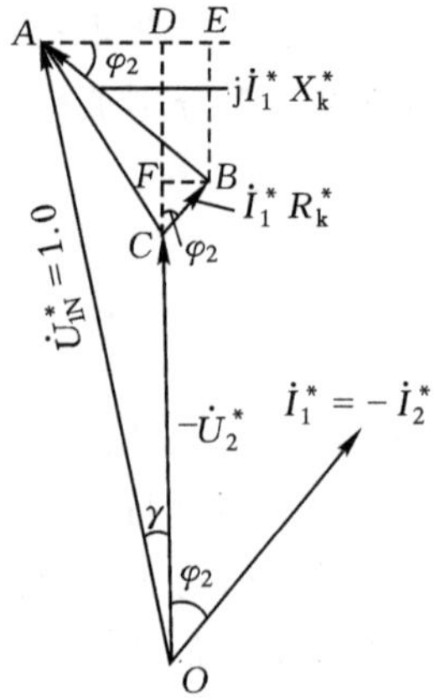

将以上两式代入式(6.64)并考虑引入 β 为负载系数，其式为 $\beta = \dfrac{I_1}{I_{1N}} = \dfrac{I_2}{I_{2N}}$ 或 $\beta = I_1^*$ 则得本身的漏阻抗 R_k 和 X_k。显然这 3 个因素中，③是二次电压变

$$\Delta U = \beta(R_k^* \cos\varphi_2 + X_k^* \sin\varphi_2) \times 100\% \qquad (6.65)$$

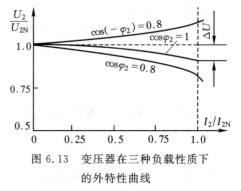

图 6.12 变压器简化等效电路对应的相量图

上式为计算变压器的电压调整率的实用公式。由此式可以看出变压器的电压调整率与以下 3 个因素有关：①变压器负载的大小，用 β 表示；②负载的性质，由 φ_2 表示；③变压器化的内在原因，而①和②是二次电压变化的外部条件。注意到用式(6.65)计算 ΔU 时，当负载为感性时 φ_2 应取正值，若为容性负载时 φ_2 应取负值。所以，变压器的负载为容性时，一则会出现二次电压随着负载电流的增加而增加的现象，可能使 ΔU 值为负；二则容性负载时的 ΔU 也可能会等于零，有时也有 ΔU 大于零的情况。通过实验可求取变压器在 3 种负载性质下的外特性曲线，如图6.13所示。

图 6.13 变压器在三种负载性质下的外特性曲线

6.5.2* 变压器的稳压装置

如前所述，变压器在负载运行时它的二次电压是会经常变化的。如果电压变化范围太大，则会给用户带来很大的影响。例如异步电动机对电压变动就是比较敏感的，当电压低到额定电压的 70% 以下时，电动机甚至将停止转动或损坏。因此，通常规定供电给用户的电压变化范围一般不得超过额定值的 ±5%（即相当于额定电压的 95%～105% 的范围）。

为了保证供电电压的稳定，在一定范围之内必须进行电压调整。调整电压的方法较多，但改变变压器的变比来稳定电压是一种有效方法。

改变变比来调压是通过改变绕组的匝数（通常是改变高压绕组的匝数）来实现的。当二次电压下降时，可以减少高压绕组的匝数借以减小变比；当二次电压上升时，可以增加高压绕组的匝数，借以提高变比。为此，可在高压绕组上引出几个分接抽头，以供改变该绕组的匝数，从而为改变变比之用。中小型变压器一般有 3 个分接头，中间一个分接头相当于额定电压，上、下分接头各相当于额定电压改变 ±5%。大型变压器一般有 5 个分接头，相应的电压调节范围为 ±2.5% 和 ±5%。

通常,变压器的调压方式又分为无励磁调压与有载调压两种。下面就以无励磁调压为例予以说明。

无励磁调压(以往被称为无载调压)是指切换分接头时必须将变压器从电网中切除,即在不带电的情况下进行切换的调节稳压方式。这时,连接与切换分接头的装置就被称为无励磁分接开关(以往被称为无载分接开关)。其原理接线图如图 6.14 所示(图上只画了 A 相作为代表)。其中图 6.14(a)为中性点调压方式,分接头 X_1 圈数最多,为 $+5\%$ 级,分接头 X_2 相当于设计的额定电压,分接头 X_3 匝数最少,为 -5% 级。这种方式适用于中小型变压器。图 6.14(b)也属中性点调压方式,但绕组分为两半,末端的分接头从绕组中部引出。

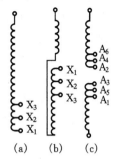

图 6.14 无励磁调压的原理接线图

图 6.14(c)为三相中部调压方式,这种方式适合于大容量变压器。以 A 相为例,若连接 A_2A_3 则绕组的全部匝数都在线路中;连 A_3A_4 时,则一部分匝数被切除;连 A_4A_5 时则更多匝数被切除,依次类推。因此,只要分别连 A_2A_3,A_3A_4,A_4A_5,A_5A_6,A_6A_1 即可获得 $\pm(2\times 2.5)\%$ 的 5 个调压级。

无载分接开关的原理线路图如图 6.15 所示。其中图 6.15(a)与图 6.14(a)的调压方式相对应;图 6.15(b)与图 6.14(c)的调压方式相对应。无载分接开关一般采用手动操作,操作手柄装在变压器油箱的侧壁上或油箱的顶盖上。

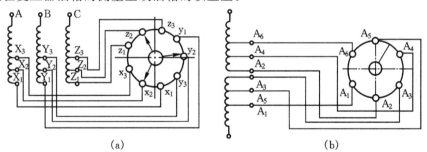

图 6.15 无载分接开关的原理线路图
(a) 三相中性点调压;(b) 三相中部调压(仅表示一相)

6.6 变压器的损耗和效率

6.6.1 变压器的损耗

变压器的损耗可分为铁耗、铜耗(对铝线变压器应为铝耗,下同)两大类。每类损耗中又有基本损耗与附加损耗(又称杂散损耗)之分。通常,变压器的空载损耗主要是铁耗,而短路损耗主要是铜耗。下面来分别介绍。

1. 铁耗

变压器的基本铁耗主要是磁滞与涡流损耗。磁滞损耗与硅钢片材料的性质、磁通密度的最大值以及频率等有关。涡流损耗主要与硅钢片厚度、磁通密度最大值以及频率等有关。

由于变压器的铁心常采用较薄的硅钢片,因此在总铁耗中涡流损耗所占比例较小,占较大比例的主要是磁滞损耗,占总铁耗的 60%～70%。

附加铁耗主要有:在铁心接缝等处,由于磁通密度分布不均匀所引起的损耗;在拉紧螺杆、铁轭夹件、油箱壁等构件处所产生的涡流损耗等等。

附加损耗是难以准确计算的,通常对小容量变压器,它的影响很小,但对大容量变压器,当磁通密度超过一定数值时,各种附加损耗都显著增加。例如:国产 SFPL - 120000/110 型变压器其附加铁耗为基本铁耗的 45%。

此外,在油箱以及各种结构零件中所产生的附加铁耗还将引起各构件的局部过热,对一些大容量变压器有时甚至将达到不容许的地步。因此,现代的一些大容量变压器都采取了一定的措施来降低附加损耗以防止局部过热。常用的措施有:在油箱内壁采用铝板或硅钢片做成电磁屏蔽;铁心用非磁性材料绑扎固定;夹件和压圈采用非磁性材料制作等等。

2. 铜耗

变压器的基本铜耗是指一、二次绕组内电流所引起的欧姆电阻损耗。附加铜耗是指由于集肤效应和邻近效应所引起电流沿导线截面分布不均匀所产生的额外损耗。

通常在 630 kVA 以下的小容量变压器中,附加铜耗仅占基本铜耗的 3%～5%,但在 8000 kVA 以上的变压器中,附加铜耗可能占到基本铜耗的 10%～20%甚至更大。对容量 $(30～60)\times 10^4$ kVA 的巨型变压器,当不采取任何措施时,其附加铜耗甚至可达基本铜耗的 120%～150%。目前,为了减少附加铜耗,大容量变压器广泛应用了导线换位等措施。当采用这些措施后,其附加铜耗即可大大降低。

如上节所述,变压器的铁耗与铜耗可以分别通过空载试验与稳态短路试验求出。此外,在制造厂的产品目录中也都列出了变压器的损耗值。一般电力变压器的铁耗与铜耗的比值在1/4～1/3的范围内。

6.6.2 变压器的效率

变压器的效率是指变压器输出的有功功率 P_2 与输入的有功功率 P_1 的百分比。在电机中,效率一般规定用 η 来表示,即

$$\eta = \frac{P_2}{P_1} \times 100\% \tag{6.66}$$

变压器属于静止电机,由于没有转动部分而使其效率比较高,大多在 95%以上,而大型变压器效率可达 99%以上。试验求取变压器的效率时一般不采用直接测量 P_2 和 P_1,因为这样做误差可能较大,通常都是用计算变压器的损耗来确定它的效率。

因为 $P_1 = P_2 + \sum p$,其中 $\sum p$ 是变压器的总损耗,而总损耗 $\sum p$ 应为铁耗与铜耗之和,即 $\sum p = p_{Fe} + p_{Cu}$,这样式(6.66)可改写为

$$\eta = \frac{P_2}{P_1} \times 100\% = \frac{P_2}{P_2 + \sum p} \times 100\% = \frac{P_2}{P_2 + p_{Fe} + p_{Cu}} \times 100\% \tag{6.67}$$

在采用式(6.67)计算效率时,还采取了下列假定:

(1) 以额定电压时的空载损耗 p_0 作为铁耗 p_{Fe},并认为铁耗不随负载而变。

(2) 以额定电流时的短路损耗 p_{kN} 作为额定电流时的铜耗 p_{Cu},并认为铜耗与负载系数的

2次方 β^2 成正比,即不考虑空载电流 I_0 对铜损耗的影响,故

$$p_{Cu} = \beta^2 p_{kN} \tag{6.68}$$

(3)计算 P_2 时采用下列公式:

$$P_2 = mU_2 I_2 \cos\varphi_2 = \beta m U_{2Np} I_{2Np} \cos\varphi_2 = \beta S_N \cos\varphi_2 \tag{6.69}$$

式中:m——相数(注:交流电机的相数均用 m 来表示);

S_N——变压器的额定容量。

即式(6.69)忽略了负载运行时 U_2 的变化。

在采用上述假定后,效率公式变为

$$\eta = \frac{\beta S_N \cos\varphi_2}{\beta S_N \cos\varphi_2 + p_{Fe} + \beta^2 p_{kN}} \times 100\% \tag{6.70}$$

对于一定的变压器,p_0 与 p_{kN} 的值是一定的,可以用试验测定。因而效率 η 的大小还与负载的大小及功率因数有关。在一定的 $\cos\varphi_2$ 下,效率与负载系数的关系 $\eta = f(\beta)$。变压器的效率曲线如图 6.16 所示。从图中可以看出,输出功率等于零时,效率也等于零,输出功率增大时,效率开始很快增高,达到最高值后又开始下降。应当指出,变压器效率曲线的这种变化规律也是各种电机的效率特性所共有的。式(6.70)是很重要的计算公式。其效率曲线可以通过变压器的负载试验来求取。

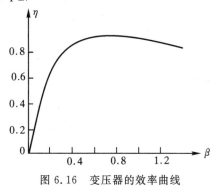

图 6.16 变压器的效率曲线

产生最大效率的负载系数可以用简单的求导法求得,最大效率发生在

$$\frac{d\eta}{d\beta} = 0 \tag{6.71}$$

处。按此,将上式对 β 求导并令其等于零,可以求得产生最大效率时的负载系数为

$$\beta_{max} = \sqrt{\frac{p_0}{p_{kN}}} \tag{6.72}$$

或

$$\beta_{max}^2 p_{kN} = p_0$$

上式表明,**当可变损耗等于不变损耗时,效率最高。**

效率曲线的形状可以用式(6.67)来解释。当输出为零时,该式的 $\eta = 0$。在从 $\eta = 0$ 到 $\eta = \eta_{max}$ 的范围内,效率值几乎随负载(即 β)正比增加,但此时其分母中不变损耗 p_{Fe} 占有较大比例而可变损耗 p_{Cu} 所占比例较小,故效率几乎随 β 而正比例增加,一直到可变损耗等于不变损耗,效率 $\eta = \eta_{max}$ 时为止。以后,当 β 再升高时,式(6.70)中的分母的第三项主要又随 β^2 正比例增加,此时分母增长比分子快,因而总的趋势是随 β 增加而减小。

由此可见,变压器运行效率的最高点,基本上决定于变压器铜耗与铁耗的比例,因此在变压器设计时往往首先选定所希望的负载系数 β_{max}。然后使铜耗与铁耗的比例符合 $\beta_{max}^2 p_{kN} = p_0$ 的要求。由于一般变压器都不是长期在额定负载下运行,因此 β_{max} 值选 0.5~0.7。

例 6.1 有一台单相变压器,$S_N = 630$ kVA,$U_{1N}/U_{2N} = 35$ kV/6.6 kV,$f_N = 50$ Hz,其空

载试验和稳态短路试验数据如下:空载试验在低压侧进行,当 $U_{02}=U_{2N}$ 时,测得空载损耗 $p_0=3.8$ kW,空载电流 $I_{02}=5.1$ A;稳态短路试验在高压侧进行,当 $I_1=I_{1N}$ 时,测得短路损耗 $p_k=9.5$ kW,稳态短路电压为 2.27 kV。试求:

(1) 折算到高压侧的励磁阻抗及短路阻抗(即 Z_m 和 Z_k);

(2) 设 $R_1=R_2'$,$X_{1\sigma}=X_{2\sigma}'$,绘出其等效电路;

(3) 当低压侧接负载 $Z_L=57+j43.5$ 时,利用 T 型等效电路求解其功率因数和一、二次电流及二次电压(即 $\cos\varphi_1$、I_1、I_2、U_2)。

解:(1)求 Z_m 和 Z_k。

① 根据空载试验数据先求出折算到低压侧的励磁阻抗 Z_{m2}:

$$z_{m2}=\frac{U_{02}}{I_{02}}=\frac{6600}{5.1}\ \Omega=1294.1\ \Omega$$

$$R_{m2}=\frac{p_0}{I_{02}^2}=\frac{3800}{5.1^2}\ \Omega=146.1\ \Omega$$

$$X_{m2}=\sqrt{z_{m2}^2-R_{m2}^2}=1285.8\ \Omega$$

$$Z_{m2}=R_{m2}+jX_{m2}=(146.1+j1285.8)\ \Omega=1294.4\angle 83.517°\ \Omega$$

② 计算折合到高压侧的励磁阻抗 Z_m:

由于变比 $k=\dfrac{U_{1N}}{U_{2N}}=\dfrac{35}{6.6}=5.303$ 则

$$z_m=z_{m2}k^2=(1294.1\times 5.303^2)\ \Omega=36392.0\ \Omega$$

$$R_m=R_{m2}k^2=(146.1\times 5.303^2)\ \Omega=4109.0\ \Omega$$

$$X_m=X_{m2}k^2=(1285.8\times 5.303^2)\ \Omega=36159.0\ \Omega$$

故 $Z_m=R_m+jX_m=(4109.0+j36159.0)\ \Omega=36392\angle 83.517°\ \Omega$

③ 根据稳态短路数据计算折合到高压侧的短路阻抗 Z_k:

$$z_k=\frac{U_k}{I_{1N}}=\frac{2270}{18}\ \Omega=126.11\ \Omega$$

其中 $I_{1N}=\dfrac{S_N}{U_{1N}}=\dfrac{630}{35}\ A=18\ A$

$$R_k=\frac{p_k}{I_{1N}^2}=\frac{9500}{18^2}\ \Omega=29.321\ \Omega$$

$$X_k=\sqrt{126.11^2-29.321^2}\ \Omega=122.65\ \Omega$$

故 $Z_k=R_k+jX_k=(29.321+j122.65)\ \Omega=126.11\angle 76.555°\ \Omega$

(2)绘出等效电路。

据已知 $R_1=R_2'$,$X_{1\sigma}=X_{2\sigma}'$,又知 $R_k=R_1+R_2'$,$X_k=X_{1\sigma}+X_{2\sigma}'$,则

$$R_1=R_2'=\frac{R_k}{2}=14.661\ \Omega$$

$$X_{1\sigma}=X_{2\sigma}'=\frac{X_k}{2}=61.325\ \Omega$$

故该变压器的 T 型等效电路如图 6.17 所示。

图 6.17 中的负载阻抗 $Z_L'=R_L'+jX_L'$ 也应经过折算才能画在电路图上:

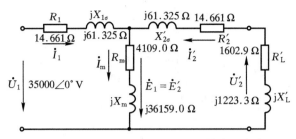

图 6.17 例 6.1 的变压器 T 型等效电路

$$Z'_L = Z_L k^2 = [(57+j43.5) \times 5.303^2] \, \Omega = (1602.9+j1223.3) \, \Omega$$
$$= 2016.4 \angle 37.35° \, \Omega$$

(3) 计算变压器的 $\cos\varphi_1$、I_1、I_2、U_2。

① 先计算出图 6.17 从左端看进去的总阻抗 Z_z：

$$Z_z = Z_1 + \frac{Z_m(Z'_2 + Z'_L)}{Z_m + Z'_2 + Z'_L}$$
$$= \left[14.661+j61.325+\frac{36392\angle 83.517° \times (14.661+j61.325+1602.9+j1223.3)}{(4109.0+14.661+1602.9)+j(36159.0+61.325+1223.3)}\right] \Omega$$
$$= 2035.9 \angle 41.705° \, \Omega$$

② 变压器的功率因数 $\cos\varphi_1 = \cos 41.705° = 0.74658$

③ 一次电流 $\dot{I}_1 = \dfrac{35000\angle 0°}{2035.9\angle 41.705°}$ A $= 17.191\angle -41.705°$ A

即 $$I_1 = 17.191 \text{ A}$$

④ 计算二次电流折算值 I'_2（用分流公式）和实际值 I_2：

$$I'_2 = I_1 \left|\frac{Z_m}{Z_m + Z'_2 + Z'_L}\right| = \left(17.191 \times \left|\frac{36392\angle 83.517°}{37879\angle 81.305°}\right|\right) \text{A} = 16.516 \text{ A}$$

故二次电流为
$$I_2 = I'_2 k = (16.516 \times 5.303) \text{ A} = 87.584 \text{ A}$$

⑤ 二次电压的实际值为
$$U_2 = I_2 z_L = (87.584 \times \sqrt{57^2+43.5^2}) \text{ V} = 6.280 \text{ kV}$$

注意：上述 U_2 并非等于 U'_2，即等效电路中的折算值
$$U'_2 = I'_2 z'_L = (16.516 \times 2016.4) \text{ V} = 33.303 \text{ kV}$$

其值与一次电压 U_{1N} 较接近。

例 6.2 一台三相变压器，$S_N = 1000$ kVA，50 Hz，Y/△接法，10/6.3 kV，当 $U_1 = U_{1N}$ 时，$p_0 = 4.9$ kW，$I_0^* = 5\%$；当短路电流为稳态额定时，短路损耗 $p_k = 15$ kW，短路电压为额定电压的 5.5%。设 $R_1 = R'_2$，$X_{1\sigma} = X'_{2\sigma}$，试求：

(1) 折算到一次侧的等效电路各个参数值及标幺值；
(2) 画出 T 型等效电路，各参数用实际值表示；
(3) 当有额定负载且 $\cos\varphi_2 = 0.8$（滞后）时的电压调整率 ΔU；
(4) 当有额定负载且 $\cos\varphi_2 = 0.8$（滞后）时的效率 η_N；
(5) 当功率因数 $\cos\varphi_2 = 0.8$（滞后）时的最大效率 η_{max}。

解:(1)求一次侧各参数及标幺值。

① 额定值:

$$\begin{cases} I_{1Np} = I_{1N} = \dfrac{1000 \times 10^3}{\sqrt{3} \times 10 \times 10^3} \text{ A} = 57.735 \text{ A} \\ U_{1Np} = \dfrac{10 \times 10^3}{\sqrt{3}} \text{ V} = 5773.5 \text{ V} \\ z_{1N} = U_{1Np}/I_{1Np} = 100 \text{ Ω} \end{cases}$$

② 励磁参数:

$$z_m = \frac{U_{1Np}}{I_0} = \frac{U_{1Np}}{I_0^* I_{1Np}} = \frac{5773.5}{0.05 \times 57.735} \text{ Ω} = 2000 \text{ Ω}$$

$$R_m = \frac{p_0}{3I_0^2} = \frac{4900}{3 \times 2.8868^2} \text{ Ω} = 195.99 \text{ Ω}$$

$$R_m^* = \frac{195.99}{100} = 1.9599$$

$$X_m = \sqrt{z_m^2 - R_m^2} \text{ Ω} = 1990.4 \text{ Ω}$$

$$X_m^* = \frac{1990.4}{100} = 19.904$$

③ 短路参数:

$$U_k = U_k^* U_{1Np} = (0.055 \times 5773.5) \text{ V} = 317.54 \text{ V}$$

$$z_k = U_k/I_k = \frac{317.54}{57.735} \text{ Ω} = 5.5000 \text{ Ω}$$

$$R_k = p_k/(3I_k^2) = \frac{15\,000}{3 \times 57.735^2} \text{ Ω} = 1.5 \text{ Ω}$$

$$R_k^* = \frac{1.5}{100} = 0.015$$

$$X_k = \sqrt{z_k^2 - R_k^2} = 5.2915 \text{ Ω}$$

$$X_k^* = \frac{5.2915}{100} = 0.052915$$

$$R_1 = R_2' = \frac{R_k}{2} = 0.75 \text{ Ω}$$

$$R_1^* = R_2^* = 0.0075$$

$$X_{1\sigma} = X_{2\sigma}' = \frac{X_k}{2} = 2.6458 \text{ Ω}$$

$$X_{1\sigma}^* = X_{2\sigma}^* = 0.026458$$

(2) 画出 T 型等效电路。

例 6.2 的变压器 T 型等效电路如图 6.18 所示。此图是用实际值表示,若用标幺值表示,则其等效电路如图 6.19 所示。

(3) 求 ΔU(注:额定负载的 $\beta=1$)。

$$\Delta U = \beta(R_k^* \cos\varphi_2 + X_k^* \sin\varphi_2) \times 100\% = 1 \times (0.015 \times 0.8 + 0.052915 \times 0.6) \times 100\%$$
$$= 4.3749\%$$

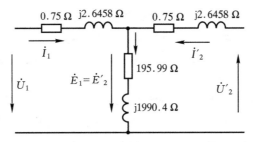

图 6.18　例 6.2 的变压器 T 型等效电路(实际值表示各参数)

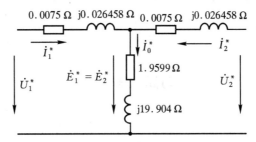

图 6.19　例 6.2 的变压器 T 型等效电路(用标幺值表示各参数)

(4) 求 η_N（注：$\beta=1, \cos\varphi=0.8, p_{kN}=15 \text{ kW}, p_0=4.9 \text{ kW}$，应用 η 公式），有

$$\eta_N = \frac{\beta S_N \cos\varphi_2}{\beta S_N \cos\varphi_2 + p_0 + p_{kN}\beta^2} \times 100\% = \frac{1 \times 1000 \times 10^3 \times 0.8}{8 \times 10^5 + 4900 + 15000 \times 1^2} \times 100\%$$
$$= 97.573\%$$

(5) 求 η_{max}。因当有最高效率时 $p_0 = \beta^2 p_{kN}$，$\beta = \sqrt{\frac{4.9}{15}} = 0.57155$，代入效率公式得

$$\eta_{max} = \frac{\beta S_N \cos\varphi_2}{\beta S_N \cos\varphi_2 + p_0 + \beta^2 p_{kN}} \times 100\% = \frac{0.57155 \times 1000 \times 0.8}{457.24 + 4.9 \times 2} \times 100\% = 97.903\%$$

本章小结

本章是变压器的理论基础。在学习本章时，首先应注意，在变压器内存在着电势平衡关系和磁势平衡关系，变压器的负载对一次绕组的影响是通过二次绕组的磁势起作用的，而这两个电磁关系又通过电磁定律和磁势平衡方程联系在一起的。

分析变压器内部的电磁规律可以采用基本方程式、相量图和等效电路这三种方法。基本方程式是从电磁关系出发推导出来的，相量图是基本方程式的一种图示表示法，而等效电路则是从基本方程式出发用电路来模拟实际的变压器。三者是完全一致的，并且紧密地互相联系着。由于基本方程式的求解比较复杂，因此在实际应用中，若做定性分析，则采用相量图比较直观而且简便；若做定量计算，则用等效电路比较方便。但在应用等效电路时，应注意一、二次侧各量的折算关系和规定正方向时不可出错。

应当注意，等效电路法的提出是为了把实际变压器中的电磁场问题简化为电路问题去研究，因而等效电路中的各个电抗如 X_m、$X_{1\sigma}$ 等都与磁路中相应的磁通对应。主磁通所产生的电势 E_1 与 E_2，既影响一次绕组的电势平衡关系，也影响二次绕组的电势平衡关系，故主磁通起着传递电磁功率的桥梁作用。漏磁通不起能量传递作用，只产生电抗压降，但漏抗对变压器的运行性能(如电压调整率等)的影响却是较大的。

对已制成的变压器的参数可以通过空载试验与稳态短路试验求出，利用试验数据来计算各参数的方法应当牢固掌握。

变压器的电压调整率和效率是衡量变压器运行性能很重要的指标。一般来说，ΔU 的大小表明了变压器运行时二次电压的稳定性，直接影响供电的质量；而效率的高低则直接影响变压器运行的经济性。它们主要取决于负载的大小和性质(受 $\cos\varphi_2$ 影响)以及变压器的各参数(如漏阻抗、铜耗、铁耗等)，因而，在设计时要正确选择变压器的各参数，就不仅要考虑到制造成本和经济性，还要考虑到对运行性能的影响。要针对各种变压器的不同特点，抓住主要矛盾，综合地加以解决。

习题与思考题

6-1 有一台单相变压器，$f=50$ Hz，高、低压侧的额定电压 $U_{1N}/U_{2N}=35$ kV/6 kV。铁心柱的有效截面积为 $S=1120$ cm^2，取铁心柱的最大磁密 $B_m=1.45$ T。试求高、低压绕组的匝数和变压器的变比。

6-2 有一台三相变压器，已知 $U_{1N}/U_{2N}=6300$ V/400 V，Y/△接法，若电源电压由6300 V改为10000 V，假定用改换高压绕组的办法来满足电源电压的变换，保持低压绕组匝数每相为 40 匝不变，则高压绕组每相匝数应改为多少？

6-3 一台单相变压器，已知 $U_{1N}/U_{2N}=6600$ V/220 V，$I_{1N}/I_{2N}=100$ A/3000 A，现已知一次侧负载电流为 80 A，求：这时的二次电流。

6-4 一台单相变压器容量为 10 kVA，额定电压为 380 V/220 V，50 Hz，已知：$R_1=0.14$ Ω，$X_{1\sigma}=0.22$ Ω，$R_2=0.035$ Ω，$X_{2\sigma}=0.055$ Ω。当变压器空载时，高压侧 $U_{01}=380$ V 时，$I_0=1$ A，$p_0=80$ W。现高压侧加 380 V 电压，低压侧接一感性负载，$R_L=3$ Ω，$X_L=4$ Ω。试完成：(1) 画出 T 型等效电路，并计算总阻抗(含负载)；(2) 根据 T 型等效电路计算 I_1 和 $\cos\varphi_1$；(3) 计算二次电流 I_2、电压 U_2 的实际值；(4) 用简化等效电路计算 I_2、U_2 值。

6-5 有一单相变压器，主要额定数据为：$S_N=1000$ kVA，$U_{1N}/U_{2N}=66$ kV/6.6 kV。当变压器空载实验(电源接低压侧)时，$U_{02}=6.6$ kV，$I_{02}=19.1$ A，$p_0=7.49$ kW；而稳态短路实验(电源接高压侧)时，$U_k=3.24$ kV，$I_k=15.15$ A，$p_{kN}=9.3$ kW。试求：(1) 变压器折算到高压侧的励磁阻抗 Z_m 和短路阻抗 Z_k；(2) 当 $\cos\varphi_2=0.8$(滞后)时该变压器的最大效率 η_{max}。

6-6 有一台单相变压器，额定容量 $S_N=10$ kVA，额定电压 $U_{1N}/U_{2N}=2200$ V/220 V，$R_1=3.6$ Ω，$R_2=0.036$ Ω，$X_{1\sigma}=X'_{2\sigma}=13$ Ω，已知在额定电压下的铁耗 $p_{Fe}=70$ W，空载电流的标幺值为 $I_0^*=0.05$。试求：(1) 参数 R_m、X_m、R_2、$X_{1\sigma}$ 的标幺值；(2) T 型等效电路中各参数，并用标幺值表示各物理量。

6-7 有一台单相变压器，$S_N=100$ kVA，$U_{1N}/U_{2N}=6000$ V/230 V，$f=50$ Hz。一、二次侧参数分别为 $R_1=4.32$ Ω，$R_2=0.006$ Ω，$X_{1\sigma}=8.9$ Ω，$X_{2\sigma}=0.013$ Ω。试求：(1) 短路

电阻的标幺值 R_k^*、短路电抗的标幺值 X_k^* 及阻抗电压 u_k；(2) 在额定负载下，$\cos\varphi_2 = 1$，$\cos\varphi_2 = 0.8$（滞后）及 $\cos\varphi_2 = 0.8$（超前）这三种情况下的电压调整率 ΔU。

6-8 一台单相变压器，$S_N = 100$ kVA，$U_{1N}/U_{2N} = 6000$ V/230 V，$u_k = 5.5\%$，$p_{kN} = 2.1$ kW，$p_0 = 600$ W。试求：(1) 额定负载时，$\cos\varphi_2 = 0.8$（滞后）时的 ΔU 及 η 值；(2) 变压器在 $\cos\varphi_2 = 0.9$（滞后）时的最大效率值 η_{max}。

6-9 变压器定量分析时要进行折算，折算条件是什么？在折算前后，一、二次侧的各参数及电势、电流、电压是如何变化的？

6-10 变压器的额定电压为 220 V/110 V，如不慎将低压侧误接到 220 V 电源上，励磁电流将会发生怎样的变化？

6-11 为什么变压器过载运行时只会烧坏绕组？对铁心是否有致命的损伤？

6-12 变压器二次侧开路时，一次侧加额定电压、R_1 很小，但为什么电流不会很大？R_m 和 X_m 的物理意义是什么？电力变压器不用铁心用空心行不行？若 N_1 增加 10%，而其余条件不变，X_m 又如何变化？

6-13 一台 50 Hz 的单相变压器，若一次绕组接在直流电源上，其电压大小与铭牌一次侧额定电压一样，此时变压器的稳态直流电流如何？

6-14 变压器的阻抗电压 u_k 对变压器的运行性能有哪些影响？

6-15 为什么变压器空载试验时所测得的损耗，可以认为基本上等于铁耗？为什么变压器稳态短路试验时所测得的损耗，又可以认为基本上等于变压器绕组的铜耗？

6-16 变压器的电压调整率的大小与哪些因素有关？

6-17 变压器运行时产生最大效率应满足什么条件？

6-18 变压器在高压侧和低压侧进行空载试验，并施加各对应额定电压，所得铁耗是否相同？

6-19 某变压器的额定电压为 220 V/127 V，若将一次侧接到 380 V 的交流电源上，等效电路中的励磁电抗 X_m 将如何变化？

第 7 章 三相变压器

因为三相制较为经济,效率又较同容量的单相系统高,所以世界各国的电力系统几乎均采用三相制。从运行原则和分析方法来说,三相变压器在对称条件下运行,各相电压、电流、磁通的大小相等,相位依次落后 120°,故对三相变压器只需取某一相进行分析,在对称条件下三相变压器等效电路、方程式、相量图也和单相变压器完全一样,因此,前一章提到的分析方法同样适用于三相变压器在对称条件下的运行情况。本章将着重研究三相变压器本身的一些主要问题:①三相变压器的铁心结构;②三相绕组的连接方式;③电势的波形;④变压器的并联运行和三相不对称运行等问题。

7.1 三相组式和心式变压器

7.1.1 三相组式变压器

三相组式变压器由 3 台容量、变比等完全相同的单相变压器按三相连接方式连接而成。Yy 联结的三相组式变压器示意图如图 7.1 所示,此图的一、二次侧均接成星形,也可用其他接法。三相组式变压器的特点是:三个铁心独立;三相磁路互不关联;三相电压对称时,三相励磁电流和磁通也对称。三相组式变压器又称三相变压器组。

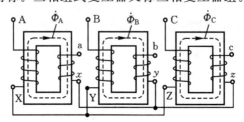

图 7.1 Yy 联结的三相组式变压器示意图

7.1.2 三相心式变压器

三相心式变压器的磁路系统是由组式变压器演变过来的,其铁心演变过程图如图 7.2 所示。当把 3 台单相变压器的一侧(即铁心柱)贴合在一起,各相磁路就自然主要通过未贴合的一个柱上,如图 7.2(a) 所示。这时,在中央公共铁心柱内的磁通为三相磁通之和,即 $\dot{\Phi}_\Sigma = \dot{\Phi}_A + \dot{\Phi}_B + \dot{\Phi}_C$。当三相变压器正常运行(即三相对称)时,合成磁通 $\Phi_\Sigma = 0$,这样公共铁心柱内的磁通也就为零。因此中央公共铁心柱可以省去,则三相变压器的磁路系统如图 7.2(b) 所示。为了工艺上能方便制造起见,把 3 个相的铁心柱排在一个平面上,于是就得到了目前广泛采用的如图 7.2(c) 所示的三相心式变压器的磁路系统。

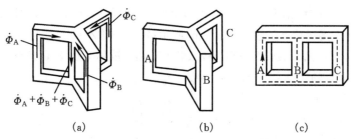

图 7.2 三相心式变压器的铁心演变过程图

(a)3 个铁心柱贴合;(b)中央公共铁心柱取消;(c)三相心式铁心

三相心式变压器的磁路系统是不对称的,中间一相的磁路比两边要短些,中间相的励磁电流比另外两相的小。因此,由于三相电源电压对称,则根据式(6.18)(三相磁通也应对称),又由于励磁电流在变压器负载运行时所占比重较小,故三相变压器仍然正常对称运行。

比较心式和组式三相变压器可以知道,在相同的额定容量下,三相心式变压器具有省材料、效率高、经济等优点;但组式变压器中每一台单相变压器却比一台三相心式变压器体积小,重量轻,便于运输。对于一些超高电压、特大容量的三相变压器,当制造及运输发生困难时,一般采用三相组式变压器。

7.2 变压器的联结组

将三相变压器的三个相绕组连接成三相电路的常用接法有**星形连接**(Y)、**三角形**连接(D)和**曲折连接**(Z)等。用大写字母 A、B、C 和 X、Y、Z 分别表示一次绕组的 3 个**首端**和 3 个**尾端**;用小写字母 a、b、c 和 x、y、z 分别表示二次绕组的 3 个首端和 3 个尾端。Y 接法是把三相绕组的 3 个尾端连接在一起形成**中性点**,将 3 个首端作为**出线端**,其**相电势相量图**呈"Y"形,如图 7.3(a)所示。D 接法是把一相的首端和另一相的尾端连接,形成一个闭合回路,从

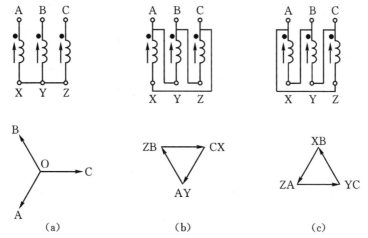

图 7.3 三相绕组接法和相电势相量图

(a)星形接法;(b)顺串三角形接法;(c)反串三角形接法

3个连接点引出3个出线端,其相电势相量图呈"△"形,如图7.3(b)和图7.3(c)所示。另外,D接法有两种连接次序:①是按图7.3(b)所示按 AY→BZ→CX 次序连接,被称为顺串 D 接法;②是按图7.3(c)所示按 XB→YC→ZA 次序连接,被称为反串 D 接法。

某些特殊变压器的二次绕组有时采用曲折接法,以字母"z"表示,即把二次绕组的每相制成匝数相等的两半,将每相的上一半与另一相的下一半反相串联构成一相,其绕组连线及相量图示于图7.4中。

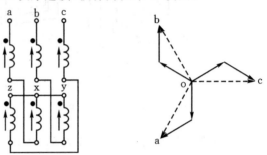

联结组是用来表示变压器一、二次绕组的连接方式以及对应标记线电势(电压)之间相位关系的一种标记方式。例如,联结组 Yd3 表示一次绕组采用 Y 接法,二次绕组采用 d 接法,序号 3 是用来表示二次绕组的线电势(如 $\dot{E}_{ab}$)与一次绕组对应标记的线电势($\dot{E}_{AB}$)之间相位关系的。分析表明,两侧线电势的相位差正好都是 30°的整数倍。基于这一特点,通常采用**钟时序数**表示变压器一、二次线电势之间的相位关系,即将一次绕组的线电势(如 $\dot{E}_{AB}$)相量固定指向钟表盘上的 0 点(12 点),若二次绕组对应标记的线电势($\dot{E}_{ab}$)相量指向 3 点,则联结组中的序号(即钟时序数,常被称为联结组标号)即为 3,如图 7.5 所示。

图 7.4 三相绕组曲折接法及相量图

图 7.5 钟时序数举例

单相变压器的绕组用字母 I 表示,其联结组只有 Ii0 和 Ii6 两种,即一次电势相量 $\dot{E}_A$ 固定指向 0 点时,二次电势 $\dot{E}_a$ 只有两种可能,指向 0 点(与 $\dot{E}_A$ 同相)或指向 6 点(与 $\dot{E}_A$ 反相)。图 7.6 给出了单相变压器在一次侧不变,二次绕组的相对绕向(用同名端表示)及出线标记的各种可能情况。其中,在图 7.6(a)和图 7.6(d)中,一次电势 $\dot{E}_A$ 的指向为从非同名端指向同名端,

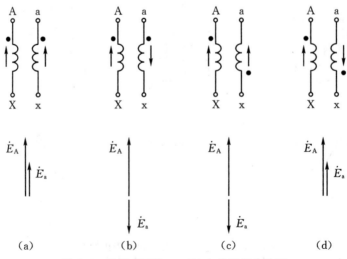

图 7.6 单相变压器一、二次电势的相位关系

二次电势 $\dot{E}_a$ 也从非同名端指向同名端,所以 $\dot{E}_a$ 与 $\dot{E}_A$ 同相,联结组为 Ii0;在图 7.6(b)和图 7.6(c)中,二次电势 $\dot{E}_a$ 由同名端指向非同名端,所以 $\dot{E}_a$ 与 $\dot{E}_A$ 反相,联结组为 Ii6。

三相变压器在保持一、二次绕组排列相序一致(均为顺时针 ABC)、同侧绕组绕向相同的情况下,当一次绕组连接及**出线端标记**固定,二次绕组连接也固定,但二次绕组的出线端标记及与一次绕组的相对绕向变化时,会呈现出多种不同的联结组标号。基于联结组的定义,通过绘制电势相量图,确定一、二次绕组对应标记线电势之间的相位差,就能得到联结组的标号。也可以采用其他的方法如**钟时序法**、**中心重合法**或**试验法**确定联结组。以下通过例题介绍三相变压器联结组的确定。

例 7.1　三相变压器的绕组接线、出线端标记及绕组绕向如图 7.7 所示,试用定义法确定其联结组别。

解:如图 7.8 所示,先绘制一次相电势相量图,作出一个线电势 $\dot{E}_{AB}$ 图,其指向为 A→B。再对照一次相电势相量图,作二次相电势相量图。对照两侧的接线图,不难看出,$\dot{E}_a$(x→a)与 $\dot{E}_A$(O→A)同相,$\dot{E}_b$(y→b)与 $\dot{E}_B$(O→B)同相,$\dot{E}_c$(z→c)与 $\dot{E}_C$(O→C)同相。二次绕组为 d 接法且连线次序为 ay→bz→cx,据此就可作出二次相电势相量图。最后在二次相电势相量图上作出线电势 $\dot{E}_{ab}$,其指向为由 a→b。显然,$\dot{E}_{ab}$ 超前 $\dot{E}_{AB}$ 30°,当 $\dot{E}_{AB}$ 在钟表盘上指向 0 点时,$\dot{E}_{ab}$ 指向 11 点,所以该变压器的联结组别为 Yd11。

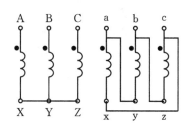

图 7.7　例 7.1 三相变压器接线及标记

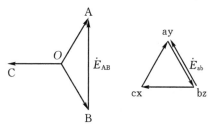

图 7.8　例 7.1 三相变压器相量图

例 7.2　三相变压器的绕组接线、出线端标记及绕组绕向如图 7.9 所示,试用钟时序法确定其联结组别。

解:如图 7.10 所示,先在钟表盘上作出一次相电势相量图,将出线端 A 固定在 12 点。对照一次侧相量图在钟表盘作出二次侧相电势相量图。根据连线图,$\dot{E}_a$ 与 $\dot{E}_A$ 平行,$\dot{E}_b$ 与 $\dot{E}_B$ 平行,$\dot{E}_c$ 与 $\dot{E}_C$ 平行。相电势 $\dot{E}_a$ 指向 1 点,变压器该种接法的联结组别为 Dy1。

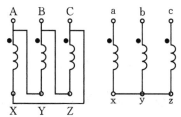

图 7.9　例 7.2 三相变压器接线及标记

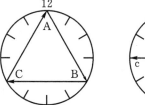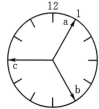

图 7.10　例 7.2 三相变压器的钟时序图

例 7.3　三相变压器的绕组接线、出线端标记及绕组绕向如图 7.11 所示,试用中心重合法确定其联结组别。

解：如图 7.12 所示，先作出一次相电势相量图，将 $\dot{E}_A$ 指向 12 点。对照一次侧相量图作出二次侧相电势相量图。根据连线图，$\dot{E}_a$ 与 $\dot{E}_B$ 反相，$\dot{E}_b$ 与 $\dot{E}_C$ 反相，$\dot{E}_c$ 与 $\dot{E}_A$ 反相。将二次相量图平移使其中心 o 与一次相量图的中心 O 重合，发现 oa 指向 11 点，可以断定变压器该种接法的联结组别为 Yd11。

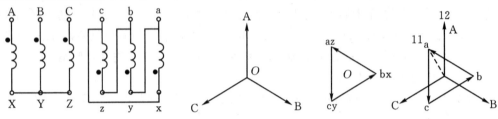

图 7.11 例 7.3 三相变压器接线及标记   图 7.12 例 7.3 中心重合法判断联结组别举例

例 7.4 画出联结组为 Yd9 的三相变压器绕组连线图。

解：一次绕组为 Y 接法，在钟表盘上画出一次相量图，将 A 固定在 12 点，如图 7.13 所示。二次绕组为 D 接法，可按 ay→bz→cx 或者 az→bx→cy 连接，将 a 固定在钟表盘上的 9 点，可得到 2 个二次相量图。对应与 Yd9 联结组的三相变压器有两种连线图，如图 7.14 所示。

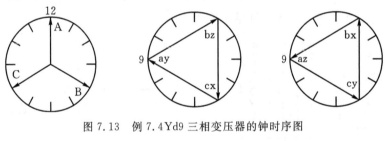

图 7.13 例 7.4 Yd9 三相变压器的钟时序图

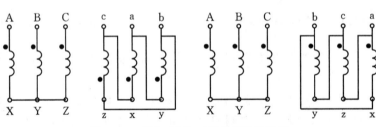

图 7.14 例 7.4 Yd9 三相变压器连线图

也可以通过试验对比法确定三相变压器联结组标号。试验时首先将变压器高、低压侧的 A 相首端 A-a 连接，然后在高压侧施加适当的三相电压（通常不超过 300 V，一般为 100 V），依次测量电压 U_{Bb}、U_{Cb}、U_{Bc}，如图 7.15 所示。这 3 个电压实测值再与对应联结组标号的各电压计算值对比，就可确定联结组标号。

例 7.5 将变压比为 k、联结组为 Yd5 的三相变压器的 A-a 连接，给高压侧 A-B-C 端加适当的三相对称交流电压，低压侧 a-b-c 开路，测得 $U_{ab}=U_2$，试求 U_{Bb}，U_{Cb} 及 U_{Bc}。

解：一次绕组为 Y 接法，在钟表盘上画出一次相量图，将 A 固定在 12 点，二次绕组为 d 接法，可按 az→bx→cy（或者 ay→bz→cx）连接，将 a 固定在钟表盘上的 5 点，可得到 2 个二次相量图，将二次相量图平移，使 a 与 A 重合，添加适当的辅助线，如图 7.16 所示。不难看出

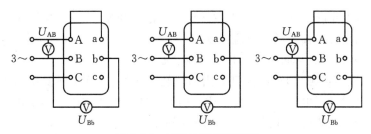

图 7.15 试验法确定联结组

$$\overline{ca}=\overline{ab}=U_2,\overline{aO}=\frac{KU_2}{\sqrt{3}},\overline{OE}=\frac{KU_2}{2\sqrt{3}},\overline{BE}=\frac{KU_2}{2},\overline{aC}=KU_2$$

$$U_{Bb}=U_{Bc}=\overline{Bc}=\sqrt{\overline{cE}^2+\overline{BE}^2}=\sqrt{\left(U_2+\frac{KU_2}{\sqrt{3}}+\frac{KU_2}{2\sqrt{3}}\right)^2+\left(\frac{KU_2}{2}\right)^2}=U_2\sqrt{K^2+\sqrt{3}K+1}$$

$$U_{Cb}=\overline{Cb}=\sqrt{\overline{aC}^2+\overline{ab}^2}=\sqrt{(KU_2)^2+U_2^2}=U_2\sqrt{K^2+1}$$

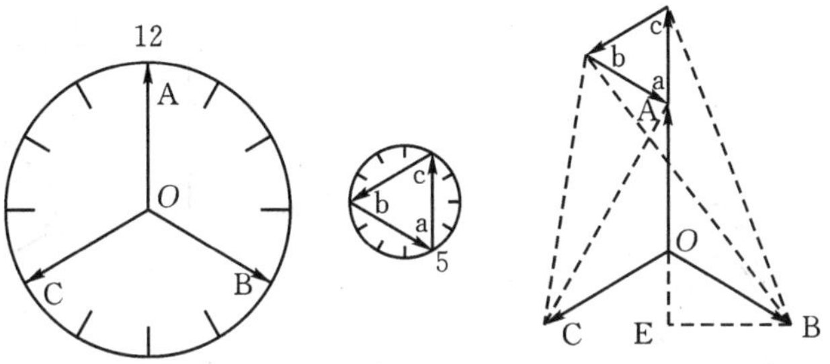

图 7.16 例 7.4 Yd5 的相量图

按照与例 7.5 类似的方法,可以推导出各种联结组的 U_{Bb}、U_{Cb}、U_{Bc} 与低压侧线电压 U_{ab} 的关系式。若将三相变压器联结成某一联结组,在高压侧施加适当的线电压,结合变压比 K 就可以计算出相应的 U_{Bb}、U_{Cb}、U_{Bc} 值,再实际测量出 U_{Bb}、U_{Cb}、U_{Bc},通过比较计算值和实测值,就能判断所接成的三相变压器联结组是否正确。

分析表明,一、二次侧同为 Y 接法或者同为 D 接法的联结组的标号均为偶数;一侧为 Y 接法,另一侧为 D 接法的联结组的标号均为奇数。

变压器可能联结的组别很多,为了制造及并联运行时的方便,国家标准规定以下五种作为标准联结组:Yyn0、Yd11、YNd11、YNy0、Yy0。其中 Yyn0 联结组的二次侧可以引出中线,成为三相四线制,用于配电变压器可供动力和照明用电;Yd11 联结组用于二次电压超过 400 V 的线路上,此时变压器二次侧为三角形接线对运行有利;YNd11 联结组主要用于高压输电线路中,使电力系统的高压侧可以接地;有 z 接法的变压器适用于防雷性能高的配电变压器上。

7.3 三相变压器的励磁电流和电势波形

7.3.1 单相变压器励磁电流的波形

在前一章分析时,都是假定变压器铁心中的主磁通 ϕ 波形呈正弦形,磁通所需要的励磁

电流 i_m 波形也呈正弦形。但是，由于铁磁材料具有饱和现象，当铁心中磁感应强度较大时，它的导磁率 μ 不是常数，而是随磁感应强度 B_m 的增大而减小，这就使得空载电流和主磁通的关系复杂化了。以下先从简单的单相变压器开始分析。

当铁心中的磁感应强度较低时，例如当用热轧硅钢片、磁感应强度在 0.8 T 以下时，磁路是不饱和的，这时励磁电流与磁通成正比。因而当铁心中的磁通波形呈正弦形时，励磁电流也呈正弦形，相应的磁化曲线及 ϕ、i_m 的波形图如图 7.17 所示。

当变压器中磁感应强度为大于 0.8~1.3 T 时，磁化曲线转入弯曲部分，而当磁感应强度 B_m 超过 1.3 T 时，磁化曲线进入饱和部分（通常，采用热轧硅钢片制作的电力变压器其磁感应强度选择为 1.1~1.475 T）。当磁路饱和后，励磁电流 i_m 不再与磁通 ϕ 成正比变化，而将比磁通增加得更快。若磁通依旧为正弦形，则励磁电流将是一个尖顶的波形，其尖的程度与磁路的饱和程度有关。磁路饱和时，励磁电流的波形可由磁化曲线及磁通波形求得，其各波形分析如图 7.18 所示。

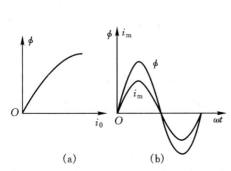

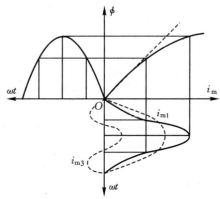

图 7.17 磁路不饱和时的磁化曲线及 ϕ、i_m 波形
(a)磁化曲线；(b)ϕ 和 i_m 的波形

图 7.18 磁路饱和时得到正弦波的磁通、励磁电流的波形分析图

若将 i_m 波形进行分析，励磁电流 i_m 除基波 i_{m1} 外，还包含有显著的 3 次谐波 i_{m3} 以及其他各奇次谐波（图上只画了 3 次谐波），但以 3 次谐波最强。因此，**为了得到正弦波的磁通，励磁电流中的谐波分量尤其是 3 次谐波分量是十分必要的**。如果励磁电流中的 3 次谐波分量不能流通（例如三相组式变压器 Y/Y 联结时），则磁通波将为平顶波，其分析方法如图 7.19 所示。也就是说，在磁通中将有谐波存在。若在磁通波中有谐波，则由它所感应的电势当然也有谐波分量。这些结论对分析三相变压器的电势波形非常重要。

当空载电流的波形为非正弦的尖顶波时，它的有效值应按谐波分析的方法去求得，即

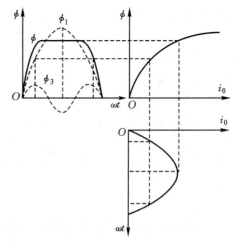

图 7.19 磁路饱和时正弦励磁电流产生的主磁通波形的分析

$$I_{\mathrm{m}}=\sqrt{\left(\frac{I_{\mathrm{m1m}}}{\sqrt{2}}\right)^{2}+\left(\frac{I_{\mathrm{m3m}}}{\sqrt{2}}\right)^{2}+\left(\frac{I_{\mathrm{m5m}}}{\sqrt{2}}\right)^{2}+\cdots} \tag{7.1}$$

式中：I_m——励磁电流的有效值；

I_{m1m}、I_{m3m}、I_{m5m}——分别为基波、3 次谐波、5 次谐波电流的幅值。

7.3.2 三相变压器不同联结组中的电势波形

如上所述，为了保证磁通波形和感应电势波形为正弦形，则励磁电流中的 3 次谐波分量是需要的。在单相变压器中，3 次谐波电流和基波电流都有自己的回路，且可自由流通，因此，磁通 ϕ 和电势 e 的波形总是正弦形。但对三相变压器来说，情况就要复杂一些，由于三相绕组中的 3 次谐波电流具有大小相等、时间相位相同的特征，所以当三相采用 Y 接法，又无中线引出时，3 次谐波电流无法同时流入或流出中点，因而这种情况下 3 次谐波电流也就不能流通。但当三相采用 D 接法或 YN 接法时，3 次谐波电流可以在△构成的闭路或 Y_0 的中线流通。故在三相变压器中 3 次谐波电流的流通情况与绕组的接法密切相关。下面来分别说明。

1. YNy 或 Dy 联结的三相变压器

例如图 7.9 的接线图。在采用 YN 接法时，中线上的 3 次谐波电流等于每相绕组中的 3 次谐波电流的 3 倍。这两种联结组，一次侧接通三相交流电源后，3 次谐波电流均可在一次绕组畅通，因此即使在磁路饱和的情况下，铁心中的磁通和绕组中的感应电势仍呈（或接近）正弦形。而且不论是线电势（或电压）、相电势（或电压），还是一次或二次电势，其波形均呈正弦形。

2. Yy 联结组

由于一次侧无中线，一次侧 3 次谐波电流不能存在，亦即 i_0 波形近似呈正弦形。磁路饱和时，铁心中的磁通为一平顶波（图 7.19 中已有分析），说明磁通中的奇次谐波分量存在，而且 3 次谐波磁通影响最大。但是 3 次谐波磁通是否能够流通，将取决于三相变压器是何种铁心结构（即组式或心式），下面分别介绍。

(1) 三相组式变压器。在图 7.1 所示的三相组式变压器中，它们各相之间的磁路互不关联，因此，3 次谐波磁通 ϕ_3 可以同在基波磁通 ϕ_1 的路径流通。ϕ_3 所遇磁阻很小，故对幅值的影响较大。所以，每相感应电势中将包含有较大的 3 次谐波电势 e_3。三相变压器组联成 Yy 联结组时感应电势的波形如图 7.20 所示。但是，由于三相中的 3 次谐波电势各相是同相的、大小又相同，所以在线电压（势）中它们互相抵消，因而线电压波形仍呈正弦波形。但这个 3 次谐波电势却使相电压增高，若略去 5 次及以上的谐波，则每相电势有效值应为

$$E_{\mathrm{p}}=\sqrt{E_{1\mathrm{p}}^{2}+E_{3\mathrm{p}}^{2}} \tag{7.2}$$

式中：$E_{1\mathrm{p}}$、$E_{3\mathrm{p}}$ 为每相感应电势的基波、3 次谐波分量。

按上式计算出的相电势的有效值将比基波电势 E_1 高 10%～17%。而电势 e_p 的幅值则将比基波电势的幅值大 45%～60%，这样将危及变压器绕组的绝缘。因此，在电力变压器中不能采用 Yy 联结组的三相组式变压器（也叫三相变压器组）。

(2) 三相心式变压器。在三相心式变压器中，由于三相铁心互相关联，所以方向相同的

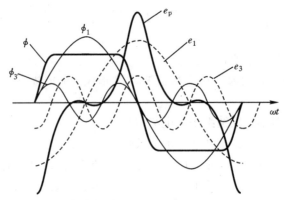

图7.20 三相变压器组联成Yy联结组时感应电势的波形

3次谐波磁通不能沿铁心闭合,只能通过非磁性介质(变压器油或空气)及箱壁形成回路,三相心式变压器中3次谐波磁通的路径分析如图7.21所示,其中$\dot{\Phi}_{3A}$、$\dot{\Phi}_{3B}$、$\dot{\Phi}_{3C}$将遇到很大的磁阻,使3次谐波磁通大为削弱,则主磁通仍接近于正弦波,从而使每相电势也接近正弦波。即使铁心饱和的情况下,仍可以认为相电势、线电势具有正弦波形。所以在中小型三相心式变压器中,Yy联结组还是可以采用的。

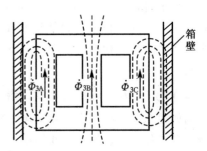

图7.21 三相心式变压器中3次谐波磁通的路径分析图

3. Yd联结组

当变压器的二次侧(或Yd联结组)有△接法的绕组时(参见图7.22),情况就和Yy联结组大不相同了。因为在△接法的绕组内可以存在方向相同的3次谐波电流,用以供给励磁电流中所需的3次谐波电流分量。因此就可以保持电势接近于或达到正弦波形。由于铁心内的磁通决定于一次绕组和二次绕组的总磁势,所以△接法的绕组在一次侧或二次侧是没有区别的。因此,这种接法还被规定为国家标准联结组之一。Yd联结组中三角形内部的3次谐波环流示意如图7.22所示。

在超高压、大容量电力变压器中,有时为了满足电力系统运行的需要,使变压器一、二次侧的中点都接地外,然后再加上一个第三绕组采用△接法,具有第三绕组的变压器接线图如图7.23所示。这个第三绕组的主要任务就是为了提供3次谐波电流的通路,以保证主磁通波形接近或达到正弦波形,从而改善电势波形。

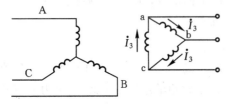

图7.22 Yd联结组中三角形内部的3次谐波环流示意图

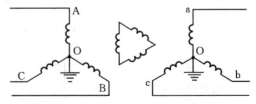

图7.23 具有第三绕组的变压器接线图

7.4 变压器的并联运行

变压器的并联运行,就是将两台或两台以上的变压器的一、二次绕组分别接在各自的公共母线上,同时对负载供电。图 7.24 是两台单相变压器并联运行中环流示意图。因而它们的一次绕组具有共同的电压 $\dot{U}_1$,二次绕组有共同的电压 $\dot{U}_2$。

在电力系统中的发电厂和变电所,往往都是几台变压器并联运行,而不采用只装设一台变压器的方式。这是由于:①可提高运行效率。当几台变压器并联运行时,在轻负载时可以切除一部分变压器,从而减少空载损耗,使供电更加经济。②可提高供电可靠性。若某台变压器发生故障或检修时,可切除这台变压器,其他变压器仍能供给用电户,以减少停电事故。③能适应用电量的增多,以满足国民经济发展的需要。

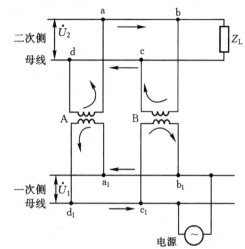

图 7.24 两台单相变压器并联运行中环流示意图

变压器若要并联运行,理想情况下要满足下述条件:①变压器的变比相等;②联结组组号应相同;③各并联变压器的输出电流同相位;④各台变压器的阻抗电压(或叫短路电压标幺值)相等。以下做进一步分析。

1. 变比问题

如果并联运行的变压器的变比都相等,在其他条件也满足时,就保证了空载时各并联变压器所构成的回路中无环流(环流路径如图 7.24 所示);若同时满足联结组组号相同,则保证了各二次电压的相位一致。于是,各变压器仍如单独空载时一样,只有一定的空载电流。

反之,当变压器的变比和联结组均不同时,即使变压器空载,在并联所构成的回路中也有环流流通。设两台变压器并联,在变比不等的情况下,两变压器 A 和 B 的二次侧每相开路电压分别为 $\dot{U}_A$ 和 $\dot{U}_B$,则两台变压器并联后,每相绕组中循环电流 $\dot{I}_S$ 可用下式计算:

$$\dot{I}_S = \frac{\dot{U}_A - \dot{U}_B}{Z_{kA} + Z_{kB}} = \frac{\dfrac{\dot{U}_1}{k_A} - \dfrac{\dot{U}_1}{k_B}}{Z_{kA} + Z_{kB}} = \frac{\dot{U}_1 \left(\dfrac{1}{k_A} - \dfrac{1}{k_B} \right)}{Z_{kA} + Z_{kB}} \tag{7.3}$$

式中:Z_{kA}、Z_{kB} 分别为变压器 A 和 B 折算到二次侧的短路阻抗,$\dot{U}_1$ 为一次电压,k_A、k_B 分别为两台变压器的变比。

例 7.6* 今有一台 100 kVA,6000 V/230 V 的变压器和一台 100 kVA,6000 V/220 V 的变压器并联运行,两台变压器的联结组相同,Y/Y 接法,已知:$u_{kA} = u_{kB} = 5.5\%$,短路阻抗角 α 相同,试求并联运行时的循环电流 I_S 为多大?

解:由已知 $U_A = 230$ V,$U_B = 220$ V,可知额定相电压 $U_{NA} = 133$ V,$U_{NB} = 127$ V

由

$$z_k = \frac{u_k/\%}{100} \times \frac{U_N}{I_N}$$

可得

$$z_{kA} = \frac{5.5}{100} \times \frac{U_{NA}}{I_{NA}} = \left(\frac{5.5}{100} \times \frac{133}{251}\right) \Omega = 0.0291 \ \Omega$$

$$z_{kB} = \frac{5.5}{100} \times \frac{U_{NB}}{I_{NB}} = \left(\frac{5.5}{100} \times \frac{127}{262}\right) \Omega = 0.0267 \ \Omega$$

由式(7.3)进一步推导得

$$\dot{I}_S = \frac{\dot{U}_1\left(\frac{1}{k_A} - \frac{1}{k_B}\right)}{Z_{kA} + Z_{kB}} = \frac{\dot{U}_1\left(\frac{1}{k_A} - \frac{1}{k_B}\right)}{|Z_{kA}|\angle\alpha_A + |Z_{kB}|\angle\alpha_B}$$

$$|\dot{I}_S| = \frac{|\dot{U}_1|\left(\frac{1}{k_A} - \frac{1}{k_B}\right)}{|Z_{kA}| + |Z_{kB}|} = \frac{3464.1 \times \left(\frac{1}{26.1} - \frac{1}{27.3}\right)}{0.0291 + 0.0267} \ \text{A}$$

$$= \frac{5.834}{0.0558} \ \text{A} = 105 \ \text{A}$$

从上面这个例子可以清楚地看出,尽管两台变压器的二次电压只相差 $\frac{230-220}{220} \times 100\%$ =4.54%,却产生 105 A 的空载循环电流,它相当于变压器 A 的额定电流的 $\frac{105}{251} \times 100\%$ = 41.8%,空载时有这样大的循环电流显然是不允许的。

因此,对并联运行的变压器,其变比只能允许有极小的偏差。通常,规定并联运行的变压器,其变比之差不得超过 1%,否则所产生的循环电流将是不允许的。

2. 联结组问题

并联运行的其他条件满足时,联结组组号一定要相同,保证二次电压的相位一致,至无环流。反之,当联结组组号不一致时,二次电压就将产生相位差。例如,一台变压器的组号是 12,而另一台的组号为 11 时,则这两台变压器并联运行的二次侧线电压相量将相差 30°,对应相量图如图 7.25 所示。这时并联运行的各变压器,即使它们的变比相等,它们的二次侧相应端点间也将存在着电压差 ΔU 的作用。由于 ΔU 是直接加在两台变压器的二

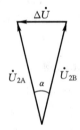

图 7.25 两台变压器并联运行的二次侧线电压相位差为 30°时的相量图

次侧端点上,故所作用的电路内只有该变压器的很小的短路阻抗。这样,无疑将产生超过其额定电流好几倍的循环电流。所以不同组别的变压器,绝对不允许并联运行。

3. 输出电流同相位问题

希望各台要并联的变压器的电流同相位,只有如此,才能使整个并联组得到最大的输出电流,各台变压器的装机容量才能得到充分应用。两台变压器并联运行时输出电流间的相量关系分析如图 7.26 所示。显然图 7.26(a)中的 $\dot{I}_2$ 较小,没有得到充分应用;而图 7.26(b)中各并联变压器得到了充分应用。

4. 阻抗电压问题

阻抗电压主要影响到并联运行变压器之间的负载分配。两台变压器并联运行时的等效

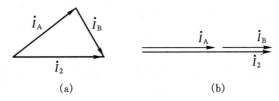

图 7.26 两台变压器并联运行时输出电流间的相量关系分析
(a) 不同相时;(b) 同相时

电路如图 7.27 所示。图中各量折算到二次侧来进行计算(也可以折算到一次侧)。图中变压器 A 的短路阻抗为 $Z_{kA}=R_{kA}+jX_{kA}$;变压器 B 的短路阻抗为 $Z_{kB}=R_{kB}+jX_{kB}$。据电路理论,两台变压器的电流的分配应反比于它们的阻抗,即

$$\frac{\dot{I}_A}{\dot{I}_B} = \frac{Z_{kB}}{Z_{kA}} = \frac{|Z_{kB}|\angle\alpha_B}{|Z_{kA}|\angle\alpha_A} \tag{7.4}$$

则可得

$$\frac{I_A}{I_B} = \frac{|Z_{kB}|}{|Z_{kA}|} \tag{7.5}$$

再将上式等号两边同乘以 $\dfrac{I_{BN}}{I_{AN}}$,再乘以 $\dfrac{U_N}{U_N}$ 则

$$\frac{U_N}{U_N}\frac{I_{BN}}{I_{AN}}\cdot\frac{U_N}{U_N}\frac{I_A}{I_B} = \frac{I_{BN}}{I_{AN}}\frac{U_N}{U_N}\frac{|Z_{kB}|}{|Z_{kA}|}$$

再考虑各对应变压器的 $S_N=U_N I_N$ 和 $u_k=U_k^*=\dfrac{z_k I_N}{U_N}$ 后得

$$\frac{S_A}{S_{AN}} : \frac{S_B}{S_{BN}} = \frac{1}{u_{kA}} : \frac{1}{u_{kB}} \tag{7.6}$$

式(7.6)描述了负载分配和阻抗电压的关系,对其可再做进一步讨论。

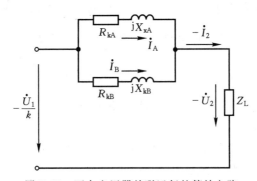

图 7.27 两台变压器并联运行的等效电路

(1) 当 $u_{kA}=u_{kB}$ 时,则 $\dfrac{S_A}{S_{AN}}=\dfrac{S_B}{S_{BN}}$

或

$$\frac{S_A}{S_B}=\frac{S_{AN}}{S_{BN}} \tag{7.7}$$

式(7.7)说明了:如果并联变压器的阻抗电压相等,则各变压器所承担的负载与其额定容量成正比例。

(2) $u_{kA} \neq u_{kB}$ 时，设 $u_{kA} < u_{kB}$，由式(7.6)知

$$\frac{S_A}{S_{AN}} > \frac{S_B}{S_{BN}}$$

此式说明了：如果并联组所承担的负载增加时，设变压器 A 的阻抗电压小，则变压器 A 先达到满载。

由此可见，如果阻抗电压相等时，各变压器所承担的负载与它们的额定容量成正比例分配；如果阻抗电压有差别时，式(7.6)可计算并联时两台变压器的负载分配情况，同时说明阻抗电压小的那一台变压器承担的负载更接近它的额定容量。因此，为了不致浪费设备容量，并联运行的变压器的阻抗电压值规定相差不应超过±10%。

此外，并联运行的变压器在容量上还不能相差太多，通常容量比一般不得超过 3∶1。

例 7.7 设有两台三相变压器并联运行，其数据见下表。

容量/kVA	高压电压/kV	低压电压/kV	阻抗电压 u_k
1000	35	6.3	6.25%
1800	35	6.3	6.6%

试求：(1) 当总负载为 2000 kVA 时，各变压器所承担的负载 S_A、S_B 为多少？

(2) 在不使任一台变压器过载的情况下，并联组能供给的最大负载 S_{max} 为多少？

解：(1) 根据式(7.6)可得

$$\begin{cases} \dfrac{S_A}{1000} : \dfrac{S_B}{1800} = \dfrac{1}{6.25} : \dfrac{1}{6.6} \\ S_A + S_B = 2000 \end{cases}$$

联立求解，得 $S_A = 739.50$ kVA，$S_B = 1260.5$ kVA。

(2) 由于变压器 A 的阻抗电压较小。所以变压器 A 先满载。在变压器 A 满载后，$\dfrac{S_A}{S_{AN}} = 1$，再按此代入式(7.6)即可得此时变压器 B 的方程式为

$$1 : \frac{S'_B}{1800} = \frac{1}{6.25} : \frac{1}{6.6}$$

解后可得 $S'_B = 1704.5$ kVA，因此，在变压器 A 不过载的情况下，并联组所能供给的最大负载为 $S_A + S'_B = (1000 + 1704.5)$ kVA $= 2704.5$ kVA。

从上例可以看出，由于两者阻抗电压略有差别，则即使变压器 A 已达满载，变压器 B 的容量仍未能得到充分利用，整个并联组的利用率只达到了 2704.5/2800×100% = 96.589%。

7.5 三相变压器的不对称运行

变压器在实际运行时，三相负载有可能出现不对称的情况。例如，在变压器上接有单相电炉或电焊机等单相负载时，或者照明负载在三相上不平衡时，当一相断开检修，另外两相继续供电时，或采用大地来代替一相导线的供电方式时等等，都有可能出现不对称运行的情况。当不对称负载不超过变压器的额定电流时，它还会明显地导致二次侧端电压的变化，因

为变压器的阻抗所引起的端电压变化很小,只占百分之几,故在本节中对此不再分析。但是,对于 Yyn 联结的组式变压器,在不对称负载时,将产生中性点偏移的现象,二次侧相电压变化较大,这是本章所要讨论的。

在电机工程中分析不对称运行问题常采用**对称分量法**。下面首先简要介绍对称分量法,然后利用它去具体分析 Yyn 联结变压器的不对称运行问题。

7.5.1 对称分量法的原理

对称分量法是基于电工基础中的叠加原理。它是把一组不对称的三相电流或电压看成是三组对称的电流或电压的叠加,后者被称为前者的 3 组对称分量。

对称分量的合成分析图如图 7.28 所示。图 7.28 中的(a)、(b)、(c)是 3 组互不相关的三相电流,它们都是三相对称的,但是有不同的相序。在图(a)中,$\dot{I}_A$ 领先 $\dot{I}_B 120°$,$\dot{I}_B$ 领先 $\dot{I}_C 120°$,这是一般三相制的情况,我们称它为正序分量;在图(b)中相序相反,$\dot{I}_A$ 领先 $\dot{I}_C 120°$,$\dot{I}_C$ 领先 $\dot{I}_B 120°$,我们把它被称为负序分量;在图(c)中三相电流都同相,不分先后,被称为零序分量。正序、负序和零序分量的值分别在电流符号右下角加注"+""-""0"的符号以示区别。如果这 3 组对称的电流同时存在于一个系统之中,则它们的合成电流如图 7.28(d)所示,是一组三相不对称的电流。其中:

$$\begin{cases} \dot{I}_A = \dot{I}_{A+} + \dot{I}_{A-} + \dot{I}_{A0} \\ \dot{I}_B = \dot{I}_{B+} + \dot{I}_{B-} + \dot{I}_{B0} \\ \dot{I}_C = \dot{I}_{C+} + \dot{I}_{C-} + \dot{I}_{C0} \end{cases} \tag{7.8}$$

由此可以看出,3 组对称的电流分量叠加在一起的时候,就可以得到一组三相不对称的电流。

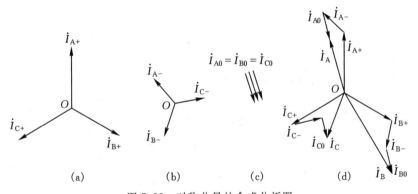

图 7.28 对称分量的合成分析图
(a)正序;(b)负序;(c)零序;(d)各相序合成

反过来,任何一组不对称的三相电流可分解出一定的三相对称分量。从图 7.28 中可以看出,各相序分量中各相电流的关系为

$$\begin{cases} \dot{I}_{B+} = a^2 \dot{I}_{A+}; \quad \dot{I}_{C+} = a \dot{I}_{A+} \\ \dot{I}_{B-} = a \dot{I}_{A-}; \quad \dot{I}_{C-} = a^2 \dot{I}_{A-} \\ \dot{I}_{A0} = \dot{I}_{B0} = \dot{I}_{C0} \end{cases} \tag{7.9}$$

式中：a 是复数运算符号，$a = e^{j120°}$，或 $a = 1\angle 120°$，即它是一个单位相量，幅值为 1，角度为 120°，被称为旋转因子。它的展开式为

$$a = 1\angle 120° = \cos\frac{2}{3}\pi + j\sin\frac{2}{3}\pi = -\frac{1}{2} + j\frac{\sqrt{3}}{2}$$

$$a^2 = 1\angle 240° = -\frac{1}{2} - j\frac{\sqrt{3}}{2}$$

因而 $1 + a + a^2 = 0$。

将式(7.9)代入式(7.8)后可得

$$\begin{cases} \dot{I}_A = \dot{I}_{A+} + \dot{I}_{A-} + \dot{I}_{A0} \\ \dot{I}_B = a^2\dot{I}_{A+} + a\dot{I}_{A-} + \dot{I}_{A0} \\ \dot{I}_C = a\dot{I}_{A+} + a^2\dot{I}_{A-} + \dot{I}_{A0} \end{cases} \tag{7.10}$$

如果已知不对称的三相电流 $\dot{I}_A$、$\dot{I}_B$、$\dot{I}_C$，需要求出 A 相的各对称分量值，即对式(7.10)求解可得

$$\begin{cases} \dot{I}_{A+} = \frac{1}{3}(\dot{I}_A + a\dot{I}_B + a^2\dot{I}_C) \\ \dot{I}_{A-} = \frac{1}{3}(\dot{I}_A + a^2\dot{I}_B + a\dot{I}_C) \\ \dot{I}_{A0} = \frac{1}{3}(\dot{I}_A + \dot{I}_B + \dot{I}_C) \end{cases} \tag{7.11}$$

由于各相序分量都是对称的，在描述出 A 相的分量后，B 相和 C 相的分量就可以根据式(7.9)来确定。显然式(7.11)与式(7.10)是可逆的，而式(7.11)更常用而且更为重要。

上面所举实例是关于三相电流不对称的，对称分量法同样可用于分析三相电压、电势、磁通等的不对称情况。

7.5.2 Yyn 联结变压器的单相短路

上面说明了对称分量法的基本原理，下面我们就应用它来分析变压器不对称运行的一种最简单的情况——Yyn 联结变压器的单相短路。

Yyn 联结的三相变压器，当二次侧单相短路时的接线如图 7.29 所示。图中所标注的电流，下标为大写字母的代表一次侧，下标为小写字母代表二次侧。

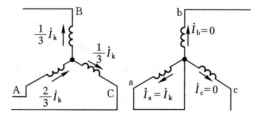

图 7.29 Yyn 联结变压器的二次侧单相短路时的接线图

现假设二次侧 a 相短路，b、c 相开路，故这时二次绕组内的电流为

$$\begin{cases} \dot{I}_a = \dot{I}_k \\ \dot{I}_b = \dot{I}_c = 0 \end{cases} \tag{7.12}$$

因此，二次电流是一个不对称的系统，可用对称分量法把它分解为3个对称分量系统，把式(7.12)代入式(7.11)后，即可得

$$\begin{cases} \dot{I}_{a+} = \dfrac{1}{3}\dot{I}_k; & \dot{I}_{a-} = \dfrac{1}{3}\dot{I}_k; & \dot{I}_{a0} = \dfrac{1}{3}\dot{I}_k \\ \dot{I}_{b+} = \dfrac{1}{3}a^2\dot{I}_k; & \dot{I}_{b-} = \dfrac{1}{3}a\dot{I}_k; & \dot{I}_{b0} = \dfrac{1}{3}\dot{I}_k \\ \dot{I}_{c+} = \dfrac{1}{3}a\dot{I}_k; & \dot{I}_{c-} = \dfrac{1}{3}a^2\dot{I}_k; & \dot{I}_{c0} = \dfrac{1}{3}\dot{I}_k \end{cases} \quad (7.13)$$

在式(7.13)中，$\dot{I}_{a+}$、$\dot{I}_{b+}$、$\dot{I}_{c+}$ 构成正序系统，$\dot{I}_{a-}$、$\dot{I}_{b-}$、$\dot{I}_{c-}$ 构成负序系统，$\dot{I}_{a0}$、$\dot{I}_{b0}$、$\dot{I}_{c0}$ 构成零序系统。

如果不考虑励磁电流的影响，根据磁势平衡的原理，针对二次侧的正序、负序、零序电流系统，一次侧也将产生与它大小相等而方向相反的3个电流系统，以相应产生磁势来抵消二次电流的磁势。假设二次侧各量均已折合到一次侧，则得一次电流的对称分量为

$$\begin{cases} \dot{I}_{A+} = -\dfrac{1}{3}\dot{I}_k; & \dot{I}_{A-} = -\dfrac{1}{3}\dot{I}_k \\ \dot{I}_{B+} = -\dfrac{1}{3}a^2\dot{I}_k; & \dot{I}_{B-} = -\dfrac{1}{3}a\dot{I}_k \\ \dot{I}_{C+} = -\dfrac{1}{3}a\dot{I}_k; & \dot{I}_{C-} = -\dfrac{1}{3}a^2\dot{I}_k \end{cases} \quad (7.14)$$

由于一次绕组没有中线，故零序电流不能在一次侧流通，一次侧各相电流之值应为

$$\begin{cases} \dot{I}_A = \dot{I}_{A+} + \dot{I}_{A-} = -\dfrac{2}{3}\dot{I}_k \\ \dot{I}_B = \dot{I}_{B+} + \dot{I}_{B-} = \dfrac{1}{3}\dot{I}_k \\ \dot{I}_C = \dot{I}_{C+} + \dot{I}_{C-} = \dfrac{1}{3}\dot{I}_k \end{cases} \quad (7.15)$$

从以上各分量可以分别作出 Yyn 联结的变压器单相短路时，一、二次电流的相量关系如图 7.30 所示。

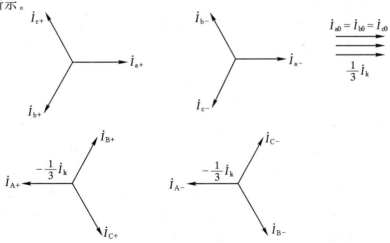

图 7.30 Yyn 联结的变压器单相短路时一、二次电流的相量关系

从以上分析可以看出,在短路以前二次侧感应电势 $\dot{E}_a$、$\dot{E}_b$、$\dot{E}_c$ 为一对称的三相系统,铁心中的磁通 $\dot{\Phi}_A$、$\dot{\Phi}_B$、$\dot{\Phi}_C$ 也是一个对称的三相系统。在短路以后,正、负序电流将在变压器的一、二次侧内分别形成正常的三相电流系统,存在着磁势平衡的关系。唯独二次侧的零序电流得不到一次侧相应的电流(或磁势)来平衡,因而它将在各相的铁心中激励一零序磁通 $\dot{\Phi}_0$,且 $\dot{\Phi}_0$ 在各相中大小相等、方向相同。$\dot{\Phi}_0$ 将和一、二次绕组相匝链,如不考虑铁心的饱和,可认为 $\dot{\Phi}_0$ 叠加在磁通 $\dot{\Phi}_A$、$\dot{\Phi}_B$、$\dot{\Phi}_C$ 上。这样,由于零序磁通的存在,将使三相磁通成为一个不对称的系统,即 $\dot{\Phi}_A'$、$\dot{\Phi}_B'$、$\dot{\Phi}_C'$。由于感应电势是和磁通成正比的,所以各相感应电势也就成为不对称系统,即 $\dot{E}_a'$、$\dot{E}_b'$、$\dot{E}_c'$。Yyn 联结的变压器单相短路时磁通和电势的相量图分析后引起的中点浮动分析图如图 7.31 所示。

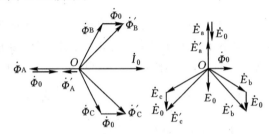

图 7.31　Yyn 联结的变压器单相短路时的中点浮动分析图

在忽略漏抗压降的影响时,则电势的变化也就是相电压的变化。因此,由于电势 $\dot{E}_0$ 的存在将引起变压器中性点的偏移。这就是说,尽管外加线电压是一个平衡的三相电压,但由于二次电流的不对称,使相电压的中点电位将自电压三角形的几何中点向下移动,从而使 a 相的电压下降,b 相和 c 相的电压上升。这种情况被称为中点浮动或中性点位移。中点浮动的程度将依零序磁通的大小,即零序阻抗的大小而定。

在三相组式变压器中,若采用"Yyn"联结而遇到单相短路时,零序磁通将在各变压器的铁心中自由流通,从而引起上述的中点浮动现象,致使接在 b、c 相上的负载与电气设备受到危险的过电压。因此,在三相组式变压器中不允许采用"Yyn"联结。

但是在三相心式变压器中,情况就不一样。这时零序磁通必须以油及油箱为回路,这种情况下回路的磁阻较大,因而零序磁通将比三相组式变压器时小得多,所以中点浮动不会太严重。因此,这种接法的心式变压器在容量不大的配电变压器中还可以采用。

本章小结

本章主要研究了三相变压器的几个特殊问题:一是磁路系统,二是联结组,三是变压器的电势及励磁电流的波形问题。此外,还研究了变压器的并联运行和不对称运行的问题。

三相变压器在对称负载下运行时,它的每一相就相当于一个单相变压器,所以完全可以用分析单相变压器的方法来对待它。上一章中所采用的基本方程式、等效电路图、相量图等分析方法都可以应用于三相变压器上。但要注意这时有关各量都是相值,即在**三相变压器中要特别注意线、相值的区别**。另外,空载试验、稳态短路试验等实测变压器参数的方法也同样适用于三相变压器,但也要注意试验中所测得的数据一般为线电压、线电流和三相的总损耗,在计算参数时,都要换算到每相的数值。

在磁路系统中要区别三相组式磁路系统和三相心式磁路系统的特点。

在联结组的问题上要注意极性对电势相量方向的关系,不同相的绕组联结时两者相电势相量的相对关系以及联结后低压侧线电势与高压侧对应线电势的相位(即钟时序法)的关系。要掌握如何根据联结组别画出接线图,且根据实际接线图确定联结组符号,这在实际中很有用。

在波形问题上,首先应了解问题的根源是铁磁材料具有饱和性能。要掌握励磁电流和磁通及电势三者间在波形上的相互关系。励磁电流的波形和三相绕组的联结方式有关,磁通的波形除了和励磁电流的波形有关外,还与变压器的磁路系统和结构特点有关。而电势的波形,则仅决定于磁通的波形。

要注意掌握变压器并联运行时应满足的基本条件。变比相等和联结组相同保证了空载时不致产生环流,是变压器能否并联运行的前提。而阻抗电压相等则保证了负载可按变压器容量的比例进行分配,从而使设备容量得到充分利用。在不对称运行问题上首先要掌握对称分量法的原理以及如何把一个不对称的三相系统分解为三个对称的系统。其次,要了解如何运用对称分量法去分析 Yyn 联结变压器的单相短路问题,注意中点浮动现象产生的原因及其对运行的影响。

习题与思考题

7-1 试画出下列联结组的接线图及对应之相量图(相序均为 A→B→C):
  (1)Yd5; (2)Dy11; (3)Yd9

7-2 图 7.32(a)、(b)、(c)中,试判断联结组符号(注:已知相序 A→B→C;位置对应的高、低压绕组位于同一铁心柱上)。

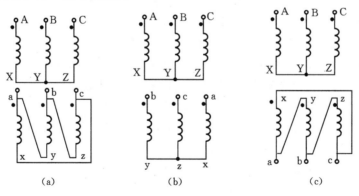

图 7.32 习题 7-2 的三相变压器接线图

7-3 有一台三相变压器,$S_N = 5600 \text{ kVA}$,$U_{1N}/U_{2N} = 10 \text{ kV}/6.3 \text{ kV}$,Yd11联结组。变压器的空载及稳态短路试验数据见下表。

试验名称	线电压/V	线电流/A	三相功率/W	备注
空载	6300	7.4	6800	电压加在低压侧
短路(稳态)	550	324	18000	电压加在高压侧

试求:(1)变压器的等效电路的各参数,设 $R_1=R_2'$, $X_{1\sigma}=X_{2\sigma}'$;(2)利用简化等效电路求满载、$\cos\varphi_2=0.8$(滞后)时二次电压 U_2 及电压调整率 ΔU。

7-4 某变电所共有两台变压器,数据如下:
(a) $S_N=3200$ kVA, $U_{1N}/U_{2N}=35$ kV/6.3 kV, $u_k=6.9\%$;
(b) $S_N=5600$ kVA, $U_{1N}/U_{2N}=35$ kV/6.3 kV, $u_k=7.5\%$。
变压器均为 Yyn0 联结组。试求:(1)当变压器(a)与变压器(b)并联运行,输出的总负载为 8000 kVA 时,每台变压器应分担的容量 S_A 和 S_B 分别为多少?(2)当两台变压器并联运行时,在不许任何一台变压器过载的情况下输出的最大总负载 S_{max} 为多少?其利用率 k_L 是多少?

7-5 试将三相不对称电压 $\dot{U}_A=440\angle 0°$ V, $\dot{U}_B=440\angle -150°$ V, $\dot{U}_C=360\angle -240°$ V 分解为对称分量。

7-6 已知三相不对称系统中 A 相电流的对称分量 $\dot{I}_{A+}=20\angle 0°$ A, $\dot{I}_{A-}=5-j0.866$ A, $\dot{I}_{A0}=j5$ A。试求三相不对称电流 $\dot{I}_A$、$\dot{I}_B$、$\dot{I}_C$。

7-7 三相组式变压器和三相心式变压器的磁路系统各有何特点?

7-8 高、低压侧相电势、线电势之间的相位关系,判断原则各是什么?

7-9 某台变压器,一次侧有两个线圈,每个线圈的额定电压为 220 V,绕向相同,标号也相同(即 AX 和 ax)。如果(1)Xa 短接,A 和 x 接到 440 V 交流电源;(2)Aa 短接,Xx 接到 440 V 交流电源。各有什么后果?

7-10 在某台三相组式变压器中,若接成 Yd(或表示成 Y/△),在△开口未闭合前,将一次侧合上电源,发现开口处有较高电压;但开口闭合后,电流又非常小。为什么?

7-11 当正弦电压加到 Yy(或 Y/Y)联结的组式变压器时,问:(1)一次侧线电流中有无 3 次谐波分量?(2)二次侧相电流和线电流中有无 3 次谐波?(3)一次侧相电压和线电压中有无 3 次谐波分量?(4)主磁通中有无 3 次谐波分量?

7-12 如何从试验中确定变压器一、二次侧的绕向?

7-13 两台变压器并联运行,它们具有不同变比,不同阻抗电压,试分别说明各个因素对负载分配的影响。

7-14 变比不等的变压器并联运行,二次绕组内有环流,为什么一次绕组也有?

7-15 变压器理想并联运行的条件是什么?

7-16 三相变压器的"中点浮动"是何意义?"对称分量法"的概念是什么?

第8章 自耦变压器、三绕组变压器和互感器

前面章节主要讨论了每相只有一个一次绕组和一个二次绕组的双绕组变压器,这种变压器内部的电磁过程及分析方法颇具代表性,也是研究其他各类变压器的理论基础。在生产实际中所应用的变压器则是多种多样的,下面再介绍3种较常见的特种用途的变压器,重点介绍三绕组变压器、自耦变压器和互感器的性能和结构上的特点。

8.1 自耦变压器

8.1.1 定义

从双绕组变压器到自耦变压器的演变过程如图8.1所示,图8.1(a)为普通双绕组变压器的原理图。设N_{ab}匝的一次绕组与$N_{b'c'}$匝的二次绕组共同套在一个铁心柱上,被同一个主磁通Φ所匝链,因此在N_{ab}和$N_{b'c'}$上每一匝的感应电势都相同。若我们在N_{ab}上找一点c并使N_{bc}和$N_{b'c'}$相等,则相应的$\dot{E}_{bc}=\dot{E}_{b'c'}$。于是,当我们把bc和b'c'对应点短接起来也不会有何影响(如图8.1(b)所示),这样就可以使用一个绕组(如图8.1(c)所示)。这种一、二次绕组有共同耦合部分的变压器就被称为自耦变压器。自耦变压器一、二次侧之间有直接电的联系。

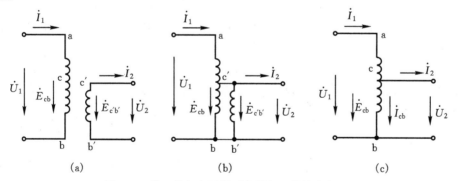

图8.1 从双绕组变压器到自耦变压器的演变过程

8.1.2 变比k_a

当自耦变压器空载运行时,如图8.1(c)所示,若略去漏阻抗压降,则有

$$U_2 = U_{bc} = \left(\frac{U_1}{N_{ab}}\right)N_{bc} = \frac{U_1}{N_{ab}/N_{bc}} = \frac{U_1}{k_a} \tag{8.1}$$

式中：U_1/N_{ab}——每匝的电压降；
k_a——自耦变压器的变比。

$$k_a = \frac{U_1}{U_2} = \frac{N_{ab}}{N_{bc}} \tag{8.2}$$

8.1.3 磁势平衡

自耦变压器的二次侧接上负载后便有电流 $\dot{I}_2$ 流过，按照 6.2.1 节的思路，则其磁势平衡方程式为

$$\dot{I}_1 N_{ac} + (\dot{I}_1 - \dot{I}_2) N_{bc} = \dot{I}_0 N_{ab}$$

或

$$\dot{I}_1 (N_{ab} - N_{bc}) + (\dot{I}_1 - \dot{I}_2) N_{bc} = \dot{I}_0 N_{ab}$$

当不计 $\dot{I}_0$ 时，则有

$$\dot{I}_1 N_{ac} + \dot{I}_{cb} N_{bc} = 0$$

或

$$\dot{I}_{ac} N_{ac} = \dot{I}_{bc} N_{bc} \tag{8.3}$$

上式说明了一个绕组本身的两段就存在着磁势平衡，且 $\dot{I}_{ac}$ 与 $\dot{I}_{bc}$ 同相。

8.1.4 容量关系

自耦变压器的容量和双绕组变压器的容量计算方法相同，因为双绕组变压器的一、二次侧容量相等，即

$$S_N = U_{1N} I_{1N} = U_{2N} I_{2N} \tag{8.4}$$

自耦变压器绕组 ac 段的容量为

$$S_{ac} = U_{ac} I_{1N} = \left(U_{1N} \frac{N_{ab} - N_{bc}}{N_{ab}} \right) I_{1N} = S_N \left(1 - \frac{1}{k_a} \right) \tag{8.5}$$

自耦变压器绕组 bc 段的容量为

$$S_{bc} = U_{bc} I_{bc} = U_{bc}(I_{2N} - I_{1N}) = U_{2N} I_{2N} \left(1 - \frac{1}{k_a} \right) = S_N \left(1 - \frac{1}{k_a} \right) \tag{8.6}$$

由自耦变压器的实验和容量关系分析知，其电流 I_2、I_1 和 I_{bc} 的有效值之间的关系应符合如下规律：

$$I_2 = I_1 + I_{bc} \tag{8.7}$$

由式(8.4)～式(8.6)的分析可以看出，若变压器的容量为 S_N，则绕组 ac、bc 的容量都比 S_N 小，即都只有 S_N 的 $\left(1-\dfrac{1}{k_a}\right)\times 100\%$。而一般双绕组变压器的一、二次侧容量相等，在额定运行时就等于额定容量。

将自耦变压器与双绕组变压器比较一下就可以看出，自耦变压器不仅可以省去一个绕组，而且在容量相同时，自耦变压器的绕组容量比双绕组变压器要小。这样就可以减少硅钢片、铜（铝）等材料的消耗，并使损耗降低，效率提高。同样，在一定容量的条件下，还使得变压器的外形尺寸缩小，以达到节省材料，减少成本的目的。此外，用自耦变压器改接成**调压器**是很方便的，如在图 8.1(c)中若将 c 点做成滑动接触形式就演变成调压器了。

显然，上述优点的产生是由于自耦变压器的绕组容量小于一般变压器容量所致，即 $S_{ac}=S_{bc}=S_N\left(1-\dfrac{1}{k_a}\right)<S_N$。可以看出，当 k_a 越接近 1 时，系数 $\left(1-\dfrac{1}{k_a}\right)$ 就越小，自耦变压器的

优点也就越是显著。因此,自耦变压器更适用于一、二次电压比不大的场合(一般希望$k_a<2$)。

8.1.5 传导容量和电磁容量

在一般双绕组变压器中,只有靠电磁感应传递容量。而自耦变压器传递的容量分为两部分:一部分由电磁感应传递,称之为**电磁容量** S_{dc};另一部分由电路连接而直接传递,称之为**传导容量** S_{cd}。自耦变压器电流之间的关系如图8.2所示,降压自耦变压器中,二次电压为U_2,输出电流为$I_2=I_1+I_{bc}$,此式中电流的相量加变成代数加是该变压器的特点之一,因此由一次侧传递到二次侧的总容量应为

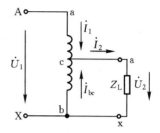

图8.2 自耦变压器电流之间的关系

$$S_2 = U_2 I_2 = U_2 I_1 + U_2 I_{bc} \tag{8.8}$$

式中:$U_2 I_1$为传导容量S_{cd},$U_2 I_{bc}$为电磁容量S_{dc}。因为I_{bc}是由于电磁感应作用而产生的电流,故满足磁势平衡关系式(8.3)。那么两部分容量各占百分比为

电磁容量占比 $\quad S_{dc}/S_2 = I_{bc}/I_2 = (1-\dfrac{1}{k_a})\times 100\%$ \hfill (8.9)

传导容量占比 $\quad S_{cd}/S_2 = I_{ac}/I_2 = \dfrac{1}{k_a}\times 100\%$ \hfill (8.10)

此外,由于自耦变压器的一次侧和二次侧有直接的电的联系,为了防止由于高压侧单相接地故障而引起低压侧的过电压,用在电网中的三相自耦变压器的中点必须可靠地接地。

同样,由于一、二次侧有直接电的联系,高压侧遭受到过电压时,会引起低压侧的严重过电压,为避免这种危险,需要在一、二次侧都装设避雷器。

8.2 三绕组变压器

8.2.1 结构和用途

三绕组变压器结构示意图如图8.3所示,即在铁心柱上安装了3个绕组。当一个绕组接在电源上后,另外两个绕组就感应出不同的电势。这种变压器用于需要两种不同电压等级的负载,这样就可以用一台三绕组变压器来代替两台双绕组变压器,以达到减少设备、降低成本的目的。尤其发电厂和变电所就常出现3种不同电压等级的电网,所以在电力系统中三绕组变压器应用是比较广泛的。

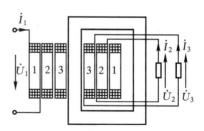

图8.3 三绕组变压器结构示意图

三绕组变压器每相的高、中、低压绕组均套在同一铁心柱上。为了绝缘结构的合理使用,一般把高压绕组放在最外层,中压和低压绕组放在内层。对升压用的三绕组变压器低压绕组放在高、中压绕组之间,对降压变压器是将中压绕组放在高、低压绕组之间。

三绕组变压器的额定容量是指容量最大的那个绕组的容量。三个绕组的容量百分比按高压、中压、低压顺序为100/100/50、100/50/100和100/100/100 三种型式,二、三次侧一般

不能同时满载运行。

8.2.2 特性

三绕组变压器将有 3 个变比和 3 个阻抗值。通过空载试验即可求出变压器的空载电流、铁耗和变比。若此时这 3 个绕组上的相电压分别为 U_1、U_{20}、U_{30}，则三绕组变压器的 3 个变比应为

$$\begin{cases} k_{12} = N_1/N_2 \approx U_1/U_{20} \\ k_{13} = N_1/N_3 \approx U_1/U_{30} \\ k_{23} = N_2/N_3 \approx U_{20}/U_{30} \end{cases} \tag{8.11}$$

三绕组变压器若负载运行，3 个绕组中均流过电流，其能量传递过程与双绕组变压器完全是一样的，只不过多 1 个绕组而已。所以，当负载时，若略去 I_0，则变压器的磁势平衡应为

$$\dot{I}_1 N_1 + \dot{I}_2 N_2 + \dot{I}_3 N_3 = 0 \tag{8.12}$$

或

$$\dot{I}_1 + \frac{1}{k_{12}} \dot{I}_2 + \frac{1}{k_{13}} \dot{I}_3 = 0$$

代入折算关系，亦即

$$\dot{I}_1 + \dot{I}_2' + \dot{I}_3' = 0 \tag{8.13}$$

不考虑 I_0 时，三绕组变压器的简化等效电路如图 8.4 所示。它是经过较繁杂的推导过程求出的。具体推导过程读者如需要可参看有关书籍，这里不再详述。在图 8.4 中，$Z_1 = R_1 + jX_1$ 为第 1 绕组的等效阻抗；$Z_2' = R_2' + jX_2'$ 为第 2 绕组折算到第 1 绕组的等效阻抗；$Z_3' = R_3' + jX_3'$ 为第 3 绕组折合到第 1 绕组的等效阻抗。因此图 8.4 中共有 6 个参数，即 R_1、R_2'、R_3' 和 X_1、X_2'、X_3'。这 6 个参数可以通过 3 次短路试验求得。该三绕组变压器短路试验时的原理接线图如图 8.5 所示，试验按下列顺序进行：

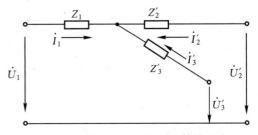

图 8.4 三绕组变压器的简化等效电路

(1) 在图 8.5(a) 中，给绕组 1 加电压，绕组 2 短路，绕组 3 开路，可得

$$Z_{k12} = R_{k12} + jX_{k12} = (R_1 + R_2') + j(X_1 + X_2') \tag{8.14}$$

(2) 在图 8.5(b) 中，给绕组 1 加电压，绕组 2 开路，绕组 3 短路，可得

$$Z_{k13} = R_{k13} + jX_{k13} = (R_1 + R_3') + j(X_1 + X_3') \tag{8.15}$$

(3) 在图 8.5(c) 中，绕组 1 开路，给绕组 2 加电压，绕组 3 短路，可求得 Z_{k23}。把 Z_{k23} 由绕组 2 折算到绕组 1，可得

$$Z_{k23}' = Z_{k23} k_{12}^2 = R_{k23}' + jX_{k23}' = (R_2' + R_3') + j(X_2' + X_3') \tag{8.16}$$

由以上 3 次试验结果中的实数和虚数部分别求解，即可得

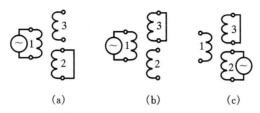

图 8.5 三绕组变压器短路试验时的原理接线图

$$\begin{cases} R_1 = \frac{1}{2}(R_{k12} + R_{k13} - R'_{k23}), & X_1 = \frac{1}{2}(X_{k12} + X_{k13} - X'_{k23}) \\ R'_2 = \frac{1}{2}(R_{k12} + R'_{k23} - R_{k13}), & X'_2 = \frac{1}{2}(X_{k12} + X'_{k23} - X_{k13}) \\ R'_3 = \frac{1}{2}(R_{k13} + R'_{k23} - R_{k12}), & X'_3 = \frac{1}{2}(X_{k13} + X'_{k23} - X_{k12}) \end{cases} \quad (8.17)$$

知道了三绕组变压器的参数,就可以利用它的等效电路来计算分析了。

8.3 互感器

互感器(又称仪用互感器)是一种测量用装置,它是按照变压器原理来工作的。互感器实质上是一种大变比的辅助测量大电流、高电压的变压器。互感器可分为电流互感器与电压互感器两种。

对于大电流、高电压的电路,这时已不能直接用普通的电流表、电压表进行测量,必须借助互感器将原电路的电量按比例变化为某一较小的电量后,才能进行测量,因此互感器具有以下双重的任务:

(1) 将大的电量按一定比例变换为能用普通标准仪表直接进行测量的电量。通常**电流互感器的二次侧额定电流为 1 A 或 5 A,电压互感器二次侧的额定电压为 100 V 或 150 V**。这样,还可使仪表规格统一,从而降低生产成本。

(2) 使测量仪表与高压电路隔离,以保证可能接触测量仪表的工作人员的安全。

互感器除用于电流和电压之外,还要用以供电给各种继电保护装置(一种在电气设备事故时保护设备安全的装置)的测量系统,因此它的应用是十分广泛的。

由于互感器是一种测量用设备,所以它必须保证测量的准确度,因此它的基本特性就是准确等级,人们首先关心的也就是它的测量误差有多大。显然,对互感器的许多问题的考虑和分析都以此为重点。以下对两种互感器分别做进一步介绍。

8.3.1 电流互感器

电流互感器的原理接线图如图 8.6 所示。它的一次绕组是由一匝或几匝截面较大的导线构成,并串联接入待测电流的电路中。相反,二次绕组的匝数比较多,截面积较小,而且与阻抗很小的仪表(如电流表、功率表的电流线圈)构成闭路。因此,电流互感器的运行情况实际上就相当于一个二次侧短路的变压器。由于电流互感器要求误差较小,所以希望励磁电流 I_0 越小越好,因而一般选择电流互感器铁心中的磁通密度 B 的值较低,一般取 $B=$

0.08~0.1 T(800~1000 Gs)，如果忽略产生这样低的磁通密度所需要的极小的励磁电流 I_m，那么 $I_1/I_2 = N_2/N_1 = k$。k 被称为电流互感器的变比。由于电流互感器内总有一定的励磁电流 I_m 存在，因而电流互感器测量电流总是有误差的。按照误差的大小，电流互感器被分为 0.2、0.5、1、3 和 10 这 5 个标准等级。例如，1 级准确度就表示在额定电流时，一、二次侧的电流变比的误差不超过 1%。

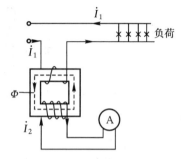

图 8.6　电流互感器原理接线图

电流互感器在运行中必须特别注意下列两点：

(1) 为了使用安全，**电流互感器的二次绕组必须可靠地接地**，以防止由于绕组绝缘破坏，使一次侧的高电压传到二次侧，发生人身伤害事故。

(2) **电流互感器的二次绕组绝对不允许开路**。这是由于开路时互感器成了空载状态，这时铁心的磁通密度比它在额定时高出好多倍，可达到 1.4~1.8 T(14000~18000 Gs)。这样，不但增加了铁心损耗，使铁心过热，影响电流互感器的性能。更严重的是，因为二次绕组开路，没有去磁磁势，一次电流将全部用于励磁，这样在匝数很多的二次绕组中就感应出高电压，有时可高达数千伏，这无疑对工作人员是十分危险的。因此，电流互感器在使用时，任何情况下都不容许二次侧开路。当我们在运行中要换接电流表量程时必须事先把电流互感器的二次侧短路。

8.3.2　电压互感器

电压互感器的原理接线图如图 8.7 所示，它实际上相当于一个空载运行的变压器，只是它的负载为阻抗较大的测量仪表，所以它的容量比一般变压器要小得多。影响电压互感器误差的因素有两个：一是负载，若负载过大，则二次电流过大，引起内部压降大，导致误差增大；二是励磁电流，若励磁电流 I_m 过大，也会导致误差增大。为了保证一定的测量准确度，要求：① 电压互感器二次侧的负载不能接得太多；② 互感器要用性能好的硅钢片做成，且铁心磁密不饱和（一般为 0.6~0.8 T，即 6000~8000 Gs）。**电压互感器在使用时应注意二次侧不能短路**，否则将产生大的短路电流。此外，为了安全起见，**电压互感器的二次侧连同铁心，都必须可靠地接地**。

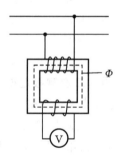

图 8.7　电压互感器原理接线图

本章小结

对自耦变压器应首先了解它的特点在于一、二次侧之间不仅有电磁感应的联系，还直接有电的联系，因而一部分传导功率可以直接传给负载，这是一般双绕组变压器所没有的。所以自耦变压器可以比同容量的双绕组变压器少用材料、降低损耗、提高效率且缩小尺寸。其次，还应掌握自耦变压器一、二次电流和功率间的相互关系并与双绕组变压器进行比较。

第 8 章 自耦变压器、三绕组变压器和互感器

对三绕组变压器运行分析的方法基本上与双绕组变压器相同。三绕组变压器的参数同样可以通过空载试验与稳态短路试验求得。但应注意三绕组变压器的变比有 3 个,而稳态短路试验也需要分别进行 3 次。此外,还应掌握各短路参数的计算公式。

对电流互感器与电压互感器应了解它的基本原理以及使用中应注意的问题。

习题与思考题

8-1 有一台单相自耦变压器,其额定电压为 $U_{1N}/U_{2N}=220$ kV/180 kV,$I_2=400$ A。试求:(1)变压器的各部分电流;(2)电磁容量 S_{dc} 和传导容量 S_{cd} 分别占额定容量的百分比。

8-2 如何根据稳态短路试验的结果来计算三绕组变压器的各参数?

8-3 为什么在采用自耦变压器时希望它的变比不要超过 2?

8-4 在额定容量相同时,自耦变压器的绕组容量为什么小于双绕组变压器的绕组容量?

8-5 电流互感器与电压互感器在使用中应注意什么问题?为什么?

第 9 章 变压器的暂态运行

变压器的不正常运行有两种:一种是不对称运行(见 7.5 节),仍属于稳态;另一种就是暂态运行。暂态运行是由于变压器运行情况突变而引起,例如:负载突然变化、空载合闸、二次侧突然短路、雷击、开关的通断等等。这时变压器将从一种稳定状态过渡到另一种稳定状态,这种情况就被称为变压器的暂态运行。尽管暂态运行的持续时间很短,但对变压器或电力系统的影响却很大。有时会产生严重的过电流或过电压以致变压器损坏。故有必要对变压器的暂态运行进行分析和研究。

9.1 变压器空载合闸

由于变压器铁心的饱和现象和剩磁的存在,当变压器空载接入电网的合闸瞬间,可能有很大的冲击电流,此电流值将大大超过正常的空载电流值,如不采取措施的话,则很可能引起开关合闸不成功,以致变压器无法接入电网。下面我们就对这种现象进行初步分析。

变压器空载合闸的接线图如图 9.1 所示。二次侧空载,设一次绕组在 $t=0$ 时接到正弦变化的电网电压 u_1 上,在接通过程中,变压器一次侧电路的方程式应为

$$u_1 = i_1 R_1 + N_1 \frac{\mathrm{d}\phi}{\mathrm{d}t} = \sqrt{2} U_1 \sin(\omega t + \alpha) \quad (9.1)$$

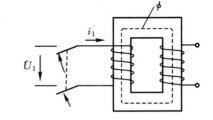

图 9.1 变压器空载合闸的接线图

式中:ϕ——与一次绕组相匝链的所有磁通;
α——在变压器接通($t=0$)时,电压的初相角。

在式(9.1)中,电阻压降 $i_1 R_1$ 实际上是较小的,在分析暂态过程的初始阶段完全可以忽略它。不过,它的存在确是使暂态分量衰减的主要原因。

在不考虑压降 $i_1 R_1$ 时,式(9.1)可以写成

$$N_1 \frac{\mathrm{d}\phi}{\mathrm{d}t} = \sqrt{2} U_1 \sin(\omega t + \alpha) \quad (9.2)$$

从而有

$$\mathrm{d}\phi = \frac{\sqrt{2} U_1}{N_1} \sin(\omega t + \alpha) \mathrm{d}t$$

解得

$$\phi = -\frac{\sqrt{2} U_1}{\omega N_1} \cos(\omega t + \alpha) + C \quad (9.3)$$

式中:C 为积分常数,由初始条件决定。为简化起见,设 $t=0$ 时,如无剩磁,即 $\phi_{t=0}=0$,则代入式(9.3)后可得

$$\phi_{t=0} = -\frac{\sqrt{2}U_1}{\omega N_1}\cos\alpha + C = 0$$

因此
$$C = \frac{\sqrt{2}U_1}{\omega N_1}\cos\alpha \tag{9.4}$$

故式(9.2)的解为
$$\phi = \frac{\sqrt{2}U_1}{\omega N_1}[\cos\alpha - \cos(\omega t + \alpha)] = \Phi_m[\cos\alpha - \cos(\omega t + \alpha)] \tag{9.5}$$

式中：$\Phi_m = \frac{\sqrt{2}U_1}{\omega N_1}$ 为稳态磁通的最大值。

从式(9.5)中可以看出，在暂态过程中，主磁通 ϕ 的大小与合闸相角 α 密切相关，经过分析可知，当 $\alpha = 0$ 时，暂态过程将出现最严重的情况，这时的主磁通 ϕ 为
$$\phi = \Phi_m(1 - \cos\omega t) \tag{9.6}$$

$\alpha = 0$ 合闸时的磁通变化波形分析图如图 9.2 所示。从图中可以看出，主磁通一开始由 0 增加到 $2\Phi_m$，也就是多了一项非周期磁通 $\Phi_a = \Phi_m$，如图 9.2 中的虚线所示，它是磁通的暂态分量，只有在它衰减后，变压器才能过渡到稳态运行。

由以上的分析结果可知，变压器空载接入电网的合闸过程实际上主要表现为主磁通的暂态变化，而暂态磁通的大小主要取决于合闸相角 α，在最严重情况下，铁心主磁通将达到稳态最大值的 2 倍。

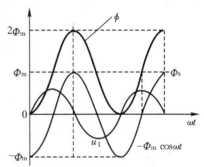

图 9.2 $\alpha = 0$ 合闸时的磁通变化波形分析图

应当指出，在考虑铁心原有剩磁的情况下，暂态过程中铁心主磁通的最大值还要更大。由于剩磁一般为稳态运行的主磁通最大值 Φ_m 的 20%～30%，故在计入剩磁后，**空载合闸时铁心主磁通的最大值就有可能达到稳态运行时主磁通最大值的 2.2～2.3 倍**。

利用磁化曲线即可找出变压器空载合闸时相应的励磁电流的变化情况。由磁化曲线确定励磁电流的波形分析如图 9.3 所示。从图中可以看出，在最不利的空载合闸情况下，主磁通增大一倍之多，铁心的饱和情况将非常严重，因而**励磁电流的数值将很大**，可超过稳态励磁电流 i_0 的几十倍到百余倍，**可达额定电流的 6～8 倍**。

由于电阻 R_1 的存在，将使这个电流脉冲逐渐衰减，而不致维持太久。变压器空载合闸电流的波形如图 9.4 所示。衰减的快慢由时间常数 $T = L_1/R_1$ 所决定（L_1 为一次绕组的电感）。一般在 1 s 之内，暂态电流即已大大衰减。小型变压器衰减快，巨型变压器衰减较慢，有时达 20 s。

空载合闸电流的冲击对变压器本身没有直接的危害，但是当它衰减较慢时，变压器继电保护装置起作用而合不上开关。为了避免这种现象，可以在变压器上串联一个小电阻以加速电流的衰减过程，这个电阻在合闸完毕后去掉。

对于三相变压器而言，由于三相的相位互差 120°，当合闸时，总有一相电压的初相角接近于零，而使合闸电流达到很大的数值。

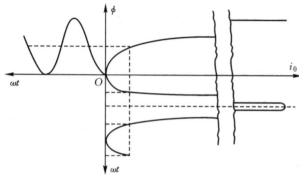
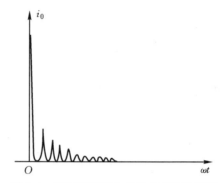

图 9.3 由磁化曲线确定励磁电流的波形分析图　　图 9.4 变压器空载合闸时电流的波形图

9.2 变压器暂态短路

一台正常运行的变压器,当外界发生故障而引起二次绕组突然短路时,在一、二次绕组中将有很大的短路电流产生,短路电流所产生的机械力和发热现象将危及变压器的可靠运行,如果变压器设计不当,往往会因此而遭受破坏。

9.2.1 二次绕组突然短路时的短路电流

变压器二次侧突然短路时,也和稳态短路时一样可以忽略励磁电流,这时变压器的等效电路可以采用简化等效电路,在这个电路内串联有短路电阻 $R_k = R_1 + R_2'$ 和短路电抗 $X_k = X_{1\sigma} + X_{2\sigma}' = \omega L_k$。如前所述,由于漏磁通主要通过非磁性介质,故可以认为漏电感 L_k 为常数,这样,变压器二次绕组突然短路时的情况就与 RL 电路接到正弦电压上的情况相似,完全可以用电工基础中分析 RL 电路过渡过程的方法去分析变压器二次绕组突然短路时的暂态过程。

今假设变压器的一次侧是接到一个容量相当大的电网上,即电压不变,变压器二次侧短路瞬间电网电压的相角为 α,则变压器一次侧的电压方程为

$$u_1 = \sqrt{2}U_1 \sin(\omega t + \alpha) = i_k R_k + L_k \frac{di_k}{dt} \tag{9.7}$$

式中:i_k 为突然短路时的短路电流。

对式(9.7)的常系数微分方程求解,可知它的解有两个分量,即稳态分量与暂态分量。于是,短路电流 i_k 等于稳态分量 i_k' 及暂态分量 i_k'' 之和,即

$$i_k = i_k' + i_k'' \tag{9.8}$$

通常,在变压器发生短路之前,可能已经带上负载。但是一般来说负载电流要比暂态短路电流小得多,故可以忽略负载电流,或认为短路是在空载情况下发生,即认为 $t=0$ 时,$i_k = 0$。根据这个初始条件,再由式(9.7)和式(9.8),可得

$$i_k = i_k' + i_k'' = \frac{\sqrt{2}U_1}{\sqrt{R_k^2 + (\omega L_k)^2}}[\sin(\omega t + \alpha - \varphi_k) - \sin(\alpha - \varphi_k)e^{-\frac{R_k}{L_k}t}] \tag{9.9}$$

或

$$i_k = -\sqrt{2}I_k[\cos(\omega t + \alpha) - \cos\alpha \, e^{-\frac{R_k}{L_k}t}] \tag{9.10}$$

式中:$\varphi_k = \arctan \dfrac{\omega L_k}{R_k} \approx 90°$,为短路阻抗角(由于在变压器中 $\omega L_k \gg R_k$);$I_k = \dfrac{U_1}{\sqrt{R_k^2 + (\omega L_k)^2}}$
$= \dfrac{U_1}{z_k}$,为稳态短路电流的有效值。

分析式(9.10)可知,最严重的情况发生在 $\alpha=0$(即在端电压经过零值发生突然短路)时,在变压器最严重情况下的突然短路电流波形分析如图 9.5 所示。突然短路电流的瞬时值在 $\omega t = \pi$ 时达到最大数值,即为

$$I_{k\max} = -\sqrt{2} I_k \left(\cos\pi - e^{-\frac{R_k}{L_k} \cdot \frac{\pi}{\omega}} \right) = k_k \sqrt{2} I_k \tag{9.11}$$

式中:$k_k = 1 + e^{-\frac{R_k}{\omega L_k} \pi}$,为短路电流的最大瞬时值与稳定短路电流的幅值之比,它主要决定于衰减系数 R_k / L_k(即时间常数 L_k / R_k 的倒数)比值的大小。一般情况下 $k_k = 1.5 \sim 1.8$。

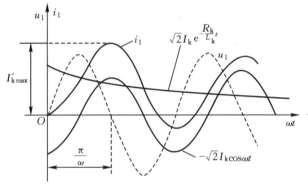

图 9.5 在变压器最严重情况下的突然短路电流波形分析图

式(9.11)如以漏阻抗标幺值 Z_k^*(即 u_k)来表示,则有

$$I_{k\max} = (1.5 \sim 1.8) \dfrac{1}{Z_k^*} \sqrt{2} I_{1N} \tag{9.12}$$

例如某台变压器 $Z_k^* = 0.06$,则有

$$\dfrac{I_{k\max}}{\sqrt{2} I_{1N}} = (1.5 \sim 1.8) \times \dfrac{1}{0.06} \approx 25 \sim 30$$

在这种情况下,最大短路电流将为额定电流的 25~30 倍,这将是一个很大的电流,必须引起注意。

9.2.2 暂态短路时的机械力

绕组中的电流与漏磁场相互作用,在绕组的各导线上将产生机械力,其大小决定于漏磁场的磁密与导线电流的乘积。导线每单位长度受力的计算式为:$F = B_\sigma i$。当变压器正常运行时作用在导线上的力很小。例如,当导线电流 $I = 100$ A,漏磁密 $B_\sigma = 0.1$ T时,作用在每米导线上的力仅有 10 N。但当发生暂态短路时,由于电流要增加近 30 倍,则 $B_\sigma \propto I$,又 $f \propto I^2$,所以每米长的导体上所受的机械力约为 10000 N,这样大的力可能使绕组等构件损坏。

变压器突然短路时绕组受到的机械力分析图如图 9.6 所示。在图 9.6 中,由于高、低压绕组的电流方向相反,作用于绕组上的力的方向是径向力 $\dot{F}_p$,即将两个绕组推开,从而使低

压绕组受到压力,高压绕组受到张力。此外,还有轴向力 $\dot{F}_c$,而轴向力的方向是同时将两个绕组从上下两端向中间压缩。径向力将有使绕组拉断的可能,轴向力将可能会使线圈产生轴向变形。为了防止突然短路时绕组产生变形或损坏,设计、制造变压器绕组时,合理使用绝缘结构(例如绕组压环及夹件、垫块等)并有足够的机械强度,以承受暂态短路时所产生的电磁力。

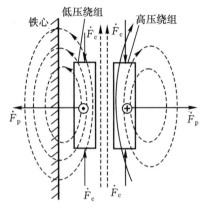

图 9.6 变压器突然短路时绕组受到的机械力分析图

9.3 过电压现象

变压器运行中若因某种原因使得电压幅值超过它的额定电压时,变压器就将产生过电压。变压器产生过电压现象总的来说有两种,即大气过电压与操作过电压。输电线上的直接雷击、带电的云层与输电线的静电感应和放电等被称为**大气过电压**。当变压器或线路的开关合闸与拉闸时,因系统中产生电磁能量转换而产生的过电压被称为**操作过电压**。不管哪种过电压,作用时间都是很短的,仅有几十微秒。

操作过电压的数值一般为额定相电压的 2~4.5 倍,而大气过电压数值则很高,可达额定相电压的 8~12 倍。对 2.5 倍以下的过电压变压器是能承受的,但超过 2.5 倍的过电压,不管是哪种情况,都有损坏变压器绝缘的可能,必须采用专门设备和措施来保护。

过电压在变压器中破坏绝缘有两种方式:一是将绕组与铁心或油箱之间的绝缘或高压绕组与低压绕组之间的绝缘击穿,造成绕组接地故障;另一种情况是在同一个绕组内将匝与匝之间或一段线圈与另一段线圈之间的绝缘击穿,造成匝间短路故障。在大气过电压情况下,这两种方式的破坏都可能发生。过电压的波形是根据过电压的性质来决定的。变压器全波过电压波形如图 9.7 所示,它模拟了发生雷击时的典型波形图。它的持续时间只有几十微秒,而电压由零升到最大值的时间只有几微秒。曲线由零上升到最大值的部分称**波前**,下降部分称**波尾**。这种波被称为**全波**,也就是变压器冲击电压试验时的标准波形(1.5 μs/40 μs 波)。图 9.8 为另一种波形,被称为**截断波**,这是在电压上升的过程中,变压器端的线路上发生了闪络放电,于是电压突然下降,同时由于电磁能量的变化而引起了衰减振荡现象。

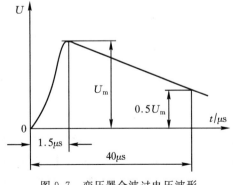

图 9.7 变压器全波过电压波形

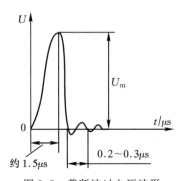

图 9.8 截断波过电压波形

全波和截断波均作为模拟大气过电压时冲击试验的标准波形,这种波形可由实验室的冲击电压发生器产生。

在操作过电压中,也常引起周期性的冲击波,操作过电压波形如图 9.9 所示。有的很快衰减,有的不衰减。不衰减的波形,表示线路产生的电压谐振,这种情况对变压器等设备的危害最大,在电力网络等设计时,应设法防止电压谐振。

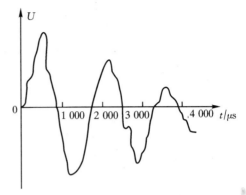

图 9.9 操作过电压波形

由过电压理论知,冲击波的频率很高。在研究变压器过电压时,只考虑电阻和电感的等值电路不能再采用。因为实际的变压器,在绕组的线匝之间,各个绕组之间以及绕组对地(亦即对铁心)间都存在一定数值的电容。在 50 Hz 时的电压下,容抗 $\frac{1}{\omega C}$ 很大,而感抗 ωL 很小,因此完全可以略去电容的影响。但对于冲击过电压波而言,由于它的等效频率很高,故其变压器的容抗 $\frac{1}{\omega C}$ 将很小,而感抗 ωL 则很大,这时就必须考虑电容数值的影响。

当过电压一进入高压绕组,由于绕组对地电容和匝间电容的存在,使绕组高度方向电压分布不均匀;由于频率太高,在前几个线圈里,最高的匝间电压可能高达额定电压的 50~200 倍。为了保证变压器的安全可靠运行,一定要采取过电压保护措施。主要措施为:①避雷器保护;②加强绝缘;③增大匝间电容;④采用中点接地系统。

为了保证变压器在运行时,不致在过电压作用下被破坏,在变压器出厂前,除了必须在工频电压下进行过电压试验外,还要按一定标准经过冲击过电压波的耐压试验检验后方能认为产品是合格的。

本章小结

本章主要讨论了变压器在暂态运行时的过电流和过电压问题。

变压器空载合闸时的过电流主要是由于铁磁材料的饱和现象造成的。要了解在合闸时磁通的变化规律及如何由磁化曲线来确定励磁电流。还应了解降低空载合闸过电流的措施。

对变压器二次侧突然短路时的过电流,完全可以用电工基础中分析 RL 电路与正弦电压接通时的过渡过程的方法来分析它。要注意最大短路电流的数值和发生的条件以及与变压器的阻抗电压值(u_k)的关系。突然短路时作用于绕组上的机械力是由漏磁通与短路电流相互作用所引起的。此外对机械力可分为轴向力与径向力应有一定的初步概念。

变压器运行中的过电压现象有大气过电压与操作过电压两种。过电压波的特点是频率高,这时要考虑变压器的等效电路中电容的影响,因为它将影响到绕组电压的分布,从而增大过电压倍数。此外,应进一步了解各种过电压的保护措施。

习题与思考题

9-1 若磁路饱和,则变压器空载合闸电流的最大值将达多少?

9-2 变压器在什么条件下合闸时,可以立即进入稳态而不产生暂态过程?

9-3 当短路发生在电压经过最大值时,这时的突然短路电流为多少?

9-4 变压器的阻抗电压 u_k 值与突然短路电流值之间的关系怎样?为什么大容量变压器的阻抗电压 u_k 值选得较大?

9-5 为什么心式变压器的绕组多采用圆形而不用其他形状?

9-6 为什么在过电压波作用下变压器的等效电路必须考虑电容?考虑电容后给绕组在冲击下的电压分布带来哪些影响?

9-7 从变压器本身的结构来看,常采用的过电压保护措施有哪几种?

思政微课

绿色变压器与人类可持续发展

为了实现2060年中国的零碳排放目标,并履行对国际社会的庄严承诺,中共中央、国务院于2021年9月22日印发了《关于完整准确全面贯彻新发展理念做好碳达峰碳中和工作的意见》,这是我国低碳工作的纲领性文件。在推进"双碳"目标(即碳达峰与碳中和)的征程上,工业体系和能源系统将发生根本性的变革。在此背景下,变压器作为电力传输系统中的基础装备,加快其绿色化进程是实现能源效率提升和促进我国"双碳"目标顶层设计在多个领域落实的关键措施之一。

绿色变压器在从概念形成到生产制造、日常运行直至最终报废回收的整个生命周期中,都展现出对环境的轻微影响、卓越的能效以及高效的经济回报。目前我国已经开始应用的绿色变压器的代表性产品包括植物绝缘油变压器、硅橡胶变压器、非晶合金立体卷铁心敞开式干式变压器等。这些绿色变压器的应用,不仅有助于减少电力系统的能耗和碳排放,也促进了电力设备制造业的绿色转型升级。在人类面临全球变暖等气候问题的关键时刻,中国在绿色变压器领域的创新和实践,为全球应对气候变化提供了中国方案,这不仅体现了中国作为大国的责任与担当,也展示了中国在生态文明建设方面的决心与行动力。

硅橡胶变压器

在当前中国电力产业迅速发展和智能电网战略不断推进的时代背景下,中国正通过推广绿色变压器等清洁能源技术以及实施节能减排措施,致力于实现自身的"双碳"目标。同时,还通过南南合作、一带一路倡议等国际合作平台,与世界各国分享经验和智慧,共同应对气候变化,推动构建人类命运共同体。这些措施不仅有助于实现能源的可

非晶合金立体卷铁心敞开式干式变压器

持续利用,减少对环境的负面影响,也展示了中国在推动全球环境治理方面的领导力和创新精神。

　　同学们在学习变压器相关知识时,应当关注降低变压器空载损耗和负载损耗的有效途径,了解我国自主开发的绿色变压器的先进性能和技术特点,分析新能源发电对绿色变压器的市场需求,认识到绿色变压器与国家"双碳"目标的相关性。同时应当树立低碳意识,积极参与低碳实践,培养低碳生产和生活习惯,与国家发展同步,将人生理想与国家和人类未来发展紧密结合。通过不断学习和积累知识,提升自身能力,为国家的绿色发展贡献智慧和力量,为构建一个更加绿色、低碳、可持续的未来社会而奋斗。

第三篇
交流旋转电机的共同问题

　　交流旋转电机主要包括两大类：异步电机和同步电机。这两类电机在结构特点和分析方法上既有较大的差别，又有共同之处。其共同之处主要包括交流旋转电机（电枢）绕组的构成，交流电势和交流磁势的分析、计算方法，这些内容是进一步分析各种交流旋转电机运行的理论基础，一并在本篇介绍。

第 10 章 交流旋转电机的绕组

10.1 交流绕组概述

基本原理和模型结构最简单的三相交流电机当属 2 极同步发电机。图 10.1(a)给出的是一台 2 极三相同步发电机的模型结构和原理示意图。与直流电机类似,也由定子和转子两大部分组成,最核心的部件是装在定子上的**三相对称绕组**和装在转子上用来产生主磁场的一对**主磁极**。图中用 AX、BY、CZ 三个对称放置的线圈代表三相对称绕组,主磁极由励磁绕组通以直流励磁电流来激励。

当原动机拖动 N、S 随转子一起旋转时,定子绕组的导体交替地切割 N、S 极磁通,对单个导体或线圈来说,感应电势的方向在不断变化,为**交变电势**。从三相绕组整体上看,旋转的磁力线被 A、B、C 三相绕组的导体依次切割,由于三相绕组的匝数和结构完全一样,且在圆周空间依次相差 120° 对称分布,所以三相绕组中的感应电势大小相等,在时间相位上依次相差

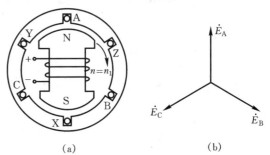

图 10.1 三相同步发电机工作原理示意图
(a)工作原理图;(b)电势相量图

120°,即三相感应电势是**对称**的,只考虑**基波**时,为三相对称的正弦电势,可以用相量表示为 $\dot{E}_A$、$\dot{E}_B$、$\dot{E}_C$,图 10.1(b)给出的是该三相对称电势的相量图。

可见,图 10.1(a)所示的简单 2 极同步发电机在原动机的带动下旋转时,能够将原动机提供的机械能转变为交流电能,向用电户提供三相对称交流电源。

实际交流电机的定子绕组要比图 10.1(a)中所示的三个线圈 AX、BY、CZ 复杂得多。它既不同于直流电机的电枢绕组,也不同于变压器绕组。直流电机的电枢绕组属于**封闭绕组**,即从绕组的任一点出发,顺着绕向前进,最终会回到出发点。而交流绕组都属于**开启绕组**,即各相都有自己的首端和末端。例如三相交流绕组有 A、X、B、Y、C、Z 六个出线端,其中 A、B、C 为三相首端,X、Y、Z 为三相末端,如果把 XYZ 接在一起作为中性点,即可构成 Y 形连接的三相绕组,如把 XB、YC、ZA 分别连接,便得到△形连接的三相绕组。变压器的绕组虽然也是三相绕组,但它是集中地绕在铁心柱上的,属于**集中绕组**;而实际交流电机的定子内圆上有许多槽,定子绕组通常是嵌放在这些槽中,相邻线圈在磁场中错开一定的位置,属于**分布绕组**。分布绕组存在着线圈之间如何正确连接的问题,其连接方法和分析计算要比集中绕组复杂。

10.2 与交流绕组相关的概念

1. 绕组元件

线圈是构成绕组的基本单元,所以通常把线圈称为绕组**元件**。绕组元件可以是**单匝**的,也可以是**多匝**的,其示意图见图 10.2。元件放置在槽内的直线部分是切割气隙磁通并参与机电能量转换的有效部分,被称为**有效边**或者**元件边**。伸出槽外的部分,仅起接通电路的作用,被称为**端部**。为了节省材料,在不影响工艺操作的情况下,端部应尽可能缩短。

2. 电角度

在气隙圆周上,每一对相邻的 N、S 极占据的扇区分布着气隙磁场的一个完整变化周期。一个周期按 360°计算时,分析计算和公式表达都比较方便,所以通常把一个磁场变化周期即一对相邻 N、S 极占据的扇区定义为 360°**电角度**或者 2π **电弧度**。对于 p 对极电机来说,整个圆周有 $p \times 360°$电角度,所以电角度和自然角度(被称为**机械角度**)之间的换算关系为

$$\text{电角度} = p \times \text{机械角度} \tag{10.1}$$

以 4 极电机为例,可参照图 10.3 理解电角度与机械角度之间的对应关系。

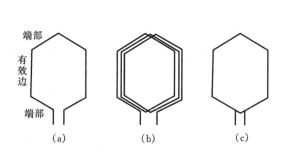

图 10.2 绕组元件示意图
(a)单匝元件;(b)多匝元件;(c)多匝元件简图

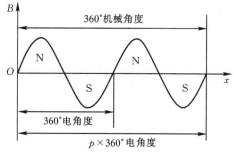

图 10.3 4 极电角度与机械角度的关系

3. 极距 τ 和节距 y

极距 τ 是指相邻磁极对应点之间在气隙圆周上所跨过的距离,或者一个磁极所占据的区间,可以用弧长、槽数或者电角度来表示:

$$\tau = \frac{\pi D}{2p}, \text{或者} \tau = \frac{Z_1}{2p}, \text{或者} \tau = \pi \tag{10.2}$$

式中:D 为气隙圆内径(m),p 为极对数,Z_1 为定子槽数。

线圈**节距** y 是指一个元件的两个有效边在气隙圆周上所跨过的距离,可以用弧长、槽数或者电角度来表示。$y=\tau$ 的元件为**整距线圈**,$y<\tau$ 的元件为**短距线圈**,$y>\tau$ 的元件为**长距线圈**。在交流电机中,普遍采用整距和短距线圈。

4. 槽距角 α 和每极每相槽数 q

相邻两个定子槽中线之间的夹角用电角度表示,被称为**槽距角** α,其计算式为

$$\alpha = \frac{p \times 360°}{Z_1} \tag{10.3}$$

将定子 Z_1 个槽平均分配到每个极域,再将每个极域的槽平均分配给 m 相(一般 $m=3$),则每个极域每相分得的槽数被称为**每极每相槽数** q,其计算公式为

$$q = \frac{Z_1}{2pm} \tag{10.4}$$

5. 相带

每极每相或者每对极每相在电机气隙圆周上所占据的扇区,被称为**相带**。一个极所占的扇区为 $180°$,平均分配给 3 相,每相占 $60°$,相应的绕组被称为 **$60°$ 相带绕组**。某些大型同步发电机会出现 q 为分数的情况,此时可将一对极所占的 $360°$ 平均分配给 3 相,每相占 $120°$,相应的绕组被称为 **$120°$ 相带绕组**。

6. 单层绕组和双层绕组

交流绕组可分为**单层绕组**和**双层绕组**两大类。单层绕组在每个槽中只放置一个元件边;双层绕组在每个槽中放置两个用绝缘层隔开的元件边,每个元件的两个边,总是一个处于某槽的上层,另一个则处于另一槽的下层。采用单层绕组时,绕组总元件数等于总槽数的一半;采用双层绕组时,总元件数等于总槽数。

7. 电势星形图

构成交流绕组的每个导体均匀地分布在定子槽中,相邻槽在圆周位置上相差一个槽距角 α,对应的槽导体电势相量的相位差也是 α。如果将一对 N、S 极域所有槽导体(双层绕组只取上层导体)电势相量绘制在一起,将形成占据一个圆周的辐射状相量图,被称为**导体电势星形图**。电势星形图的具体画法将通过例 10.1 介绍。

以上所介绍的概念术语,是设计、连接及分析交流绕组的基础。在构造交流绕组时,首先要将定子槽按极数平均地划分到各个极域,再将同一极域的槽均匀对称地分配到各相,这被称为**均匀对称原则**。**三相对称**是指 3 个相绕组不但要在结构上完全相同,而且分属于三相槽在圆周位置上要对应地错开 $120°$ 电角度。其次要将属于同一相的所有导体以适当的方式连接起来,组成一个相绕组。为了获得较大的感应电势,构成一个元件的两个边在圆周位置上应该相距约一个极距 τ,即应使两个元件边的感应电势基本反相,这样在构成线圈时两个边的电势才能同相相加;在将两个线圈串联时,也应当使线圈电势同相相加。总之,在顺着电势方向连接导体或线圈时,都要遵循**电势相加原则**。

例 10.1 某单层绕组的已知数据有: $Z_1=24, p=2, m=3$。试完成:

(1) 绘制导体电势星形图;

(2) 按 $60°$ 划分相带,并将槽及槽中导体分配到 A、B、C 三相。

解:(1) 先将槽极槽内导体统一编号为 $1,2,3,\cdots,24$,然后计算槽距角:

$$\alpha = \frac{p \times 360°}{Z_1} = \frac{2 \times 360°}{24} = 30°$$

即相邻槽导体电势相量之间的相位差为 $30°$。据此可画出第一对极域的 $1,2,3,\cdots,12$ 槽导体的电势相量。由于一对极占据即一个圆周,所以 12 个槽导体电势相量画在一起刚好形成一圈辐射状星形图。第二对极与第一对极在磁场位置上相差 $360°$ 电角度,所以两对极域对应槽导体电势相量同相,$13,14,15,\cdots,24$ 槽导体电势相量也形成一圈辐射状星形图,并且完全重叠在第一圈星形图上,如图 10.4 所示。

(2) 按 60°相带分配槽,则每极每相槽数 $q=\dfrac{Z_1}{2pm}=\dfrac{24}{2\times2\times3}=2$,即每极每相带分配 2 个槽。如 A 相带分得 1、2 槽,按对称原则,B 相带应与 A 相带错开 120°即 4 个槽,所以 B 相带分得 5、6 槽,同理 C 相带分得 9、10 槽。按电势相加原则,X 相带应与 A 相带错开 180°即 6 个槽,所以 X 相带分得 7、8 槽,同理,Y 相带分得 11、12,Z 相带分得 15、16。这样,我们按对称原则把 1、2、5、6、7、8、9、10、11、12、15、16 这 12 个槽分配到了 A、B、C 三相。按照类似的方法,可以将 13、14、17、18、19、20、21、22、23、24、3、4 这 12 个槽进行分配。相带划分和槽导体分配结果见图 10.4 及表 10.1。

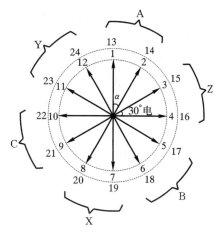

图 10.4 三相 4 极 24 槽交流绕组的电势星形图

表 10.1 相带划分和槽导体分配

极对	相带					
	N 极			S 极		
	A	Z	B	X	C	Y
第一对极	1　2	3　4	5　6	7　8	9　10	11　12
第二对极	13　14	15　16	17　18	19　20	21　22	23　24

利用电势星形图可以有效地设计、分析绕组,还可以方便地计算绕组的感应电势。从例 10.1 可以看出,在电势星形图中,交流绕组的极对数、相带划分和导体分配情况一目了然。

10.3 三相单层绕组

我们用例 10.1 中给出的数据 $Z_1=24$,$p=2$,$m=3$ 来分析三相单层绕组的连接方法和规律,并完成其绕组连接。

首先用 24 根竖线段表示 24 个槽导体,根据例 10.1 的方法将 24 根槽导体均匀对称地分配到 4 个极域和 3 相。属于不同极域的导体电势的方向分别用 ↑、↓ 表示。

将一对相邻极域内属于 A 相的所有槽导体按电势相加原则连接线圈。第一对极域属于 A 的槽导体共有 4 个,1、2 位于 N 极域,假设电势方向为 ↑,7、8 位于 S 极域,电势方向为 ↓。按电势相加原则,可将 1、8 组成一个线圈,将 2、7 组成另一个线圈,这样就得到了大小不同的两个同心式线圈。

将所得到的线圈按电势相加的原则串联组成线圈组。将所得到两个属于 A 相的线圈按电势相加原则串联成第一个线圈组;依照类似的方法,将第二对极域属于 A 相的 4 个槽导体 13、14、19、20 连成两个线圈并组成另一个线圈组。可见,对于单层绕组来说,A 相线圈组的数目等于极对数 p。在本例中 $p=2$,所以 A 相有 2 个线圈组。

将属于 A 相的 p 个线圈组串并联,构成完整的一相绕组。在将线圈组串联时,同样必须遵循电势相加原则。在本例中,如果是将两个线圈组串联,则得到一条支路;如果是将两个线圈组并联,则得到 2 条支路。在交流绕组中,我们用并联支路数 a(**注意**:在直流电机中 a 表示支路对数)描述一相绕组的电路特征。本例是将两个线圈组串联,所以 $a=1$。完成后的单层同心式绕组 A 相展开图如图 10.5 所示。

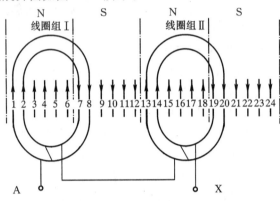

图 10.5 单层 A 相同心式绕组展开图

按对称原则确定 B、C 相的起始槽,按照与 A 相同样的规律和方法连接 B、C 相绕组。在本例中槽距角 $\alpha=30°$,与 A 相起始槽相距 $120°$应该是 5 号槽,所以 B 相的起始槽为槽 5,属于 B 相的槽导体包括 5、6、11、12 和 17、18、23、24,这些导体可构成 B 相的 4 个线圈即 2 个线圈组。C 相的起始槽与 B 相起始槽 5 相距 $120°$,应该是槽 9,所以属于 C 相的槽导体包括 9、10、15、16 和 21、22、3、4,这些导体可构成 C 相的 4 个线圈即 2 个线圈组。在将线圈组连成相绕组时,要注意各相的线圈组的串并联方案应该完全一致,以保证三相绕组的对称性。

将连好的 A、B、C 三个单相绕组按要求连接成 Y 或 △ 形,构成完整的三相绕组。本例所完成的三相单层绕组展开图如图 10.6 所示。

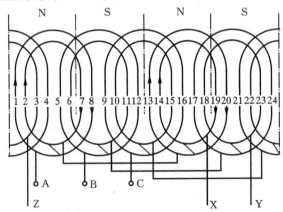

图 10.6 三相单层同心式绕组展开图

单层绕组除了上面介绍的**同心式绕组**外,还有**等元件式整距绕组和交叉链式绕组**等。

4 极 24 槽单层等元件式整距绕组 A 相展开图如图 10.7 所示。在第一对极域,属于 A 相的槽导体 1、7 组成一个线圈,2、8 组成另一个线圈,这两个线圈串联成一个线圈组。同样,在第二对极域，属于 A 相的槽导体 13、19 组成一个线圈，14、20 组成另一个线圈，两者串联成一个线圈组。两个线圈组可以串联或者并联构成 A 相绕组。B、C 两相的连接与 A 相类似。由于这种连接方式的所有元件都是大小相等的整距线圈，故被称为等元件式整距绕组。

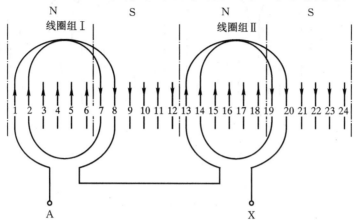

图 10.7　4 极 24 槽 A 相单层等元件式整距绕组展开图

4 极 24 槽单层交叉链式绕组 A 相展开图如图 10.8 所示。在该连接方式中，把相邻极域属于 A 相的距离最近槽导体 2 和 7、8 和 13、14 和 19、20 和 1 分别组成 4 个相同的线圈，按电势相加原则串联得到 2 个线圈组，再将这 2 个线圈组串并联成 A 相绕组。B、C 两相的连接与 A 相类似。

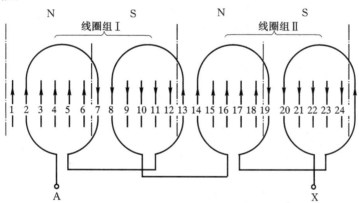

图 10.8　4 极 24 槽单层交叉链式 A 相绕组展开图

再例如，4 极 36 槽单层交叉链式绕组 A 相展开图如图 10.9 所示。属于 A 相的有 12 个槽导体 1、2、3、10、11、12、19、20、21、28、29、30，将导体 2 和 10、3 和 11 分别组成两个大线圈，将导体 12 和 19 组成一个小线圈，将这三个线圈按电势相加原则串联成一个线圈组。同样，把导体 20 和 28、21 和 29 分别组成两个大线圈，将导体 30 和 1 组成一个小线圈，将这三个线圈按电势相加原则串联成另一个线圈组。再将两个线圈组串并联成 A 相绕组。B、C 两相的连接与 A 相类似。由于这种绕组展开图中各线圈呈链状排列，端部交叉连接，故称**交叉链式绕组**。由于链式绕组的每个线圈都是短距线圈，所以比较省材料。

比较单层绕组的以上各种连接方式可知，不论采用哪一种方式，构成同一相的导体没有

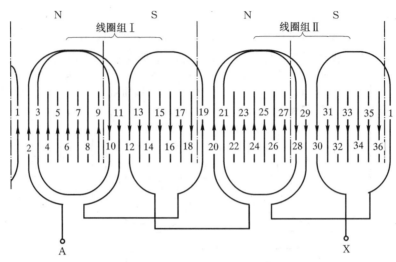

图 10.9 4 极 36 槽单层交叉链式绕组展开图

改变,对线圈组来说,只是导体串联的次序不同,而串联次序不会影响它们所具有的电磁效应,线圈组的感应电势也完全相同。尽管组成不同型式单层绕组的线圈可能会是短距、整距或者长距线圈,但电磁效应与等元件式整距绕组完全相同,也就是说,它们本质上都属于整距绕组。

单层绕组的优点是:槽内无须层间绝缘,槽利用率高;嵌线较为方便,制造效率高。缺点是:不能制成短距绕组,对削弱高次谐波不利;电机功率较大时,单层绕组端部排列和整形较为困难。所以单层绕组适合于功率较小的异步电机。

10.4 三相双层绕组

双层绕组在槽内放置上、下两层元件边,其线圈通常由一个上层槽导体和另一个下层槽导体构成。只要确定了上层槽导体,下层槽导体就可以根据线圈节距 y 确定下来。因此,只要对将上层槽导体对称地分配到三相,下层槽导体的归属也就随之而定。可以按照与画单层绕组导体电势星形图相同的方法画出双层绕组上层槽导体电势星形图,并将上层槽导体分配到各个极域和三相。双层绕组分叠绕组和波绕组两种型式,我们仍以 4 极 24 槽三相绕组为例,分别介绍叠绕组和波绕组的连接方法和规律,并取线圈节距 $y=\frac{5}{6}\tau=5$。

10.4.1 双层叠绕组

用 24 组实虚线代表 24 个上层槽导体(实线)和 24 个下层槽导体(虚线)并按顺序 1,2,3,…,24 编号。采取与单层绕组相同的方法将 24 根上层槽导体对称均匀地分配到每个极域和三相。属于第一个极域 A 相的有 1、2 共 2 个上层槽导体。根据 $y=5$ 可知,上层槽导体 1 与下层槽导体 6 组成线圈 1(按照上层槽导体编号),上层槽导体 2 与下层槽导体 7 组成线圈 2。将这两个线圈串联成一个线圈组。同样地,可以得到其他 3 个极域 A 相的 3 个线圈组——由线圈 7 和 8、线圈 13 和 14、线圈 19 和 20 分别串联而成。可见双层叠绕组 A 相共

有 $2p=4$ 个线圈组。将这 4 个线圈再进行串并联,就可得到完整的 A 相双层叠绕组,其展开图如图 10.10 所示。要特别注意的是,线圈与线圈、线圈组与线圈组之间串联时,一定要遵循电势相加原则。

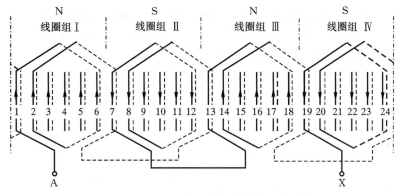

图 10.10　4 极 24 槽双层短距叠绕组展开图

按照同样的方法,可以得到 B 相和 C 相绕组。将三个单相绕组按照 Y 形或者 △ 形连接,就可以得到完整的三相交流双层绕组。由于这种绕组相邻槽内的线圈依次叠压,所以被称为**叠绕组**。

叠绕组的优点是:做成短距时线圈端部可以节省部分用铜量,缺点是极间连线较长,在极数较多时相当费铜。叠绕线圈一般为多匝,主要用于普通电压等级、额定电流不太大的中小型交流电机定子绕组中。

10.4.2　双层波绕组

从上面讲述的三相双层叠绕组的连接规律可知,叠绕组的线圈组数目等于极数,比如 4 极电机就有 4 个线圈组。由于线圈组之间需要另外的导线连接,当极数较多时,连线的消耗量就相当可观,所以在多极电机中采用叠绕组是不经济的。为了改进叠绕组的这一缺点,多极、支路导线截面较大的电机,常常采用**波绕组**。如果将图 10.10 所示的叠绕组改成波绕组,就得到如图 10.11 的双层短距波绕组展开图。

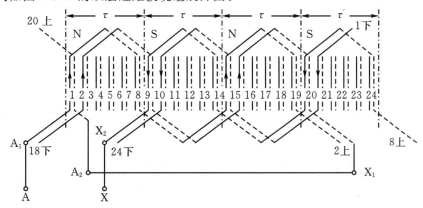

图 10.11　双层短距波绕组 A 相展开图

在图 10.11 中，首先把属于 A 相的四个线圈 1、13、2、14 依次串联，得到一个线圈组 $A_1 - A_2$，然后把属于 A 相的另外四个线圈 7、19、8、20 依次串联，得到另外一个线圈组 $X_1 - X_2$，最后再把这两个线圈组按照电势相加的方向串联起来，便得到了整个 A 相绕组。

波绕组与叠绕组的区别仅在于线圈之间的连接次序不同，而组成绕组的线圈并未改变。对于波绕组来说，不论磁极数目是多少，波绕组只有两个线圈组，每相只需要一根组间连接导线，所以多极电机采用波绕组可以节省材料。

本章小结

交流绕组一般为三相对称绕组，分单层和双层两类。单层绕组制造简单，但不能做成短距来削弱电势和磁势谐波，而且导线较粗时端部排列困难，只用在小容量电机中。双层绕组可以设计成任意的节距，可利用短距来削弱谐波，改善电势和磁势的波形，同时又可以节省端部材料，因此应用更广泛。

对与交流绕组相关的一些概念术语，如电角度、节距、相带、槽距角、绕组元件、线圈组等，要有清晰的理解。

导体电势星形图是用来对绕组进行设计、分析和计算的有力工具。

单层绕组按连接方式的不同分为三种，即同心式绕组、等元件式整距绕组和交叉链式绕组。三种单层绕组的差别，仅在于它们端部的连接方式不同，而组成绕组的导体并无不同，所以它们的电磁性质是相同的，本质上都属于整距绕组。

双层绕组分叠绕组和波绕组两种型式，波绕组虽然也能设计成短距来改善电势和磁势的波形，但却不能节省端部材料。不论极数多少，单波绕组只有每相两条并联支路，而单叠绕组的每相最大支路数等于极数。

习题与思考题

10-1 有一个三相单层绕组，$Z_1=36$，$2p=4$，试绘出 A 相的交叉链式绕组展开图。

10-2 有一个三相单层绕组，$Z_1=24$，$2p=4$，试绘出电势星形图和支路数 $a=2$ 的 A 相链式绕组展开图。

10-3 有一个三相双层绕组，$Z_1=24$，$2p=2$，$y=10$，绘出支路数 $a=1$ 的一相单叠绕组展开图。

10-4 已知三相交流电机双层叠绕组的极对数 $p=3$，定子槽数 $Z_1=36$，线圈节距 $y=\frac{5}{6}\tau$（τ 是极距），支路数 $a=2$。试求：(1) 每极下有几个槽；(2) 用槽数表示的线圈节距 y；(3) 槽距角 α；(4) 每极每相槽数 q；(5) 画出基波电势星形图；(6) 按 $60°$ 相带法分相；(7) 画出绕组连接展开图。

10-5 电角度的意义是什么？它与机械角度之间有怎样的关系？

第 11 章　交流绕组中的感应电势

　　交流电机的定、转子之间的气隙中有**旋转磁场**存在，该旋转磁场可以由原动机拖动转子上的磁极旋转而形成，也可以由三相交流绕组通入三相对称电流而产生，前者属于**机械旋转磁场**，后者属于**电气旋转磁场**。本章我们主要研究旋转磁场的**基波分量**被定子上的交流绕组切割时在其中产生的感应电势的计算方法。由于绕组是由许多线圈按一定规律排列和连接而成，故研究绕组电势时，先从一个线圈电势开始介绍，然后逐步讨论线圈组和整个相绕组的电势。

11.1　一个线圈的感应电势

11.1.1　导体的感应电势

　　导体感应电势分析如图 11.1 所示，其中图 11.1(a)是一台 4 极同步发电机的模型图，其定子圆周上画出了一个线圈 AX，磁极随转子以转速 n_1 旋转，将在气隙圆周空间形成旋转磁场，气隙中磁场的基波磁通密度波形如图 11.1(b)所示。该基波的磁通密度被线圈 AX 的两个有效边(导体)所切割，将在导体中产生交变的感应电势。下面从感应电势的波形、频率和大小三个方面进行分析。

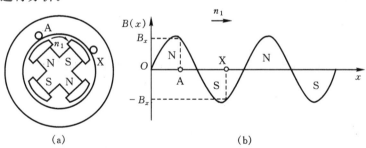

图 11.1　导体感应电势分析图
(a)4 极同步发电机模型图；(b)基波磁通密度分布波形图

1. 感应电势的波形

　　根据电磁感应原理，导体中感应电势的瞬时值为
$$e_x = B_x l v \tag{11.1}$$
式中：B_x——导体所在位置的瞬时磁通密度(T)；
　　　l——导体在磁场中的有效长度(m)；
　　　v——导体与磁场的相对速度(m/s)。

对于已经制造好的电机，l 是一定的，若 v 不变，当磁场运动时，相当于导体连续切割不同位置处的磁通密度，所以导体中的感应电势随时间变化的波形与磁通密度 $B(x)$ 在气隙圆周空间的分布波形相同。当只考虑基波时，磁通密度为正弦分布，导体中感应电势也随时间作正弦变化，导体电势波形如图 11.2 所示。

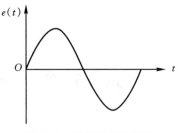

图 11.2 导体电势波形图

2. 感应电势的频率

旋转磁场每转过一对磁极，导体中感应电势就变化一个周期，如果旋转磁场的极对数为 p，则每转过一周，导体中感应电势将变化 p 个周期。如果旋转磁场的转速为 n_1，则每秒转过的圈数为 $\frac{n_1}{60}$，所以导体感应电势每秒变化的周期数也即频率为

$$f = \frac{pn_1}{60} \tag{11.2}$$

3. 感应电势的有效值

假定磁通密度沿气隙圆周空间的分布为正弦波，其幅值为 B_m，则导体感应电势的幅值为

$$E_m = B_m l v \tag{11.3}$$

其中，导体切割磁场的相对速率为

$$v = \frac{\pi D n_1}{60} = 2 \times \frac{\pi D}{2p} \times \frac{pn_1}{60} = 2\tau f \tag{11.4}$$

式中：D ——定子内圆直径(m)；

n_1 ——转子转速(r/min)；

f ——感应电势频率(Hz)；

τ ——极距(m)，$\tau = \pi D/(2p)$。

按正弦分布的磁通密度最大值 B_m 与平均值 B_p 之间存在下列关系：

$$B_m = \frac{\pi}{2} B_p \tag{11.5}$$

所以感应电势的最大值为

$$E_m = \frac{\pi}{2} \times B_p \times l \times 2\tau f = \pi f B_p l \tau = \pi f \Phi_1$$

其中，$\Phi_1 = B_p l \tau$ 为每极磁通量。单根导体感应电势有效值为

$$E_d = \frac{E_m}{\sqrt{2}} = \frac{\pi f \Phi_1}{\sqrt{2}} = 2.22 f \Phi_1 \tag{11.6}$$

11.1.2 线圈的电势

一个线圈由两根导体（即元件边）组成，这两根导体之间在磁场中跨过一定的距离即线圈节距 y，也就是说，这两个导体在磁场中处于不同的位置。对旋转磁场的某条磁力线而言，被这两个导体切割的瞬间不同，有一定的时间差，反映在感应电势相量上就是存在一定

的相位差。线圈的电势就是两根导体电势沿线圈回路方向的相量和。

1. 整距线圈的电势

整距线圈的电势分析如图 11.3 所示。对整距线圈来说，$y=\tau$，即线圈的两个有效边在圆周空间正好错开一个极距，而一个极距对应的电角度为 180°，所以一个边处于 N 极下时，另一边必定处于 S 极下对应的位置，如图 11.3(a)所示。可见，整距线圈两个圈边电势的瞬时值总是大小相等而极性相反。如果用相量 $\dot{E}_{d1}$ 和 $\dot{E}_{d2}$ 来表示这两个边中的电势，则 $\dot{E}_{d1}$ 和 $\dot{E}_{d2}$ 的有效值相等，相位差为 180°，见图 11.3(b)。顺着线圈回路看，线圈的感应电势相量 $\dot{E}_y$ 应是 $\dot{E}_{d1}$ 和 $\dot{E}_{d2}$ 相量差，即 $\dot{E}_y = \dot{E}_{d1} - \dot{E}_{d2} = \dot{E}_{d1} + (-\dot{E}_{d2}) = 2\dot{E}_{d1}$，所以单匝整距线圈电势的有效值为

$$E_y = 2E_{d1} = 4.44 f \Phi_1 \tag{11.7}$$

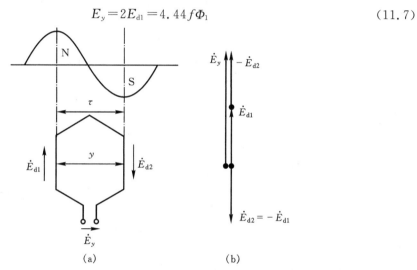

图 11.3 整距线圈的电势分析图
(a)整距线圈示意图；(b)相量图

2. 短距线圈的电势

短距线圈的电势分析如图 11.4 所示。对短距线圈来说 $y<\tau$，即线圈的两个有效边之间在圆周空间错开的电角度比一个极距对应的 180°电角度要小一些，缩小的这个角度被称为**短距角**，用 β 表示。参看图 11.4(a)，不难看出：

$$\beta = \alpha(\tau - y) \tag{11.8}$$

短距时，线圈的两个有效边之间错开的电角度为$(180°-\beta)$，两个边的电势相量 $\dot{E}_{d1}$ 和 $\dot{E}_{d2}$ 的时间相位差也为$(180°-\beta)$电角度，如图 11.4(b)所示。根据相量图，可求得短距线圈的电势为

$$\dot{E}_y = \dot{E}_{d1} - \dot{E}_{d2}$$

由几何关系可求得电势有效值为

$$E_y = 2E_{d1} \cos \frac{\beta}{2} = 2E_{d1} k_y \tag{11.9}$$

式中

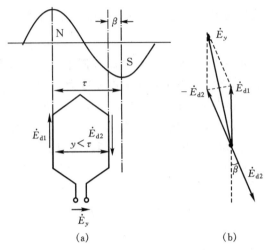

图 11.4 短距线圈的电势分析图
(a)短距线圈示意图;(b)相量图

$$k_y = \cos\frac{\beta}{2} = \frac{\text{短距线圈电势}}{\text{整距线圈电势}} = \frac{2E_{d1}\cos\frac{\beta}{2}}{2E_{d1}} \tag{11.10}$$

k_y 被称为**短距系数**,短距时的 k_y 总是小于 1,所以做成短距线圈时,电势要比做成整距线圈时小一些。考虑到一般情况下线圈不止一匝,如果将线圈匝数用 N_y 表示,则短距线圈的感应电势计算式为

$$E_y = 4.44 f N_y \Phi_1 k_y \tag{11.11}$$

11.2 交流分布绕组的感应电势

11.2.1 线圈组的电势

线圈组的电势分析如图 11.5 所示。参看图 11.5(a),对一般的交流绕组来说,线圈组是由 q 个线圈(图中 $q=3$)串联而成的,q 个线圈在磁场中依次错开 α 电角度,它们的感应电势的时间相位差也应为 α,线圈组的电势就是 q 个线圈感应电势的相量和。

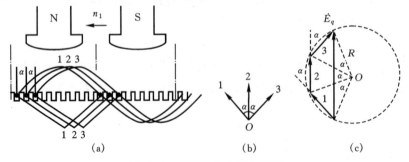

图 11.5 线圈组的电势分析图
(a)线圈组示意图;(b)线圈电势相量;(c)线圈组的电势

图 11.5(b)给出了 q 个线圈的电势相量图,1、2、3 代表 3 个线圈的电势相量,它们之间的相位差依次为 α。图 11.5(c)是将这 q 个电势相量做多边形相加,R 是多边形的外接圆半径,添加适当的辅助线后,从几何关系可知合成电势为

$$E_q = 2R\sin\frac{q\alpha}{2}$$

而半径 R 与线圈电势 E_y 之间的关系为

$$E_y = 2R\sin\frac{\alpha}{2}$$

由以上两式消去 R,可以得到

$$E_q = E_y\frac{\sin\frac{q\alpha}{2}}{\sin\frac{\alpha}{2}} = qE_y\frac{\sin\frac{q\alpha}{2}}{q\sin\frac{\alpha}{2}} = qE_y k_q \tag{11.12}$$

假如 q 个线圈集中地放置在同一个槽中而组成集中线圈组,则它们在磁场中处于相同的位置,其感应电势均同相。所以对于集中线圈组而言,q 个线圈的合成电势应为 qE_y,因此从上式可知

$$k_q = \frac{E_q}{qE_y} = \frac{\text{分布线圈组合成电势}}{\text{集中线圈组合成电势}} = \frac{\sin\frac{q\alpha}{2}}{q\sin\frac{\alpha}{2}} \tag{11.13}$$

式中:k_q 被称为**分布系数**,E_q 是相量和的值,而 qE_y 为代数和,所以 $E_q < qE_y$,即分布系数 $k_q < 1$。

可见,q 个 N_y 匝的线圈串联成的线圈组的合成电势为

$$E_q = 4.44(qN_y)f\Phi_1 k_y k_q = 4.44(qN_y)f\Phi_1 k_w \tag{11.14}$$

式中:$k_w = k_q k_y$ 为**绕组系数**。

11.2.2 单层绕组的相电势

对极对数为 p 的单层绕组而言,每相绕组共有 p 个线圈组,这 p 个线圈组处于**磁场中不同极对下相同的电磁位置,其电势相位相同**。如果这 p 个线圈组全部串联构成一相绕组,则相绕组的合成电势为 pE_q;如果这 p 个线圈组分成 a 条并联支路,则每条支路有 p/a 个线圈组,支路电势 $\frac{p}{a}E_q$ 即为相绕组的电势。为了简明地表示相绕组的电势,引入**每相串联匝数** N 的概念,即

$$N = \frac{p}{a}qN_y \tag{11.15}$$

相绕组的感应电势公式便可以写为

$$E_p = \frac{p}{a}E_q = \frac{p}{a}4.44(qN_y)f\Phi_1 k_w = 4.44Nf\Phi_1 k_w \tag{11.16}$$

由第 10 章的介绍可知,**各种类型的单层绕组从电磁效果上来说都等同于等元件式整距绕组,也就是说,它们都属于整距绕组**,其短距系数 $k_y = 1$,故单层绕组的相电势为

$$E_p = 4.44Nf\Phi_1 k_q \tag{11.17}$$

11.2.3 双层绕组的相电势

对极对数为 p 的双层叠绕组而言,每相绕组共有 $2p$ 个线圈组,这 $2p$ 个线圈组处于**磁场中不同极下相应的电磁位置,其电势同相或者反相**。如果这 $2p$ 个线圈组全部串联(正串和反串)构成一相绕组,则相绕组的合成电势为 $2pE_q$;如果这 $2p$ 个线圈组分成 a 条并联支路,则每条支路有 $2p/a$ 个线圈组,支路电势 $\frac{2p}{a}E_q$ 即为相绕组的电势。双层绕组的**每相串联匝数**为

$$N = \frac{2p}{a} q N_y \tag{11.18}$$

其相绕组的感应电势公式与单层绕组一样,可以写为

$$E_p = 4.44 N f \Phi_1 k_w \tag{11.19}$$

11.3 高次谐波电势及其削弱方法

在交流电机中,要使得磁极所产生的磁场为纯粹的正弦分布是极其困难的,因此,在气隙中除了基波磁通外,还有一系列高次谐波磁通(参看图 11.6)。由于磁场相对于磁极中心线是对称的,所以谐波中只有奇次分量。令 ν 代表谐波次数,则 $\nu=1,3,5,\cdots$。

气隙磁场中的高次谐波分析如图 11.6 所示。从图中可以看出,ν 次谐波的磁极对数是基波的 ν 倍,即 $p_\nu = \nu p_1$。由于谐波磁通和基波磁通都由磁极产生,所以两者在空间的转速是一样的,即 $n_\nu = n_1$。高次谐波磁通也被定子绕组切割而在绕组中产生感应电势。仿照式(11.2)可知,高次谐波电势的频率为

$$f_\nu = \frac{p_\nu n_\nu}{60} = \nu \frac{p_1 n_1}{60} = \nu f_1 \tag{11.20}$$

它是基波电势频率的 ν 倍。参照式(11.19)的推导过程,可得 ν 次谐波的感应电势为

$$E_\nu = 4.44 f_\nu N \Phi_\nu k_{y\nu} k_{q\nu} \tag{11.21}$$

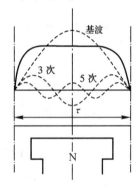

图 11.6 气隙磁场中的高次谐波分析图

式中:Φ_ν——ν 次谐波的每极磁通量;

$k_{y\nu}, k_{q\nu}$——ν 次谐波的短距系数和分布系数。

谐波电势是有害的,它会增加电机的损耗,并会使输电线路对周围的通信线路产生干扰。因此,应该尽可能地削弱谐波电势,以使电势波形接近正弦波。如同变压器中所分析的情况一样,故通过三相连接可以消除线电势中的 3 次谐波分量。则在设计电机时,主要是设法削弱 5 次和 7 次谐波。削弱的方法有以下几种。

1. 采用三相交流电机

采用三相绕组连接就可以消除 3 次谐波线电势。据电路理论,三相绕组线电势中的 3 次谐波电势 $E_{AB3} = E_{A3} - E_{B3} = 0$,故此结论成立。

2. 使气隙磁场分布尽可能接近正弦波

在设计制造转子磁极时,减少磁极表面的曲率,使得磁极中心处的气隙最小,而磁极边缘处的气隙最大,以改善磁通分布情况。气隙磁通密度分布由平顶波改进为正弦波的分析如图 11.7 所示,图中虚线表示气隙均匀时的磁场分布,而实线则表示气隙不均匀时的磁场分布,显然,实线比虚线更接近正弦波。

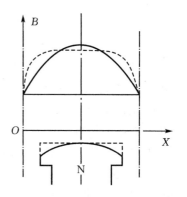

图 11.7 气隙磁通密度分布由平顶波改进为正弦波的分析图

3. 采用短距绕组

由于 ν 次谐波的极对数是基波的 ν 倍,而电角度与极对数成正比,所以,对应同样的圆弧区域,不同的谐波具有不同的电角度。例如,在图 11.6 中,极距所跨过的空间对基波而言为 180°电角度,而对于 3 次谐波而言,却是 3×180°电角度,对 5 次谐波而言,则为 5×180°电角度。所以在短距绕组中,如果线圈对基波磁场来说缩短了 β 电角度,那么对于 ν 次谐波来说,缩短的电角度数为 $\nu\beta$,所以 ν 次谐波的短距系数为

$$k_{y\nu} = \cos\left(\frac{1}{2}\nu\beta\right) \tag{11.22}$$

由式(11.21)可知,当 $k_{y\nu}=0$ 时,谐波电势便为零。只要令 $\frac{1}{2}\nu\beta=\frac{\pi}{2}$,即 $\beta=\frac{\pi}{\nu}$,便可以使得 $k_{y\nu}=0$。由此可以得出一个重要结论:**线圈缩短的电角度为 $\frac{\pi}{\nu}$ 时,就可以消灭 ν 次谐波电势**。为了能同时削弱 5 次和 7 次谐波电势,一般令 $\beta\approx\frac{\pi}{6}$。

短距线圈能够削弱或消灭谐波电势的原因,可以用图 11.8 来解释。图中实线表示一个 $y_1=\tau$ 的整距线圈,此时该线圈一个边切割 5 次谐波的正波峰,另一边切割 5 次谐波的负波峰。在线圈回路中 5 次谐波电势大小相等,方向一致,所以整距线圈的 5 次谐波电势为单根导体中 5 次谐波电势的 2 倍。图中的虚线表示一个 $\beta=\frac{\pi}{5}$ 的短距线圈,此时该线圈的 2 个边均切割 5 次谐波的正波峰,所以线圈回路中的 5 次谐波电势大小相等而方向相反,因此可以互相抵消为零。

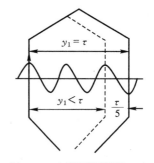

图 11.8 短距线圈消除 5 次谐波电势分析图

缩短绕组节距,虽然使基波电势略有减小,但对于消除或削弱谐波电势,却是一个有效的方法,同时端部缩短以后,还可以节省用铜量,因此短距绕组应用十分广泛。

4. 采用分布绕组

分布绕组相邻两个线圈在基波磁场中的角位移是 α 电角度,那么它在 ν 次谐波磁场中的角位移便为 $\nu\alpha$ 电角度。仿照式(11.22)的推导过程,可得 ν 次谐波的分布系数为

$$k_{q\nu} = \frac{\sin q \frac{\nu\alpha}{2}}{q\sin\frac{\nu\alpha}{2}} \qquad (11.23)$$

例如，$q=3$ 时，$k_{q1}=0.960$，$k_{q3}=0.667$，$k_{q5}=0.217$。可以看出，谐波的分布系数 $k_{q\nu}$ 远小于基波的分布系数 k_{q1}。由于电势与分布系数成正比，所以采用分布绕组后，虽然基波电势略有减小，但谐波电势减小得更多，因而可以改善电势波形。

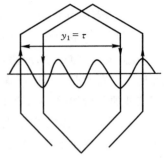

图 11.9　分布绕组消除 5 次谐波电势分析图

分布绕组可以消除或者削弱谐波电势。分布绕组消除 5 次谐波电势分析如图 11.9 所示。图中 2 个整距线圈中都存在 5 次谐波电势，但两个整距线圈串联成分布线圈后就能使 4 根导体中的 5 次谐波电势相互抵消，消除了 5 次谐波电势。

本章小结

交流绕组感应电势的频率 $f=pn/60$，感应电势的波形取决于气隙中磁通密度在空间的分布波形，只考虑基波分量时为正弦波。

每相绕组基波感应电势的有效值 $E_1=4.44fN\Phi_1k_w$。要对公式中各个物理量的含义和计算方法有清晰的理解。

高次谐波电势主要是由于气隙磁场中存在高次空间谐波在交流绕组中产生的，它是有害的，在电机设计中需要尽可能地削弱。利用线圈的分布和短距可以有效地削弱谐波电势。此外，采用不均匀气隙，使气隙磁场的磁通密度分布波形更接近正弦波也是削弱谐波的有效方法。

习题与思考题

11-1　一台三相交流电机接于频率为 50 Hz 的电网运行，每相感应电势的有效值 $E_1=350$ V，定子绕组的每相串联匝数 $N=312$ 匝，绕组系数为 $k_w=0.96$，求每极磁通量 Φ。

11-2　一台三相同步发电机，定子绕组为双层绕组，$f=50$ Hz，$n_1=1000$ r/min，定子铁心长 $l=40.5$ cm，定子铁心内径 $D=270$ cm，定子槽数 $Z_1=72$，线圈节距 $y_1=10$，每相串联匝数 $N=144$，磁通密度的空间分布近似为 $B=7660\sin x$ Gs。试求：(1) 绕组系数 k_{w1}；(2) 每相感应电势有效值 E_1。

11-3　已知一台三相 4 极交流电机，定子是双层分布短距绕组，定子槽数 $Z_1=36$，线圈节距 $y=\frac{7}{9}\tau$，定子绕组为 Y 接法，线圈匝数 $N_y=2$，每极气隙基波磁通量 $\Phi_1=0.73$ Wb，绕组并联支路数 $a=1$。试求：(1) 基波绕组系数 k_{w1}；(2) 基波相电势 E_{p1}；(3) 基波线电势 E_{L1}。

11-4　交流电机的频率、极数与旋转磁场转速之间有什么关系？在相同的转速下，为什么极数少的电机感应电势频率较低?

11-5 分布系数和短距系数表示什么意义?是如何推导出来的?

11-6 为什么短距绕组的电势小于整距绕组电势?为什么分布绕组电势小于集中绕组电势?交流电机的绕组为什么不采用集中绕组?

11-7 电角度的意义是什么?它与机械角度之间有什么关系?

11-8 采用短距绕组和分布绕组为什么会削弱或消除有害的谐波电势?

第 12 章 交流绕组产生的磁势

三相对称绕组流过三相对称电流时,会产生旋转磁势和旋转磁场,这正是交流电机工作原理的基础。本章从简到繁,先讨论整距线圈和线圈组的磁势,再分析一相单层整距绕组和一相双层短距绕组的磁势,最后通过数学方法解析三相绕组产生旋转磁势的机理。

本章推导的公式和结论是学习交流电机的理论基础。

12.1 单相绕组的磁势

从第 10 章的介绍可知,单相绕组由若干线圈组串并联而成,线圈组由若干在空间错开一定电角度的线圈(绕组元件)串联而成。本节从分析最简单的整距线圈所产生的磁势出发,由浅入深,最终得出单相绕组流过单相交流电流时所产生的磁势的特点和计算公式。

1. 整距线圈的磁势

图 12.1(a)是一台两极隐极交流电机的示意图。实际电机定、转子上都分布着许多按一定规律连接成绕组的线圈,为了突出本小节讨论的重点,图中只画出了嵌放在定子上的一个整距线圈。不考虑定、转子齿槽效应时,可以认为定、转子之间的气隙均匀。假设该线圈的匝数为 N_y,流过正弦电流

$$i_y = \sqrt{2} I_y \cos\omega t \tag{12.1}$$

则线圈磁势为 $N_y i_y$。该磁势会在电机内激励出一个两极磁场,按照右手螺旋法则确定磁力线方向,图 12.1(a)中用带箭头的虚线表示。根据安培环路定律,作用在每条闭合磁力线上的磁势大小相同,都等于线圈磁势 $N_y i_y$。每条磁力线都经过定子铁心、转子铁心和两个气隙,考虑到铁磁材料的磁导率远大于气隙磁导率,忽略铁心磁阻,认为 $N_y i_y$ 全部加在两个气

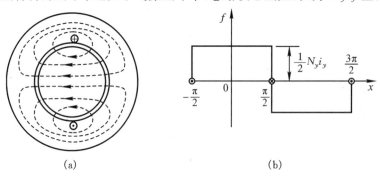

图 12.1 整距单线圈产生的矩形波磁势分析图
(a)两极电机示意图;(b)两极矩形波磁势的波形图

隙上,则圆周各点处的气隙上承受的磁势均为

$$f_y = \frac{1}{2}N_y i_y = \frac{\sqrt{2}}{2}N_y I_y \cos\omega t = F_y \cos\omega t \tag{12.2}$$

式中

$$F_y = \frac{\sqrt{2}}{2}N_y I_y \tag{12.3}$$

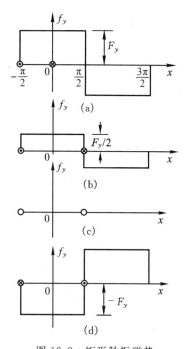

图 12.2 矩形脉振磁势
(a) $\omega t = 0$；(b) $\omega t = \pi/3$；
(c) $\omega t = \pi/2$；(d) $\omega t = \pi$

为气隙磁势的幅值。可见,沿气隙圆周,磁势均匀相等,但磁势的大小随着电流的变化而变化。由于电流是角频率为 ω 的正弦函数,所以磁势大小也是角频率为 ω 的正弦函数,如式(12.2)所示。以线圈轴线所在处为气隙圆周空间的坐标原点,则气隙圆周空间任意位置 x(单位为电弧度)的磁势大小都相等,在 $-\pi/2 < x < \pi/2$ 区间,磁力线方向从转子指向定子,磁势取正值;而在 $\pi/2 < x < 3\pi/2$ 区间,磁力线从定子指向转子,磁势取负值,这样就可得到整距线圈磁势的空间分布波形,如图 12.1(b)所示。这里要特别强调的是,尽管每个固定时刻,磁势为矩形波分布,但矩形波的高度是按正弦函数随时间变化的,式(12.3)给出的是矩形波高度的最大值即幅值。

图 12.2 直观地显示了该磁势的特点。当 $\omega t = 0$ 时,电流 $i_y = \sqrt{2} I_y$ 达到最大值,矩形波的幅值也达到最大值即 $f_y = F_y$；当 $\omega t = \pi/3$ 时,$i_y = \sqrt{2} I_y/2$, $f_y = F_y/2$；当 $\omega t = \pi/2$ 时,$i_y = 0$, $f_y = 0$；当电流为负值时,磁势也随之改变方向。可见,在任意时刻,磁势在空间的分布为一矩形波；在空间的任一点,磁势的大小随时间按正弦规律变化,我们称具有这种分布和变化规律的磁势为矩形脉振磁势。

可以将矩形波磁势分解成基波和一系列奇次谐波,如图 12.3 所示,图中曲线 1、3、5 分别代表基波、3 次谐波和 5 次谐波,其他高次谐波略去未画。按照傅里叶级数的运算方法,矩形波分解得到的基波磁势的幅值为

$$F_{y1} = \frac{4}{\pi}F_y = \frac{4}{\pi} \cdot \frac{\sqrt{2}}{2}I_y N_y \approx 0.9 I_y N_y \tag{12.4}$$

式中:下标"1"表示基波。在分解得到的一系列奇次谐波中,3 次谐波磁势的幅值为基波磁势幅值的 1/3,5 次谐波磁势的幅值为基波磁势幅值的 1/5,依此类推。

基波磁势在气隙圆周空间按正弦分布,幅值位置在坐标原点处,幅值大小随线圈电流正弦变化,其表达式为

$$f_{y1}(x,t) = F_{y1} \cos\omega t \cos x \quad (-\pi/2 < x < 3\pi/2) \tag{12.5}$$

式中:x 为气隙圆周空间任意点的坐标,x 的单位为电弧度(rad)。可见,整距线圈通过正弦

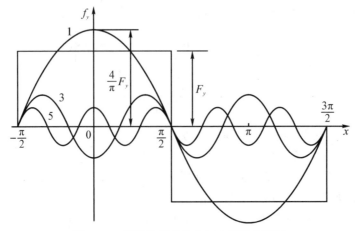

图 12.3 矩形脉振磁势分解为基波和谐波

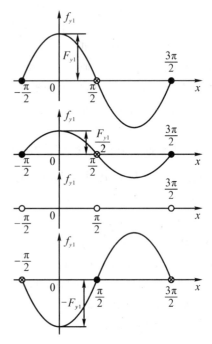

图 12.4 基波脉振磁势
(a) $\omega t=0°$；(b) $\omega t=\pi/3$；
(c) $\omega t=\pi/2$；(d) $\omega t=\pi$

交流电流时,所产生的基波磁势在气隙圆周空间按正弦分布,磁势幅值的位置(通常被称为磁势轴线)固定不变,空间各点磁势大小随时间作正弦变化,如图 12.4 所示。这样的磁势被称为**正弦脉振磁势**。

2. 整距线圈组的磁势

单层绕组从本质上看都属于整距绕组,构成单层绕组的线圈组属于整距线圈组。整距线圈组由 q 个整距线圈串联构成,q 个线圈流过同一电流,所产生的 q 个磁势在时间上按正弦规律同步变化,在空间分布上依次相差一定的电角度。图 12.5(a)示出的是一个 $q=3$ 的整距分布线圈组,其中每个线圈产生的磁势是矩形脉振磁势,由于相邻线圈在空间依次相距一个槽距角 α,因而相邻线圈产生的矩形波脉振磁势在空间上也依次错开 α。将 3 个线圈的矩形磁势波逐点相加,便得到一个阶梯形分布的合成磁势波,如图 12.5(b)所示。所以一个整距线圈组产生的磁势是阶梯形波脉振磁势。

如果只考虑基波,则每个线圈都产生正弦脉振磁势,3 个线圈产生的正弦脉振磁势幅值随时间按正弦同步变化;由于 3 个线圈在空间位置上依次错开一个槽距角 α,因而 3 个正弦脉振磁势在空间上也依次错开 α,如图 12.5(c)中虚线所示,合成磁势如图 12.5(c)中实线所示,仍是正弦脉振磁势。

由于基波磁势在空间按正弦分布,可用空间相量来表示。3 个线圈产生的基波磁势分别用相量表示为 $\dot{F}_{y1}$、$\dot{F}_{y2}$ 和 $\dot{F}_{y3}$,线圈组的基波磁势相量 $\dot{F}_y$ 为 3 个线圈磁势相量之和,即

第 12 章 交流绕组产生的磁势

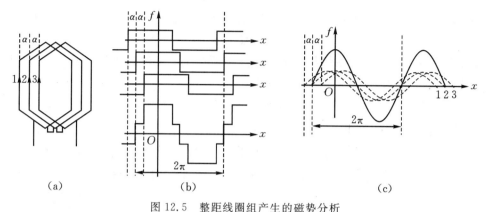

图 12.5 整距线圈组产生的磁势分析
(a)线圈组；(b)各线圈磁势叠加；(c)各线圈基波磁势叠加

$\dot{F}_y = \dot{F}_{y3} + \dot{F}_{y3} + \dot{F}_{y3}$，可以仿照第 11 章所介绍的 3 个线圈基波电势合成为线圈组电势的方法，通过相量的多边形加法来计算。图 12.6(a)是线圈组中 3 个线圈基波磁势相量，在空间相位依次相差 α。将这 3 个空间相量以图 12.6(b)所示的方法进行几何相加，可以看出，这与图 11.5(c)中线圈组电势的相量和求法完全一样。

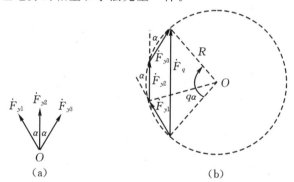

图 12.6 线圈组中各线圈磁势相量求和
(a)各线圈磁势相量；(b)多边形加法求线圈组磁势相量

按照 11.2.1 节线圈组电势的推导方法，可得到由 q 个整距分布线圈所组成的整距线圈组基波磁势幅值为

$$F_{q1} = qF_{y1} \frac{\sin q \frac{\alpha}{2}}{q\sin \frac{\alpha}{2}} \tag{12.6}$$

显然，计算整距线圈组的合成磁势时同样可以定义线圈组的分布系数，它与计算线圈组电势时采用的分布系数具有完全相同的形式，但二者所表示的物理意义不同。分布线圈组基波磁势的分布系数为

$$k_q = \frac{F_{q1}}{qF_{y1}} = \frac{\sin q \frac{\alpha}{2}}{q\sin \frac{\alpha}{2}} = \frac{\text{分布线圈组磁势}}{\text{集中线圈组磁势}} \tag{12.7}$$

将式(12.4)和式(12.7)代入式(12.6),可得整距分布线圈组基波合成磁势的幅值为

$$F_{q1} = 0.9 I_y (qN_y) k_q \tag{12.8}$$

整距分布线圈组的基波磁势与每个整距线圈所产生的基波磁势的性质一样,仍然是正弦脉振磁势,其表达式为

$$f_{q1}(x,t) = F_{q1} \cos\omega t \cos x \quad (-\pi/2 < x < 3\pi/2) \tag{12.9}$$

3. 单层单相绕组的磁势

p 对极的单层绕组的每一相有 p 个线圈组。由于这 p 个线圈组属于同一相,所通过的电流是大小和相位相同的电流,所以 p 个线圈组所产生的磁势在时间上同步变化。另外,由于 p 个线圈组在空间分布上差开一对极,即差开 2π 电弧度,所产生的磁势在空间也差开 2π 电弧度。例如,$p=2$ 时,第一个线圈组产生的基波磁势为

$$f_{q11}(x,t) = F_{q1} \cos\omega t \cos x \quad (-\pi/2 < x < 3\pi/2) \tag{12.10}$$

第二个线圈组产生的基波磁势为

$$f_{q12}(x,t) = F_{q1} \cos\omega t \cos(x+2\pi) = F_{q1} \cos\omega t \cos x \quad (3\pi/2 < x < 7\pi/2) \tag{12.11}$$

两个线圈组所产生的合成磁势为

$$f_{p1}(x,t) = f_{q11} + f_{q12} = F_{q1} \cos\omega t \cos x \quad (-\pi/2 < x < 7\pi/2) \tag{12.12}$$

同理,对于具有 p 对极的单层绕组来说,合成磁势即每相磁势为

$$f_{p1}(x,t) = f_{q11} + f_{q12} = F_{p1} \cos\omega t \cos x \quad [-\pi/2 < x < (4p-1)\pi/2] \tag{12.13}$$

可见,p 对极的单层绕组在电机的气隙圆周空间产生 p 个周期的基波脉振磁势,磁势波的幅值仍然等于一个线圈组的磁势幅值,或者说,在计算基波磁势幅值时,单层一相绕组和一个线圈组没有区别。单层绕组的每相基波磁势的幅值为

$$F_{p1} = F_{q1} = 0.9 I_y (qN_y) k_q \tag{12.14}$$

式中:(qN_y) 可以看成是单层绕组一对极下一相的匝数即 1 个线圈组的匝数。

另外,由于单层绕组本质上都属于整距绕组,所以各种连接方式的单层绕组每相磁势的函数式和幅值表达式都一样。

4. 双层单相绕组的磁势

图 12.7 表示一个 $q=2$、$p=2$ 的双层短距绕组 A 相导体分布示意图。A 相有 16 根导体,通过 A 相电流。绕组磁势的空间分布由导体分布情况决定,绕组磁势幅值的变化规律由电流变化规律决定,与导体连接的次序无关。实际连接如图 12.7(a)所示,共有 4 个 $y=5<\tau$ 的短距线圈组。现在想象将 A 相的 16 根导体按图 12.7(b)所示的连接方式构成 4 个 $y=6=\tau$ 的整距线圈组,通过 A 相电流,则不难推断,图 12.7(b)与图 12.7(a)产生的磁势无论是空间分布情况还是随时间变化的规律没有区别。也就是说,可以根据图 12.7(b)来分析 $q=2$、$p=2$ 的双层短距绕组所产生的磁势。

很明显,图 12.7(b)可以看成是由上、下两个单层整距绕组构成,这两个单层整距绕组在空间分布上错开一个短距角 $\beta=(\tau-y)\alpha$,通过的是同样的 A 相电流。设上层整距绕组产生的磁势为

$$f_{p\perp}(x,t) = F_{p1} \cos\omega t \cos x \quad (-3\pi/2 < x < 7\pi/2) \tag{12.15}$$

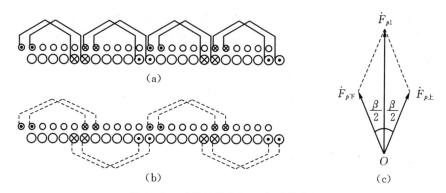

图 12.7 双层短距绕组 A 相磁势分析
(a)A 相短距绕组的实际连接；(b)A 相绕组等效为上下两层整距绕组；
(c)上下两层整距绕组磁势相量合成

则下层整距绕组产生的磁势为

$$f_{p\text{下}}(x,t) = F_{p1}\cos\omega t\cos(x-\beta) \quad (-3\pi/2 < x < 7\pi/2) \quad (12.16)$$

所以整个双层短距绕组产生的磁势为

$$f_{p1}(x,t) = f_{p\text{上}} + f_{p\text{下}} = F_{p1}\cos\omega t[\cos x + \cos(x-\beta)] \quad (-3\pi/2 < x < 7\pi/2)$$
(12.17)

用相量表示，式(12.17)可以写成

$$\dot{F}_{p1} = \dot{F}_{p\text{上}} + \dot{F}_{p\text{下}} \quad (12.18)$$

$\dot{F}_{p\text{上}}$ 和 $\dot{F}_{p\text{下}}$ 在空间的相位差为短距角 β。这与第 11 章所介绍的短距线圈的两个边电势相量 $\dot{E}_{d1}$ 和 $-\dot{E}_{d2}$ 在时间上相位差为 β 类似，可以通过相量三角形加法求出 $\dot{F}_{p1}$，如图 12.7(c)所示。由几何关系可以得到双层短距绕组基波磁势的幅值为

$$F_{p1} = 2F_{p\text{上}}\cos\frac{\beta}{2} = 2F_{p\text{上}}k_y \quad (12.19)$$

式中：k_y 定义为双层短距分布绕组基波磁势的短距系数，即

$$k_y = \frac{F_{p1}}{2F_{p\text{上}}} = \cos\frac{\beta}{2} = \frac{\text{短距绕组磁势}}{\text{整距绕组磁势}} \quad (12.20)$$

可见，它与计算短距线圈电势时采用的短距系数具有完全相同的形式，但是二者的物理意义不同。将式(12.20)和式(12.14)代入式(12.19)，可以得到双层短距分布绕组的基波合成磁势的幅值为

$$F_{p1} = 0.9I_y(2qN_y)k_yk_q = 0.9I_y(2qN_y)k_w \quad (12.21)$$

式中：$(2qN_y)$ 可以看成是一对极一相的匝数，$k_w = k_yk_q$ 为绕组系数。基波磁势的表达式同式(12.13)，仍然是正弦脉振磁势。

5. 单相绕组的基波脉振磁势的统一表达式

一个单相绕组是由 p(单层)或 $2p$(双层叠绕组)个线圈组串联并联而成的。比较式(12.14)与式(12.21)可知，单层整距绕组与双层短距绕组磁势幅值的计算式有两个差别：①每对极每相的匝数不同，单层为 qN_y 而双层为 $2qN_y$；②单层绕组只有分布系数 k_q 而双层有短距系数 k_y 和分布系数 k_q。

为了得到简单而统一的表达式,引入每相串联匝数 N(即每条支路的匝数)、并联支路数 a。这样无论是单层还是双层,一相总匝数为 aN,每对极下每相的匝数可以不分单层与双层而统一表示成 aN/p,即

$$\begin{cases} qN_y = \dfrac{aN}{p}, \text{单层绕组} \\ 2qN_y = \dfrac{aN}{p}, \text{双层绕组} \end{cases} \quad (12.22)$$

单层与双层绕组的每相串联匝数分别为

$$\begin{cases} N = \dfrac{pqN_y}{a}, \text{单层绕组} \\ N = \dfrac{2pqN_y}{a}, \text{双层绕组} \end{cases} \quad (12.23)$$

所以式(12.14)和式(12.21)可以统一表示成

$$F_{p1} = 0.9 I_y \left(\dfrac{aN}{p}\right) k_q k_y = 0.9 \dfrac{N}{p} a I_y k_w = 0.9 \dfrac{NI}{p} k_w \quad (12.24)$$

式中: $I = aI_y$ 为各支路电流之和即相电流; $k_w = k_q k_y$ 则为绕组系数,对单层绕组来说 $k_w = k_q$ 或者 $k_y = 1$。

单相绕组产生的基波磁势仍然是一个正弦脉振磁势,它在空间按正弦波分布,幅值位置与绕组的轴线重合,各点磁势的大小按绕组电流的变化规律变化。即

$$f_{p1}(x,t) = F_{p1} \cos\omega t \cos x \quad (12.25)$$

单相绕组基波磁势既是时间的函数也是空间的函数,磁势轴线在空间固定不动,而各点磁势的大小随时间变化。如果将式(12.25)中的 $F_{p1}\cos\omega t$ 看作 $\cos x$ 的幅值,也可以说单相绕组基波磁势是在空间按正弦分布且幅值按正弦变化的磁势。

12.2 单相脉振磁势的分解

采用三角函数中的积化和差恒等式,将单相绕组脉振磁势的表达式(12.25)分解为

$$f_{p1} = F_{p1}\cos\omega t \cos x = \dfrac{1}{2} F_{p1} \cos(x - \omega t) + \dfrac{1}{2} F_{p1} \cos(x + \omega t) = f_+ + f_- \quad (12.26)$$

式中

$$f_+ = \dfrac{1}{2} F_{p1} \cos(x - \omega t), \qquad f_- = \dfrac{1}{2} F_{p1} \cos(x + \omega t) \quad (12.27)$$

这两个磁势分量的幅值恒等于 $F_{p1}/2$; f_+ 的轴线位于 $x - \omega t = 0$ 即 $x = \omega t$ 处。例如,当 $t = 0$ 时, $\omega t = 0$, $f_+ = \dfrac{1}{2} F_{p1} \cos x$ 是一个幅值固定,轴线位于原点即 $x = 0$ 的正弦分布磁势;当 $t = \dfrac{\pi}{3\omega}$ 时, $\omega t = \dfrac{\pi}{3}$, $f_+ = \dfrac{1}{2} F_{p1} \cos\left(x - \dfrac{\pi}{3}\right)$ 是一个幅值固定,轴线位于 $x = \dfrac{\pi}{3}$ 的正弦分布磁势。不难看出,随着时间的增大, f_+ 的幅值不变而轴线向 x 增大的方向移动。其移动的电角速度为

$$\omega_1 = \dfrac{\Delta x}{\Delta t} = \omega = 2\pi f \quad (12.28)$$

式中：f 为电流的频率。转速为

$$n_1 = \frac{60\omega_1}{p \times 2\pi} = \frac{60 \times 2\pi f}{p \times 2\pi} = \frac{60f}{p} \quad (12.29)$$

被称为同步转速，也就是交流绕组基波旋转磁势的转速。

可见，f_+ 是一个幅值固定为 $F_{p1}/2$，以转速 n_1 沿 x 正方向旋转的旋转磁势。同理可以证明，f_- 是一个幅值固定为 $F_{p1}/2$，以转速 n_1 沿 x 负方向旋转的旋转磁势。所以得出结论：**单相绕组产生的正弦脉振磁势可以分解为两个幅值相等而转向相反的旋转磁势。**

f_{p1}、f_+ 和 f_- 都是正弦分布磁势，可用空间相量来表示为 $\dot{F}_{p1}$、$\dot{F}_+$ 和 $\dot{F}_-$，三者的关系为

$$\dot{F}_{p1} = \dot{F}_+ + \dot{F}_- \quad (12.30)$$

$\dot{F}_{p1}$ 的幅值随时间按余弦变化，轴线在 $x=0$ 处固定不动；$\dot{F}_+$ 和 $\dot{F}_-$ 幅值固定为 $F_{p1}/2$，轴线分别在 $x=\omega t$ 和 $x=-\omega t$ 处，随时间以角速度 ω 移动。取 $\dot{F}_{p1}$ 为参考相量，空间相位角为 0；则 $\dot{F}_+$ 和 $\dot{F}_-$ 的空间相位角分别为 $x=\omega t$ 和 $x=-\omega t$。图 12.8 给出了不同瞬间，$\dot{F}_{p1}$、$\dot{F}_+$ 和 $\dot{F}_-$ 这 3 个空间相量的相位和幅值关系。当 $t=0$ 时，$\dot{F}_+$ 和 $\dot{F}_-$ 的位置重合，$\dot{F}_{p1}$ 幅值最大[图 12.8(a)]；当 $\dot{F}_+$ 和 $\dot{F}_-$ 旋转到图 12.8(b)的位置时，脉振磁势 $\dot{F}_{p1}$ 为 $\dot{U}_+$ 和 $\dot{F}_-$ 两个相量和，幅值便减小了；当 $\dot{F}_+$ 和 $\dot{F}_-$ 旋转到图 12.8(c)的位置时，$\dot{F}_+$ 和 $\dot{F}_-$ 反相，$\dot{F}_{p1}$ 幅值为 0；此后当 $\dot{F}_+$ 和 $\dot{F}_-$ 继续旋转超过 $\pi/2$ 时[图 12.8(d)]，$\dot{F}_{p1}$ 的幅值从零又开始增大，但变为负值；当 $\dot{F}_+$ 和 $\dot{F}_-$ 各自旋转 π 电弧度而到达 12.8(e)所示位置时，$\dot{F}_{p1}$ 的幅值也达到负最大值。

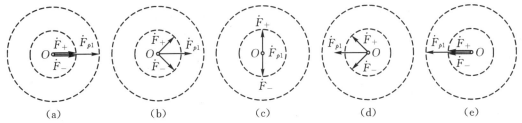

(a)   (b)   (c)   (d)   (e)

图 12.8 单相脉振磁势分解成两个旋转磁势

观察图 12.8 中两个旋转磁势 $\dot{F}_+$ 和 $\dot{F}_-$ 可以看出，由于它们的幅值不变，两个旋转磁势的顶点轨迹各自形成了一个圆，因此将它们被称为**圆形旋转磁势**。其中，$\dot{F}_+$ 被称为正向圆形旋转磁势，$\dot{F}_-$ 被称为反向圆形旋转磁势。正向和反向两个圆形旋转磁势的表达式如式(12.27)所示，需要注意它们与脉振磁势表达式(12.25)的区别。

综上所述，可以得出一个重要的结论：**一个在空间按余弦分布且幅值随时间按余弦变化的脉振磁势，可以分解为两个转速相同但转向相反的圆形旋转磁势，每个圆形旋转磁势的幅值为脉振磁势幅值的一半。**

12.3 三相绕组的基波合成磁势

三相对称绕组在空间相位上依次相差 120°电角度或 $2\pi/3$ 电弧度的 3 个结构完全相同的单相绕组构成。当三相对称绕组中流过在时间相位上依次相差 $2\pi/3$ 的三相对称电流

$$\begin{cases} i_A = \sqrt{2}I\cos\omega t \\ i_B = \sqrt{2}I\cos(\omega t - 2\pi/3) \\ i_C = \sqrt{2}I\cos(\omega t + 2\pi/3) \end{cases} \tag{12.31}$$

时,所产生的3个单相正弦脉振磁势既在空间分布上依次相差 $2\pi/3$,幅值在随时间变化上也依次相差 $2\pi/3$,根据单相磁势的表达式(12.25)可知,A、B、C三相绕组产生的基波脉振磁势表达式为

$$\begin{cases} f_A = F_{p1}\cos\omega t \cos x \\ f_B = F_{p1}\cos(\omega t - 2\pi/3)\cos(x - 2\pi/3) \\ f_C = F_{p1}\cos(\omega t + 2\pi/3)\cos(x + 2\pi/3) \end{cases} \tag{12.32}$$

应用三角恒等式,将各相绕组的基波脉振磁势分解为正向和反向圆形旋转磁势

$$\begin{cases} f_A = F_{p1}\cos x \cos\omega t = \frac{1}{2}F_{p1}\cos(x-\omega t) + \frac{1}{2}F_{p1}\cos(x+\omega t) \\ f_B = F_{p1}\cos(x - 2\pi/3)\cos(\omega t - 2\pi/3) = \frac{1}{2}F_{p1}\cos(x-\omega t) + \frac{1}{2}F_{p1}\cos(x+\omega t - 4\pi/3) \\ f_C = F_{p1}\cos(x + 2\pi/3)\cos(\omega t + 2\pi/3) = \frac{1}{2}F_{p1}\cos(x-\omega t) + \frac{1}{2}F_{p1}\cos(x+\omega t + 4\pi/3) \end{cases} \tag{12.33}$$

不难看出,各相绕组所产生的正向圆形旋转磁势具有相同的幅值和空间相位,可以直接相加,但是,各相绕组所产生的反向圆形旋转磁势的幅值相等而空间相位依次相差 $4\pi/3$,互相抵消为0,所以三相绕组的基波合成磁势为

$$f = f_A + f_B + f_C = \frac{3}{2}F_{p1}\cos(x-\omega t) = F_1\cos(x-\omega t) \tag{12.34}$$

式中: $F_1 = 3F_{p1}/2$ 为基波合成磁势的幅值。

三相绕组基波合成磁势的轴线(幅值位置)和旋转方向,可以借助图12.9来分析。图中的A-X、B-Y、C-Z表示交流电机定子上的三相对称绕组,绕组中通入三相对称电流。假设正值电流是从绕组的末端流入而从首端流出,负值电流是从绕组的首端流入而从末端流出。

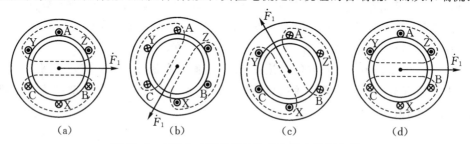

图12.9 三相合成磁势幅值位置和转向图解分析
(a)$\omega t = 0$; (b)$\omega t = 2\pi/3$; (c)$\omega t = 4\pi/3$; (d)$\omega t = 2\pi$

当 $\omega t = 0$, $i_A = \sqrt{2}I$ 为正最大值,从末端X流入,用 $\otimes$ 表示,从首端A流出,用 $\odot$ 表示;此时,B相和C相绕组的电流 $i_B = i_C = -\sqrt{2}I/2$ 为负值,分别从首端B和C流入,用 $\otimes$ 表示,从末端Y和Z流出,用 $\odot$ 表示,如图12.9(a)所示。此时刻三相绕组合成磁势 F_1 的幅值位置

或轴线正好与 A 相绕组的轴线相重合。

当 $\omega t=2\pi/3$ 时，$i_B=\sqrt{2}I$ 为正最大值，从 Y 流入，从 B 流出；A 相和 C 相电流 $i_A=i_C=-\sqrt{2}I/2$ 为负值，分别从 A 和 C 流入，从 X 和 Z 流出，如图 12.9(b)所示。此时刻三相绕组合成磁势 $\dot{F}_1$ 的幅值位置正好与 B 相绕组的轴线相重合。

当 $\omega t=4\pi/3$ 时，$i_C=\sqrt{2}I$ 为正最大值，从 Z 流入，从 C 流出；A 相和 B 相电流 $i_A=i_B=-\sqrt{2}I/2$ 为负值，分别从 A 和 B 流入，从 X 和 Y 流出，如图 12.9(c)所示。此时刻三相绕组合成磁势 $\dot{F}_1$ 的幅值位置正好与 C 相绕组的轴线相重合。

当 $\omega t=2\pi$ 时，$i_A=\sqrt{2}I$ 又变为正的最大值，此时三相绕组合成磁势的幅值位置又重新与 A 相绕组的轴线相重合，如图 12.9(d)所示。

总结以上推导和分析，可得出三相绕组基波合成磁势如下结论：

①当三相对称绕组流过三相对称电流时，产生的基波合成磁势是一个圆形旋转磁势，合成磁势的幅值为每相脉振磁势幅值的 3/2 倍。用 F_1 表示三相绕组基波合成磁势的幅值，那么

$$F_1 = \frac{3}{2}F_{p1} = \frac{3}{2} \times 0.9 \frac{NI}{p}k_w = 1.35 \frac{NI}{p}k_w \tag{12.35}$$

②三相绕组基波合成磁势的转速为同步转速，即

$$n_1 = \frac{60f}{p} \tag{12.36}$$

③当某相绕组电流达到最大值时，三相绕组基波合成磁势轴线与该相绕组轴线重合。在图 12.9 中，A、B、C 三相的电流依次达到最大值，合成磁势轴线依次与 A、B、C 三相绕组的轴线重合。

④三相绕组基波合成磁势的旋转方向为从具有超前电流的相转向具有滞后电流的相。在图 12.9 中，电流的相序为 A→B→C，即 $\dot{I}_A$ 超前于 $\dot{I}_B$，$\dot{I}_B$ 又超前于 $\dot{I}_C$，所以合成磁势相量 $\dot{F}_1$ 从 A 相绕组轴线转到 B 相绕组轴线再转到 C 相绕组轴线位置。可见，三相基波合成磁势的旋转方向取决于三相绕组电流的相序。如果要改变旋转磁势的转向，只要改变三相绕组中电流的相序，也就是将三相绕组连接到电源的任意两个出线端对调即可。

采用同样的分析方法可以得出，在一个 $m(m \geqslant 2)$ 相对称绕组中通入 m 相对称电流时，产生的基波合成磁势是一个圆形旋转磁势，合成磁势的幅值为每相脉振磁势幅值的 $m/2$ 倍。

12.4　三相绕组合成磁势中的高次谐波磁势

在三相对称绕组中通入三相对称电流时，每相绕组产生的脉振磁势中除了基波磁势外，也含有一系列空间奇次谐波。令 μ 表示奇次谐波磁势的次数，则 $\mu=3,5,7,\cdots$。将三相绕组中每相脉振磁势的 μ 次谐波分量相加，得到三相合成磁势的 μ 次谐波分量

$$\begin{aligned}f_\mu &= f_{A\mu} + f_{B\mu} + f_{C\mu} \\ &= F_{p\mu}\cos\mu x\cos\omega t + F_{p\mu}\cos\mu(x-2\pi/3)\cos(\omega t-2\pi/3) + F_{p\mu}\cos\mu(x+2\pi/3)\cos(\omega t+2\pi/3)\end{aligned} \tag{12.37}$$

①当 $\mu=3k(k=1,3,5,\cdots)$，即 $\mu=3,9,15,\cdots$ 时，三相合成磁势 $f_\mu=0$，这意味着三相合

成磁势中不存在 3 次及 3 的倍数次谐波磁势。

② 当 $\mu=6k+1(k=1,3,5,\cdots)$，即 $\mu=7,13,19,\cdots$ 时，三相合成磁势为

$$f_\mu = \frac{3}{2}F_{p_\mu}\cos(\mu x - \omega t) \tag{12.38}$$

它是一个正向圆形旋转磁势，幅值为每相 μ 次谐波分量脉振磁势幅值的 3/2 倍，极对数是基波的 μ 倍，即 $p_\mu=\mu p$，而转速是基波转速的 μ 分之一，即 $n_\mu=n_1/\mu$。

③ 当 $\mu=6k-1(k=1,3,5,\cdots)$，即 $\mu=5,11,17,\cdots$ 时，三相合成磁势为

$$f_\mu = \frac{3}{2}F_{p_\mu}\cos(\mu x + \omega t) \tag{12.39}$$

它是一个反向圆形旋转磁势，幅值为每相 μ 次谐波分量脉振磁势幅值的 3/2 倍，极对数是基波的 μ 倍，即 $p_\mu=\mu p$，而转速是基波转速的 $1/\mu$，即 $n_\mu=n_1/\mu$。

在交流电机中，三相绕组合成磁势中的谐波分量在气隙中产生谐波磁场，谐波磁场作用于电机会产生谐波转矩，影响电机的起动性能，并使电机产生振动和噪声。此外，谐波磁场还会在电机中产生附加损耗，降低电机的效率，并使电机发热。为了削弱三相绕组合成磁势中的谐波分量，可以利用线圈的短距和分布，在某些场合，也可以采用分数槽绕组或正弦绕组等方法。

12.5 交流旋转电机中的主磁通和漏磁通

以三相异步电机为例，其定子绕组接到电网后，电机内部便产生了旋转磁势，在磁势作用下电机中便产生磁通。根据磁通经过的路径和性质，可以把磁通分为主磁通和漏磁通两大类。

12.5.1 主磁通

基波旋转磁势所产生的经过气隙的磁通，它同时与定子绕组及转子绕组相切割和匝链，主磁通对应的磁力线分布如图 12.10 所示，使转子绕组产生感应电势，并产生电流；电流与旋转磁场作用而产生转矩使电机旋转。异步电机依靠这部分磁通来实现定子和转子间的能量转换，所以称这部分磁通为主磁通，它属于工作磁通。

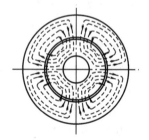

图 12.10 主磁通对应的磁力线分布图

12.5.2 漏磁通及漏电抗

当定子绕组通过三相电流时，除产生主磁通外，还产生非工作磁通，被称为定子漏磁通。

定子绕组的漏磁通可以分为以下三部分。

(1) **槽漏磁通**：穿过由槽之一壁横越至槽的另一壁的漏磁通，槽漏磁通示意图见图 12.11(a)。

(2) **端部漏磁通**：匝链绕组端部的漏磁通，端部漏磁通示意图见图 12.11(b)。

（3）**谐波漏磁通**：定子绕组通入三相交流电时，由 12.4 节知，除产生基波旋转磁场外，在空间还产生一系列高次谐波磁势及磁通。当异步电机正常运行时，它们不会产生有用的转矩，所以谐波磁通虽然也能同时切割并匝链定、转子绕组，但也被认为是漏磁通。

当电流交变时，漏磁通也随着变化，于是在定子绕组中产生感应电势 $\dot{E}_{1\sigma}$。我们用漏电抗压降 $(-j\dot{I}_1 X_{1\sigma})$ 来表示 $\dot{E}_{1\sigma}$，即 $\dot{E}_{1\sigma} = -j\dot{I}_1 X_{1\sigma}$，$X_{1\sigma}$ 为定子绕组漏电抗。

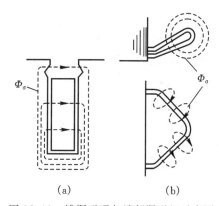

图 12.11 槽漏磁通与端部漏磁组示意图
(a) 槽漏磁通；(b) 端部漏磁通

转子绕组中通过电流时，同样会产生非工作磁通，即转子漏磁通，它们也会在转子绕组中产生感应电势，我们用转子漏电抗压降 $(-j\dot{I}_2 X_{2\sigma})$ 表示。$X_{2\sigma}$ 为转子绕组的漏电抗，它属于交流电机中的电路参数之一。

12.5.3 影响漏电抗大小的因素

漏电抗的大小对电机的运行性能有很大的影响。以下简要地分析一下影响漏电抗大小的因素。由电路知识知，一个线圈的电抗

$$X = 2\pi f L \tag{12.40}$$

式中：f 是电流频率，L 是线圈的电感，它在数值上等于线圈中通过单位电流时产生的磁链，即

$$L = \frac{N\Phi}{i}$$

式中：N 是线圈匝数，Φ 是电流 i 流过线圈时所产生的磁通

$$\Phi = \frac{磁势}{磁阻} = \frac{F}{R_M} = \frac{Ni}{R_M} \tag{12.41}$$

把式（12.41）及 L 的关系式代入式（12.40），则得

$$X = 2\pi f L = 2\pi f \frac{N^2}{R_M} \tag{12.42}$$

式中：R_M 表示磁路的磁阻。

上式说明，**电抗的大小与线圈的匝数的 2 次方成正比**（匝数愈多，电抗就愈大），**与磁通经过的路径中所遇的磁阻成反比**（磁阻愈大，电抗愈小），**还与频率成正比**。这个结论对所有电抗都是适用的。例如每槽的槽漏电抗的大小与每槽中线圈的匝数的 2 次方成正比，与槽漏磁通经过的路径中所遇的磁阻成反比。在槽漏磁通经过的路径中，槽部为空气，其余部分都是硅钢片。由于空气的磁阻比铁心的磁阻大得多，因此经过铁心时的磁阻可略去不计。影响槽漏抗的大小分析如图 12.12 所示。在图 12.12 中，如

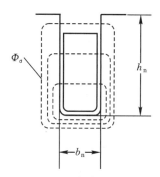

图 12.12 影响槽漏抗的大小分析图

果槽的宽度 b_n 愈宽,槽漏磁通经过空气部分的长度愈长,磁阻愈大,槽漏电抗就愈小。如果槽的深度 h_n 愈大,则槽漏磁通经过的截面积愈大,磁阻愈小,因而漏电抗就愈大。同样,如果绕组的端部增长,则通过端部的漏磁通的磁路截面积增大,磁阻减小,漏电抗就增大。

本章小结

单相绕组通入交流电流产生一个脉振磁势,其基波幅值为 $F_{p1}=0.9\dfrac{I_1 N_1}{p}k_{w1}$。单相脉振磁势可以分解为两个幅值相等、转向相反、转速相同的圆形旋转磁势。

三相对称绕组通入三相对称交流电流,产生的基波磁势为一圆形旋转磁势,其幅值 $F_1=\dfrac{3}{2}\times 0.9\dfrac{I_1 N_1}{p}k_{w1}$,其转向为由超前电流的相转到落后电流的相,其转速 $n_1=\dfrac{60f}{p}$(r/min),当某相绕组电流达最大值时,旋转基波磁势的幅值位置则位于该相绕组的轴线上。要使基波磁势反转,只要改变通入电机绕组的电流相序即可。

绕组系数 $k_{w1}=k_{q1}k_{y1}$,其中分布系数 $k_{q1}=\dfrac{\sin\dfrac{q\alpha}{2}}{q\sin\dfrac{\alpha}{2}}$,短距系数 $k_{y1}=\cos\dfrac{\beta}{2}$,与求电势时的绕组系数计算方法相同。

习题与思考题

12-1 有一台三相同步发电机,$P_N=6\,000$ kW,$U_N=6.3$ kV,$\cos\varphi_N=0.8$,$2p=2$,Y 接法,双层叠绕组,$Z_1=36$ 槽,$N_1=72$ 匝,$y=15$ 槽,$f=50$ Hz,$I=I_N$。试求:(1) 单相绕组所产生的基波磁势幅值 $\dot{F}_{p1}$;(2) 三相绕组所产生的合成磁势的基波幅值 F_1 及其转速 n_1。

12-2 有一台三相交流电机,$2p=4$,定子为双层叠绕组,$Z_1=36$ 槽,$y=\dfrac{7}{9}\tau$,每相串联匝数 $N_1=96$ 匝,今在绕组中通入频率为 50 Hz,有效值为 35 A 的对称三相电流,计算基波旋转磁势的幅值 F_1。

12-3 有一台三相交流电机,$2p=6$,定子为双层绕组,$Z_1=54$ 槽,$y=7$ 槽,Y 接法,支路数 $a=1$,每一个线圈的匝数是 10 匝。今在绕组中通入频率为 50 Hz,有效值为 10 A 的对称的三相电流。试求:(1) 基波旋转磁势的幅值 F_1;(2) 基波旋转磁势的转速 n_1。

12-4 已知三相绕组产生的合成磁势表达式分别为:① $f_\alpha=F_{\alpha 5}\sin(\omega t+5x)$;② $f_\beta=F_{\beta 5}\sin(5\omega t-x)$。试求:
(1) 这两种磁势的极对数 $p_{\alpha 5}$ 和 $p_{\beta 5}$,极距 $\tau_{\alpha 5}$ 和 $\tau_{\beta 5}$,空间转速 $n_{\alpha 5}$ 和 $n_{\beta 5}$ 与基波相应各量(p,τ,n_1)之间的关系式;(2) 这两种磁势的转向如何?

12-5 两相绕组通以两相电流是否会产生旋转磁势?试分析原因。

12-6 单相绕组的磁势具有什么性质,它的振幅是如何计算的?

12-7　从物理意义来解释为什么三相绕组产生的磁势是旋转磁势？旋转磁势的大小、转向及转速是如何确定的？怎样才能改变旋转磁势的转向？

12-8　原 Y 接的三相绕组接在三相电源上，如果有一相意外断路，则绕组所产生的磁势具有怎样的性质？

12-9　在三相对称绕组中通入时间上同相的电流，则绕组所产生的合成磁势如何分析？

12-10　为什么说分布系数和短距系数在本质上相同？

12-11　某台交流电机的三相绕组为△连接，若该电机正在运行时，有一相绕组意外断路，则绕组所产生的磁势具有怎样的性质？

12-12　试述谐波电势和谐波磁势产生的原因。

思政微课

从"交直流之争"看事物的两面性

电力发展史上有一个著名典故——托马斯·爱迪生和尼古拉·特斯拉之间的"交直流之争"。爱迪生支持的直流电系统在早期得到了广泛的应用,因为它简单可靠,适用于短距离的电力传输和小的电力分配网络。然而,特斯拉推广的交流电系统解决了长距离传输方面存在效率低下和成本高昂的问题,这对于大规模的电力网络来说是一个巨大的优势。因此,交流电技术最终赢得了这场"电力之战",并被广泛应用于现代电力网络,为城市和工业区域提供稳定的电力供应。

尼古拉·特斯拉和托马斯·爱迪生

同学们在开始学习交流电机相关知识的时候,可以搜集、了解这一历史故事。从中可以看到,在技术发展中,没有绝对的"最好",只有更适合当前和未来需求的"更好"。这与"任何事物都具有两面性,都在对立统一中发展"的哲学原理相呼应。我们不能仅仅看到事物的单一面,而应该全面、客观地看待事物,看到事物在对立统一中的发展。

联系已经学过的直流电机知识,可以发现,交流电机和直流电机代表的两条技术路线也是这种对立统一哲学原理的体现。直流电机虽然在结构、成本和维护上处于劣势,但在性能、操作和应用上具有优势。不同的技术路线各有其特点和适用场景,我们应该根据实际需求,选择最合适的技术方案。这种务实的态度和科学的思维方式,不仅适用于电力技术发展,也是我们在面对复杂多变的社会问题时作出正确决策的重要原则。在技术不断进步、社会日新月异的今天,我们需要保持开放的心态,不断学习和适应,以科学的态度去面对和解决问题。

同时,通过了解电动汽车、风力发电等领域中得到广泛应用的无刷直流电机,也可以看到,随着科技的进步和创新,传统的直流电机技术也在不断更新和发展。这意味着每种技术都有其优势和局限性,而且在不同的环境和条件下,同一技术的表现可能会有

直流无刷轮毂电机

很大差异。因此我们要保持学习的态度,以开放的心态和辩证的眼光接受新技术,不断适应社会的发展和变化。

我们也应该深刻理解发展的本质,它象征着事物的持续进步与提升,是新旧更迭的必然途径。在任何新技术的推广和发展征途上,我们都会遇到挑战和困难。我们不能因为暂时的风浪和挫折而退缩,而应该秉持坚定不移的信念,勇往直前。正如恶劣的气候无法阻挡航行者抵达彼岸,我们也要以坚韧不拔的意志,克服一切障碍,迎接每一次挑战。只有这样,我们才能在时代的浪潮中乘风破浪,抵达成功的彼岸。

第四篇
异步电机

异步电机（又称感应电机）主要作为电动机运行，在各种场合得到了非常广泛的使用，但在某些领域作为发电机使用亦有实用意义。本篇主要介绍三相异步电动机的原理、结构、基本理论和分析方法，对三相异步电动机的各种特性及其起动、调速问题进行详细介绍和论述。之后，对单相异步电动机和三相异步发电机做简要介绍。

第 13 章　异步电机的基本理论

13.1　异步电机的结构及额定值

异步电机绝大多数是作为电动机运行。异步电机的结构主要包括以下两个部分：静止部分——定子；转动部分——转子。定子铁心内圆与转子铁心外圆之间有一个很小的间隙，被称为气隙。某台封闭式笼型三相异步电机结构图如图 13.1 所示。以下简要地介绍异步电机各主要部件的结构及作用。

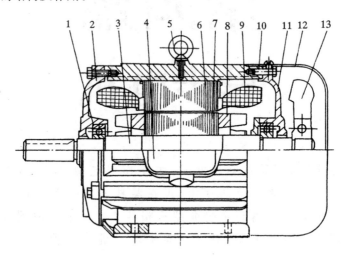

1—轴承；2—前端盖；3—转轴；4—接线盒；5—吊攀；6—定子铁心；7—转子铁心；
8—转子绕组；9—定子绕组；10—机座；11—后端盖；12—风罩；13—风扇。
图 13.1　封闭式笼型三相异步电机结构图

13.1.1　定子

1. 定子铁心

定子铁心是电机磁路的一部分，异步电动机中产生的是旋转磁场。该磁场相对于定子以同步转速旋转，定子铁心中磁通的大小及方向都是变化的。为了减少磁场在定子铁心中引起的涡流损耗和磁滞损耗，定子铁心由薄的硅钢片叠压而成。对于容量较大的电动机（中心高 160 mm 以上），在硅钢片两面涂以绝缘漆，作为片间绝缘之用。定子硅钢片叠装压紧之后，成为一个整体的铁心，固定于机座内，定子硅钢片上的齿槽由冲床冲制而成，故也被称为冲片。异步电机的定、转子冲片如图 13.2 所示。

对于大型及中型异步电动机,为了使铁心的热量能更有效地散发出去,在铁心中设有径向通风沟或叫风道,这时铁心沿长度方向被分成数段,每段铁心长40~60 mm。两段铁心之间的径向通风沟宽约10 mm。对于小型异步电动机,由于铁心长度较短,散热较容易,因此不需要径向通风沟,定子铁心如图13.3所示。

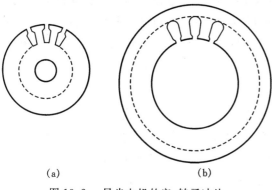
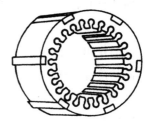

图13.2 异步电机的定、转子冲片
(a)转子冲片;(b)定子冲片

图13.3 定子铁心

在定子铁心内圆表面上均匀地分布着许多形状相同的槽,用以嵌放定子绕组。槽的形状由电机的容量、电压及绕组的型式决定。异步电动机常用的定子槽形及槽内线圈布置如图13.4所示。容量在100 kW以下的小型异步电动机一般都采用图13.4(a)所示的半闭口槽,槽口的宽度小于槽宽的一半,定子绕组由高强度漆包圆铜线绕成,经过槽口分散嵌入槽内。在线圈与铁心间衬以绝缘纸作为槽绝缘。半闭口槽的优点是槽口较小,可以减少主磁路的磁阻,使产生旋转磁场的励磁电流减少。其缺点是嵌线不方便。

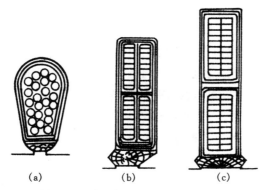

图13.4 定子槽形及槽内线圈布置
(a)半闭口槽;(b)半开口槽;(c)开口槽

电压在500 V以下的中型异步电动机,通常用图13.4(b)所示的半开口槽。半开口槽的槽口宽度稍大于槽宽的一半。这时绕组用高强度漆包扁铜线,或用玻璃丝包扁铜线绕成。线圈沿槽内宽度方向布置双排。

对于高电压的中型或大型异步电动机通常用开口槽,如图13.4(c),槽口的宽度等于槽宽,嵌线方便。

2. 定子绕组

定子绕组是由线圈按一定的规律嵌入定子槽中,并按一定的方式连接起来的。第10章已经详细介绍过定子绕组的连接规律。定子槽形及槽内线圈布置如图13.4所示。根据定子绕组在槽中的布置情况,可分为单层及双层绕组。容量较大的异步电动机都采用双层绕组。双层绕组在每槽内的导线分为上下两层,如图13.4(b)及(c)所示,上层及下层线圈之间需要用层间绝缘隔开。对于小容量异步电动机(中心高160 mm及以下)常采用单层绕组,这时每槽中只有一层导线,如图13.4(a)所示。

3. 机座与端盖

机座的作用主要是固定和支撑定子铁心。中小型异步电动机一般都采用铸铁机座,并根据不同的冷却方式而采用不同的机座型式。例如小型封闭式电动机,电机中损耗产生的热量全都要通过机座散出,为了加强散热能力,在机座的外表面均匀分布有很多散热片,以增大散热面积。对于大容量的异步电动机,一般采用钢板焊接的机座。

异步电机端盖固定于机座上,端盖上设有轴承室,以放置轴承并支撑转子。

13.1.2 气隙

定子铁心与转子铁心间的气隙是很小的,在中小型异步电动机中,气隙 δ 一般为 $0.2\sim 1$ mm。气隙小的原因是因为空气的磁阻比铁大得多。气隙愈大,磁阻愈大,要产生同样大小的旋转磁场,需要的激磁电流也愈大。激磁电流主要是无功电流,激磁电流大将使电机的功率因数 $\cos\varphi$ 降低。为了减小激磁电流,气隙应尽可能小。但是气隙太小,会使机械加工成本提高。所以异步电动机中气隙的最小值是由制造工艺以及运行可靠性等因素决定的。

13.1.3 转子

转子是电动机的旋转部分,电动机的工作转矩就是由转子轴输出的。异步电动机的转子由转子铁心、轴和转子绕组等组成,如图13.1所示。转子铁心一般用0.5 mm厚的硅钢片叠成,转子硅钢片的外圆上冲有嵌放线圈的槽。转子冲片如图13.2所示。转子轴由中碳钢制成,两端的轴颈与轴承相配合,一般支撑在端盖上,轴的伸出端铣有键槽用以固定皮带轮或联轴器与被拖动的机械相连。根据转子绕组的型式,可分为笼型转子和绕线式转子两大类。

1. 笼型转子

笼型转子如图13.5所示。笼型转子的铁心外圆处均匀分布着槽,每个槽中有一根导条,在伸出的铁心两端,用两个端环(或称短路环)分别把所有导条的两端都连接起来,起着导通电流的作用。假设去掉铁心,整个绕组的外形好像一个"笼子"。转子绕组如图13.5(a)所示。导条与端环的材料可以用铜或铝。当用铜时,铜导条与端环之间须用铜焊或银焊的方法把它们焊接起来。因为铝的资源比铜要多,价格较便宜,且铸铝的劳动生产率高,铸铝转子的导条、端盖及内风叶可以一起铸出,如图13.5(b)所示。故中小容量的笼型电机一般多采用铸铝转子。

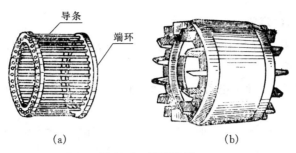

图 13.5 笼型转子
(a)转子笼绕组；(b)铸铝转子铁心和绕组

2. 绕线式转子

绕线式转子的绕组与定子绕组相似，也需要绕制线圈和嵌入线圈，再用绝缘的导线连接成三相对称绕组，然后接到转子轴上的 3 个集电环（或称滑环）上，再通过电刷把电流引出来。异步电机绕线转子分析图如图 13.6 所示。

绕线式转子的特点是可以通过集电环和电刷在转子回路中接入适当的附加电阻，可以改善起动（使起动转矩增大，起动电流减小）或调速性能。有的绕线式异步电动机还装有一种提刷短路装置，当电动机起动完毕而又不需调节速度的情况下，移动手柄，使电刷被提起而与集电环脱离，同时使 3 个集电环（又叫滑环）彼此短接起来，这样可以减少电刷与集电环间的机械损耗和磨损，以提高运行的可靠性。

笼型转子的优点是结构简单、制造容易、坚固耐用、价格低廉，但它的起动性能不如绕线式转子的电动机。在要求起动电流小、起动转矩大，或在要求一定调速范围的场合，就应该考虑采用绕线式异步电动机。

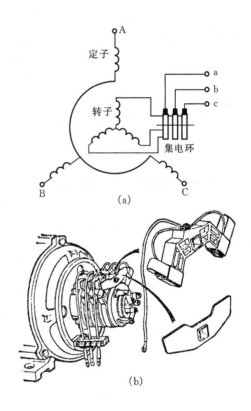

图 13.6 异步电机绕线转子分析图
(a)绕线式异步电动机电路示意图；
(b)转子上的滑环和电刷

13.1.4 异步电动机的型号及额定值

1. 异步电动机的型号

异步电动机的铭牌上一定会标注型号，例如某电机的型号是 Y180L—6，其中 Y 表示异步电动机，180 表示机座中心高（单位为 mm），L 表示长铁心（若为 S 则表示短铁心，M 则表示中长铁心），6 表示 $2p=6$ 极。在 Y 系列基础上，派生出许多特种用途异步电动机。

2. 异步电动机的额定值

异步电动机的铭牌上标注有制造厂规定使用这台电机的额定值,以三相异步电动机为例,其主要额定值如下:

(1) 额定电压 U_N——异步电动机正常运行时,规定加在定子绕组上的线电压为额定电压,单位为 V。

(2) 额定电流 I_N——额定运行时,通入定子绕组中的线电流为额定电流,单位为 A。

(3) 额定功率 P_N——额定运行时,电机的输出功率为额定功率。对电动机而言,P_N 指转轴上输出的机械功率,它可以用下式进行计算,即

$$P_N = \sqrt{3} U_N I_N \cos\varphi_N \eta_N$$

式中:P_N 的单位为 W,η_N、$\cos\varphi_N$ 分别表示在额定运行时异步电动机的效率和功率因数。

(4) 额定转速 n_N——额定功率运行时的转子转速,单位为 r/min。

(5) 额定频率 f_N——特指电源的频率,单位为 Hz。

这些重要的数据都标注在电机外壳的铭牌上,用户使用或选择该电机时,须与所拖动的负载合理匹配。具体规定参考国家标准 GB/T 5171.1—2014 及 GB/T 755—2019。高压三相笼型异步电动机能效限定值及能效等级详见 GB 30254—2024。对三相异步电动机,高压一般指 6 kV 和 10 kV 的电压等级。

13.2 异步电机的三种运行状态

异步电机有三种工作状态,即电动机、发电机、制动运行。异步电机的三种工作状态分析如图 13.7 所示,定子上的三相绕组接到三相交流电源,转子绕组本身则自成闭路。

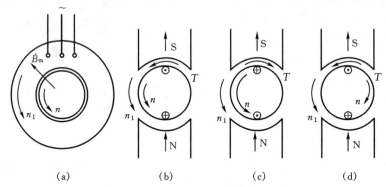

图 13.7 异步电机的三种工作状态分析图
(a)示意图;(b)电动机运行;(c)发电机运行;(d)制动运行

13.2.1 三相异步电动机的工作原理——异步电机作为电动机运行

在图 13.7(a)中,当三相电流通入定子绕组时,在气隙中将产生一旋转磁场,并以转速 n_1 再同步旋转。为了明显起见,在图 13.7(b)中,将该旋转磁场用一对旋转的磁极来表示。当旋转磁场切割转子导体时,将在其中产生感应电势 $e = Blv$。电势的瞬时方向可以用右手

定则来判断。由于转子绕组自成闭路,在转子导体中便有电流流过。转子导体中的电流与气隙磁场相互作用而产生电磁力 $f=Bli$,其方向可以用左手定则来判断。电磁力产生的电磁转矩与旋转磁场同方向,在电磁转矩作用下,转子以转速 n 顺着旋转磁场方向转动,以驱动机械负载。在这一过程中,电机把电能转换成机械能,作为电动机运行,被称为三相异步电动机。由于转子导体是靠电磁感应的感应电流使电动机工作的,故又叫**感应电动机**。

当异步电机作为电动机运行时,为了克服负载的阻力转矩,该电动机的转速 n 总是略低于同步转速 n_1,以便气隙旋转磁场能够切割转子导体而在其中产生感应电势和产生电流,以使转子能产生足够的电磁转矩。如果转子的转速 n 与同步转速 n_1 相等,转向又相同,则气隙旋转磁场与转子导体之间将无相对运动,因而转子导体中就不会产生电流,电机的电磁转矩也将为零。可见 $n \neq n_1$ 是异步电动机产生电磁转矩的必要条件。把 n_1 和 n 之差称为转差,用 Δn 表示,则

$$\Delta n = n_1 - n$$

如果用同步转速 n_1 作为基值,转差的相对值就叫作异步电机的转差率 s,即

$$s = \frac{n_1 - n}{n_1} \tag{13.1}$$

转差率是异步电机的一个基本变量,它可以表示该电机的各种不同运行情况。在电机刚刚起动时,转子转速 $n=0$,所以转差率 $s=\frac{n_1-n}{n_1}=1$。如果电动机所产生的电磁转矩是以克服机械负载的阻力转矩,转子开始旋转,转速不断上升。假设所有阻力转矩(包括电动机本身轴承摩擦)全部为零,则称这种状态为电动机的理想空载状态。在理想空载时,电磁转矩被认为是零,此时转子导体中无须有感应电势及电流,转子转速便可以上升到同步转速,即 $n=n_1$,此时转差率 $s=\frac{n_1-n}{n_1}=0$。由此可见,在作为电动机运行时,转速 n 在 0 到 n_1 范围内变化,而转差率 s 在 1 到 0 范围内变化。异步电动机的转速可用转差率进行计算,由式(13.1)可知

$$n = n_1(1-s) \tag{13.2}$$

在正常运行范围内,转差率的数值通常都是很小的。满载时,转子转速与同步转速相差并不很大,即一般 $n=(0.94\sim0.985)n_1$;而空载时,可以近似认为转子转速等于同步转速。

13.2.2 异步电机作为发电机运行

如果异步电机的定子绕组仍接电网且转子不是接机械负载,而是用一原动机拖动异步电机的转子以大于同步转速顺着旋转磁场方向旋转[如图 13.7(c)所示],显然,此时转子导体相对于旋转磁场的运动方向与图 13.7(b)相反,故转子导体中的电势及电流均将反向。由左手定则可知,转子导体所产生的电磁转矩也与转子转向相反,因此起着制动作用。为了克服电磁转矩的制动作用,使转子能继续旋转下去,并保持 $n>n_1$,原动机就必须不断向电机输入机械功率,而电机则把输入的机械功率转换为输出的电功率。此时异步电机将机械能转变为电能,成为发电机运行,称之为异步发电机。当异步电机作为发电机运行时,转子转速恒在同步转速以上,即 $n>n_1$,由式(13.2)可知,发电机运行时转差率恒为负值。

如果异步发电机为单机运行,则须有旋转磁场方可运行,可通过定子绕组并联电容器自

励建压的方法予以实现,详见第 16 章。

13.2.3 异步电机在制动状态下运行

如果外力强迫转子逆着旋转磁场方向转动,如图 13.7(d)所示,比较 13.7(b)及图 13.7(d)可以清楚看到,这时转子导体相对于磁场的运动方向与电动机运行状态一样,故转子导体中的电势和电流方向与电动机状态相同,作用在转子上的电磁转矩方向也与旋转磁场的方向一致,但却与转子转向相反,起了阻止转子旋转的作用。在这种情况下运行,由于电磁转矩有阻止转子旋转的作用,故称其为异步电机的制动运行。这时它一方面消耗了电动机的机械功率,同时仍和电动机运行时一样,从电网吸收了电功率,这两部分功率均变为电动机内部的损耗。此时电机容易发热,不适用于频繁制动的场合。在制动运行时,由于转子逆着磁场方向旋转,n 为负值,因此制动运行时的转差率必然大于 1。

综上所述,异步电机的转速及转差率的不同数值标志着电机在不同的状态下运行。异步电机在电动机、发电机和制动三种状态时,转速及转差率的变化范围如图 13.8 所示。

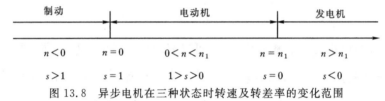

图 13.8 异步电机在三种状态时转速及转差率的变化范围

实际上,异步电机绝大多数都是作为电动机运行。由于它具有结构简单、坚固耐用、价格便宜、制造容易及运行可靠等特点,所以中小型异步电动机在工业上得到了广泛的应用。而异步发电机的性能不如同步发电机优越,因此仅用在特殊场合,如风力发电等。至于制动运行往往是在吊车等设备中的一种特殊运行状态。

在三种运行状态下,该种电机的转子转速与旋转磁场转速(同步转速)永远不相等,故称之为异步电机。

13.3 异步电动机的电势平衡

13.3.1 定子绕组的电势平衡方程

前已分析,在定子绕组内通入三相对称电流时,就产生了主磁通 Φ_1,即定子基波磁通。它以同步转速 n_1 旋转,同时切割定子和转子绕组,并在两者中感应电势,定子每相绕组感应电势有效值(单位为 V)为

$$E_1 = 4.44 f_1 N_1 \Phi_1 k_{w1}$$

式中:N_1 是定子每相绕组每个支路的匝数,k_{w1} 是定子绕组的绕组系数,Φ_1 是旋转磁场每极磁通(单位为 Wb)。

异步电动机定子绕组通过电流时产生磁通,其中除穿过气隙而与定子绕组和转子绕组相切割并匝链的主磁通 Φ_1 外,还产生仅与定子绕组相匝链的漏磁通 $\Phi_{1\sigma}$。漏磁通 $\Phi_{1\sigma}$ 将在定子每相绕组中感应电势 $\dot{E}_{1\sigma}$。该感应电势通常用漏电抗压降的形式表示为

$$\dot{E}_{1\sigma} = -\mathrm{j}\dot{I}_1 X_{1\sigma}$$

式中：$X_{1\sigma} = 2\pi f_1 L_{1\sigma}$ 是定子绕组的每相漏电抗，$L_{1\sigma}$ 是定子绕组的每相漏电感。

由于定子绕组中还存在电阻，设每相电阻为 R_1，因此流过电流时还将产生电阻压降 $\dot{I}_1 R_1$。根据电压平衡关系，每相绕组的外加电压 $\dot{U}_1$ 应等于绕组中全部电压降落之和：

$$\dot{U}_1 = -\dot{E}_1 + \dot{I}_1(R_1 + \mathrm{j}X_{1\sigma}) = -\dot{E}_1 + \dot{I}_1 Z_{1\sigma} \tag{13.3}$$

式中：$Z_{1\sigma} = R_1 + \mathrm{j}X_{1\sigma}$ 为定子绕组的漏阻抗。**注意**：对应于电路图中 $\dot{E}_1$ 的正方向为电位升高的方向。

13.3.2 转子绕组的电势平衡方程

1. 转子绕组的电势

异步电动机的磁通 Φ_1 在气隙中以同步转速 n_1 旋转，而转子以转速 n 旋转，则电机的主磁通便以 $(n_1 - n)$ 的相对转速切割转子绕组，于是在转子中感应电势和电流。其频率为

$$f_2 = \frac{p(n_1 - n)}{60} = \frac{n_1 - n}{n_1} \frac{pn_1}{60} = sf_1 \tag{13.4}$$

由上式可以看出，异步电动机转子中电势和电流的频率与转差率成正比。当转子堵转（即 $n=0, s=1$）时，$f_2 = f_1$。若转速达到了同步转速即理想空载时，则 $f_2 = 0$。在额定负载时，异步电动机的转差率 s_N 很小，通常为 0.015～0.06。当电动机正常运转时，转子电势的频率很低，在额定负载时只有 0.5～3 Hz。

当转子旋转时，旋转磁通 Φ_1 在转子每相绕组中产生感应电势，它的有效值为

$$\begin{aligned} E_{2s} &= 4.44 f_2 N_2 \Phi_1 k_{w2} \\ &= 4.44 s f_1 N_2 \Phi_1 k_{w2} \end{aligned} \tag{13.5}$$

对于绕线转子的异步电动机，N_2、k_{w2} 与定子绕组具有同样的计算方法；对于笼型转子，转子铁心有 Z_2 个槽，即有 Z_2 根导条，旋转磁场依次切割转子的笼型导条，各导条电势有效值大小相等，但时间上应依次相差一个转子槽距角的相位，又因导条被转子两端的短路环短路，故各导条电流亦依次差一个转子槽距角。因一相电流大小及相位应相同，所以笼型转子当 $Z_2/p \neq$ 整数时，一根导条即一相，共有 $m_2 = Z_2$ 相；当 $Z_2/p =$ 整数时，说明每相有 p 根导条并联，则 $m_2 = Z_2/p$ 相。每相每对极只有一根导条，而通常一匝线圈应有两根导条，所以 $N_2 = \frac{1}{2}$ 匝，笼型导条的绕组系数为 $k_{w2} = 1$。

当异步电动机转子堵转时，转子每相绕组内的感应电势为

$$E_2 = 4.44 f_1 N_2 \Phi_1 k_{w2} \tag{13.6}$$

由式(13.5)与式(13.6)之比，可得

$$\frac{E_{2s}}{E_2} = s, \quad \text{或} \quad E_{2s} = sE_2 \tag{13.7}$$

上式说明，旋转时转子绕组的感应电势 E_{2s} 等于其堵转时的电势 E_2 乘以转差率 s。也就是说，转子绕组的感应电势与转差率成正比变化。转子堵转，即 $s=1$ 时，转子电势为 $E_{2s} = E_2$；当转子转速升高时，转差率 s 变小，转子绕组内的感应电势也减小。

2. 转子绕组的阻抗

转子绕组中流过电流 I_2 时，也要产生转子漏磁通 $\Phi_{2\sigma}$，因此在转子绕组中也会产生漏电

抗压降。设转子旋转时每相绕组的漏电抗为 $X_{2\sigma s}$，则

$$X_{2\sigma s} = 2\pi f_2 L_{2\sigma} = 2\pi s f_1 L_{2\sigma} = s X_{2\sigma}$$

式中：$L_{2\sigma}$ 是转子绕组的漏电感，$X_{2\sigma}$ 是转子堵转时转子每相绕组的漏电抗。可见，转子的漏电抗也是与转差率 s 成正比的。

设转子绕组每相的电阻为 R_2，于是转子绕组的每相漏阻抗是

$$Z_{2\sigma s} = R_2 + j s X_{2\sigma}$$

3. 转子绕组中的电流

异步电动机的转子绕组往往自成闭路，相当于变压器的短路状态，其端电压 $U_2=0$。所以转子绕组的电压平衡方程式为

$$\dot{E}_{2s} - \dot{I}_2 Z_{2\sigma s} = 0$$
$$\dot{I}_2 = \frac{\dot{E}_{2s}}{Z_{2\sigma s}} = \frac{s \dot{E}_2}{R_2 + j s X_{2\sigma}} \tag{13.8}$$

电流的有效值为

$$I_2 = \frac{s E_2}{\sqrt{R_2^2 + (s X_{2\sigma})^2}} \tag{13.9}$$

上式表明，转子电流 I_2 也是随着转差率 s 而变化的。$s=0$ 时，$I_2=0$；当 s 从零增大时，式(13.9)中等号右侧分子上的转子电势与 s 成正比，而在分母中，当 s 很小时，$sX_{2\sigma}$ 比 R_2 小得多，近似地可以忽略不计，所以 I_2 与 s 成正比地增大；当 s 较大而接近于 1 时，$sX_{2\sigma}$ 已占主要成分(一般电机中 $X_{2\sigma}>R_2$)，因此当 s 再增大时，分母也增大得较快，此时转子电流就增大得很慢了。$I_2=f(s)$ 的曲线如图 13.9 所示。**注意**：图 13.9 中各点转子电流的频率是不同的，$s=1$ 时 I_2 的频率为 50 Hz，转速上升，s 下降，电流 I_2 的频率变小。

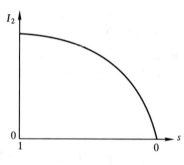

图 13.9　$I_2=f(s)$ 曲线

13.4　异步电动机的磁势平衡

当定子三相绕组中通过三相电流时，会产生旋转磁势。同样在转子 m_2 相绕组中流过 m_2 相电流时，也一定会产生磁势。那么转子磁势的大小和性质是什么？它对定子绕组产生的旋转磁势会产生怎样的影响呢？分析如下。

13.4.1　转子磁势的大小和转速

当异步电动机的转子以转速 n 旋转时，气隙旋转磁场与转子的转差为 $n_1-n=sn_1$，在转子绕组中感应电势及电流的频率为 $f_2=sf_1$。由于转子绕组也是一个对称的多相绕组，所以在转子 m_2 相绕组中流过对称交流电流时也产生旋转磁势。根据旋转磁势的转速与频率的关系式 $n_1=60f_1/p$ (r/min)，可知转子旋转磁势**相对转子**的转速为

$$n_2 = \frac{60 f_2}{p} = \frac{60 s f_1}{p} = s n_1 = n_1 - n$$

转子旋转磁势的转向是由超前电流的相,转到落后电流的相,且转子电势是定子基波旋转磁通 Φ_1 切割转子绕组产生的,因而转子磁势转向与 Φ_1 转向相同。

而转子是以转速 n 在旋转,且转子转向也是与 Φ_1 相同,因此转子绕组产生的磁势在空间的转速(也就是相对于定子的转速)是

$$n_2 + n = (n_1 - n) + n = n_1 \tag{13.10}$$

由式(13.10)可知,不论转子的转速多大,转子电流产生的磁势在空间总是以同步转速 n_1 旋转的,它与定子磁势的转速及转向相同,也就是说**转子磁势与定子磁势之间没有相对运动,它们是相对静止的**。定、转子磁势之间的速度关系如图 13.10 所示。

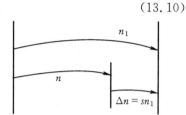

图 13.10 定、转子磁势之间的速度关系

设转子绕组的相数是 m_2,每相串联匝数为 N_2,绕组系数为 k_{w2},则其基波磁势的幅值为

$$F_2 = \frac{m_2}{2}\left(0.9\frac{I_2 N_2 k_{w2}}{p}\right) \tag{13.11}$$

13.4.2 磁势平衡方程

当异步电动机空载运行时,电动机轴上的负载转矩为零,转速 $n \approx n_1$。此时,转子绕组中的电流极小,$I_2 \approx 0, F_2 \approx 0$。这时电动机中只存在定子电流产生的旋转磁势,它在电机中产生基波旋转磁通 Φ_1(即主磁通)。所以空载时定子绕组中的电流可以认为就是产生主磁通所需的励磁电流 I_m,称此时定子的磁势为励磁磁势 F_m,即

$$F_1 = F_m = \frac{m_1}{2}\left(0.9\frac{N_1 I_m k_{w1}}{p}\right)$$

异步电动机带负载时,转子绕组中就有 I_2 流过,将产生一个与定子磁势具有同样转速的旋转磁势 F_2。因此,电机中便同时存在定子及转子产生的磁势。转子磁势的出现必然要对主磁通发生影响,企图改变主磁通 Φ_1,那么 Φ_1 的值是否能随意变化?结合定子电势平衡方程 $\dot{U}_1 = -\dot{E}_1 + \dot{I}_1(R_1 + jX_{1\sigma})$ 来进行分析。在电势平衡方程中,定子绕组中的感应电势 $\dot{E}_1$ 与电源电压 $\dot{U}_1$ 之间相差一个很小的漏阻抗压降。当异步电动机在额定负载范围内运行时,定子漏阻抗压降所占的比重很小,而电源电压 $\dot{U}_1$ 在正常情况下又是恒定不变的,所以异步电动机定子感应电势 $\dot{E}_1$ 的变化很小,可以认为是一个近乎不变的数值。而在感应电势方程 $E_1 = 4.44 f_1 N_1 \Phi_1 k_{w1}$ 中,f_1、N_1、k_{w1} 都是常数,所以 E_1 与主磁通 Φ_1 成正比。因此,当异步电动机负载运行时,由于感应电势 E_1 的值近似不变,于是主磁通 Φ_1 也近似不变,因而产生主磁通 Φ_1 的励磁磁势 F_m 也应近似不变。由此可见,在转子绕组中通过电流产生磁势 $\dot{F}_2$,定子绕组产生的磁势 $\dot{F}_1$ 应当改变,从而保持总磁势 $\dot{F}_m$ 几乎不变,使电机仍能产生一个必需的主磁通 Φ_1。因此在有负载时,定子绕组产生的磁势 $\dot{F}_1 = \dot{F}_{1F} + \dot{F}_m = (-\dot{F}_2) + \dot{F}_m$。这就是说,定子磁势包含两个分量:$F_{1F}$ 的作用是抵消转子磁势,所以它与转子磁势大小相等而方向相反;F_m 的作用是产生主磁通 Φ_1,Φ_1 在定子绕组中感应电势 $\dot{E}_1$ 来与电源电压相平衡。则

$$\dot{F}_1 + \dot{F}_2 = \dot{F}_m \tag{13.12}$$

式(13.12)即磁势平衡方程,把磁势与电流的关系代入式(13.12),则得

$$\frac{m_1}{2} 0.9 \left(\frac{N_1 k_{w1}}{p}\right) \dot{I}_1 + \frac{m_2}{2} \left(0.9 \frac{N_2 k_{w2}}{p}\right) \dot{I}_2 = \frac{m_1}{2} \left(0.9 \frac{N_1 k_{w1}}{p}\right) \dot{I}_m$$

由于 $\dot{I}_1$ 与 $\dot{I}_2$ 频率不同,从严格意义上是不能写成上式的,但 $\dot{F}_1$、$\dot{F}_2$、$\dot{F}_m$ 在电机内部气隙中同速、同向旋转,相对位置不变,故为空间相量,可以相量相加。

整理后,得

$$\dot{I}_1 = \dot{I}_m + \left(-\frac{m_2 N_2 k_{w2}}{m_1 N_1 k_{w1}}\right) \dot{I}_2 \tag{13.13}$$

式中:$\dot{I}_1$ 是定子绕组每相电流,$\dot{I}_2$ 是转子绕组每相电流,$\dot{I}_m$ 是定子绕组每相励磁电流。

异步电动机如果空载运行,$s \approx 0$,$I_2 \approx 0$,从式(13.13)中可以得出 $\dot{I}_1 \approx \dot{I}_m$,即定子电流近似地等于励磁电流。式(13.13)说明,当负载运行时,转子电流 $\dot{I}_2$ 增大,为了抵消转子电流所产生的磁势,定子电流也要随之增大。

13.5 异步电动机的等效电路及相量图

通过上节分析,我们得出了定、转子电势及电流的基本关系式。但是直接利用这些方程式来求解,仍然是比较复杂的。这主要是因为定、转子绕组的相数、匝数不同,转子电势的频率也与电源频率不同,使计算不易进行。因此,在实际分析计算时一般都采用等效电路的方法。

要得出异步电动机的等效电路,通常是把转动的异步电动机折算成等值堵转的电机,然后再把转子绕组中的量都折算到定子方面去。在折算过程中,要使电动机从电网吸收的功率和定、转子中的损耗都应与原来一样,使定、转子的磁势也不变,即电磁效应不变。通过上述步骤可以把异步电动机简化成一个由电阻、电抗组成的等效电路。

13.5.1 把转子旋转的异步电动机折算为堵转时的异步电动机——频率折算

由式(13.8)知道,异步电动机在旋转时的转子电流为

$$\dot{I}_2 = \frac{\dot{E}_{2s}}{R_2 + jX_{2\sigma s}} = \frac{s\dot{E}_2}{R_2 + jsX_{2\sigma}} \tag{13.14}$$

式中:$\dot{E}_{2s}$ 是转差率为 s 时转子绕组中的感应电势。

如果把上式中的分子及分母都除以转差率 s,则转子电流

$$\dot{I}_2 = \frac{\dot{E}_2}{\dfrac{R_2}{s} + jX_{2\sigma}} \tag{13.15}$$

比较式(13.14)与式(13.15)两式中转子电流的大小和相位都没有发生变化,不过它们代表的意义却不相同了。在式(13.14)中转子绕组的感应电势 $\dot{E}_{2s}$ 及漏电抗 $X_{2\sigma s}$ 都与转差率 s 成正比,其频率 $f_2 = sf_1$,这是对应于转子转动时的情况。而在式(13.15)中,转子绕组的感应电势及漏电抗为 $\dot{E}_2$ 及 $X_{2\sigma}$,都是对应于转子堵转时的情况,此时的频率 $f_2 = f_1$。由此可见,一台以转差率 s 旋转的异步电动机,可用一台等效的堵转电动机来代替它。这时在等效的堵转的转子绕组中串入电阻 $R_2 \dfrac{1-s}{s}$,使转子绕组的每相总电阻变为 $R_2 + R_2 \dfrac{1-s}{s} = \dfrac{R_2}{s}$,则

等效堵转的电机转子电流的大小及相位便与旋转时相同，只是其频率由 f_2 变为 f_1，转子堵转时的等效电路如图 13.11 所示。

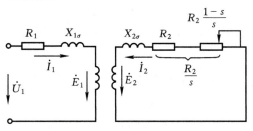

图 13.11　转子堵转时的等效电路图

不论转子静止不动或以任何转速转动，转子电流产生的**磁势 F_2 总是与定子磁势 F_1 相对静止**，它们在空间均以同步转速旋转。现在，等效堵转转子绕组中的电流的大小及相位都保持和转子旋转时一样，它产生的磁势大小、相位以及相对定子的转速都必然与转子旋转时完全一样。既然等效堵转转子产生的磁势与转子旋转时完全相同，那么它对定子绕组的影响也与转子旋转时完全一样。从定子方面看，无法区别它是串联了附加电阻 $R_2\dfrac{1-s}{s}$ 的等效静止转子，还是以转差率 s 旋转的实际转子。用一个等效堵转的转子代替实际旋转的转子后，转子电势和电流的频率总是与定子电流的频率相等，可使分析过程简化，这种方法被称为频率折算法。

当异步电动机的转子转动时，转子通过轴输出机械功率。经过频率折算，转子静止不动，转轴不再输出机械功率，这部分功率转移到附加电阻 $R_2\dfrac{1-s}{s}$ 上，电阻 $R_2\dfrac{1-s}{s}$ 上的功率等效为总的机械功率。

13.5.2　异步电动机的转子绕组折算和等效电路

所谓对转子绕组的折算，就是用一个与定子绕组具有同样相数 m_1、匝数 N_1 及绕组系数 k_{w1} 的转子绕组来代替实际相数为 m_2、匝数为 N_2 及绕组系数为 k_{w2} 的转子绕组。同时，在折算前后必须使电机内部的电磁关系和功率平衡关系保持不变。我们在折算过的量上都加上一撇，以与原来实际的量相区别。

以下分别说明电流、电势及阻抗的折算方法。

1. 电流的折算

前已分析，转子对定子的影响是通过转子磁势 F_2 来实现的。因此，如果要用一个相数为 m_1、匝数为 N_1、绕组系数为 k_{w1} 的等效转子来代替实际的转子，应该保持转子的磁势不变，即

$$\frac{m_2}{2}\left(0.9\frac{N_2 k_{w2} I_2}{p}\right) = \frac{m_1}{2}\left(0.9\frac{N_1 k_{w1} I_2'}{p}\right)$$

由上式可得

$$I_2' = \frac{m_2 N_2 k_{w2}}{m_1 N_1 k_{w1}} I_2 = \frac{1}{k_i} I_2 \tag{13.16}$$

式中

$$k_i = \frac{m_1 N_1 k_{w1}}{m_2 N_2 k_{w2}}$$

被称为异步电动机的电流变比(注意区别变压器的变比 $k = N_1/N_2 = I_2/I_1$)。

2. 电势的折算

由于定子及转子的磁势在折算前后都保持不变,所以气隙中的主磁通 Φ_1 也保持不变。折算前转子堵转时的感应电势为

$$E_2 = 4.44 f_1 N_2 \Phi_1 k_{w2}$$

折算后,转子静止时绕组中的电势 E_2' 应该与定子绕组中的感应电势 E_1 相等,即

$$E_2' = 4.44 f_1 N_1 \Phi_1 k_{w1} = E_1 = k_e E_2 \tag{13.17}$$

式中: $k_e = \dfrac{N_1 k_{w1}}{N_2 k_{w2}}$,为异步电机的电势变比。

3. 阻抗的折算

折算前后转子绕组中的损耗(即转子铜耗)应该不变,即

$$m_1 I_2'^2 R_2' = m_2 I_2^2 R_2$$

所以折算后转子绕组的每相电阻为

$$R_2' = \frac{m_2 I_2^2}{m_1 I_2'^2} R_2$$

将式(13.16)代入上式,有

$$R_2' = \frac{m_2}{m_1} \left(\frac{m_1 N_1 k_{w1}}{m_2 N_2 k_{w2}}\right)^2 R_2 = k_e k_i R_2 = k_z R_2 \tag{13.18}$$

式中: $k_z = k_e k_i = \dfrac{m_1 N_1^2 k_{w1}^2}{m_2 N_2^2 k_{w2}^2}$,为转子绕组的阻抗变比。

折算前后转子方面的无功功率也应不变,即

$$m_1 I_2'^2 X_{2\sigma}' = m_2 I_2^2 X_{2\sigma}$$

因此得出转子绕组折算后的漏电抗为

$$X_{2\sigma}' = \frac{m_2}{m_1}\left(\frac{I_2}{I_2'}\right)^2 X_{2\sigma} = k_e k_i X_{2\sigma} = k_z X_{2\sigma} \tag{13.19}$$

通过上述的折算后,电动机的功率等关系都保持与原来一样。例如,异步电动机转子回路的视在功率为 $m_1 E_2' I_2'$,代入式(13.17)后得

$$m_1 E_2' I_2' = m_1 \left(\frac{N_1 k_{w1}}{N_2 k_{w2}}\right) E_2 \left(\frac{m_2 N_2 k_{w2}}{m_1 N_1 k_{w1}}\right) I_2 = m_2 E_2 I_2$$

与折算前一样。所以按照上述 3 个步骤把转子各量进行折算,并不会改变定、转子之间的能量传递关系。从定子方面看,所有电磁关系在折算前后的效果完全相同。

在转子静止时的电压平衡方程 $\dot{E}_2 = \dot{I}_2(\dfrac{R_2}{s} + jX_{2\sigma})$ 中,代入 $\dot{E}_2 = \dfrac{\dot{E}_2'}{k_e}$、$\dot{I}_2 = k_i \dot{I}_2'$、$R_2 = \dfrac{R_2'}{k_z}$ 等折算关系,则得

$$\dot{E}_2' = \dot{I}_2'\left(\frac{R_2'}{s} + jX_{2\sigma}'\right) \tag{13.20}$$

异步电动机等效电路及相量图分析如图 13.12 所示。具体分析时,转子电势方程应全部用折算过的量表示,其电路图如图 13.12(a)所示。这时转子每相电势 $\dot{E}'_2=\dot{E}_1$,因而 a 与 a'、b 及 b' 是等电位点。分别把 aa' 及 bb' 连接起来对电路不会发生影响,于是可得如图 13.12(b)所示的、常用的 T 型等效电路,这时励磁支路中的电流为

$$\dot{I}_m = \dot{I}_1 + \dot{I}'_2 = \dot{I}_1 + \frac{m_2 N_2 k_{w2}}{m_1 N_1 k_{w1}}\dot{I}_2$$

励磁支路的阻抗为 $Z_m = R_m + jX_m$,从图 13.12(b)所示的等效电路中,可以得到异步电动机的电势平衡及电流平衡等基本方程如下:

$$\begin{cases} \dot{U}_1 = -\dot{E}_1 + \dot{I}_1(R_1 + jX_{1\sigma}) \\ \dot{E}'_2 = \dot{E}_1 = \dot{I}'_2(\frac{R'_2}{s} + jX'_{2\sigma}) \\ \dot{I}_1 + \dot{I}'_2 = \dot{I}_m \\ -\dot{E}_1 = \dot{I}_m(R_m + jX_m) \end{cases} \quad (13.21)$$

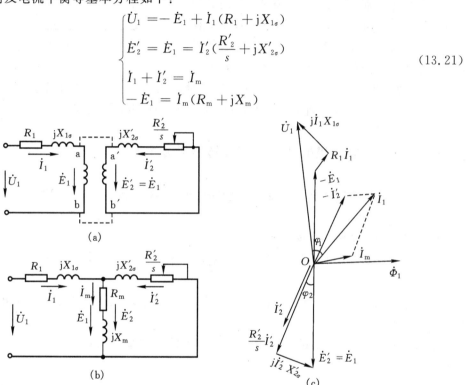

图 13.12 异步电动机等效电路及相量图分析
(a) 转子绕组折算;(b) T 型等效电路;(c) 相量图分析

注意:等效电路中各个电阻及电抗的数值均为每相值,可通过实验或计算的方法分别求得。于是可以很方便地用解电路方程的方法来计算异步电动机的各种运行特性,使异步电动机的分析过程大为简便。

13.5.3 异步电动机的相量图分析

根据图 13.12(b)或式(13.21),可以画出异步电动机的相量图如图 13.12(c),从图中看出 $\dot{E}'_2 = \dot{E}_1$ 滞后于该相绕组匝链的磁通 Φ_1 90°;$\dot{E}'_2 = \dot{I}'_2(\frac{R'_2}{s} + jX'_{2\sigma})$ 为转子回路电压平衡方程;$\dot{I}_1 = \dot{I}_m - \dot{I}'_2$ 为电流平衡(它对应于异步电动机的磁势平衡)方程,$\dot{U}_1 = -\dot{E}_1 + \dot{I}_1(R_1 + jX_{1\sigma})$ 为定子电压平衡方程。异步电动机电压、电流相位关系可由相量图来直观地表示。

13.5.4 等效电路的简化——异步电动机的近似等效电路

图 13.12(b)所示的 T 型等效电路是一个串并联电路,计算起来还比较复杂。因此在实际应用中,有时把励磁支路移到输入端。其近似等效电路如图 13.13 所示,等效电路便简化成一个单纯的并联电路,使计算工作更加简单。当然它与实际情况有些差别,会引起一些误差,但是对于一般的异步电动机而言,这个误差很小,在工程计算中是允许的。所以图 13.13 所示的近似等效电路也是较常用的。对于容量较小的异步电动机,由于励磁电流 $\dot{I}_m$ 及定子电阻 R_1 都相对较大,于是励磁电流所引起的阻抗压降 $\dot{I}_m(R_1+jX_{1\sigma})$ 也较大,应用近似等效电路计算时可能会产生较大的误差。

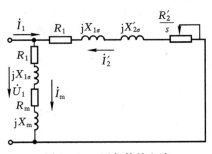

图 13.13 近似等效电路

13.6 三相异步电动机的功率平衡及转矩平衡方程

本节将研究异步电动机传递能量过程中的功率平衡及转矩平衡等问题。

13.6.1 功率平衡方程及效率

当三相异步电动机定子绕组接上三相电源后,输入电动机的电功率为

$$P_1 = 3U_1 I_1 \cos\varphi_1 \tag{13.22}$$

式中:U_1 和 I_1 分别为定子绕组的相电压和相电流;φ_1 是 $\dot{I}_1$ 与 $\dot{U}_1$ 之间的相位角,即该电机的功率因数角。

输入功率 P_1 中的一小部分供给定子绕组中的电阻损耗,被称为定子绕组的铜耗,其值为

$$p_{Cu1} = 3I_1^2 R_1 \tag{13.23}$$

另一小部分供给定子铁心中的涡流及磁滞损耗,总被称为铁耗。由于在正常运行时转差率很小,转子铁心中磁通变化的频率很低,一般仅有 1~3 Hz,所以转子铁心中的铁耗很小,常可忽略不计。在等效电路图 13.12(b)中,定子铁耗是用等效电阻 R_m 来计算的,其值为

$$p_{Fe} = 3I_m^2 R_m \tag{13.24}$$

输入功率减去定子铜耗及铁耗后,其余部分则通过电磁作用从定子经过气隙传递到转子,这部分功率被称为电磁功率,即

$$P_M = P_1 - p_{Cu1} - p_{Fe} \tag{13.25}$$

由等效电路可知

$$P_M = 3E_2' I_2' \cos\varphi_2 \tag{13.26}$$

或

$$P_M = 3I_2'^2 R_2' + 3I_2'^2 R_2' \frac{1-s}{s} = 3I_2'^2 \frac{R_2'}{s} \tag{13.27}$$

式(13.26)中的 φ_2 是转子电流 $\dot{I}_2'$ 与电势 $\dot{E}_2'$ 间的相位角。

从式(13.27)可以看出,定子传递到转子的电磁功率,其中一小部分变成了转子绕组中的电阻损耗即转子铜耗(有时笼型转子材料用铝,故也被称为铝耗,即也有用 p_{Al} 表示的)为

$$p_{Cu2} = 3I_2'^2 R_2' \tag{13.28}$$

电磁功率中的其余部分则消耗在附加电阻 $R_2' \dfrac{1-s}{s}$ 上,其值为 $3I_2'^2 R_2' \dfrac{1-s}{s}$,称之为总机械功率 P_Ω。电磁功率等于转子绕组中的电阻损耗 p_{Cu2} 及电动机所产生的总机械功率 P_Ω 之和。也就是说,总机械功率 P_Ω 的数值应与等效电路附加电阻 $R_2' \dfrac{1-s}{s}$ 上消耗的功率相等,即

$$P_\Omega = P_M - p_{Cu2} = 3I_2'^2 \frac{R_2'}{s} - 3I_2'^2 R_2' = 3I_2'^2 R_2' \frac{1-s}{s} \tag{13.29}$$

异步电动机所产生的机械功率并不能全部输出,因为转子转动时,还存在着轴承摩擦及风阻摩擦等损耗,总被称为机械损耗 p_m。此外在定子及转子中还存在着附加损耗 p_Δ。产生附加损耗的原因是:异步电动机定、转子绕组中流过电流时,除了产生基波主磁通外,还产生高次谐波磁通及漏磁通,这些磁通也是随着电流而交变的。当这些磁通穿过导线、定子和转子铁心、机座、端盖等金属部件时,会在其中感应电势和涡流,并引起损耗,这部分损耗被称为附加损耗。附加损耗不易计算,通常是按生产实践中积累的经验数据选取。异步电动机满载运行时,对于铜条笼型转子,附加损耗取为

$$p_\Delta = 0.5\% P_N \tag{13.30}$$

对于铸铝笼型转子,附加损耗为

$$p_\Delta = (1 \sim 3)\% P_N \tag{13.31}$$

式中:P_N 是异步电动机的额定功率。

从总的机械功率中减去机械损耗 p_m 及附加损耗 p_Δ,便得到异步电动机轴上的输出功率 P_2:

$$P_2 = P_\Omega - p_m - p_\Delta \tag{13.32}$$

据前述分析的异步电动机中功率传递以及各种损耗的关系,综合式(13.25)~式(13.32),可得功率平衡关系式

$$\begin{aligned} P_2 &= P_1 - p_{Cu1} - p_{Fe} - p_{Cu2} - p_m - p_\Delta \\ &= P_1 - \sum p \end{aligned} \tag{13.33}$$

式中:$\sum p = p_{Cu1} + p_{Fe} + p_{Cu2} + p_m + p_\Delta$,即为电动机的总损耗。异步电动机的功率流程图见图13.14,它形象地表达了异步电动机的功率传递关系。

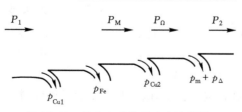

图 13.14 异步电动机的功率流程图

电动机的效率等于输出与输入的有功功率之比,即

$$\eta = \frac{P_2}{P_1} \times 100\% = \frac{P_1 - \sum p}{P_1} \times 100\% = (1 - \frac{\sum p}{P_1}) \times 100\% \tag{13.34}$$

异步电动机的效率是比较高的,例如 Y 系列电机满载时的效率 η_N 为 74%~94%,一般电机的容量越大,效率也越高。但是与同容量的变压器相比,由于异步电动机气隙的存在,其效率当然较低。

由式(13.27)及式(13.28)可得电动机转子铜耗与电磁功率的关系为

$$\frac{p_{Cu2}}{P_M} = \frac{3I_2'^2 R_2'}{3I_2'^2 R_2'/s} = s \quad \text{或} \quad p_{Cu2} = sP_M \tag{13.35}$$

由式(13.29)知

$$P_\Omega = P_M(1-s) \tag{13.36}$$

可见,异步电动机的转差率 s 等于转子铜耗与电磁功率之比,转子电阻 R_2' 越大,转子铜耗就越大,异步电动机的转差率也就越大。式(13.35)是定量分析异步电动机的一个较常用的公式。

13.6.2 转矩平衡方程

式(13.32)是异步电动机输出功率的一种方程,把方程的两边都除以转子的角速度 $\Omega(\Omega = \frac{2\pi n}{60} \text{ rad/s})$,便得到相应的转矩平衡方程,即

$$\frac{P_2}{\Omega} = \frac{P_\Omega}{\Omega} - \frac{p_m}{\Omega} - \frac{p_\Delta}{\Omega} = \frac{P_\Omega}{\Omega} - \frac{p_0}{\Omega}$$

于是
$$T_2 = T - T_m - T_\Delta = T - T_0 \tag{13.37}$$

式中:$T_2 = \frac{P_2}{\Omega}$ 是电动机的输出转矩,$T = \frac{P_\Omega}{\Omega}$ 是电动机转子电流与气隙磁通相互作用而产生的电磁转矩,$T_m = \frac{p_m}{\Omega}$ 是对应于机械损耗的阻力矩,$T_\Delta = \frac{p_\Delta}{\Omega}$ 是对应于附加损耗的阻力矩。

从式(13.37)可见,电动机所产生的电磁转矩 T,减去对应于机械损耗及附加损耗的阻力转矩后,才是电动机轴上的输出转矩 T_2。电动机稳定运行时,输出转矩 T_2 与它所拖动的机械负载转矩相平衡。有时将 p_m 与 p_Δ 之和定义为空载损耗 p_0,将对应的转矩称为空载阻力转矩 $T_0 = p_0/\Omega$。

例 13.1 某台三相笼型异步电动机,额定功率 $P_N = 4$ kW,$U_{1N} = 380$ V,$n_N = 1442$ r/min。其定子绕组每相为 312 匝(△接法),绕组系数 $k_{w1} = 0.96$,$R_1 = 4.47 \ \Omega$,$X_{1\sigma} = 6.7 \ \Omega$,$X_m = 188 \ \Omega$,$R_m = 11.9 \ \Omega$,转子 26 槽,转子每相电阻 $R_2 = 0.0000769 \ \Omega$,转子漏抗 $X_{2\sigma} = 0.000238 \ \Omega$。假设 $p_m + p_\Omega = 80$ W。求在额定转速时的定子相电流、功率因数、输入功率以及电动机的输出功率及效率。

解:把转子的参数折算到定子绕组,电势及电流的变比分别为

$$k_e = \frac{N_1 k_{w1}}{N_2 k_{w2}} = \frac{312 \times 0.96}{0.5 \times 1} = 599.04$$

$$k_i = \frac{m_1 N_1 k_{w1}}{m_2 N_2 k_{w2}} = \frac{3 \times 312 \times 0.96}{26 \times 0.5 \times 1} = 69.12$$

折算后,转子绕组的每相电阻及漏电抗为

$$R'_2 = k_e k_i R_2 = (599.04 \times 69.12 \times 0.0000769) \ \Omega = 3.1841 \ \Omega$$

$$X'_{2\sigma} = k_e k_i X_{2\sigma} = (599.04 \times 69.12 \times 0.000238) \ \Omega = 9.8545 \ \Omega$$

(1) 求定子相电流 I_1

根据 T 型等效电路求解,并取相电压 $\dot{U}_1$ 为参考相量,即 $\dot{U}_1 = 380\angle 0°$。

定子阻抗 $Z_{1\sigma} = R_1 + jX_{1\sigma} = (4.47 + j6.70) \ \Omega$

转子阻抗 $Z'_2 = \dfrac{R'_2}{s} + jX'_{2\sigma} = \left(\dfrac{3.1841}{0.0386} + j9.8545\right) \ \Omega = (82.490 + j9.8545) \ \Omega$

$\qquad\qquad = 83.077 \angle 6.8124° \ \Omega$

当 $n = 1442$ r/min 时,$s = \dfrac{n_1 - n}{n_1} = \dfrac{1500 - 1442}{1500} = 0.038667$

励磁阻抗 $Z_m = R_m + jX_m = (11.9 + j188) \ \Omega = 188.376 \angle 86.378° \ \Omega$

根据等效电路,定子相电流为

$$\dot{I}_1 = \dfrac{\dot{U}_1}{Z_{1\sigma} + \dfrac{Z'_2 Z_m}{Z'_2 + Z_m}} = \dfrac{380\angle 0°}{4.47 + j6.70 + \dfrac{(82.49 + j9.8545) \times (11.9 + j188)}{82.49 + j9.8545 + 11.9 + j188}} \ \text{A}$$

$$= \dfrac{380°\angle 0°}{78.617\angle 31.439°} \ \text{A} = 4.8336\angle -31.439° \ \text{A}$$

即定子额定相电流有效值 $I_1 = 4.8336$ A,由于定子是△接法,所以定子线电流 $I_{1\text{线}} = (\sqrt{3} \times 4.8336)$ A $= 8.372$ A。

(2) 求功率因数

$$\cos\varphi_1 = \cos 31.439° = 0.85320$$

根据等效电路,转子电流的折算值为

$$-\dot{I}'_2 = \dfrac{\dot{I}_1 Z_m}{Z'_2 + Z_m} = \dfrac{(4.7982\angle -31.439°) \times (188.376\angle 86.378°)}{82.49 + j9.8545 + 11.9 + j188} \ \text{A}$$

$$= 4.1536\angle -9.53° \ \text{A}$$

励磁电流

$$\dot{I}_m = \dot{I}_1 + \dot{I}'_2 = [4.8336\angle -31.439° + (-4.1536\angle -9.53°)] \ \text{A}$$

$$= 1.8337\angle -89.1340° \ \text{A}$$

(3) 输入功率

$$P_1 = 3U_1 I_1 \cos\varphi_1 = (3 \times 380 \times 4.8336 \times 0.8532) \ \text{W} = 4.7014 \ \text{kW}$$

(4) 输出功率

定子铜耗 $\qquad p_{\text{Cu}1} = 3I_1^2 R_1 = (3 \times 4.8336^2 \times 4.47) \ \text{W} = 313.31 \ \text{W}$

转子铜耗 $\qquad p_{\text{Cu}2} = 3I'^2_2 R'_2 = (3 \times 4.1536^2 \times 3.1841) \ \text{W} = 164.8 \ \text{W}$

铁耗 $\qquad\quad\ p_{\text{Fe}} = 3I_m^2 R_m = (3 \times 1.8337^2 \times 11.9) \ \text{W} = 120.04 \ \text{W}$

机械损耗及附加损耗 $\quad p_\Omega + p_\Delta = 80$ W

故输出功率为 $\quad P_2 = P_1 - (p_{\text{Cu}1} + p_{\text{Cu}2} + p_{\text{Fe}} + p_m + p_\Omega)$

$$= [4701.4 - (313.31 + 164.8 + 120.04 + 80)] \ \text{W}$$

$$= 4023.3 \ \text{W} = 4.0233 \ \text{kW}$$

(5) 效率　　$\eta = \dfrac{P_2}{P_1} = \dfrac{4023.3}{4701.4} = 85.577\%$

注：如果根据近似等效电路进行计算，则
(1) 负载回路电流

$$-\dot{I}'_2 = \dfrac{\dot{U}_1}{R_1 + jX_{1\sigma} + \dfrac{R'_2}{s} + jX'_{2\sigma}}$$

$$= \dfrac{380\angle 0°}{4.47 + j6.70 + 82.49 + j9.8545}\,\mathrm{A} = \dfrac{380\angle 0°}{88.522\angle 10.778°}\,\mathrm{A}$$

$$= (4.2170 - j0.80275)\,\mathrm{A} = 4.2927\angle -10.778°\,\mathrm{A}$$

(2) 励磁支路电流

$$\dot{I}_\mathrm{m} = \dfrac{\dot{U}_1}{R_1 + jX_{1\sigma} + R_\mathrm{m} + jX_\mathrm{m}} = \dfrac{380\angle 0°}{4.47 + j6.70 + 11.9 + j188}\,\mathrm{A}$$

$$= (0.16295 - j1.9381)\,\mathrm{A} = 1.9949\angle -85.194°\,\mathrm{A}$$

(3) 定子绕组电流

$$\dot{I}_1 = \dot{I}_\mathrm{m} + (-\dot{I}'_2) = (0.16295 - j1.9381 + 4.2172 - j0.80275)\,\mathrm{A}$$

$$= (4.3802 - j2.7409)\,\mathrm{A} = 5.1671\angle -32.036°\,\mathrm{A}$$

(4) 功率因数

$$\cos\varphi_1 = \cos(-32.036°) = 0.84771$$

(5) 输入功率

$$P_1 = 3U_1 I_1 \cos\varphi_1 = (3 \times 380 \times 5.1671 \times 0.84771)\,\mathrm{W} = 4993.4\,\mathrm{W}$$

(6) 负载回路铜耗

$$p_\mathrm{Cu} = 3I'^2_2 (R_1 + R'_2) = [3 \times 4.2927^2 \times (4.47 + 3.1841)]\,\mathrm{W} = 423.13\,\mathrm{W}$$

励磁支路中的损耗

$$3I_\mathrm{m}^2 (R_1 + R_\mathrm{m}) = [3 \times 1.9449^2 \times (4.47 + 11.9)]\,\mathrm{W} = 185.77\,\mathrm{W}$$

机械损耗及附加损耗

$$p_\mathrm{m} + p_\Delta = 80\,\mathrm{W}$$

(7) 输出功率

$$P_2 = P_1 - \sum p = 4993.4 - (423.13 + 185.77 + 80) = 4304.5\,(\mathrm{W})$$

(8) 效率

$$\eta = \left(1 - \dfrac{\sum p}{P_1}\right) \times 100\% = \left(1 - \dfrac{688.9}{4993.4}\right) \times 100\% = 86.204\%$$

从计算结果可以看出，近似等效电路算出的定子电流和输出功率都偏大些。

13.7　异步电动机的电磁转矩和机械特性

异步电动机的作用是将电能转换成机械能，它输送给生产机械的是转矩和转速。在选用电动机时，总要求电动机的转矩与转速的关系（称之为机械特性）符合机械负载的要求。以下分别进行研究。

13.7.1 电磁转矩

由式(13.37)和式(13.29)知,异步电动机的电磁转矩为

$$T = \frac{P_\Omega}{\Omega} = \frac{3I_2'^2 \dfrac{R_2'}{s}(1-s)}{\dfrac{2\pi n}{60}} = \frac{3I_2'^2 \dfrac{R_2'}{s}(1-s)}{\dfrac{2\pi n_1}{60}(1-s)} = \frac{3I_2'^2 \dfrac{R_2'}{s}}{\Omega_1}$$

$$= \frac{P_M}{\Omega_1} \tag{13.38}$$

式中:Ω_1 是旋转磁场的角速度,它对应于同步转速 n_1,即

$$\Omega_1 = \frac{2\pi n_1}{60} = \frac{2\pi}{60} \times \frac{60 f_1}{p} = \frac{2\pi f_1}{p}$$

由于同步转速是恒定不变的,所以从式(13.37)可知,电磁转矩与电磁功率成正比。如果把式(13.26)代入式(13.38),则

$$T = \frac{P_M}{\Omega_1} = \frac{3E_2' I_2' \cos\varphi_2}{\Omega_1} = \frac{3 \times 4.44 f_1 N_1 k_{w1} \Phi_1 I_2' \cos\varphi_2}{2\pi f_1/p}$$

$$= C_T \Phi_1 I_2' \cos\varphi_2 \tag{13.39}$$

式中:$C_T = \dfrac{3 \times 4.44 p N_1 k_{w1}}{2\pi}$,对于已制造好的电机,$C_T$ 为一常数,被称为转矩常数;$\cos\varphi_2 = \dfrac{R_2'/s}{\sqrt{(\dfrac{R_2'}{s})^2 + X_{2\sigma}'^2}}$ 是转子回路的功率因数。

由式(13.39)可见,电磁转矩的大小与主磁通 Φ_1 及转子电流的有功分量 $I_2'\cos\varphi_2$ 成正比,这便是异步电动机电磁转矩的物理意义。从而说明了异步电动机的电磁转矩是由气隙中的主磁通与转子电流的有功分量相互作用而产生的。

利用式(13.39)来计算电磁转矩的数值很不方便,因为在计算时不仅要知道 I_2',还需要求出每极主磁通 Φ_1 的大小,计算比较复杂。而根据公式 $T = \dfrac{3I_2'^2 \dfrac{R_2'}{s}}{\Omega_1}$,只要知道了等效电路的参数,就可以很方便地算出电磁转矩。这时可先由近似等效电路求得转子电流折算值

$$I_2' = \frac{U_1}{\sqrt{(R_1 + \dfrac{R_2'}{s})^2 + (X_{1\sigma} + X_{2\sigma}')^2}} \tag{13.40}$$

代入式(13.38)中,得到电磁转矩的参数表达式,也是异步电动机的机械特性数学表达式:

$$T = \frac{1}{\Omega_1} \frac{3U_1^2 \dfrac{R_2'}{s}}{(R_1 + \dfrac{R_2'}{s})^2 + (X_{1\sigma} + X_{2\sigma}')^2} \tag{13.41}$$

13.7.2 机械特性

由式(13.41)可知,当外加电压及频率不变时,同步角速度及参数(电阻及电抗)为常数,

所以电磁转矩是转差率 s 的函数。对应于不同的 s，可根据式(13.41)算出相应的电磁转矩 T。把 T 随 s 变化的关系用曲线描绘出来，便得到异步电机的转矩-转差率曲线（即机械特性曲线），如图 13.15 所示。图中画出了某台异步电机的一条固有机械特性曲线。以下介绍曲线上的几个特殊点。

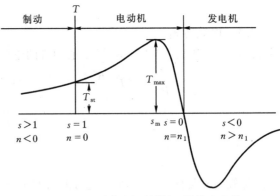

图 13.15 异步电机的转矩-转差率曲线

1. 起动点

对应这一点的转速 $n=0(s=1)$，该点的电磁转矩被称为起动转矩（或堵转转矩），用 T_{st} 表示；该点对应的定子绕组流过的电流被称为起动电流（或堵转电流），用 I_{st} 表示。"堵转"一词来源于国标 GB/T 1032—2023。

2. 额定工作点

额定电磁转矩是指当三相异步电动机带额定负载时的电磁转矩（这时的电流也为额定值）。它对应的转差率或转速为额定转差率或额定转速，分别用 s_N 或 n_N 表示。为保证电动机稳定运行，该点必须在转差率曲线上 $s_m \to 0$ 的下降区域，而且该转矩低于 T_{st} 以便能带负载起动。

3. 电动机、发电机、制动工作状态

在图 13.15 的机械特性中，转差率 s 在 $0 \sim 1$ 时，电磁转矩 T 与转速同方向，T 为驱动力矩，该段为异步电动机工作状态，也是异步电机主要工作状态。当转差率 $s<0$ 时，电机转向为正，电磁转矩为负，电磁转矩方向与转向相反，为制动转矩，该段转速 n 高于同步转速 n_1，必有原动机拖动其转子才能达到 $n>n_1$，该段为发电机工作状态，电机通过电源线向电网输送能量。当转差率 $s>1$ 时，电机被机械负载拖动反转，T 与 n 反方向，起制动作用，电机处于制动工作状态。

4. 最大转矩点

在图 13.15 的曲线中，T_{max} 为电机最大转矩，是电动机状态最大转矩点。对应于最大转矩点时的转差率用 s_m 来表示。

13.7.3 最大转矩及过载能力

由前分析知，异步电动机的机械特性曲线上在 $s=1$ 和 $s=0$ 之间有一个最大转矩。如果负载转矩大于最大转矩，电动机便会停转。因此有时最大转矩也称停转转矩。为了使电动机能稳定运行，不因短时过载而停转，就要求电机有一定的过载能力。异步电动机的过载能力用最大转矩 T_{max} 与额定转矩 T_N 之比表示，即 $K_M = \dfrac{T_{max}}{T_N}$。一般异步电动机的过载能力为 $1.6 \sim 2.2$，起重、冶金机械用的 JZ、JZR 系列电动机的过载能力更大，可达 $2 \sim 3$。

异步电动机的最大转矩可利用微积分中求极值的方法求得。从式(13.41)可知，异步电

机的电磁转矩 T 是转差率 s 的函数，令 $\dfrac{\mathrm{d}T}{\mathrm{d}s}=0$，可求得产生最大转矩时的转差率为

$$s_\mathrm{m} = \pm \frac{R'_2}{\sqrt{R_1^2+(X_{1\sigma}+X'_{2\sigma})^2}} \tag{13.42}$$

一般称 s_m 为临界转差率，其中负号是对应于异步电机作为发电机运行时的情况，把 s_m 的正值代入式(13.41)便得异步电动机的最大转矩为

$$T_\mathrm{max} = \frac{1}{\Omega_1} \frac{3U_1^2}{2[R_1+\sqrt{R_1^2+(X_{1\sigma}+X'_{2\sigma})^2}]} \tag{13.43}$$

由上式可得出如下结论：

(1) 异步电动机的**最大转矩与电源电压的 2 次方成正比**。

(2) 因为在一般异步电动机中，$R_1 \ll (X_{1\sigma}+X'_{2\sigma})$，所以可近似地认为**最大转矩与电抗 $(X_{1\sigma}+X'_{2\sigma})$ 成反比**。

(3) **最大转矩 T_max 的大小与转子电阻 R'_2 的数值无关，但产生最大转矩时的转差率 s_m 与转子电阻成正比**，R'_2 越大，s_m 也越大。

图 13.16 中表示出了不同转子电阻时机械特性曲线。在不同的转子电阻情况下，最大转矩的大小相等，但 s_m 随转子电阻成正比例增大。采用这种概念可以解决实际工作中的问题，尤其是可以改善三相绕线式异步电动机的起动性能和调速性能。

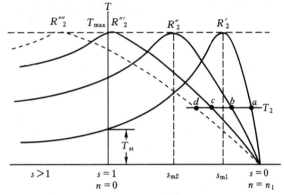

图 13.16 转子电阻对机械特性曲线的影响
$R''''_2 > R'''_2 > R''_2 > R'_2$

13.7.4 起动电流和起动转矩

异步电动机定子绕组刚刚接入电源，其转子待转动而未转动（即转差率 $s=1$）瞬间的转矩和电流分别被称为最初起动转矩和最初起动电流，分别简称起动转矩和起动电流，通常也分别被称为堵转转矩和堵转电流。由于最初起动时转子电流 I'_2 很大，励磁电流在起动电流中所占的比例很小，可以忽略不计。因而把 $s=1$ 代入式(13.40)可求得起动电流为

$$I_\mathrm{st} \approx I'_2 = \frac{U_1}{\sqrt{(R_1+R'_2)^2+(X_{1\sigma}+X'_{2\sigma})^2}} \tag{13.44}$$

同样在式(13.41)中，令 $s=1$，便可求得三相异步电动机的起动转矩为

$$T_\mathrm{st} = \frac{1}{\Omega_1} \frac{3U_1^2 R'_2}{(R_1+R'_2)^2+(X_{1\sigma}+X'_{2\sigma})^2} \tag{13.45}$$

假如要求异步电动机在起动时的转矩 T_st 为最大值，即产生最大转矩时的转差率 $s_\mathrm{m}=1$。根据式(13.42)，此时转子电阻应设计为

$$R'_2 = \sqrt{R_1^2+(X_{1\sigma}+X'_{2\sigma})^2}$$

对于绕线式转子异步电动机，R_2'是转子绕组每相电阻与串入绕组的附加电阻之和的折算值。实际的转子总电阻$R_2=\dfrac{R_2'}{k_z}$。

结论：

(1) 异步电动机的起动转矩与电压的2次方成正比。

(2) 总漏电抗$(X_{1\sigma}+X_{2\sigma}')$越大，起动转矩越小。

(3) 绕线式电动机起动时，可在转子回路外串适当的电阻以增大起动转矩，如图13.9所示。当$R_2'=\sqrt{R_1^2+(X_{1\sigma}+X_{2\sigma}')^2}$时起动转矩达最大值。

例 13.2 有一台异步电动机，$P_N=4\text{ kW}$，$2p=4$，$U_{1N}=380\text{ V}$（定子绕组△接法），$R_1=4.70\text{ }\Omega$，$X_{1\sigma}=6.70\text{ }\Omega$，$R_m=11.9\text{ }\Omega$，$X_m=188\text{ }\Omega$，$R_2'=3.18\text{ }\Omega$，$X_{2\sigma}'=9.85\text{ }\Omega$。试求：(1)转速为1442 r/min时的电磁转矩；(2)最大转矩；(3)起动电流及起动转矩。

解：(1) 转速$n=1442$ r/min时的转差率为

$$s=\dfrac{n_1-n}{n_1}=\dfrac{1500-1442}{1500}=0.038667$$

此时电磁转矩为

$$T=\dfrac{1}{\Omega_1}\dfrac{3U_{1N}^2\dfrac{R_2'}{s}}{(R_1+\dfrac{R_2'}{s})^2+(X_{1\sigma}+X_{2\sigma}')^2}$$

$$=\left[\dfrac{1}{\dfrac{2\pi\times 1500}{60}}\times\dfrac{3\times 380^2\times\dfrac{3.18}{0.038667}}{(4.70+\dfrac{3.18}{0.038667})^2+(6.70+9.85)^2}\right]\text{N}\cdot\text{m}$$

$$=\dfrac{4548.5}{157.08}\text{ N}\cdot\text{m}=28.957\text{ N}\cdot\text{m}$$

(2) 最大转矩为

$$T_{\max}=\dfrac{1}{\Omega_1}\dfrac{3U_{1N}^2}{2[R_1+\sqrt{R_1^2+(X_{1\sigma}+X_{2\sigma}')^2}]}$$

$$=\left\{\dfrac{1}{\dfrac{2\pi\times 1500}{60}}\times\dfrac{3\times 380^2}{2\times[4.70+\sqrt{4.70^2+(6.70+9.85)^2}]}\right\}\text{N}\cdot\text{m}$$

$$=62.952\text{ N}\cdot\text{m}$$

(3) 起动电流为

$$I_{st}=\dfrac{U_{1N}}{\sqrt{(R_1+R_2')^2+(X_{1\sigma}+X_{2\sigma}')^2}}$$

$$=\dfrac{380}{\sqrt{(4.70+3.18)^2+(6.70+9.85)^2}}\text{ A}$$

$$=20.731\text{ A}$$

起动转矩为

$$T_{st} = \frac{1}{\Omega_1} \frac{3U_{1N}^2 R_2'}{(R_1+R_2')^2+(X_{1\sigma}+X_{2\sigma}')^2}$$

$$= \left[\frac{1}{\frac{2\pi \times 1500}{60}} \times \frac{3 \times 380^2 \times 3.18}{(4.70+3.18)^2+(6.70+9.85)^2}\right] \text{N} \cdot \text{m}$$

$$= 26.101 \text{ N} \cdot \text{m}$$

13.7.5* 转矩的实用公式

一般工厂企业在计算电机的机械特性时，采用上述的公式很不方便，因为在电机的铭牌或产品目录上并不记载电机的电阻或电抗的数值。下面我们介绍一种简便的计算公式，即转矩实用公式，它可根据手册或产品目录中所给的数据，计算出某一转差率时的转矩值。转矩的实用公式推导如下：

把式(13.41)与式(13.43)相除，得

$$\frac{T}{T_{max}} = \frac{R_2'}{s} \times \frac{2 \times [R_1+\sqrt{R_1^2+(X_{1\sigma}+X_{2\sigma}')^2}]}{(R_1+\frac{R_2'}{s})^2+(X_{1\sigma}+X_{2\sigma}')^2}$$

$$= \frac{2R_2'[R_1+\sqrt{R_1^2+(X_{1\sigma}+X_{2\sigma}')^2}]}{s[R_1^2+(\frac{R_2'}{s})^2+\frac{2R_1R_2'}{s}+(X_{1\sigma}+X_{2\sigma}')^2]}$$

由式(13.42)，有 $\sqrt{R_1^2+(X_{1\sigma}+X_{2\sigma}')^2} = \frac{R_2'}{s_m}$

代入上式，得

$$\frac{T}{T_{max}} = \frac{2R_2'(R_1+\frac{R_2'}{s_m})}{s[(\frac{R_2'}{s_m})^2+(\frac{R_2'}{s})^2+\frac{2R_1R_2'}{s}]}$$

分子分母都乘以 $\frac{s_m}{R_2'^2}$，并整理之，得

$$\frac{T}{T_{max}} = \frac{2\frac{R_1}{R_2'}s_m+2}{\frac{s}{s_m}+\frac{s_m}{s}+2\frac{R_1}{R_2'}s_m}$$

不论 s 为何值，$\frac{s}{s_m}+\frac{s_m}{s} \geqslant 2$。$s_m$ 为 0.1～0.2。因此在上式中，$2\frac{R_1}{R_2'}s_m$ 比 2 小得多，并且在分子及分母中都有 $2\frac{R_1}{R_2'}s_m$ 项，为了进一步简化，可把分子及分母中的 $2\frac{R_1}{R_2'}s_m$ 项略去，于是

$$\frac{T}{T_{max}} = \frac{2}{\frac{s}{s_m}+\frac{s_m}{s}} \tag{13.46}$$

若已知 T_{max} 及 s_m，根据式(13.46)可以非常方便地求出转矩与转差率的关系。

在产品目录中往往给出电动机的过载能力 $K_M = \frac{T_{max}}{T_N}$ 及额定功率时的转差率 s_N，而没有给出 s_m。我们可以把 K_M、$s=s_N$ 代入式(13.46)来求 s_m 值：

$$\frac{T_N}{T_{max}} = \frac{1}{K_M} = \frac{2}{\frac{s_N}{s_m} + \frac{s_m}{s_N}}$$

解上面的方程式,可得

$$s_m = s_N(K_M + \sqrt{K_M^2 - 1}) \tag{13.47}$$

求得 s_m 后,可利用式(13.46)计算任何转差率时的转矩。

例 13.3[*] 某台 JZR2-52-8 绕线式三相异步电动机,从手册上查得额定功率 $P_N = 30$ kW,$U_{1N} = 380$ V(Y 接),$I_{1N} = 67.2$ A,$n_N = 722$ r/min,过载能力 $K_M = 3.08$。试求:(1)额定转矩及最大转矩;(2)机械特性曲线 $T = f(s)$。

解:(1) 额定转矩为

$$T_N = \frac{P_N}{\Omega} = \frac{P_N}{\frac{2\pi n_N}{60}} = 9.5493 \frac{P_N}{n_N} = \left(9.5493 \times \frac{30000}{722}\right) \text{N} \cdot \text{m} = 396.79 \text{ N} \cdot \text{m}$$

最大转矩为 $T_{max} = K_M T_N = (3.08 \times 396.79) \text{ N} \cdot \text{m} = 1222.11 \text{ N} \cdot \text{m}$

(2) 求取机械特性曲线额定负载时的转差率

$$s_N = \frac{750 - 722}{750} = 0.0373$$

由式(13.47)求出发生最大转矩时的转差率

$$s_m = s_N(K_M + \sqrt{K_M^2 - 1}) = 0.0373 \times (3.08 + \sqrt{3.08^2 - 1}) = 0.224$$

把 T_{max} 及 s_m 的值代入式(13.45),可得

$$\frac{T}{1222.1 \text{ N} \cdot \text{m}} = \frac{2}{\frac{s}{0.224} + \frac{0.224}{s}}; \text{即得 } T = \frac{2444.2}{\frac{s}{0.224} + \frac{0.224}{s}} \text{ N} \cdot \text{m}$$

把不同的 s 值代入上式,可求出相应的电磁转矩。计算所得的 T、s 数据见表 13.1。

表 13.1 例 13.3 计算所得 T、s 数据表

s	1	0.8	0.6	0.4	0.224	0.15	0.1	0.05	0.0375	0
$T/(\text{N} \cdot \text{m})$	521.9	635.7	801.5	1 059.4	1 221.3	1 130	909.4	518.9	397.3	0

根据上列数据画出 $T = f(s)$ 曲线如图 13.17 所示。

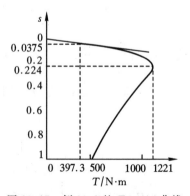

图 13.17 例 13.3 的 $T = f(s)$ 曲线

13.8 异步电动机的负载特性

异步电动机的负载特性是指在额定电压及额定频率时,电动机的转速 n(或转差率 s)、输出转矩 T_2、定子电流 I_1、效率 η、功率因数 $\cos\varphi$ 以及输入功率 P_1 等随输出功率 P_2 变化的关系。这种关系通常用几条工作特性曲线表示。GB/T 1032—2023 中说明,通过

负载特性试验可以求取并画出这些特性曲线。

为了保证电动机运行可靠、经济,国家标准中对电动机工作特性的指标都有具体规定。在设计及制造时必须保证电动机的性能满足所规定的技术指标。这些技术指标通常有三个:力能指标(η 和 $\cos\varphi$)、起动性能(I_{st}/I_N 和 T_{st}/T_N)、过载能力(T_{max}/T_N)。工作特性可以用等效电路算出,也可以用试验的方法测取。图 13.18 是一台 10 kW 异步电动机实验测出的工作特性曲线。各特性曲线在以下具体分析。

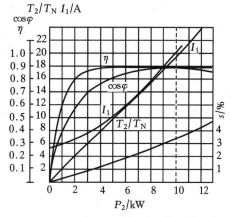

图 13.18 某异步电动机的工作特性曲线

1. 转差率特性 $s = f(P_2)$

根据式(13.27)和式(13.28)可知,转差率

$$s = \frac{p_{Cu2}}{P_M}$$

在一般电动机中,为了保证较高的效率,希望转子铜耗小,转差率 s 小。在额定负载时的转差率 s_N 为 0.015～0.06;容量大的电动机转差率较小,而容量小的电动机则转差率较大。异步电动机的转速 $n = (1-s)n_1$,由于在额定运行时 s 很小,所以额定转速与同步转速 n_1 相差很少。

异步电动机空载时 $P_2 = 0$,转子电流很小,转子铜耗也很小,因此 $s \approx 0$。随着负载的增大,转子电流增大,转子铜耗 p_{Cu2} 及电磁功率 P_M 都相应增大,但 p_{Cu2} 与转子电流的 2 次方成正比,而 P_M 与转子电流成正比,即 $P_M = \Omega_1 T = \Omega_1 C_T \Phi_1 I_2' \cos\varphi_2$,$p_{Cu2}$ 的增加速率较 P_M 快。因此随着输出功率 P_2 的增大,转差率 s 也增大。

2. 转矩特性 $T_2 = f(P_2)$

异步电动机的输出转矩 $T_2 = \dfrac{P_2}{\Omega}$,其中 $\Omega = \dfrac{2\pi n}{60}$,为转子的角速度。由于从空载到额定负载之间,异步电动机的转速 n 变化很小,所以 T_2 与 P_2 的关系曲线近似为一直线。只是考虑到 n 随 T_2 的增大有少量减小,故 $\dfrac{T_2}{T_N}$ 随 P_2 的变化曲线也微微上翘,如图 13.18 中所示。

3. 定子电流 $I_1 = f(P_2)$

异步电动机空载时,转子电流 $\dot{I}_2' \approx 0$,定子电流 $\dot{I}_1 = \dot{I}_m + (-\dot{I}_2') \approx \dot{I}_m$,几乎全部为励磁电流,用来产生磁通。当输出功率增大时,转子电流增大,定子电流中的负载分量也相应增大,考虑到转速的少量减少,所以 I_1 随 P_2 的曲线也微微上翘。

4. 效率特性 $\eta = f(P_2)$

异步电动机制效率为

$$\eta = \frac{P_2}{P_1} = \frac{P_2}{P_2 + p_{Cu1} + p_{Cu2} + p_{Fe} + p_m + p_\Delta} \tag{13.48}$$

中小型异步电动机额定负载时的效率 η_N 为 74%～94%,电动机容量较大时效率也较高。异步电动机的损耗可分为两大类:第一类为可变损耗,如定子铜耗、转子铜耗,当负载变化时它们随电流的 2 次方而变化;第二类为不变损耗,如定子铁耗及机械损耗,当异步电动机在额定功率范围内运转时,由于转速及气隙中的主磁通变化很小,铁耗及机械损耗可近似认为不变。当不变损耗与可变损耗相等时,电动机的效率达最大值。一般异步电动机的最大效率发生在 $(0.6 \sim 0.9)P_N$ 范围内。中小型三相异步电动机能效限定值及能效等级按照国标 GB/T 18613—2020 的规定执行。

5. 功率因数 $\cos\varphi_1 = f(P_2)$

异步电动机空载运行时,定子电流基本上是励磁电流用来产生主磁通,功率因数很低。通常 $\cos\varphi_0 < 0.2$。负载后电动机要输出机械功率。因此,电流中的有功分量增大,功率因数增加较快。在额定功率附近,功率因数达最大值。如果负载继续增大,由于转差率 s 增加较多,转子电流与电势间的相位角 $\varphi_2 = \arctan\dfrac{sX_{2\sigma}}{R_2}$ 增大较多,将引起转子回路的功率因数 $\cos\varphi_2$ 下降,从而导致异步电动机定子的功率因数 $\cos\varphi_1$ 逐渐减小。

因为异步电动机的效率及功率因数都是在额定功率附近达最大值,因此选用电动机时应使电动机的容量与负载相匹配。如果电动机的额定功率比负载功率大很多,使电动机长期在轻载下运行即产生了"大马拉小车"的问题,不仅设备费用高,并且此时的效率及功率因数也较低,很不经济。但也不能使电动机的额定功率小于生产机械所要求的功率,即产生了"小马拉大车"的问题,因为电动机过载运行时,电流很大,电动机中的损耗增大,将使电动机过分发热而损坏。三相异步电动机的负载特性试验方法具体按照国标 GB/T 1032—2023 的规定执行。

13.9* 三相异步电动机的参数测定

采用等效电路分析计算异步电动机的特性,应该预先知道等效电路的参数 R_1、R_2'、$X_{1\sigma}$、$X_{2\sigma}'$、R_m、X_m 以及机械损耗 p_m、附加损耗 p_Δ,这些都可以通过空载试验和堵转试验测定。其他试验问题及三相异步电动机的具体试验方法详见国标 GB/T 1032—2023。

13.9.1 空载试验

通过空载试验可确定异步电动机的励磁参数 R_m、X_m、铁耗 p_{Fe} 及机械损耗 p_m。试验条件是在额定电压和额定频率下进行,异步电动机轴上不带负载。电动机空载运行 30 min,机械损耗达到稳定,经调压器将电源电压调到额定电压的 1.2 倍,开始试验,逐步降低电压,测量 7～9 组值,每次记录三相的端电压、空载电流、空载功率和转速,当电压降到使电动机的电流回升时,即空载试验结束。根据记录数据,画出异步电动机的空载特性曲线,某电动机的空载特性曲线如图 13.19 所示。详见国标 GB/T 1032—2023。

1. 铁耗和机械损耗的确定

当异步电动机空载时,转子电流 I_2' 很小,转子铜耗可以忽略不计,输入功率几乎全部转化成定子铜耗 p_{Cu1}、铁耗 p_{Fe} 及机械损耗 p_m,即

$$p_0 \approx 3I_0^2 R_1 + p_{Fe} + p_m \tag{13.49}$$

从空载损耗中减去定子铜耗后,即得铁耗与机械损耗之和:

$$p_0 - 3I_0^2 R_1 \approx p_{Fe} + p_m \tag{13.50}$$

考虑到铁耗与磁通密度的 2 次方成正比,即与电压的 2 次方成正比;机械损耗仅与转速有关,在空载实验时,转速变化不大,则机械损耗 $p_0 - 3I_0^2 R_1 - p_{Fe}$ 可以认为是与电压大小无关的恒值。因此,将不同电压下的铁耗与机械损耗之和与端电压平方值画成曲线 $p_{Fe} + p_m = f(U_1^2)$,并将曲线延长相交横轴 $U_1 = 0$ 处,得交点 a,过 a 点作平行于横轴的虚线,虚线以下的纵坐标高度表示机械损耗,虚线以上的纵坐标高度表示对应于 U_1 大小的铁耗,$p_{Fe} + p_m = f(U_1^2)$ 曲线如图 13.20 所示。

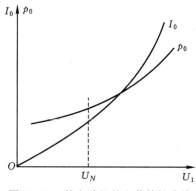

图 13.19 某电动机的空载特性曲线

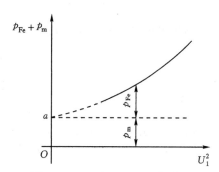

图 13.20 $p_{Fe} + p_m = f(U_1^2)$ 曲线

2. 励磁参数的确定

空载时,转差率 $s \approx 0$,等效电路中的附加电阻 $R_2'(1-s)/s \approx \infty$,即等效电路的转子边近似地呈开路状态,根据电路计算,可得励磁参数如下:

$$z_0 = \frac{U_1}{I_0}$$

$$R_m = \frac{p_{Fe}}{3I_0^2} \tag{13.51}$$

$$X_{1\sigma} + X_m = \sqrt{z_0^2 - (R_1 + R_m)^2}$$

$$X_m = \sqrt{z_0^2 - (R_1 + R_m)^2} - X_{1\sigma} \tag{13.52}$$

式中:R_1——定子绕组电阻,在试验开始前实测求得;

$X_{1\sigma}$——定子漏电抗,可由下面的堵转试验确定。

13.9.2 堵转试验

堵转试验(又称稳态短路试验)可以确定异步电动机转子电阻 R_2' 和定、转子电抗 $X_{1\sigma}$ 和 $X_{2\sigma}'$。堵转是指等效电路中的附加电阻 $R_2'(1-s)/s = 0$,即没有机械负载,$s=1, n=0$。因此,堵转试验是在转子堵转的情况下进行的。为了使试验时的短路电流不致过大,一般从 $U_1 = 0.4U_N$ 开始试验,然后逐步降低试验电压,测量 5~7 组值,每次记录定子端电压,定子堵转电流和堵转功率。约在 $0.4U_N$ 时,短路电流达到额定电流,为了避免定子绕组过热,试验应尽快完成。堵转电流 I_K、堵转转矩 T_K 和堵转功率 p_K 的测定详见国标 GB/T 1032—2023。

根据堵转试验数据,可以求得短路阻抗。由于 $n=0$,输出功率和机械损耗为零,试验的外加电压比较低,铁耗可以忽略不计,近似地认为全部输入功率都变成定子铜耗和转子铜耗

$$p_K = m_1 I_1^2 R_1 + m_1 I_2'^2 R_2'$$

由于 $z_m \gg z_2'$,可以认为励磁支路开路,$I_m \approx 0, I_2' \approx I_1 = I_K$,故

$$p_K = m_1 I_K^2 (R_1 + R_2') = m_1 I_K^2 R_K \tag{13.53}$$

$$R_K = \frac{p_K}{m_1 I_K^2} \qquad z_K = \frac{U_K}{I_K} \qquad X_K = \sqrt{z_K^2 - R_K^2}$$

式中 $\qquad R_K = R_1 + R_2' \qquad X_K = X_{1\sigma} + X_{2\sigma}'$

因此 $$R_2' = R_K - R_1 \tag{13.54}$$

定、转子漏抗可按以下近似方法处理:

$$X_{1\sigma} \approx X_{2\sigma}' \approx X_K/2 \tag{13.55}$$

本章小结

本章叙述了异步电动机的基本理论及其分析方法。本章的重点内容是:
(1) 异步电动机的电势平衡方程及磁势平衡方程;
(2) 对异步电动机转子进行频率的折算及绕组折算,从而推导出异步电动机等效电路;
(3) 通过解等效电路,求取电机的电流、功率、损耗及转矩;
(4) 推导出异步电动机机械特性和工作特性。

本章的主要公式如下:
(1) 转矩和电流公式

$$T = \frac{P_\Omega}{\Omega} = \frac{m_1 I_2'^2 R_2'/s}{\Omega_1} = \frac{m_1 E_2' I_2' \cos\varphi_2}{\Omega_1} = \frac{P_M}{\Omega_1} = C_T \Phi I_2' \cos\varphi_2$$

$$T = \frac{m_1}{\Omega_1} \cdot \frac{U_1^2 R_2'/s}{(R_1 + \frac{R_2'}{s})^2 + (X_{1\sigma} + X_{2\sigma}')^2}$$

$$T_{max} = \frac{m_1}{\Omega_1} \frac{U_1^2}{2[R_1 + \sqrt{R_1^2 + (X_{1\sigma} + X_{2\sigma}')^2}]}$$

$$s_m = \frac{R_2'}{\sqrt{R_1^2 + (X_{1\sigma} + X_{2\sigma}')^2}}$$

$$T_{st} = \frac{m_1}{\Omega_1} \cdot \frac{U_1^2 R_2'}{(R_1 + R_2')^2 + (X_{1\sigma} + X_{2\sigma}')^2}$$

$$I_{st} = \frac{U_1}{\sqrt{(R_1 + R_2')^2 + (X_{1\sigma} + X_{2\sigma}')^2}}$$

(2) *异步电动机转矩实用公式

$$T = \frac{2T_{max}}{\frac{s}{s_m} + \frac{s_m}{s}}$$

式中
$$\begin{cases} T_{\max} = K_M T_N \\ s_m = s_N(K_M + \sqrt{K_M^2 - 1}) \end{cases}$$

(3) 电磁功率:
$$P_M = T\Omega_1 = m_1 I_2'^2 R_2'/s = m_1 E_2' I_2' \cos\varphi_2$$

(4) 判断异步电动机性能优劣的指标:效率 η 要高,功率因数 $\cos\varphi_1$ 要大;最大转矩 $T_{\max}$ 要大,起动转矩 T_{st} 尽可能大,起动电流 I_{st} 尽可能小;温升要低;振动要小;噪声要小等。

习题与思考题

13-1 一台三相异步电动机,$P_N=75$ kW,$n_N=975$ r/min,$U_N=3000$ V,$I_N=18.5$ A,$\cos\varphi_N=0.87$,$f=50$ Hz。试问:(1)电动机的极数 $2p$ 是多少?(2)额定负载下的转差率 s_N 是多少?(3)额定负载下的效率 η_N 是多少?

13-2 一台异步电动机,当 $f=60$ Hz 时,$n_N=1650$ r/min。试问:(1) 电机的极数 $2p$ 是多少?(2) 若改用 $f=50$ Hz 的电源,额定转速 n_N 是多少?(设在两种情况下的额定转差率是相等的)

13-3 有一台 8 极异步电动机,$f=50$ Hz,额定转差率 $s_N=0.043$。试求:(1) 同步转速 n_1;(2) 额定转速 n_N;(3) $n=700$ r/min 时的转差率 s_1;(4) $n=800$ r/min 时的转差率 s_2;(5) 起动瞬间的转差率 s_{st}。

13-4 有一台三相绕线转子异步电动机,Y 接法,$2p=4$,$f_1=50$ Hz,$U_N=380$ V,$R_1=0.45$ Ω,$X_{1\sigma}=2.45$ Ω,$N_1=200$ 匝,$k_{w1}=0.94$,$R_2=0.02$ Ω,$X_{2\sigma}=0.09$ Ω,$N_2=38$ 匝,$k_{w2}=0.96$,$X_m=24$ Ω,$R_m=4$ Ω,机械损耗 $p_m=250$ W,转差率 $s=0.04$。试求:(1) 定、转子电路之间的阻抗变比 k_z;(2)(绘出)T 型等效电路;(3) 输入功率 P_1、输出功率 P_2 和效率 η。

13-5 有一台三相异步电动机,$U_N=380$ V,$n_N=1455$ r/min,$R_1=1.375$ Ω,$R_2'=1.047$ Ω,$R_m=8.34$ Ω,$X_{1\sigma}=2.43$ Ω,$X_{2\sigma}'=4.4$ Ω,$X_m=82.6$ Ω。定子绕组采用△接法。额定负载时机械损耗与附加损耗之和为 205 W。试求:(1)(绘出)等效电路;(2) 额定负载时的定子电流 I_1、功率因数 $\cos\varphi$、输入功率 P_1 和效率 η。

13-6 有一台绕线转子异步电动机,定、转子绕组均为三相,$U_N=380$ V,$f_1=50$ Hz,$n_N=1444$ r/min。每相参数:$R_1=0.4$ Ω,$R_2'=0.4$ Ω,$X_{1\sigma}=1$ Ω,$X_{2\sigma}'=1$ Ω,$X_m=40$ Ω,R_m 略去不计。定、转子绕组均为 Y 接法,且有效匝数比为 4。试求:(1) 满载时的转差率 s;(2)(绘出)近似等效电路;(3) $\dot{I}_1$、$\dot{I}_2'$ 和 $\dot{I}_m$;(4) 满载时转子每相电势 E_{2s} 的有效值和频率 f_2;(5) 总机械功率。

13-7 有一台三相异步电动机,$P_N=10$ kW,$U_N=380$ V,$n_N=1455$ r/min,$R_1=1.375$ Ω,$R_2'=1.047$ Ω,$R_m=8.34$ Ω,$X_{1\sigma}=2.43$ Ω,$X_{2\sigma}'=4.4$ Ω,$X_m=82.6$ Ω,定子绕组为△接法。试求:(1) 额定负载时的电磁转矩 T;(2) 转速 n 为多少时电磁转矩有最大值?

13-8 一台三相 6 极笼型异步电动机数据为:额定电压 $U_N=380$ V,额定转速 $n_N=957$ r/min,额定频率 $f_N=50$ Hz,定子绕组为 Y 接法,定子电阻 $R_1=2.08$ Ω,转子

电阻折算值 $R_2'=1.53\ \Omega$,定子漏电抗 $X_{1\sigma}=3.12\ \Omega$,转子漏电抗折算值 $X_{2\sigma}'=4.25\ \Omega$。用参数公式计算:(1)电磁转矩 T;(2)最大转矩 T_{max};(3)过载能力 K_M;(4)最大转矩对应的转差率 s_m。

13-9* 有一台三相4极定子绕组为 Y 接法的绕线式异步电动机,额定功率 $P_N=150$ kW,额定电压 $U_{1N}=380$ V,额定转速 $n_N=1460$ r/min,过载能力 $K_M=3.1$。试求:(1)额定转差率 s_N;(2)最大转矩对应的转差率 s_m;(3)额定转矩 T_N;(4)最大转矩 T_{max}。(用实用公式计算)

13-10 有一台三相异步电动机,输入功率 $P_1=8.6$ kW,定子铜耗 $p_{Cu1}=425$ W,铁耗 $p_{Fe}=210$ W,转差率 $s=0.034$。试求:(1)电磁功率 P_M;(2)转子铜耗 p_{Cu2};(3)总机械功率 P_Ω。

13-11 有一台三相异步电动机,$P_N=17.2$ kW,$f=50$ Hz,$2p=4$,$U_N=380$ V,$I_N=33.8$ A,定子绕组为 Y 接法。额定运行时的各项损耗分别为:$p_{Cu1}=784$ W,$p_{Cu2}=880$ W,$p_{Fe}=350$ W,$p_m+p_\Delta=280$ W。试求:(1)额定运行时的电磁转矩 T;(2)额定运行时的输出转矩 T_N;(3)额定转速 n_N。

13-12 异步电动机铭牌上标明 $n_N=2780$ r/min,$f_N=50$ Hz,问:该电动机的磁极对数 p 是多少?额定转差率 s_N 又是多少?如果铭牌上标明 $n_N=1710$ r/min,问:该电动机的额定频率 f_N 是多少?额定转差率 s_N 又是多少?

13-13 为什么异步电动机的转速一定低于同步转速,而异步发电机的转速则一定高于同步转速?如果没有外力帮助,转子转速能够达到同步转速吗?

13-14 简述转差率的定义,如何由转差率的大小范围来判断异步电动机的运行情况?

13-15 简述异步电动机的结构。如果气隙过大,会带来怎样不利的后果?

13-16 为什么笼型转子绕组不需要绝缘?

13-17 异步电动机额定电压、额定电流、额定功率的定义是什么?

13-18 绕线转子异步电动机,如果定子绕组短路,在转子边接上电源,旋转磁场相对顺时针方向旋转,问此时转子会旋转吗?转向又如何?

13-19 异步电动机的定、转子铁心如用非磁性材料制成,会出现什么后果?

13-20 把一台三相异步电动机的转子抽掉,而在定子绕组上加三相额定电压,会产生什么后果?

13-21 一台绕线转子异步电动机,如果在它的定、转子绕组上均接以 $f=50$ Hz 的三相电源,定、转子均产生旋转磁场,假定:(1)定、转子磁场旋转方向相同;(2)定、转子磁场旋转方向相反。问:转子是否会旋转,转速及转向又如何确定?

13-22 转子静止与转动时,转子边的电量和参数有何变化?

13-23 异步电动机转速变化时,为什么定、转子磁势之间没有相对运动?试证明:当异步电动机在发电机及制动状态运行时,定、转子磁势之间也没有相对运动。

13-24 用等效静止的转子来代替实际旋转的转子,为什么不会影响定子边的各种数量?定子边的电磁过程和功率传递关系会改变吗?

13-25 异步电动机等效电路中 $\dfrac{1-s}{s}R_2'$ 代表什么意义?能不能不用电阻而用一个电感或

电容来表示,为什么?
13-26 在分析异步电动机时,为什么要进行转子边的绕组折算和频率折算?如何折算?
13-27 为什么在异步电动机折算中,电压变比和电流变比之间的关系与变压器的不一样?
13-28 如何推导出异步电动机的电势、磁势平衡方程、等效电路,它们与变压器有何不同?
13-29 为什么说异步电动机的工作原理与变压器的工作原理类似?试分析它们有哪些相同的地方,有哪些重大的差别?
13-30 当异步电动机机械负载增加以后,定子方面输入电流增加,因而输入功率增加,其中的物理过程是怎样的?从空载到满载气隙磁通有何变化?
13-31 和同容量的变压器相比较,异步电动机的空载电流较大,为什么?
13-32 当外施电压与转子电阻改变时,异步电动机的 T-s 曲线的形状有怎样的变化?对最大转矩与最初起动转矩的影响又怎样?
13-33 什么电抗对异步电动机的最大转矩及最初起动转矩起主要影响?
13-34 某异步电动机,如果:(1) 转子电阻增加;(2) 定子漏电抗增加;(3) 电源频率增加。各对最大转矩、最初起动转矩有何影响?
13-35 异步电动机带额定负载时,如果电源电压下降过多会产生什么严重后果?

第14章 三相异步电动机的起动及速度调节

14.1 异步电动机的起动性能

当三相异步电动机的定子绕组接通三相对称电源，电动机从静止状态开始转动，然后升速到达稳定运行的转速，这个过程被称为起动过程。

衡量异步电动机起动性能最重要的指标是起动转矩 T_{st} 和起动电流 I_{st}，即该电动机的定子绕组外加电源后，转子待转还未转动起来的瞬间测量的转矩和电流值。

异步电动机起动电流最大值发生在 $n=0$，$s=1$ 的瞬间，此时的电流被称为起动电流 I_{st}，此时的转矩被称为起动转矩 T_{st}。随着转速上升，s 减小，起动电流会逐步减小到稳定值。

为了使电动机能够转动起来，并很快达到额定转速而正常运行，要求电动机具有足够大的起动转矩；同时，起动电流不能太大，以免在电网上产生较大的线路压降而影响接在电网上的其他设备的正常运行。

普通三相笼型异步电动机直接加额定电压起动时，起动电流较大，一般为 $I_{st}=(4\sim 7)I_N$，而起动转矩不是很大，一般 $T_{st}=(1\sim 2)T_N$。

起动电流较大的原因是，起动时，$n=0$，$s=1$，$\dfrac{R_2'}{s}$ 比正常运行时的值小很多，随之整个电动机的等效阻抗很小，引起起动电流很大。而起动转矩不大的原因，一是由于 $\dfrac{R_2'}{s}$ 的减小使得转子回路的功率因数很低，二是起动电流很大引起定子漏阻抗压降增大，使得起动瞬间的主磁通 Φ_1 约减小到额定时的一半，由式 $T=C_T\Phi_1 I_2'\cos\varphi_2$ 可知，虽然 I_2' 增大 4~7 倍，但 Φ_1 和 $\cos\varphi_2$ 的减小，使得起动转矩并不大。

笼型异步电动机具有结构简单、运行可靠、成本较低及坚固耐用等显著优点，但是，当其容量较大时，为防止起动电流太大，往往必须采取降压起动，这就使得起动转矩降低很多，所以它的起动性能不是很好。在对起动性能要求较高的场合，应考虑采用绕线式异步电动机或软起动等措施，以得到较小的起动电流和较大的起动转矩。

14.2 笼型异步电动机的起动方法

笼型异步电动机起动方法有：在额定电压下直接起动、降压起动和软起动。

14.2.1 直接起动

直接起动就是用闸刀开关或接触器把电动机直接接到具有额定电压的电源上进行起

动。三相异步电动机直接起动如图14.1所示。这种起动方法的优点是能够带负载起动,同时操作简单且无需辅助设备;缺点是起动电流较大。

对于电动机本身来说,笼型异步电动机都允许直接起动。直接起动方法主要是受电网配电变压器的容量限制,过大的起动电流可能使电压下降,影响接在同一电网上的其他设备的正常运行。

一般异步电动机的功率小于 7.5 kW 时允许直接起动,对于更大容量的电动机能否直接起动,要视配电变压器的容量和各地电网管理部门的规定。随着电力系统容量的不断增大,变频器驱动异步电动机越来越多,较大功率的笼型异步电动机采用直接起动有日益增多的趋势。

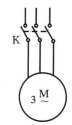

图 14.1 异步电动机直接起动图

14.2.2 降压起动

若电网的配电变压器的容量不够大,使得笼型异步电动机不能采取直接起动,在对于起动转矩要求不高的场合,就可以采取降低电动机电压的方法起动,简称降压起动。降压起动可以减小起动电流,同时也减小了电动机的起动转矩。下面介绍常用的几种降压起动方法。

1. 自耦变压器(起动补偿器)降压起动

利用自耦变压器降压起动的电路图如图 14.2 所示。设自耦变压器的电压变比为 k_a,经过自耦变压器降压后,加在电动机定子输入端的电压为 $\frac{1}{k_a}U_N$。此时电动机的起动电流 I'_{st} 便与电压成比例地减小,为额定电压下直接起动电流 I_{stN} 的 $\frac{1}{k_a}$,即 $I'_{st}=\frac{1}{k_a}I_{stN}$。

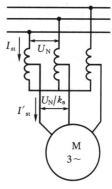

图 14.2 自耦变压器降压起动电路图

由于电动机接在自耦变压器二次侧,自耦变压器的一次侧接至电网,故电网所供给的起动电流为

$$I_{st}=\frac{1}{k_a}I'_{st}=\frac{1}{k_a^2}I_{stN}$$

由此可见,利用自耦变压器降压起动与直接起动相比较,电网所供给的起动电流减小至直接起动时的 $\frac{1}{k_a^2}$。由于端电压减小为 $\frac{1}{k_a}U_N$,因此起动转矩也减小至直接起动的 $\frac{1}{k_a^2}$。

起动用自耦变压器,也称起动补偿器,它备有多个引出线抽头,可以根据允许的起动电流以及负载所需要的起动转矩来选择。如 QJ2 型起动补偿器抽头分别为电源电压的 73%、64% 和 55%(即 $\frac{1}{k_a}=0.73,0.64$ 和 0.55),QJ3 型抽头分别为电源电压的 80%、60% 和 40%。

2. 星-三角(Y-△)起动

星-三角(Y-△)起动的接线电路图见图 14.3。在起动时应合上闸刀 K_1,须提前把 Y-△ 开关 K_2 合向起动位置(Y)。此时定子绕组为 Y 接法,定子每相绕组的电压为 $\frac{1}{\sqrt{3}}U_N$,其中

U_N 为电网的额定线电压。待电机转速接近额定转速时,把 Y-△开关 K_2 很快地合向运行位置(△),这时定子绕组改为△接法,定子每相绕组承受额定电压 U_N,起动过程结束。

星-三角(Y-△)起动只适合于正常运行时定子绕组是△接法的电动机。假设起动时电动机的每相阻抗为 Z,如果用△接法直接起动,每相绕组中的起动电流为 $\dfrac{U_N}{Z}$,于是起动时的线电流 $I_{st\triangle} = \sqrt{3}\dfrac{U_N}{Z}$,如图 14.4(a)所示。

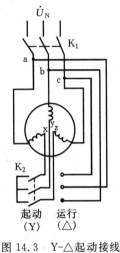

图 14.3 Y-△起动接线电路图

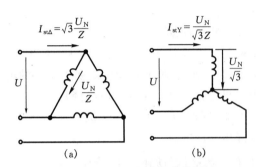

图 14.4 Y-△起动电流分析
(a) △接法全压起动电流;(b) Y 接法起动电流

如果在起动时把异步电动机的定子绕组改成 Y 接法,每相绕组所加电压为 $\dfrac{U_N}{\sqrt{3}}$,由于是 Y 接法,线电流等于相电流,因此起动电流 $I_{stY} = \dfrac{U_N}{\sqrt{3}Z}$,如图 14.4(b)所示。比较上两式,有

$$\frac{I_{stY}}{I_{st\triangle}} = \left(\frac{U_N}{\sqrt{3}Z}\right) \Big/ \left(\frac{\sqrt{3}U_N}{Z}\right) = \frac{1}{3}$$

即 Y 接法时,由电网供给的起动电流仅为△接法时的 $\dfrac{1}{3}$。Y-△起动电流分析如图 14.4 所示。

由于起动转矩与电压的 2 次方成正比,所以 Y 接法起动时的起动转矩也减少到△接法起动时的 $\dfrac{1}{3}$,即 $T_{stY} = \dfrac{1}{3}T_{st\triangle}$。

星-三角(Y-△)起动的优点是附加设备少,操作简便。所以现在生产的一般 4 kW 及以下功率的小型异步电动机常采用这种方法。为了便于采用 Y-△起动,小型异步电动机的定子绕组一般设计成△接法。

3. 定子绕组串电阻或电抗降压起动

这种起动方法是在笼型异步电动机的定子绕组电路中串入一个三相电阻器或电抗器,使电动机起动时一部分电压降落在电阻器或电抗器上,于是电动机上的电压就低于直接接于电网时的电压,从而减小了起动电流。定子绕组串电阻或电抗降压起动电路图见图14.5。

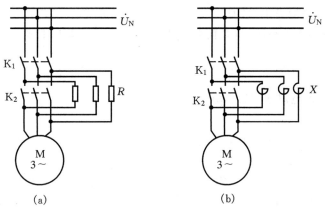

图 14.5 定子绕组串电阻或电抗降压起动电路图
(a)串电阻降压起动;(b)串电抗降压起动

起动时,先将开关 K_2 断开,当开关 K_1 合上时,电阻器或电抗器就串入定子电路起动,这时电动机的端电压 U_{st} 低于电源电压 U_N (其比值用 $k=\dfrac{U_N}{U_{st}}$ 表示),电动机的起动电流与直接起动相比成正比减小;待电动机的转速接近额定转速时,合上开关 K_2,使电阻器或电抗器短接,电动机便在额定电压下运行。

由于电动机的转矩与电压的 2 次方成正比,所以随着电压的降低,起动电流减小至原来的 $1/k$,起动转矩减小至原来的 $1/k^2$。

如果是串电阻起动,降压起动时电阻上的功率损耗较大;如果是串电抗降压起动,如图 14.5(b)所示,当合上开关 K_2 时,电抗器蓄存的能量将产生较大的短路电流。所以,这种方法仅用于起动转矩要求不高,而起动不太频繁的场合。

14.2.3 软起动

前面介绍的几种降压起动的方法都属于有级起动,起动的平滑性不高。应用一些自动控制线路组成的软起动器可以实现笼型异步电动机的无级平滑起动,这种起动方法被称为软起动。软起动器分为磁控式和电子式两种。磁控式软起动器由一些磁性控制元件(如磁放大器、饱和电抗器等)组成,由于它们体积大、较笨重、故障率高,现已被先进的电子式软起动器取代。

起动过程中,电动机所加的电压不是一个固定值,软起动装置输出电压按指定要求上升,使被控电动机电压由零按指定斜率上升到全电压,转速相应地由零加速到规定转速。软起动能保证电动机在不同负载下平滑起动,减小电动机起动时对电网的冲击,又减小电动机自身所承受的较大结构冲击力。

软起动器可以设定起始电压、电压上升方式、起动电流倍数等参数,以适应轻载、重载起动不同情况。

电子软起动器一般采用单片机进行智能化控制,使电动机在不同负载下平滑起动,既能改善起动性能,通常还配备断相、过流、过载、三相不平衡等多项保持功能,同时还能直接与计算机实现网络通信控制。

在实际应用中,笼型异步电动机不能采取直接起动方式时,应考虑选用软起动方式。

有关软起动器的详细介绍,可参阅相关书籍和资料。给异步电动机供电的变频器通常兼有软起动的功能。

14.3 绕线式异步电动机的起动

笼型异步电动机为了限制起动电流而采用降压起动方法时,电动机的起动转矩就与电动机端电压的 2 次方成比例地减小。因此对于不仅要求起动电流小,而且要求有相当大的起动转矩的场合,就往往不得不采用起动性能较好而价格较贵的绕线式电动机。

绕线式异步电动机的特点是可以在转子绕组中串入附加电阻,由异步电动机的机械特性可知,当异步电动机的转子回路串入适当的电阻时,由图 13.16 中的分析可知,这不仅可以减小起动电流,而且可以增大起动转矩,使异步电动机具有良好的起动性能。如果接入起动电阻 R_{st} 使转子绕组每相总电阻满足条件:$R_2' + R_{st}' = \sqrt{R_1^2 + (X_{1\sigma} + X_{2\sigma}')^2}$,则电动机的起动转矩为最大转矩,电动机起动较容易。

14.3.1 转子回路串电阻起动

为了使整个起动过程中尽量保持较大的起动转矩,绕线式异步电动机可以串入多级电阻,起动过程中采用逐级切除起动电阻的方法。绕线式三相异步电动机转子串电阻分级起动的接线图与机械特性如图 14.6 所示,图中 1C、2C、3C、4C 为接触器常开触点,R'、R''、R''' 为所串电阻。起动过程如下:

(1) 接触器触点 1C 闭合,2C、3C、4C 断开,绕线式异步电动机定子接额定电压,转子每相串入起动电阻($R'+R''+R'''$),电动机开始起动。起动点为机械特性曲线 3 上的 a 点,起动转矩为 $T_2(T_2<T_{max})$。

(2) 转速上升,到 b 点时,$T=T_1(>T_N)$,为了加大电磁转矩加速起动过程,此时接触器触点 2C 闭合,切除起动电阻 R'''。忽略异步电动机的电磁惯性,只计拖动系统的机械惯性,则电动机运行点从 b 变到机械特性曲线 2 上的 c 点,该点上电动机电磁转矩 $T=T_2$。

(3) 转速继续上升,到 d 点,$T=T_1$ 时,接触器触点 3C 闭合,切除起动电阻 R''。电动机运行点从 d 点变到机械特性曲线 1 上的 e 点,该点上电磁转矩 $T=T_2$。

(4) 转速继续上升,到 f 点,$T=T_1$,接触器触点 4C 闭合,切除起动电阻 R',运行点从 f 变为固有机械特性曲线上的 g 点,该点上 $T=T_2$。

(5) 转速继续上升,经 h 点最后稳定运行在 j 点,$T=T_N$。

(6) 起动过程结束。

对于有举刷装置的电动机,起动完毕后,还应利用该装置把转子绕组自行短路,并把电刷举起不和滑环接触,以防止运行时电刷的磨损,并减少摩擦损耗。由于绕线式异步电动机可以得到较大的起动转矩,同时起动电流较小,因此,起动困难的机械,如铲土机、卷扬机、起重用的吊车大多采用绕线式异步电动机。

小容量绕线式异步电动机起动用的变阻器由金属电阻丝绕成,容量较大的,将电阻丝浸

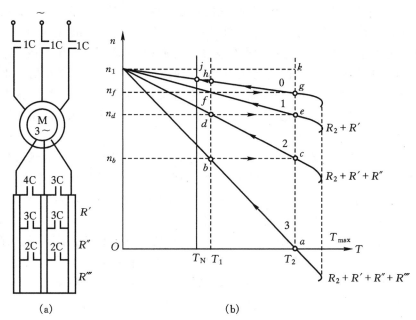

图 14.6 绕线式三相异步电动机转子串电阻分级起动
(a) 接线图；(b) 机械特性

在油内以加强散热。大容量电机的起动电阻有的用铸铁电阻片，有的用水电阻箱。一般来讲，起动电阻都是按短时运行方式设计的，如果长时间流过较大的电流，会因过热而损坏。

14.3.2 转子回路串频敏变阻器起动

采用电动机转子回路串入电阻器的方法起动，当逐段减小电阻器的电阻时，根据式(13.43)的结论(3)可知，转矩突然增大[图 14.6(b)]，会在机械上产生冲击，操作也较复杂。为了得到较好的机械特性，并简化起动时的操作，可以在转子绕组中接入**频敏变阻器**，这种变阻器的电阻值随着转子转速的上升(转子电流频率 f_2 下降)而自动减小。因此不必人工改变电阻，电动机就能平稳地起动起来。频敏变阻器分析图见图 14.7。

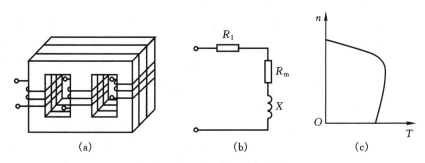

图 14.7 频敏变阻器分析图
(a)频敏变阻器示意图；(b)频敏变阻器等效电路；
(c)绕线式异步电动机接频敏变阻器后的起动转矩曲线

频敏变阻器的结构如图 14.7(a)所示,它的铁心是由几片或十几片较厚的钢板或铁板制成,三个铁心柱上绕有 Y 形接法的三相线圈,相当于一个只有一次侧的变压器。当频敏变阻器的线圈中流过交流电时,在铁心中便产生交变的磁通,并在铁心中产生铁耗。因为频敏变阻器的铁心用较厚的铁板叠成,磁通在铁心中引起的涡流损耗比普通变压器大得多。它的等效电路如图 14.7(b),其中 R_1 是线圈中的电阻,X 是线圈的电抗,R_m 是反映铁心损耗的等效电阻。由于涡流损耗与磁通交变的频率的 2 次方成正比,所以,R_m 也随着频率的 2 次方而改变。

电动机起动时,转子电流的频率 $f_2=f_1=50$ Hz,频敏变阻器铁心中的磁通变化频率较高,铁心损耗大,R_m 也大,相当于串在转子回路的电阻增大,可以限制起动电流,增大起动转矩;起动中随着转子转速的不断升高,转子绕组中的电流频率 $f_2=sf_1$ 逐渐降低,R_m 随之自动减少,正好满足系统对异步电动机起动的要求。

应用频敏变阻器时,整个起动过程中,开始转子回路频率最高,相当于串的电阻最大,以后频率逐步降低,所串电阻就自动减小,因此整个起动过程的转矩曲线是很平滑的(如图 14.7(c)所示),不会像分段切除起动电阻时引起转矩的冲击;当转子转速接近正常运行的转速时,转子电流的频率很低,反映铁心损耗的等效电阻 R_m 很小。起动过程完成后,应把频敏变阻器切除,转子绕组自行短路。

频敏变阻器是一种静止的无触点变阻器,它具有结构简单、材料和加工要求低、寿命长、使用、维护方便等优点,因而广泛地应用在绕线式异步电动机的起动中。

14.4 改善起动性能的三相笼型异步电动机

普通笼型异步电动机具有很多优点,但其直接起动电流较大,起动转矩却不大。虽然可以用降压起动的方法来减小它的起动电流,但其起动转矩也显著降低。为了改善这种电动机的起动性能,可以从转子槽形着手,利用"集肤效应",使起动时转子电阻增大,以增大起动转矩并减小起动电流,在正常运行时转子电阻又能自动减小,转子铜耗不大,不影响运行时的效率。转子采用深槽式与双笼型就是能改善起动性能的异步电动机。

1. 深槽式异步电动机

深槽式转子槽的分析图见图 14.8。深槽式异步电动机的定子结构与普通异步电动机的完全一样,但其转子结构对应的漏磁通分布如图 14.8(a)所示,它的槽形窄而深,通常槽深 h 与槽宽 b 之比 h/b 为 10~12。起动时,$s=1$,转子频率较高,$f_2=f_1$,转子漏电抗较大,成为漏阻抗的主要成分,因此各位置的电流近似地按照漏电抗的反比例来分析。在图 14.8(a)中,槽底部分的漏磁链最大,故漏电抗也最大,流过电流最少;而槽口部分的漏磁链最小,故漏电抗也最小,流过电流最多。于是大部分电流挤集于导体上部,这种现象就是电流的集肤效应。电流密度沿槽高的分布如图 14.8(b)所示,它是自下而上逐步增大。由于电流密度的不均匀分布,使槽底部分的导体在传导电流时所起的作用很小,这相当于导体有效高度及截面积缩小,如图 14.8(c),因而起动时,转子有效电阻显著增加,起动性能得到改善。当转速达到额定值后,转子频率较低,仅为 1~3 Hz,转子漏电抗很小,因此各位置的电流将按照它们电阻的反比例来分析。而各位置的电阻有着同样的大小,因此电流密度沿槽高均匀分布,

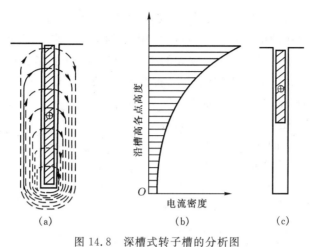

图 14.8 深槽式转子槽的分析图

(a)槽漏磁通的分布;(b)电流密度的分布;(c)转子导条的等效截面

此时转子导体的截面积全部得到利用,因而转子电阻便恢复到较低的正常数值。深槽式异步电动机起动时具有较大的转子电阻,可以改善它的起动性能,而正常运行时,转子电阻仍然减小到正常值,故电动机的运行效率不受影响。

因为深槽式转子槽形较深,转子槽漏磁通较多,转子槽漏电抗要比普通笼型转子大一些,因此深槽式异步电动机的功率因数和最大转矩都比同容量的普通笼型转子电机略低。

2. 双笼型异步电动机

双笼型转子槽型分析图见图 14.9。双笼型异步电动机的定子结构与普通笼型异步电动机的完全一样,但其转子结构及其漏磁通的分布如图 14.9(a)所示,转子上有两套分开的短路笼。上层笼通常由黄铜或铝青铜等电阻系数较大的材料制成;而下层笼则由电阻系数较小的紫铜制成。因而上笼比下笼的电阻大,即 $R_上 > R_下$。如果上、下笼由同一种材料制成,则两层导体的截面积必须选择适当,以保证 $R_上 > R_下$,如图 14.9(b)所示。此外,从图 14.9 可以看出:由于下笼匝链的漏磁通比上笼多,因而,下笼比上笼具有较大的电抗,即 $X_下 > X_上$。双笼型的特点是:上笼具有较大的电阻,较小

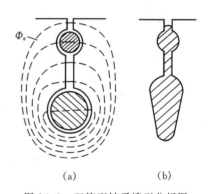

图 14.9 双笼型转子槽型分析图
(a)槽漏磁通的分布;
(b)同一材料的上下笼

的电抗,而下笼具有较小的电阻,较大的电抗。双笼型异步电动机改善起动性能的工作原理分析如下。

该电机的两套短路笼中的电流应该反比于它们的阻抗。在最初起动时,$s=1$,转子频率较高,$f_2=f_1$,转子漏电抗较大,成为漏阻抗的主要成分,因此上、下笼中的电流分布基本上反比于漏电抗,由于下笼的电抗大于上笼的,故电流都挤集于上笼。而上笼的电阻较大,功率因数较高,因此能产生较大的起动转矩。由于起动时上笼起着主要作用,故称它为起动笼,有时又叫起动器。

随着转速上升达到额定值,转子频率较低,与电阻相比漏电抗很小,故电阻成为阻抗中的主要成分。上、下笼中的电流近似地按照它们电阻的反比例来分配,而下笼的电阻要比上笼小,故下笼的电流显著地增大,产生较大的工作转矩。由于正常工作时下笼起着主要作用,故称它为运行笼。由于运行笼的电阻小,铜耗较小,故能保证正常运行时效率较高。

双笼型异步电动机的 $T=f(s)$ 曲线如图 14.10 所示,其中 $T_上$ 是起动笼所产生的转矩,$T_下$ 是运行笼所产生的转矩,这两个转矩的合成,便是双笼型转子异步电动机所产生的总转矩 T。从图中曲线可以看到:由于起动笼的存在,使起动转矩大为提高,同时,由于工作笼的存在,在额定负载下运行时,不至于因为过大的转差率而产生较大的转子铜耗。

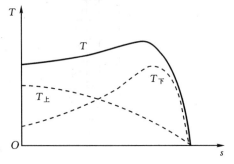

图 14.10 双笼型异步电动机的 $T=f(s)$ 曲线

双笼型异步电动机转子槽漏电抗也比同容量的普通笼型转子大一些,所以功率因数和最大转矩也稍低。改变上笼和下笼的几何尺寸或所用材料,可以比较灵活地获得所需要的机械特性曲线,这方面它优于深槽式异步电动机。

14.5 异步电动机的调速方法综述

异步电动机(特别是笼型异步电动机)具有结构简单、坚固耐用、维护简便、造价低廉、对环境要求不高及使用交流电源等特点,在工农业生产及很多领域得到了广泛的应用。但一般认为异步电动机的调速性能不如直流电动机好,在调速要求比较高的场合,总是使用直流电动机。随着现代控制理论和电力电子器件的发展及计算机控制的应用,异步电动机的变频调速技术得到了很大的提高,在调速性能、可靠性及造价等方面,都能与直流调速系统相媲美。随着设计研究工作的进一步提高,包括异步电动机调速在内的交流调速技术将在各个领域得到更广泛的应用,最终甚至可能取代直流调速系统。

从基本理论上讲,异步电动机的转速公式为

$$n = n_1(1-s) = \frac{60f_1}{p}(1-s)$$

由上式可知,改变异步电动机的转速可从三个方面入手:

(1) 改变电动机定子极对数。
(2) 改变电源频率。
(3) 改变电机的转差率。

这样,对应的就有各种不同的调速方法。对笼型异步电动机可以采用变极调速、变频调速和改变定子电压调速,对绕线型异步电动机还可以采用转子回路串电阻、串级调速等方法,另外还可以在转子轴上安装电磁滑差离合器进行调速。不同的调速方法有不同的特点,适用不同类型的负载。

下面几节分别介绍几种主要的常用调速方法。

14.6 三相异步电动机的变极调速

三相异步电动机定子绕组产生的旋转磁场的同步转速 $n_1 = \dfrac{60f_1}{p}$。在电源频率一定的情况下,改变定子绕组的极对数,同步转速 n_1 就发生变化。电动机的转速随之改变。

改变定子绕组极对数的方法有:

(1) 在定子中安放两套极对数不同的独立绕组。

(2) 在一套定子绕组中,改变它的连接方法,得到不同的极对数。

(3) 在定子槽中安放两套极对数不同的独立绕组,而每套独立绕组又可以分别改变它的连接方法。两种方法配合可以得到更多的调速极对数。

本节主要论述用一套定子绕组,改变它的连接方法,得到不同的极对数的方法,即单绕组变极异步电动机。

变极调速的方法只适用于笼型电机,所以变极调速异步电动机的转子都是笼型的,以便自动适应不同的极对数。

变极调速的优点是:设备简单,运行可靠,机械特性较硬,有适应恒转矩或恒功率调速能力。其局限性是:变极调速只能是一级一级地改变转速,而不是平滑地连续调节,主要用于只需要等级调速而不要求连续调节的场合。使用变极调速可以使设备的结构大为简化。此外,由于变极调速电动机在设计上要兼顾两种极对数下的性能,所以,在每一种速度下,其性能比同容量的普通单速异步电动机差一些。

14.6.1 单绕组变极三相异步电动机的变速原理

所谓单绕组变极异步电动机即使用一套绕组分析,通过改接得到不同的极对数。以定子绕组极数变化一倍时的改接方法来说明,变极调速原理图如图 14.11 所示。在图 14.11(a)

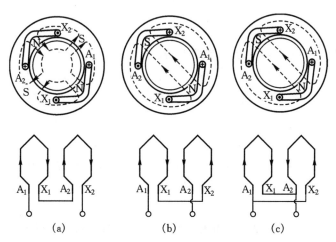

图 14.11 变极调速原理图
(a) 四极接线;(b) 两极串联接法;(c) 两极并联接法

的接法中,定子绕线产生的是四极磁势,同步转速是 1500 r/min。当把绕组的一半线圈 (A_2-X_2)反接后,线圈 A_2-X_2 中的电流方向就反了,这时定子绕组产生的是两极磁势,如图 14.11(b)及(c)所示。这种通过改变部分线圈电流方向达到改变电动机极数的方法,被称为电流反向变极法,其实质是使其一半导体电流方向改变即可变极变速。

由图可知,电机中线圈安装位置并不需要变动,只要将线圈的接线端引出,在电机的外部改变定子绕组的接法,就可以得到两种不同的极数,从而得到两种不同的转速,这种电动机被称为单绕组双速电动机。当然,要实现它需要更多的引出线,一般异步电动机三相引出 6 个接线端,单绕组双速电动机至少需要引出 9 个接线端。

比较图 14.11(b)和(c),它们都产生 2 极磁势,但在图(b)中两个线圈 A_1-X_1 及 A_2-X_2 是串联的,图(c)中 A_1-X_1 及 A_2-X_2 是并联的,可以根据电动机变极后的负载的要求来选择串联或并联。

14.6.2 单绕组变极三相异步电动机的转动方向分析

需要注意,在单绕组变极异步电动机绕组连接改变后,应将 B、C 两个引出端交换,才能保持两种转速下的转向相同。变极后三相间电角度分析图如图 14.12 所示。因为在少极数时,B、C 两相与 A 相的相位关系分别为滞后 120°、240°,如图 14.12(a)所示;而改为倍极时,空间的电角度增加一倍,而引线端未变,此时三相引出端中,B 相滞后 A 相 240°,C 相滞后 A 相 480°(即滞后 120°),如图 14.12(b),此时三相绕组的相序实际上为 A→C→B。因此,单绕组变极调速的同时转向也改变了,若要保持原转向时,就需将任意两相引出线对调。

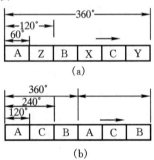

图 14.12 变极后三相间电角度分析图
(a)少极时为 60°相带;(b)多极时为 120°相带

14.6.3 变极三相电动机接法及其功率与转矩的关系

改变定子绕组接线方式使半相绕组电流反向,从而实现变极。还有其他方法,下面仅介绍两种常用的典型的变极方法(设其为倍极比变速,即高速比低速的速度高一倍),然后定性分析两种极数下功率和转矩的特点。

1. △-YY 变极调速

△和 YY 是指变极调速时,两种极数的接法。其中,低速接法为△,高速接法为 YY,△-YY 变极调速分析图如图 14.13 所示。图 14.13(b)与图 14.13(a)相比,一半绕组的电流反向,实现了变极。

两种运行情况下,若同时要保持电源电压 U_1 不变,且设每个线圈允许流过的电流为 I_p,则电动机在不同极数时允许的输出功率为

$$P_{2(\triangle)} = 3U_1 I_p \eta_{(\triangle)} \cos\varphi_{(\triangle)} \tag{14.1}$$

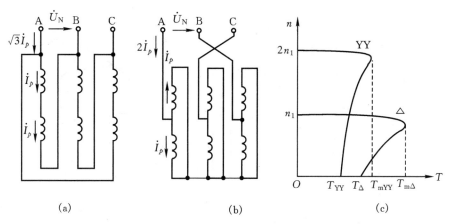

图 14.13　△- YY 变极调速分析图
(a) 低速接法:△,同步转速 n_1;(b) 高速接法:YY,同步转速 $2n_1$;
(c) △- YY 变极调速机械特性

$$P_{2(YY)} = 3\frac{U_1}{\sqrt{3}} \times 2I_p\eta_{(YY)}\cos\varphi_{(YY)} \tag{14.2}$$

$$\frac{P_{2(YY)}}{P_{2(\triangle)}} = \frac{2}{\sqrt{3}} = 1.1547 \tag{14.3}$$

其中下标"(△)"为低速的量,下标"(YY)"为高速的量。若不考虑两种极数下 $\cos\varphi$ 和 η 的变化,则由上式可以看出,在△- YY 接法时,两种极数下绕组中流过相同电流的前提下,电动机的转速增大一倍,输出功率只增大 15.47%。

两种极数下运行的输出转矩为

$$T_{2(\triangle)} = \frac{P_{2(\triangle)}}{\Omega} \tag{14.4}$$

$$T_{2(YY)} = \frac{P_{2(YY)}}{2\Omega} \tag{14.5}$$

$$\frac{T_{2(\triangle)}}{T_{2(YY)}} = 2\frac{P_{2(\triangle)}}{P_{2(YY)}} = 2 \times \frac{\sqrt{3}}{2} = 1.7321 \tag{14.6}$$

式中:Ω 是转子旋转的角速度。由式(14.6)可知,低速时的输出转矩为高速时的 1.7321 倍。

由上面分析可知,当绕组的线圈中流过相同的电流时,△- YY 接法适合带动恒功率类型的负载运行。

2. Y - YY 变极调速

低速接法为 Y,高速接法为 YY,Y - YY 变极调速分析图见图 14.14。图 14.14(b)与图 14.14(a)相比,一半绕组的电流反向,实现了变极。

若保持电源电压 U_1 不变,且设每个线圈允许流过的电流为 I_p,则电动机在不同极数时允许的输出功率为

$$P_{2(Y)} = 3\frac{U_1}{\sqrt{3}}I_p\eta_{(Y)}\cos\varphi_{(Y)} \tag{14.7}$$

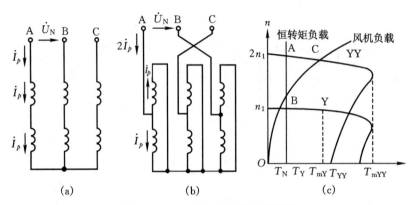

图 14.14　Y-YY 变极调速分析图

(a)低速时 Y 接法,$2p$ 个极,同步速 n_1;(b)高速时 YY 接法,p 个极,同步速 $2n_1$;
(c) Y-YY 变极调速机械特性

$$P_{2(YY)} = 3\frac{U_1}{\sqrt{3}}2I_p\eta_{(YY)}\cos\varphi_{(YY)} \tag{14.8}$$

其中,下标"(Y)"为低速的量,下标"(YY)"为高速的量。

若不考虑两种极数下 $\cos\varphi$ 和 η 变化,则有

$$\frac{P_{2(YY)}}{P_{2(Y)}} = 2 \tag{14.9}$$

由上式可以看出,在 Y-YY 接法时,两种极数下绕组中流过相同电流的前提下,高速时比低速时电动机允许的输出功率增大一倍。

两种极数下运行的输出转矩为

$$T_{2(Y)} = \frac{P_{2(Y)}}{\Omega} \tag{14.10}$$

$$T_{2(YY)} = \frac{P_{2(YY)}}{2\Omega} \tag{14.11}$$

$$\frac{T_{2(Y)}}{T_{2(YY)}} = \frac{P_{2(Y)}2\Omega}{P_{2(YY)}\Omega} = 1 \tag{14.12}$$

式中:Ω 是转子旋转的角速度。由式(14.12)可知,两种转速下电动机的输出转矩接近不变。

由上面分析可知,当绕组的线圈中流过相同的电流时,Y-YY 接法适合带动恒转矩类型的负载运行。

14.7　异步电动机变频调速

当改变电源的频率 f_1 时,异步电动机的同步转速 $n_1 = \dfrac{60f_1}{p}$ 与频率成正比变化,于是异步电动机转速 n 也随之改变。所以改变电源的频率就可以调节异步电动机的转速。

额定频率被称为基频。变频调速时可以从基频向上调(亦转速从基速向上调),也可以从基频向下调(转速从基速向下调),但两种方式各自必须满足一定的要求。

14.7.1 从基频向低变频调速

三相异步电动机每相电压为

$$U_1 \approx E_1 = 4.44 f_1 N_1 k_{w1} \Phi_1$$

如果降低电源频率时还保持电源电压额定不变,则随着 f_1 下降,磁通 Φ_1 增加。电动机磁路本来就刚进入饱和状态,Φ_1 增加,磁路就过饱和,励磁电流会急剧增加,这是不允许的。因此,降低电源频率时,必须同时降低电源电压。降低电源电压 U_1 主要有两种控制方法。

1. 保持 $\dfrac{E_1}{f_1}$ = 常数

降低频率 f_1 调速,保持 $\dfrac{E_1}{f_1}$ = 常数,则 Φ_1 = 常数,是恒磁通控制方式。

在这种变频调速过程中,电动机的电磁转矩为

$$T = \frac{P_M}{\Omega_1} = \frac{m_1 {I'_2}^2 \dfrac{R'_2}{s}}{\dfrac{2\pi n_1}{60}} = \frac{m_1 p}{2\pi f_1} \left[\frac{E'_2}{\sqrt{\left(\dfrac{R'_2}{s}\right)^2 + (X'_{2\sigma})^2}} \right]^2 \frac{R'_2}{s}$$

$$= \frac{m_1 p f_1}{2\pi} \left(\frac{E_1}{f_1}\right)^2 \frac{\dfrac{R'_2}{s}}{\left(\dfrac{R'_2}{s}\right)^2 + {X'_{2\sigma}}^2}$$

$$= \frac{m_1 p f_1}{2\pi} \left(\frac{E_1}{f_1}\right)^2 \frac{1}{\dfrac{R'_2}{s} + \dfrac{s {X'_{2\sigma}}^2}{R'_2}} \tag{14.13}$$

求出最大转矩 $T_{\max}$ 及相应的临界转差率 s_m:

$$\frac{dT}{ds} = \frac{m_1 p f_1}{2\pi} \left(\frac{E_1}{f_1}\right)^2 \frac{-\left(-\dfrac{R'_2}{s^2} + \dfrac{{X'_{2\sigma}}^2}{R'_2}\right)}{\left(\dfrac{R'_2}{s} + \dfrac{s {X'_{2\sigma}}^2}{R'_2}\right)^2} = 0 \tag{14.14}$$

得

$$s_m = \frac{R'_2}{X'_{2\sigma}} = \frac{R'_2}{2\pi f_1 L'_{2\sigma}} \tag{14.15}$$

把式(14.15)代入式(14.13),此时 $s = s_m$,则

$$T_{\max} = \frac{1}{2} \frac{m_1 p}{2\pi} \left(\frac{E_1}{f_1}\right)^2 \frac{1}{2\pi L'_{2\sigma}} = 常数 \tag{14.16}$$

式中:$L'_{2\sigma}$ 为转子静止时漏电感系数折算值,$X'_{2\sigma} = 2\pi f_1 L'_{2\sigma}$。

最大转矩处的转速降落为

$$\Delta n_m = s_m n_1 = \frac{R'_2}{X'_{2\sigma}} \frac{60 f_1}{p} = \frac{R'_2}{2\pi L'_{2\sigma}} \frac{60}{p} = 常数 \tag{14.17}$$

从式(14.16)与式(14.17)看出:变频调速时,若保持 $\dfrac{E_1}{f_1}$ = 常数,最大转矩 $T_{\max}$ = 常数,与频率无关,并且最大转矩处转速降落相等,也就是不同频率的各条机械特性是平行的,硬度相同。

根据式(14.13)画出此时的机械特性曲线,得到恒磁通变频调速机械特性曲线如图 14.15 所示。这种调速方法与他励直流电动机降低电源电压调速类似,机械特性较硬,调速范围宽,而且稳定性好。由于频率可以连续调节,因此变频调速为无级调速,平滑性好。另外,电动机在不同转速下正常运行时,转差率 s 均较小,因此转子电阻损耗 sP_M 较小,效率较高。

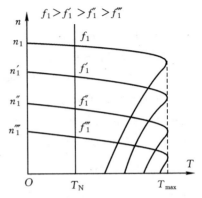

图 14.15 恒磁通变频调速机械特性曲线

可以证明,保持 $\dfrac{E_1}{f_1}$ = 常数的变频率调速方法为恒转矩调速方式,证明从略。

2. 保持 $\dfrac{U_1}{f_1}$ = 常数

由电磁转矩公式求导可得

$$s_\mathrm{m} = \frac{R_2'}{\sqrt{R_1^2+(X_{1\sigma}+X_{2\sigma}')^2}} \tag{14.18}$$

$$\begin{aligned}
T_\mathrm{max} &= \frac{1}{2}\frac{m_1 p U_1^2}{2\pi f_1[R_1+\sqrt{R_1^2+(X_{1\sigma}+X_{2\sigma}')^2}]} \\
&= \frac{1}{2}\frac{m_1 p}{2\pi}\left(\frac{U_1}{f_1}\right)^2 \frac{f_1}{R_1+\sqrt{R_1^2+(X_{1\sigma}+X_{2\sigma}')^2}}
\end{aligned} \tag{14.19}$$

从式(14.19)看出,保持 $\dfrac{U_1}{f_1}$ = 常数,降低频率调速时, $T_\mathrm{max}\neq$ 常数。$(X_{1\sigma}+X_{2\sigma}')$ 是随着电源频率下降而变小的参数,但是 R_1 与频率无关。

分两种情况讨论:(1)当 f_1 接近额定频率时, $R_1 \ll (x_{1\sigma}+x_{2\sigma}')$,随着 f_1 下降 T_max 下降不多,基本接近恒磁通调速的特性;(2)当 f_1 较低时, $(x_{1\sigma}+x_{2\sigma}')$ 比较小, R_1 相对较大,这时随着 f_1 下降 T_max 下降较大。

保持 $\dfrac{U_1}{f_1}$ = 常数时变频调速的机械特性曲线如图 14.16 所示。其中虚线部分是恒磁通调速时 T_max = 常数的机械特性,以示比较。显然保持 $\dfrac{U_1}{f_1}$ = 常数时的机械特性不如保持 $\dfrac{E_1}{f_1}$ = 常数时的机械特性,特别在低频低速运行时,还可能会拖不动负载。

保持 $\dfrac{U_1}{f_1}$ = 常数,降低频率调速近似为**恒转矩调速**方式,证明从略。

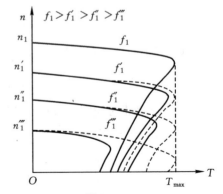

图 14.16 保持 $\dfrac{U_1}{f_1}$ = 常数时变频调速的机械特性曲线

14.7.2 从基频向高变频调速

电源电压高于电机的额定电压是不允许的,因此由基频升高频率向上调速时,只能保持电压 U_N 不变,频率越高,同步转速越高,磁通 Φ_1 越小。所以这是一种减小磁通升速的方法,好似他励直流电动机弱磁调速。

由电磁转矩公式求导,且考虑由于 f_1 较高,R_1 比 $X'_{2\sigma}$、$X'_{1\sigma}$ 及 $\dfrac{R'_2}{s}$ 都小得多,忽略 R_1,故最大转矩

$$T_{max} = \frac{1}{2} \frac{m_1 p U_1^2}{2\pi f_1 [R_1 + \sqrt{R_1^2 + (X_{1\sigma} + X'_{2\sigma})^2}]}$$

$$\approx \frac{1}{2} \frac{m_1 p U_1^2}{2\pi f_1 (X_{1\sigma} + X'_{2\sigma})} \propto \frac{1}{f_1^2} \tag{14.20}$$

$$s_m = \frac{R'_2}{\sqrt{R_1^2 + (X_{1\sigma} + X'_{2\sigma})^2}} \approx \frac{R'_2}{X_{1\sigma} + X'_{2\sigma}}$$

$$= \frac{R'_2}{2\pi f_1 (L_{1\sigma} + L'_{2\sigma})} \propto \frac{1}{f_1} \tag{14.21}$$

最大转矩处的转速降落

$$\Delta n_m = s_m n_1 = \frac{R'_2}{2\pi f_1 (L_{1\sigma} + L'_{2\sigma})} \frac{60 f_1}{p} = 常数 \tag{14.22}$$

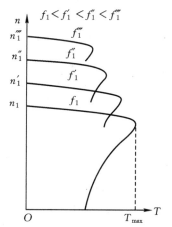

图 14.17 U_N 不变时从基频向上调时的异步电动机机械特性曲线

由此可知,频率越高,T_{max} 越小,s_m 也越小,U_N 不变时从基频向上调时的异步电动机的机械特性曲线如图 14.17 所示。由 Δn_m 近似不变可知,其运行段近似平行。

可以证明,升高 f_1,保持 U_N 不变的变频调速方法,近似为恒功率调速方式,证明从略。

综上所述,三相异步电动机变频调速具有以下几个特点:

(1) 调速范围大。
(2) 转速稳定性好。
(3) 频率 f_1 可以连续调节,变频调速为无级调速。
(4) 从基频向下调速,要保持磁通基本不变,为**恒转矩调速**;从**基频向上调速**,要保持电压 U_N 不变,**近似为恒功率调速**。

异步电动机变频调速具有很好的调速性能,可与直流电动机调速相媲美。

14.8 异步电动机改变定子电压调速

异步电动机的电磁转矩与定子电压 U_1 的 2 次方成正比。通过调节定子电压,可以改变电动机的机械特性曲线,从而改变电动机在一定输出转矩下的转速,此过程被称为调压调

速。三相异步电动机调压调速接线原理图如图 14.18 所示。

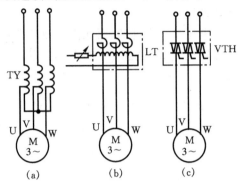

图 14.18 三相异步电动机调压调速接线原理图
(a)用自耦变压器实现调压调速；(b)用饱和电抗器实现调压调速；
(c)用双向晶闸管交流调压器实现调压调速

异步电动机调压调速是一种比较简便的调速方法。过去主要利用自耦变压器或饱和电抗器串在定子三相电路中实现，其原理图分别如图 14.18(a)和(b)所示。目前多用晶闸管交流调压器串在定子三相电路中实现如图 14.18(c)所示。在电源电压不变的情况下，通过调节自耦变压器 TY 或饱和电抗器的励磁电流，改变施加在电动机定子绕组上的电压；或者改变晶闸管的导通角，调节电动机的端电压。

由异步电动机的机械特性分析可以得知，电磁转矩与最大转矩都随 U_1 的 2 次方成正比变化，而出现最大转矩对应的转差率 s_m 保持不变。图 14.19 中表示了异步电动机在 $U_1 = U_N$、$U_1 = 0.7U_N$ 和 $U_1 = 0.5U_N$ 时的 3 条机械特性曲线。

由图可见，当带恒转矩负载时，改变定子电压 U_1，可以得到 A、B、C 等点的不同转速，达到调速的目的。但该方法调速范围较小，在空（或轻）载时调速范围更小或转速基本不变。D 点为不稳定工作点。在稳定工作点 A、B、C 点，转

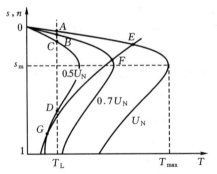

图 14.19 异步电动机在不同电压下的
机械特性曲线

差率的变化范围为 $0 \sim s_m$。可以看出，普通笼型异步电动机带恒转矩负载不适宜采用调压调速方法。

如果带风机水泵等平方转矩类负载，则工作点为 E、F，特别在超过 s_m 的 G 点也可以运行，但要注意，在超过 s_m 时可能出现过电流现象。对风机、水泵类负载采用调压调速可以较大范围内调节电动机的转矩，可取得明显的节能效果，比较适合采用这种方法。

对转子电阻较大、s_m 较大、有较软机械特性的异步电动机，采用调压调速可以得到较宽的调速范围。为了得到较好的转速稳定性，还可以采用具有速度负反馈的闭环控制系统。

14.9 绕线式转子异步电动机调速

绕线式转子异步电动机主要有在转子回路串电阻调速与串级调速两种调速方法。

14.9.1 在转子回路中串电阻调速

在绕线式电动机转子回路中接入调节电阻 R_{tj},电动机的机械特性曲线 $T=f(s)$ 的形状将发生变化,绕线式三相异步电动机转子串电阻调速分析图见图 14.20。串接的电阻愈大,产生最大转矩时的转差率也愈大。

假设在不同的转速时总负载转矩 T_Z 恒定不变,当转子电路未接入电阻时,电动机稳定运行在 a 点,这时电动机产生的转矩刚好与总负载转矩 T_Z 相平衡。当电动机的转子回路突然接入电阻 R'_{tj1},由于转子的惯性,电动机的转速还来不及变化,转子电势也未变,于是转子中的电流便因电阻的增加而减小,使电磁转矩也减小。这时电动机产生的转矩小于负载转矩而使转速下降。随着转子转速的下降,转差率 s 增大,电动机的转子电势及电流也逐渐增大,使电动机产生的转矩又重新增大。在 b 点电动机产生的转矩与负载转矩相等,又建立了新的相对平衡而稳定运行,这时电动机的转速降低了,达到了调速的目的。

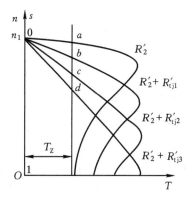

图 14.20 绕线式三相异步电动机转子串电阻调速分析图

如再增大调节电阻的数值,电动机便将在更低的转速下运行。

例如,电动机工作于图 14.20 机械特性曲线上的 a 点与 b 点,由于带动恒转矩负载,因而 $T_a = T_b$,用电磁转矩参数公式表示则为

$$T_a = \frac{m_1}{\frac{2\pi f}{p}} \frac{U_1^2 R'_2/s_a}{(R_1 + \frac{R'_2}{s_a})^2 + (X_{1\sigma} + X'_{2\sigma})^2}$$

$$= T_b = \frac{m_1}{\frac{2\pi f}{p}} \frac{U_1^2 \frac{R'_2 + R'_{tj1}}{s_b}}{(R_1 + \frac{R'_2 + R'_{tj1}}{s_b})^2 + (X_{1\sigma} + X'_{2\sigma})^2}$$

比较后发现,上式要成立,必有

$$\frac{R'_2}{s_a} = \frac{R'_2 + R'_{tj1}}{s_b} \tag{14.23}$$

等式两边同除以阻抗变比 k_Z,则有

$$\frac{R_2}{s_a} = \frac{R_2 + R_{tj1}}{s_b} \tag{14.24}$$

也就是说,异步电动机带动恒转矩负载工作于 a 点或 b 点,转子中等效总电阻没有变化,转子回路中总阻抗没有变化,定子回路阻抗也没有变化,所以转子回路电流 $\dot{I}'_2$、定子回路电流 $\dot{I}_1$ 不变。根据式(14.24)可以方便地求出满足调速要求的附加电阻 R_{tj1}。

在转子回路串电阻调速的缺点是损耗太大,因为这时有相当一部分功率消耗在调节电阻上。

前面已学过,由定子传送到转子的电磁功率 $P_M = T\Omega_1$,其中 Ω_1 为同步角速度,如果调速过程中 T 不变,P_M 也就保持不变。而电动机产生的机械功率 $P_\Omega = T\Omega$,其中 $\Omega = \frac{2\pi n}{60}$ 为转子角速度,所以 P_Ω 与转速成比例地减小,其余的功率便消耗在转子回路的电阻上。转速愈低,消耗在调节电阻上的功率愈多,电动机的效率也愈低。

在转子回路中串入电阻的调速方法只能用于绕线式电动机。这种方法虽然不经济,但是因为比较简单,在中小容量的绕线式电动机中还用得较多。例如使用交流电源的桥式起重机,目前很大部分采用这种方法调速。

风机水泵类负载 $T \propto n^2$,$P \propto n^3$,随着转速下降,所需功率大大下降,因而 P_M 及 P_1 也大大下降,从而节省了电能。

14.9.2 在转子回路接入附加电势调速——串级调速

1. 串级调速原理

转子回路串电阻调节转速时,将在调节电阻中消耗很大的功率,特别在大容量电机中更为突出。为了使这部分功率不消耗掉,可以采取在转子回路接入附加电势的调速方法。转子回路相量图分析如图 14.21 所示。

在转子中没有接入附加电势时,电机的转差率为 s,转子电流为

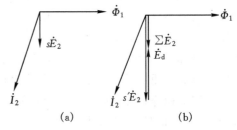

图 14.21 转子回路相量图分析
(a)未串附加电势;(b)串附加电势后

$$\dot{I}_2 = \frac{\dot{E}_{2s}}{R_2 + jX_{2\sigma s}} = \frac{s\dot{E}_2}{R_2 + jsX_{2\sigma}} \quad (14.25)$$

$\dot{I}_2$ 与 $s\dot{E}_2$ 的相量关系如图 14.21(a)所示。

现在在转子回路中接入一个和转子电势同相数、同频率的附加电势 $\dot{E}_d$,则转子每相电流

$$\dot{I}_2 = \frac{s\dot{E}_2 + \dot{E}_d}{R_2 + jsX_{2\sigma}} \quad (14.26)$$

假如附加电势 $\dot{E}_d$ 的相位与 $s\dot{E}_2$ 刚好相反,当附加电势 $\dot{E}_d$ 刚接入的瞬间,转子中的合成电势减小,转子电流 $\dot{I}_2$ 及电磁转矩 T 也随之减小。如果负载转矩 T_c 是恒定值,这时电动机产生的转矩便小于负载转矩,而使电动机减速,转差率 s 增大。根据公式(14.26)可知,当 s 增大时,转子回路的合成电势将增大,转子电流及电磁转矩也将随之增大,直到转差率为 s' 时又使电动机产生的电磁转矩重新满足了 $T = T_c$,于是电动机便在较大的转差率 s' 下稳定运行。这时 $\dot{I}_2$ 与转子回路的合成电势 $\sum \dot{E}_2$ 的相量关系如图 14.21(b)所示。很明显,在转子回路中串入附加电势可以调节电动机的转速,串入的电势 $\dot{E}_d$ 愈大(指 $\dot{E}_d$ 的相位与 $s\dot{E}_2$ 相反时),电动机的转速便愈低。

由于转子电势的频率是随着转速而变化的,因此要获得和转子同频率的附加电势,往往需要一台辅助电机(如变频机、交流整流子发电机等)与异步电动机的转子绕组串级联结,其装置比较复杂。

2. 可控硅串级调速系统

转速高于同步转速的超同步串级调速系统装置比较复杂,目前国内主要使用低同步串级调速。转子回路中串入与 $s\dot{E}_2$ 极性相反的附加电势 $\dot{E}_d$ 的方案很多,应用最广泛的是晶闸管串级调速系统,其原理图如图 14.22 所示。异步电动机 YD 转子绕组接入一个不可控的整流器,把转子电势 $s\dot{E}_2$ 改变为直流电势。与该整流器相接的是晶闸管逆变器,它可以把转子整流器输出的功率通过逆变变压器 BY 反馈给电网,改变晶闸管逆变器的触发脉冲控制角 α,可以改变逆变器两端的电压即改变附加电势 E_d 的大小,实现了异步电动机低同步串级调速。

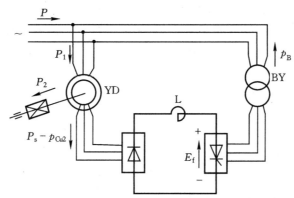

图 14.22 晶闸管串级调速系统原理图

下面看一下串级调速效率为什么比串电阻调速效率高。

输入异步电动机的有功功率为 P_1,去掉定子铜损耗 p_{Cu1} 和铁损耗 p_{Fe} 后为电磁功率 P_M,电磁功率中的一部分转变为机械功率 $P_\Omega=(1-s)P_M$,另一部分送入转子回路为转差功率 $P_s=sP_M$。转差功率中一部分消耗于转子电阻上,即 p_{Cu2},另一部分 (sP_M-p_{Cu2}) 送入整流器。送入整流器中的功率,再经过可控硅逆变器及逆变变压器回馈给电网。其中,整流器、可控硅逆变器及逆变变压器各装置中损耗为 p_B,回馈给电网的功率为 $P_B=P_s-p_{Cu2}-p_B$。实际上,电网送给串级调速系统的总功率为 $P=P_1-P_B$,电动机输出功率 $P_2=P_\Omega-p_\triangle-p_m$,其中 $p_\triangle$ 为附加损耗。

系统的总效率为

$$\eta=\frac{P_2}{P}$$

串级调速特点如下:
(1) 效率高。
(2) 机械特性较硬,调速范围较宽。
(3) 无级调速。
(4) 主要由于逆变变压器吸收落后性的无功功率,造成系统总的功率因数较低(已有人研制强迫换流高功率因数串级调速装置）。

异步电动机串级调速与变频器调速相比，两者都能实现无级调速，具有较高的调速精度。在调速范围要求不大的情况下，采用异步电动机串级调速方法，转子回路的逆变装置容量和耐压都比较小，比变频器便宜。

绕线式异步电动机串级调速方法，已日益广泛应用于水泵和风机的节能调速，还应用于压缩机、不可逆轧钢机、矿井提升以及挤压机等很多生产机械上。

本章小结

对异步电动机起动特性的要求是：希望起动电流小，起动转矩大。但是，在起动时如不采取任何措施，电动机的起动特性有时不能满足上述要求。

对于笼型异步电动机，如果电网容量允许，应尽量采用直接起动。当电网容量较小时，应采用降低定子电压的方法来减小起动电流，较常用的方法有 Y/△或自耦变压器起动等。但是，降压起动时电动机的起动转矩随电压的 2 次方成正比地减小。绕线式电动机起动时，在转子回路中串入电阻，不但使起动电流减小，而且使起动转矩增大。因此，在起动困难的机械中，常采用绕线式电动机。

异步电动机的调速，根据转速公式 $n=\dfrac{60f_1}{p}(1-s)$ 知道，可以通过改变电动机的极数、转差率或电源频率的方法来实现。

变极调速是通过改变电动机定子绕组的连接方法来得到不同的极数和转速。重点分析了倍极比的单绕组双速电动机。单绕组双速电动机的变极原理，同样可用于非倍极比单绕组双速电动机。变极调速电动机广泛用于不需要平滑调速的场合。

本章重点分析了变频调速笼型电动机原理、方法及其良好性能。由于变频器的发展，价格降低，变频调速已成为异步电动机主要的调速方法。

改变定子电压调速比较适合风机、水泵类负载，是一种比较简便和常用的调速方法。

绕线转子异步电动机可采用转子回路串电阻调速及晶闸管串级调速。特别是晶闸管串级调速，调速性能可达到与变频调速相当的程度。目前大型风机、水泵常采用串级调速，以达到节电的目的。

习题与思考题

14-1 有一台三相绕线式异步电动机，定、转子绕组均为 Y 接法，$U_N=380$ V，$n_N=1460$ r/min。已知等效电路的参数为 $R_1=R_2'=0.02$ Ω，$X_{1\sigma}=X_{2\sigma}'=0.06$ Ω。略去励磁电流，起动电机时，在转子回路中接入电阻，当 $I_{st}=2I_N$ 时，试求：外串电阻 R' 和起动转矩 T_{st}。

14-2 有一台三相异步电动机，定子绕组为 Y 接法，$U_N=380$ V，$n_N=1460$ r/min，转子为绕线式。已知等效电路的参数为 $R_1=R_2'=0.02$ Ω，$X_{1\sigma}=X_{2\sigma}'=0.06$ Ω，电流及电势变比 $k_i=k_e=1.1$。今要求在起动电机时有 $I_{st}=3.5I_N$，试问：(1) 若转子绕组是 Y

接法,每相应接入多大的起动电阻 R_{st}?(2)此时起动转矩 T_{st} 是多大?

14-3 有一台三相异步电动机,$U_N=380$ V,$2p=8$,定子绕组为 Y 接法,转子绕组为绕线式,$f_1=50$ Hz,$n_N=700$ r/min。已知等效电路的参数 $R_1=R'_2=0.08$ Ω,$X_{1\sigma}=X'_{2\sigma}=0.35$ Ω。试求:(1)起动电流及起动转矩(不计励磁电流);(2)若要限制起动电流为(1)中的一半,则转子绕组中每相应串入多大电阻 R_{st}?(设定、转子之间的电势、电流变比 $k_e=k_i=1$。)

14-4 有一台三相异步电动机,$p=2$,$P_N=28$ kW,$U_N=380$ V,$\eta_N=90\%$,$\cos\varphi_N=0.88$。定子绕组△接法。已知在额定电压下直接起动时,电网所供给的线电流是电动机额定电流的 5.6 倍。今改用 Y-△接法起动,求电网所供给的线电流 I_{stL}。

14-5 有一台三相异步电动机,定子绕组△接法。$U_N=380$ V,$R_m=1$ Ω,$X_m=6$ Ω,$R_1=R'_2=0.075$ Ω,$X_{1\sigma}=X'_{2\sigma}=0.3$ Ω,$n_N=1480$ r/min。现采用自耦变压器降压起动,自耦变压器变比 $k_a=\sqrt{3}$。试求:(1)电动机本身的每相起动电流 $I_{st机}$;(2)电网供给的线电流 I_{stL};(3)起动转矩 T_{st}。

14-6 有一台三相异步电动机,$f=50$ Hz,$2p=4$,$n_N=1450$ r/min,转子是绕线式,$R_2=0.02$ Ω。如维持电机转轴上的负载转矩为额定转矩,使转速下降到 1000 r/min,试求:(1)转子回路中要串入多大的电阻 R_{tj}?(2)此时转子电流是原来数值的几倍?

14-7 有一台三相异步电动机,$P_N=100$ kW,$f=50$ Hz,$2p=4$,$n_N=1475$ r/min,机械损耗为额定输出的 1%。如在负载转矩保持不变的情况下,在转子绕组中接入电阻,使转速下降到 750 r/min,求消耗在这个电阻中的功率 P_R。

14-8 有一台三相异步电动机,$P_N=155$ kW,$p=2$,转子是绕线式,转子每相电阻 $R_2=0.012$ Ω。已知在额定负载下转子铜耗为 2210 W,机械损耗为 2640 W,附加损耗为 310 W。试求:(1)此时的转速 n_N 及电磁转矩 T;(2)若(1)中的电磁转矩保持不变,而将转速降到 1300 r/min,应该在转子的每相绕组中串入多大电阻 R_{tj}?此时转子铜耗 p_{Cu2} 是多少?

14-9 有一台三相异步电动机,$f=50$ Hz,$2p=4$,$n_N=1475$ r/min,转子是绕线式,$R_2=0.02$ Ω。若负载转矩不变,要把转速下降到 1200 r/min,试求:在每相转子绕组中应串入多大的电阻 R_{tj}?

14-10 解释异步电动机各种负载特性曲线的形状。

14-11 在额定转矩不变的条件下,如果把外施电压提高或降低,电动机的运行情况(P_1、P_2、n、η、$\cos\varphi$)会发生怎样的变化?

14-12 为什么异步电动机最初起动电流很大,而最初起动转矩却并不太大?

14-13 在绕线转子异步电动机转子回路内串电阻起动,可以提高最初起动转矩,减少最初起动电流,这是什么原因?串电感或电容起动,是否也有同样效果?

14-14 起动电阻不加在转子内,而串联在定子回路中,是否也可以达到同样的目的?

14-15 两台相同的异步电动机,转轴机械耦合在一起,如果起动时将它们的定子绕组串联以后接在电网上,起动完毕以后再改成并联,试问:这样的起动方式,对最初起动电流和转矩有怎样的影响?

14-16 绕线转子三相异步电动机,如果将它的三相转子绕组接成△形短路与接成 Y 形短路,对起动性能和负载性能有何影响？为什么？

14-17 简述绕线转子异步电动机转子回路中串电阻调速时,电动机内所发生的物理过程。如果负载转矩不变,在调速前后转子电流是否改变？电磁转矩及定子电流会变吗？

14-18 在绕线转子回路中串入电抗器是否能调速？此时 $T=f(s)$ 曲线、$\cos\varphi$ 等性能会发生怎样的变化？

14-19 一台异步电动机的好坏,应从哪几个方面性能来衡量？怎样才算一台好的异步电动机？

14-20 某一笼型异步电动机的转子,绕组的材料原为铜条,今因转子损坏改用一结构形状及尺寸全同的铸铝转子,试问:这种改变对电机的工作和起动性能有何影响？

14-21 单绕组变极电机速度切换时应注意哪两个问题？

14-22 变频调速有哪两种控制方法？试述其性能区别。

14-23 与直流电机比较,异步电动机的优势在哪里？调速性能方面,异步电动机优势在哪里？

第 15 章　单相异步电动机

单相异步电动机就是指用单相交流电源的异步电动机。

单相异步电动机结构简单,而且只需要单相电源供电,使用方便,因此被广泛应用于工业和日常生活的各个方面,以家用电器、电动工具、医疗器械等使用较多。与同容量的三相异步电动机比较,单相异步电动机的体积较大,运行性能稍差,因此,一般只做成小容量的。

15.1　单相异步电动机的结构及分类

单相异步电动机的定子通常装有工作绕组(也称主绕组)m 和起动绕组(也称辅绕组)a,两套绕组在空间相差 90°电角度。单相异步电动机的铁心,除罩极式电动机具有凸出的磁极外,其他各类与普通三相异步电动机类似。

单相异步电动机的转子都是笼型,与三相笼型电动机基本相同。

根据起动方式和运行方式的不同,单相异步电动机分为下列一些类型:

(1) 单相电阻分相起动异步电动机,型号 YU;
(2) 单相电容分相起动异步电动机,型号 YC;
(3) 单相电容运转异步电动机,型号 YY;
(4) 单相电容起动与运转异步电动机(双值电容),型号 YL;
(5) 单相罩极式异步电动机。

单相异步电动机的部分性能要求可参考国家标准 GB/T 5171.1—2014。

15.2　单相异步电动机的磁场和机械特性

15.2.1　一相定子绕组通电时的磁场和机械特性

从交流电机绕组产生磁势的原理知道,若单相异步电动机只有主绕组 m 通入单相交流电流时,只考虑基波,则产生空间正弦分布的脉振磁势

$$f_p(x,t) = F_p \cos x \cos \omega t = \frac{1}{2} F_p \cos(x - \omega t) + \frac{1}{2} F_p \cos(x + \omega t) = f_+ + f_- \tag{15.1}$$

上式中

$$f_+ = \frac{1}{2} F_p \cos(x - \omega t) \tag{15.2}$$

$$f_- = \frac{1}{2} F_p \cos(x + \omega t) \tag{15.3}$$

比较式(15.2)与前面章节所讲的旋转磁势表达式完全相同,因而可以看出 f_+ 也是一个圆形旋转磁势,它的幅值为 $\frac{1}{2}F_p$,转向正向,转速为 n_1。比较式(15.3)与式(15.2),这两个公

式的形式基本相同，$\frac{1}{2}F_p\cos(x-\omega t)$为正向旋转的磁势，$\frac{1}{2}F_p\cos(x+\omega t)$随着时间$t$增加，其波幅向$x$反方向运动，故$f_-$为反向旋转磁势，它的幅值与正向旋转磁势相等，转速也为n_1。因此，一相绕组产生的脉振磁势，可以分解成为两个大小相等，转速相同，转向相反的旋转磁势。单相异步电动机转子在脉振磁势作用下受到的电磁转矩，就等于在正转磁势f_+和反转磁势f_-分别作用下受到的电磁转矩的合成。

在三相异步电动机原理分析中，我们对旋转磁势及其产生的电磁转矩已经很熟悉了。那么在单相异步电动机中，笼型转子在正转磁势作用下产生的电磁转矩T_+或反转磁势产生的电磁转矩T_-，与三相异步电动机作用原理相同，$T_+=f(s)$与$T_-=f(s)$两条特性曲线合成为$T=f(s)$曲线。主绕组一相通电时单相异步电动机的机械特性分析图如图15.1所示。单相异步电动机转子在脉振磁势作用下的转矩为$T=T_++T_-$，$T=f(s)$为主绕组通电时的机械特性曲线，为$T_+=f(s)$与$T_-=f(s)$两条曲线的合成。

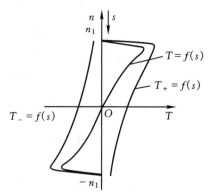

图 15.1 主绕组一相通电时单相异步电动机的机械特性分析图

由于一相绕组通电时的f_+与f_-的幅值相等，因此，$T_+=f(s)$与$T_-=f(s)$是对称的。机械特性$T=f(s)$具有下列特点。

(1) 当转速$n=0$时，电磁转矩$T=0$，即无起动转矩，电机不能够自行起动。

(2) 如果由于其他原因，能够使电动机正转起来，则$T>0$，电磁转矩将使电动机继续正向旋转并稳定运行，电动机的稳定运行点在机械特性的第一象限；同理由于其他原因使电动机反向旋转起来，则$T<0$，电磁转矩将使电动机反向旋转，稳定运行点在机械特性的第三象限。正转时，转子对正向旋转磁势的转差率为s，对反向旋转磁势的转差率为$2-s$，所以T_+为拖动转矩，T_-为制动转矩；同理，反转时T_-为拖动转矩，T_+为制动转矩。

(3) 无论正向还是反向旋转，理想空载转速$n_0<n_1$。

综上所述，单相异步电动机定子如果只有主绕组，则无起动转矩，可以运行，但无固定转向。

15.2.2 两相定子绕组通电时的磁场和机械特性

当单相异步电动机主绕组与辅绕组分别通入不同相位的两相交流电流时，只考虑基波，一般情况下产生椭圆旋转磁势f。一个椭圆旋转磁势也可以分解成两个旋转磁势，一个是正转磁势f_+，一个是反转磁势f_-。笼型转子在f_+作用下产生电磁转矩T_+，$T_+=f(s)$为正向机械特性。在f_-作用下，产生电磁转矩T_-，$T_-=f(s)$为反向机械特性。若$F_+>F_-$，则$T_+=f(s)$与$T_-=f(s)$不对称。这样合成转矩特性$T=f(s)$即机械特性为不过坐标原点的一条曲线。椭圆磁势时单相异步电动机的机械特性分析图如图15.2所示。

从图15.2椭圆磁势时单相异步电动机机械特性中看出：$F_+>F_-$的情况下，当$n=0$时，$T>0$，这就是说电动机有正向起动转矩，可以正向起动；当$n>0$时，$T>0$，即电动机起动后仍能继续运行。

根据旋转磁势的性质可知,当两相绕组 m 和 a 通入相位相差 90°的两相交流电流且两绕组的磁势幅值相等,则可产生圆形旋转磁势,即 $F=F_+$, $F_-=0$。此时电动机转矩 $T=T_+$，$T_-=0$，机械特性 $T=f(s)$ 与三相异步电动机机械特性的情况相同。起动时若能产生圆形旋转磁势,则起动转矩相对比椭圆磁势时的大。

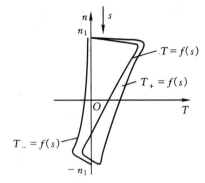

图 15.2 椭圆磁势时单相异步电动机的机械特性分析图

15.3 各种类型的单相异步电动机

从上面分析的结果看出,单相异步电动机的关键问题是如何起动的问题,而产生起动转矩的必要条件是:

① 定子具有空间不同位置的两个绕组;

② 两相绕组中通入不同相位的交流电流。

单相异步电动机的优点主要是使用单相交流电源,但是必须解决其起动问题,也就是如何把工作绕组与起动绕组中的电流相位分开,即所谓的"分相",这个是单相异步电动机具有的特殊问题。单相异步电动机的分类,也就以两组绕组不同的电流分相方法而区别。

1. 单相电阻起动异步电动机

接在单相交流电源上的主、辅绕组,在空间错开 90°电角度,主绕组电感较大,辅绕组电阻较大,这样两个绕组中的电流就有了相位差,电动机可以起动。同时辅绕组电路中串入起动开关触头;转子上有笼型绕组和起动开关(通常为离心开关),单相电阻分相异步电动机接线图如图 15.3 所示。起动过程中,主、辅两绕组同时工作,当转子转速上升到同步转速的 75%～80%时,离心开关使得触头断开,辅绕组被切断,由主绕组单独工作,电动机运行。

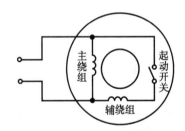

图 15.3 单相电阻分相异步电动机接线图

电阻分相起动的另一种方法,是将一种非线性电阻 PTC 串联在辅绕组回路,这种方法不需要起动开关。PTC 电阻的特性是冷态阻值很小,发热后阻值很大。起动时 PTC 电阻在冷态,辅绕组是接通的,这时两个绕组中有相位差的电流产生起动转矩,电动机起动。接通电源电动机转动后时间不长,PTC 电阻发热,其阻值变得很大,相当于断开了辅绕组回路,只有主绕组接电运行。使用 PTC 电阻起动的电动机,在停转后不能立即起动。由于未冷却的 PTC 电阻阻值很大,立即起动会造成只有主绕组一相通电,起动转矩为零,电动机转不起来,长时期通入很大的起动电流会烧坏主绕组。比如冰箱压缩机电机,采用了串 PTC 电阻起动,规定每次停机后至少要等 3～5 min,使 PTC 电阻冷却后再起动。

电阻分相起动时的电流关系及机械特性曲线分析如图 15.4 所示。单相电阻分相起动异步电动机由于两个绕组回路的阻抗值不同,使得两个绕组中的起动电流有相位差,即辅绕

组的电流 $\dot{I}_a$ 超前主绕组的电流 $\dot{I}_m$，其相量图见图 15.4(a)，其机械特性曲线如图 15.4(b) 所示。

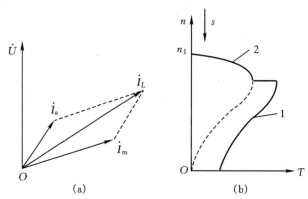

图 15.4　电阻分相起动时的电流关系及机械特性曲线分析
(a)相量图；(b)机械特性曲线

单相电阻分相起动异步电动机的机械特性如图 15.4(b)所示。其中曲线 1 是起动时两相绕组都通电时的特性，曲线 2 是运行时只有主绕组通电时的特性。

这种单相异步电动机，由于两相绕组中电流都是电阻电感性的，相位相差不大，气隙磁势椭圆度较大，其起动转矩较小，$T_{st} \approx (1.1 \sim 1.8) T_N$。

电阻分相起动的单相异步电动机改变转向的方法是：把主绕组或者辅绕组中的任何一个绕组接电源的两出线端单独对调，这样就把气隙旋转磁势旋转方向改变了，因而转子转向随之也改变了。

2. 单相电容分相起动异步电动机

单相电容分相起动异步电动机分析如图 15.5 所示，其接线图如图 15.5(a)所示，其辅绕组回路串联了一个电容器和一个起动开关触头，然后再和主绕组并联到电源，转子上有笼型绕组和起动开关。电容器的作用是使辅绕组回路的阻抗呈容性，从而使辅绕组在起动时的电流超前电源电压 $\dot{U}$ 一个相位角。由于主绕组的阻抗是感性的，它的电流滞后电源电压 $\dot{U}$ 一个相位角。因此电动机起动时，辅绕组起动电流 $\dot{I}_a$ 超前主绕组起动电流 $\dot{I}_m$ 一个相当大的相位角，相量图如图 15.5(b)所示。

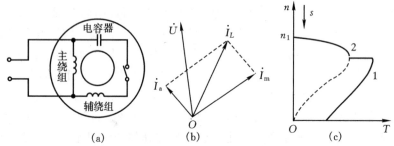

图 15.5　单相电容分相起动异步电动机分析
(a)接线图；(b)相量图；(c)机械特性

与电阻分相的单相异步电动机比较,电容分相起动异步电动机可以适当选择电容器电容值及辅绕组的匝数,能够使起动时辅绕组的电流 $\dot{I}_a$ 比主绕组的电流 $\dot{I}_m$ 超前90°电角度,且两个绕组产生幅值相等的磁势,在气隙中形成圆形旋转磁势,得到像三相异步电动机一样的起动性能。

起动时,主辅绕组同时作用,当电动机转速达到同步转速的75%~80%,起动开关动作,使辅绕组从电源断开,由主绕组单独工作,电动机运行。

电容分相起动异步电动机的机械特性曲线如图15.5(c)所示。它有较大的起动转矩,可用于对起动转矩要求较高的负载。

电容分相起动异步电动机也可以采用在辅绕组回路串联PTC电阻,不使用离心式起动开关。

电容分相起动单相异步电动机改变转子转向的方法同电阻分相起动单相异步电动机一样。

3. 单相电容运转异步电动机

单相电容运转异步电动机分析如图15.6所示,辅绕组不仅在起动时起作用,而且在电动机运转时也起作用,长期处于工作状态,电动机定子接线如图15.6(a)所示。

电容运转异步电动机实际上是个两相电机,运行时电动机气隙中产生较圆的旋转磁势,其运行性能较好,功率因数、效率、过载能力都比电阻分相起动和电容分相起动的异步电动机要好。由于辅绕组要长期运行,设计时应与主绕组一样对待。辅绕组中串入的电容器,也应该考虑到长期工作要求,选用蜡浸、油浸或金属膜纸介电容器。一般电容运转电动机中电容器电容量的选配,主要考虑运行时能产生接近圆形的旋转磁势,提高电动机运行时的性能。这样一来,由于异步电动机从绕组看进去的总阻抗是随转速变化的,而电容的容抗为常数,因此运行时接近圆形磁势的某一确定电容量,就不能使起动时的磁势仍然接近圆形磁势,而变成了椭圆磁势。这样,造成了起动转矩较小、起动电流较大,起动性能不如单相电容分相起动异步电动机。

电容运转的单相异步电动机机械特性曲线如图15.6(b)所示。

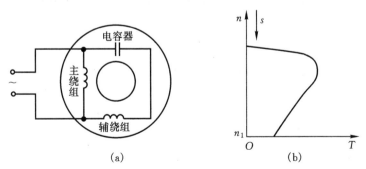

图15.6 单相电容运转异步电动机分析
(a)电容电机接线图;(b)机械特性

改变单相电容运转异步电动机转向的方法,同单相电阻分相起动异步电动机改变转向的方法一样。

4. 单相电容起动兼运转异步电动机

单相电容起动兼运转异步电动机，又称双值电容单相异步电动机，其分析图如图 15.7 所示。为了使电动机在起动时和运转时都能得到比较好的性能，在辅绕组中采用了两个并联的电容器，如图 15.7(a)所示。电容器 C 是运转时长期使用的电容，电容器 C_s 是在电动机起动时使用，它与一个起动开关串联后再和电容器 C 并联起来。起动时，串联在辅绕组回路中的总电容为 $C+C_s$，比较大，可以使电机气隙中产生接近圆形的磁势。当电机起动到转速比同步转速稍低时，起动开关动作，将起动电容器 C_s 从辅绕组回路中切除，这样使电动机运行时气隙中的磁势也接近圆形磁势。起动电容器是短时工作的，运转电容器可以长期工作，应采用油浸式金属膜纸介电容器。

电容起动兼运转的单相异步电动机，与电容起动单相异步电动机比较，起动转矩和最大转矩有了增加，功率因数和效率有了提高，电机噪声较小，所以它是单相异步电动机中最理想的一种。单相电容起动与运转异步电动机的机械特性曲线如图 15.7(b)所示，其起动转矩和运行转矩都比较大。

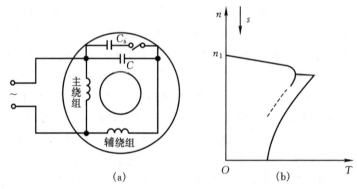

图 15.7 单相电容起动兼运转异步电动机分析
(a) 双电容电机接线图；(b) 机械特性曲线

单相电容起动兼运转异步电动机也能改变转向，方法与前边其他单相异步电动机的相同。

5. 单相罩极式电动机

单相罩极式电动机结构示意图和相量图分析见图 15.8，其铁心多数做成凸极式，每个极上装有工作绕组，在磁极极靴的一边开有一个小槽，槽内嵌有短路铜环，把部分磁极罩起来，其结构示意图如图 15.8(a)所示。当工作绕组通入单相交流电流，它产生的脉振磁通要分为两部分：一部分磁通 $\dot{\Phi}_1$ 不通过短路环，另一部分磁通 $\dot{\Phi}_2$ 通过短路环，$\dot{\Phi}_1$ 和 $\dot{\Phi}_2$ 同相。$\dot{\Phi}_2$ 在短路环中感应电势 $\dot{E}_k$ 和电流 $\dot{I}_k$，$\dot{I}_k$ 滞后 $\dot{E}$ 一个相位角 φ_k，产生磁通 $\dot{\Phi}_k$。$\dot{\Phi}_2$ 与 $\dot{\Phi}_k$ 的相量和 $\dot{\Phi}_3$ 为实际通过短路环的磁通，其相量图分析如图 15.8(b)所示。

由于气隙中磁极未罩部分的磁通 $\dot{\Phi}_1$ 与短路环罩住部分通过的磁通 $\dot{\Phi}_3$ 空间位置和时间上都存在一定的相位差，因此气隙中它们的合成磁场将是一个具有一定速度的移行磁场，类似磁场旋转。因此，电动机具有一定的起动转矩。

罩极法得到的起动转矩很小，但由于其结构简单，因此，可用于小型电扇、电动模型及各

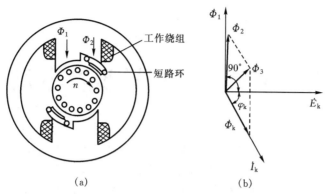

图 15.8 单相罩极式电动机结构示意图和相量图分析
(a)结构示意图;(b)相量图分析

种轻载起动的小功率电动设备中,一般功率很小。

单相罩极电动机只有一个固定的转向,即制造好的该电动机的转向是不能改变的。另外,该电动机在结构上是最简单的,该电动机的功能指标如 η_N、$\cos\varphi_N$ 比普通交流电动机要低。

本章小结

单相异步电动机用于仅有单相电源的场合,比较方便,因此得到广泛应用。单相异步电动机可用双旋转磁场的理论分析,它的性能不如同容量的三相异步电动机,而且需要解决的是如何起动问题。单相异步电动机分为电阻起动、电容起动、电容运转和罩极式几大类。

习题与思考题

15-1 从物理概念上说明单相异步电动机没有起动转矩的原因?

15-2 如何改变单相异步电动机的转向?

15-3 三相异步电动机在运行中如果一相保险丝熔断,电动机是否可以继续运转?如果是轻载,情况如何?如果是重载而其他保险措施又不起作用,电动机会烧坏吗?烧坏的特征是什么?

15-4 单相异步电动机如何分类?

第 16 章 三相异步发电机

与其他类型的电机一样,异步电机也具有可逆性,既可作为电动机运行,也能作为发电机运行。虽然交流发电机绝大多数采用同步发电机,但是由于异步发电机本身具有一定的特点,在某些领域如小型水电、风力发电以及应急发电等领域具有实用意义。本章介绍异步发电机的各种运行方式。

16.1 并网运行的异步发电机

在 13.2 节,我们介绍了异步电机的 3 种运行状态,当 $n>n_1$ 即 $s<0$ 时,异步电机处于发电运行状态。参照图 16.1,我们来分析接在交流电网上运行的异步电机从电动状态向发电运行状态的过渡过程,在此基础上,较为透彻地理解异步电机的可逆性及发电运行原理。

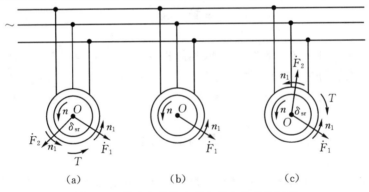

图 16.1 异步电机从电动向发电状态的过渡
(a) 电动运行;(b) 空载运行;(c) 发电运行

设想一台异步电机接在频率 f_1 和电压 U_N 都恒定的交流电网上运行,其定子旋转磁势 $\dot{F}_1$ 以恒定的同步转速 $n_1=60f_1/p$ 旋转,转子以略低于 n_1 的转速 n 同向旋转,$\dot{F}_1$ 扫过转子绕组的相对转速 $\Delta n>0$。转子感应电流产生转子旋转磁势 $\dot{F}_2$,$\dot{F}_2$ 以转差速度 Δn 相对于转子正向旋转,刚好补足了转子与 $\dot{F}_1$ 之间的转速差,使得 $\dot{F}_2$ 与 $\dot{F}_1$ 同速同向旋转,$\dot{F}_2$ 在相位上滞后于 $\dot{F}_1$ 一定的空间相位差 δ_{sr},如图 16.1(a)所示。由于 $\dot{F}_1$ 的转速固定,$\dot{F}_1$ 与 $\dot{F}_2$ 的相互作用使得 $\dot{F}_2$ 试图向 $\dot{F}_1$ 对齐,从而形成了驱动转子旋转的电磁转矩。当负载转矩不变时,δ_{sr} 将维持一定的值,异步电机稳定运行在电动状态。

现在想象减少转子上的机械负载,转子电流和转子磁势 $\dot{F}_2$ 的大小都将减小,$\dot{F}_2$ 向 $\dot{F}_1$ 对齐的趋势使 δ_{sr} 减小。当完全卸掉机械负载,并假设电机内部不存在任何阻力转矩,根据转矩平衡,此时电磁转矩 $T=0$,相应地,转子电流和 $\dot{F}_2$ 也减为 0,电机中仅有定子磁势 $\dot{F}_1$ 存在,如图 16.1(b)所示。此时 $\Delta n=0, n=n_1, \delta_{sr}=0$,异步电机运行在理想空载状态。

再想象给电机轴上装上原动机,原动机拖动转子以 $n>n_1$ 的转速与 $\dot{F}_1$ 同向旋转,此时 $\dot{F}_1$ 扫过转子绕组的相对转速 $\Delta n<0$,转子感应电流将改变方向,所产生的 $\dot{F}_2$ 以 $|\Delta n|$ 相对于转子反向旋转,刚好抵消了转子超前 $\dot{F}_1$ 的转速差,使得 $\dot{F}_2$ 与 $\dot{F}_1$ 仍然同速同向旋转,但 $\dot{F}_2$ 超前于 $\dot{F}_1$ 一定的空间相位差 δ_{sr},如图 6.16(c)所示。此时 $\dot{F}_2$ 试图向 $\dot{F}_1$ 对齐,从而形成了阻碍转子旋转的电磁转矩。为了维持一定的 δ_{sr},原动机必须给电机轴上施加一定的动力转矩,即持续地输入机械功率,并从定子绕组输出电功率到电网,使异步电机运行在发电状态。

上述异步电机接在交流电网上,从交流电网获取励磁电流产生旋转磁场,这种发电方式被称为并网运行。并网发电时,异步电机将原动机提供的机械能转换为电能,向电网输送电功率。并网运行的异步发电机的定子侧的频率就等于电网频率 f_1。

异步发电机没有独立的励磁电路,自身无法提供产生旋转磁场所需的励磁电流或无功功率。事实上,异步电机的励磁电流 $I_m \approx (20 \sim 50)\% I_N$,发电运行时要维持气隙旋转磁场,需要的无功功率会达到额定容量的 $(20 \sim 50)\%$。并网运行时,这些无功功率要由电网额外提供,导致电网功率因数下降,这正是异步发电机被诟病的主要原因。

尽管如此,由于异步发电机无须单独的励磁电路,也不必以固定速度运转,只要 $n>n_1$,异步电机就将作发电机运行,这一特点使得异步发电机投入电网时无须整步,并网手续极为简单,运行中也不易发生振荡。当电网容量足够大时,异步发电机定子侧电压和频率都与转子转速无关,因而成为风力发电、余热发电利用等场合的首选。在这些应用场合,可以用电容器或其他无功补偿装置来改善功率因数。

如前所述,异步电机的电磁转矩有一个最大限值 T_{max},这在发电机中被称为**颠覆转矩**。如果原动机施加在发电机轴上的转矩达到或大于颠覆转矩,则发电机将超速运行而发生飞车,这是应当避免的。

16.2 独立运行的异步发电机

如果电容足够提供异步发电机和负载所需要的无功功率,则异步电机也能脱离电网而独立发电,这种运行方式被称为**自励发电**,所用的电容被称为**励磁电容**。其自励过程类似于并励直流发电机,借助于图 16.2 来分析之。

异步电机的接线图如图 16.2(a)所示。异步电机**转子铁心中要有剩磁**。原动机带动转子刚开始旋转时,气隙磁通 Φ_0 为微小的剩磁通,Φ_0 扫过定子绕组,在定子绕组中感应出微小的感应电势 $\dot{E}_0$,$\dot{E}_0$ 滞后于磁通 $\dot{\Phi}_0$ 90°,如图 16.2(c)所示。$\dot{E}_0$ 加在电容 C 上,产生超前于 $\dot{E}_0$ 90°的电流 $\dot{I}_0$,如图 16.2(b)所示。$\dot{I}_0$ 与 $\dot{\Phi}_0$ 同相,使得 $\dot{\Phi}_0$ 增大,增大后的 $\dot{\Phi}_0$ 产生较大的 $\dot{E}_0$,较大的 $\dot{E}_0$ 产生较大 $\dot{I}_0$,较大的 $\dot{I}_0$ 再使 $\dot{\Phi}_0$ 增大,产生更大的 $\dot{E}_0$。可见 $\dot{I}_0$ 与 $\dot{E}_0$ 相互加强,会逐步达到正常发电所需的励磁电流 I_{0A},并且产生较大且稳定的感应电势 E_{0A},如图 16.2(c)和(d)所示。

在图 16.2(d)中,曲线 1 即 $E_0=f(I_0)$ 为异步电机的**空载特性曲线**。通过将电机作为电动机空载运行,测取其空载电流 I_0 随空载端电压 E_0 变化的关系,就能得到空载特性。直线 2 为电容 C 两端的电压与电流 I_0 的关系曲线,被称为**电容线**。频率一定时,电容两端的电压

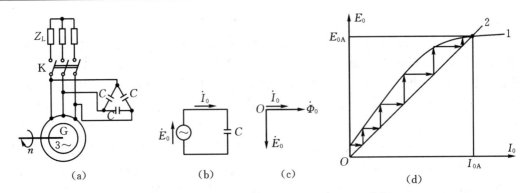

图 16.2 独立运行异步发电机自励建压过程分析
(a)接线图；(b)电路图；(c)相量图；(d) $E_0 = f(I_0)$ 曲线

为

$$U_0 = X_c I_0 = \frac{1}{\omega_1 C} I_0 \quad \text{或者} \quad C = X_c I_0 = \frac{I_0}{\omega_1 U_0} \tag{16.1}$$

式中：$X_c = 1/(\omega_1 C)$ 为励磁电容的容抗，ω_1 为定子频率，空载时约等于转子角频率。

当三相电容为 Y 接法时，要建立空载额定端电压 U_N，每相电容值应为

$$C_Y = \frac{I_0}{\omega_1 \dfrac{U_N}{\sqrt{3}}} = \frac{\sqrt{3} I_0}{\omega_1 U_N} \tag{16.2}$$

当三相电容为 △ 接法时，要建立空载额定端电压 U_N，每相电容值应为

$$C_\Delta = \frac{I_0/\sqrt{3}}{\omega_1 U_N} = \frac{I_0}{\sqrt{3}\omega_1 U_N} \tag{16.3}$$

由于 $C_Y/C_\Delta = 3$，所以 Y 接法所需的每相电容的容量是 △ 接法时的 3 倍，但所要求的耐压是 △ 接法的 $1/\sqrt{3}$。

电容线的斜率为电容容抗 $X_c = 1/(\omega_1 C)$，如果电容容量值增大，则电容线的斜率减小，图 16.2(d)中电容线与空载特性交点处的电压就越高，即电容越大，所建立的空载电压就越高。如果电容容量值太小，则无法建立起足够大的端电压。所以，异步发电机自励的又一个条件是**励磁电容要足够大**。空载时建立额定端电压所需电容被称为**主电容**，每相主电容可由式(16.1)和式(16.2)求得。

自励异步发电机的定子电路的频率和角频率为

$$f_1 = \frac{pn}{60(1-s)}, \qquad \omega_1 = 2\pi f_1 \tag{16.4}$$

空载时，$s \approx 0$，$f_1 = pn/60$ 取决于转子转速 n。负载增大时，转差率 $|s|$ 将增大。要保持发电机输出电压的频率不变，就必须相应地提高转子转速 n，否则频率和端电压将下降，这会导致起励磁作用的电容电流减小，进一步使端电压下降，因此自励发电机负载增大时端电压下降很快。为了保持端电压不变，必须在负载增加的同时增加电容，以增大励磁电流。增加的这部分电容被称为**辅助电容**。

由上面的分析可知，自励异步发电机在负载变化时，其端电压和频率的变化是难免的。

为了保持端电压和频率不变,在调节转速的同时,还需要根据负载的大小和性质调节电容的量值,这种调节除非有自动装置,否则难以保证电压和频率不变。

上述异步发电机的转子是笼型的,结构简单,运行可靠。但由于电容器价格较贵,运行时电压和频率又不稳定,这使得自励异步发电机的应用受到局限。

16.3 异步发电机运行分析

可以参照异步电动机的分析方法来分析异步发电机。异步发电机与异步电动机本质上属于同一电机的两种不同的运行方式,其等效电路和方程式在形式上与电动机的一样,唯一区别就是发电机的转差率 $s<0$,使得转子电路中的总电阻 R_2'/s 变成了负值,这一特点在利用方程式或等效电路进行计算时应注意到。另外负值 R_2'/s 会对相量图中一些量的相位关系产生影响,绘制异步发电机相量图时要注意到。仍采用分析异步电动机时的参考方向,则发电机的方程式为

$$\begin{cases} \dot{E}_2' = \dot{I}_2'(R_2'/s + jX_{2\sigma}') \\ \dot{U}_1 = -\dot{E}_1' + \dot{I}_1'(R_1 + jX_{1\sigma}) \\ \dot{E}_1 = -\dot{E}_2' \\ \dot{I}_1 = \dot{I}_m - \dot{I}_2' \end{cases} \tag{16.5}$$

发电机的等效电路如图 16.3 所示。

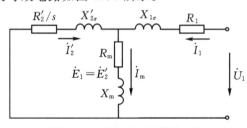

图 16.3 异步发电机等效电路

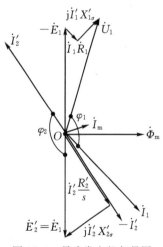

图 16.4 异步发电机相量图

参看图 16.4,可以按下述步骤绘制异步发电机的相量图:

(1) 绘制转子电流相量 $\dot{I}_2'$(绘制在任意方向上);

(2) 绘制电阻压降 $\dot{I}_2'R_2'/s$,它在 $-\dot{I}_2'$ 方向上(因为 $s<0$);

(3) 绘制电抗压降 $j\dot{I}_2'X_{2\sigma}'$,它在 $\dot{I}_2'$ 逆时针旋转 90°的方向上;

(4) 按相量加法绘制电势相量 $\dot{E}_1 = \dot{E}_2' = \dot{I}_2'R_2'/s + j\dot{I}_2'X_{2\sigma}'$;

(5) 超前 $\dot{E}_1$ 90°绘制主磁通 $\dot{\Phi}_m$;

(6) 超前 $\dot{\Phi}_m$ 一个铁耗角 α 绘制励磁电流相量 $\dot{I}_m$;

(7) 按相量加法绘制电流相量 $\dot{I}_1 = \dot{I}_m + (-\dot{I}_2')$;

(8) 按相量加法绘制电压相量 $\dot{U}_1 = -\dot{E}_1 + \dot{I}_1R_1 + j\dot{I}_1X_{1\sigma}$。

从相量图可以看出,作为发电机运行时,定子电流 $\dot{I}_1$ 滞后于端电压 $\dot{U}_1$ 的相位角即发

机的功率因数角 $\varphi_1 > 90°$，此时输入发电机的有功功率和无功功率为

$$\begin{cases} P_1 = m_1 U_1 I_1 \cos\varphi_1 < 0 \\ Q_1 = m_1 U_1 I_1 \sin\varphi_1 > 0 \end{cases} \tag{16.6}$$

这说明发电机向电网或负载输出有功电流 $I_1\cos\varphi_1$，从电网或电容吸收无功电流 $I_1\sin\varphi_1$。

例 16.1* 一台三相笼型转子异步发电机，定子绕组为△接法，接在 $U_N = 380$ V、$f_1 = 50$ Hz 的电网上，以 $n_N = 1575$ r/min 旋转，每相参数：$R_1 = 1.375\ \Omega$，$R_2' = 1.047\ \Omega$，$R_m = 8.34\ \Omega$，$X_{1\sigma} = 2.43\ \Omega$，$X_{2\sigma}' = 4.4\ \Omega$，$X_m = 82.6\ \Omega$。假设机械损耗和附加损耗之和 $p_m + p_\Delta = 205$ W。试求：(1) 该发电机输送到电网的有功功率、无功功率；(2) 如果用电容器来提供这些无功功率，每相应并联的电容器的容量；(3) 该发电机的效率。

解：采用异步电动机的等效电路来分析。

(1)

转差率 $\quad s = (n_1 - n_N)/n_1 = (1500 - 1575)/1500 = -0.05$

转子侧总电阻 $\quad R_{2s} = R_2'/s = [1.0470/(-0.05)]\ \Omega = -20.94\ \Omega$

转子阻抗 $\quad Z_2 = R_2'/s + jX_2' = (-20.94 + j4.4)\ \Omega$

激磁阻抗 $\quad Z_m = R_m + jX_m = (8.34 + j82.6)\ \Omega$

定子阻抗 $\quad Z_1 = R_1 + jX_{1\sigma} = (1.375 + j2.43)\ \Omega$

总阻抗

$$Z = Z_1 + \frac{Z_2 Z_m}{Z_2 + Z_m} = \left[1.375 + j2.43 + \frac{(-20.94 + j4.4) + (8.34 + j82.6)}{(-20.94 + j4.4) \times (8.34 + j82.6)}\right] \Omega$$
$$= (-16.8071 + j11.2481)\ \Omega$$

相电压 $\quad \dot{U} = U_N = 380$ V

定子电流相量 $\quad \dot{I}_1 = \dot{U}/Z = [380/(-16.8071 + j11.2481)]$ A
$\qquad\qquad = (-15.6155 - j10.4506)$ A

定子视在功率 $\quad \dot{S}_1 = 3\dot{U}\dot{I}_1 = [3 \times 380 \times (-15.6155 - j10.4506)]$ VA
$\qquad\qquad = (-17802 - j11914)$ VA

有功功率 $\quad P_1 = -17802$ W（负号表示电机给电网电网输送有功功率）

无功功率 $\quad Q_1 = -j11914$ var（负号表示电机给电网输送无功功率，正号表示无功功率为超前性，即电机给电网输送超前性无功功率，相当于从电网吸收滞后性无功功率）

(2)

每相从电网吸收的滞后无功功率 $\quad Q = -Q_1/3 = (11914/3)$ var $= 3971.2$ var

转子每相应并联的电容值 $\quad C = Q/(2\pi f U^2) = [3791.2/(2\pi \times 50 \times 380^2)]\ \mu$F
$\qquad\qquad = 87.54\ \mu$F

(3)

转子绕组每相电势 $\quad \dot{E}_2' = \dot{U}_N - \dot{I}_1 Z_1$
$\qquad\qquad = [380 - (-15.6155 - j10.4506) \times (1.3750 + j2.43)]$ V
$\qquad\qquad = (376.08 + j52.315)$ V

转子电流 $\quad \dot{I}_2' = \dfrac{\dot{E}_2'}{Z_2} = \dfrac{376.08 + j52.315}{-20.94 + j4.4}$ A $= (-16.6975 - j6.0069)$ A

有效值 $I_2' = |\dot{I}_2'| = 17.7451$ A

总机械功率 $P_\Omega = m_2 \dfrac{1-s}{s} I_2'^2 R_2' = \left[3 \times \dfrac{1-(-0.05)}{-0.05} \times 17.7451^2 \times 1.047 \right]$ W
$= -20770$ W

转子侧总输出机械功率 $P_2 = P_\Omega - (p_m + p_\Delta) = (-20770 - 205)$ W $= -20975$ W

效率 $\eta = |P_1/P_2| \times 100\% = 17802/20975 \times 100\% = 84.87\%$

16.4 双馈异步发电机

双馈异步发电机(doubly fed induction generator, DFIG)的本体是绕线转子异步电机，其定子绕组接电网，转子绕组通过**变流器**接电网，发电机可以通过定子和转子绕组双通道与电网交换电功率，如图 16.5 所示。

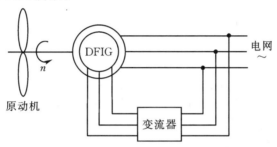

图 16.5 双馈异步发电系统原理框图

要在定子绕组中感应出固定频率 f_1 的电势，气隙旋转磁势必须以 $n_1 = 60f_1/p$ 的转速旋转。转子绕组通过变流器接电网，变流器可以向转子绕组提供幅值、频率和相序均可调的三相对称励磁电流。设转子转速为 n，转子励磁电流的频率为 f_2，产生的旋转磁势为 $\dot{F}_2$。要使得 $\dot{F}_2$ 相对于定子绕组的转速为 $n_1 = 60f_1/p$，则 $\dot{F}_2$ 相对于转子绕组的转速必须为

$$\Delta n = n_1 - n = \dfrac{60 f_2}{p} \tag{16.7}$$

所以

$$f_2 = \dfrac{p(n_1 - n)}{60} = s f_1 \tag{16.8}$$

当原动机转速的变化引起发电机转速 n 变化时，可通按照式(16.8)给出的规律通过变流器改变转子三相励磁电流的频率 f_2 和相序，就能确保 $\dot{F}_2$ 相对于定子绕组的转速为 n_1，并在定子绕组中感应出频率固定为 f_1 的电势，从而实现**变速恒频**发电。

原动机转速的变化可能引起发电机转速 $n > n_1$、$n < n_1$、$n = n_1$ 三种运行情况，分别称之为双馈异步发电机的超同步运行、亚同步运行和同步运行。

亚同步运行 当发电机转速 $n < n_1$ 时，$\dot{F}_2$ 相对于转子的转速必须为 $\Delta n = n_1 - n > 0$，才能使得 $\dot{F}_2$ 相对于定子绕组的转速为同步转速 n_1，此时转子电流的频率必须为 $f_2 = p \Delta n / 60 = s f_1$ 且 $s = (n_1 - n)/n_1 > 0$，即变流器必须为转子绕组提供频率为 $f_2 = |s| f_1$、相序为正(即所产生的旋转磁势相对于转子的转向与 n_1 同方向)的三相对称电流。

超同步运行 当发电机转速 $n>n_1$ 时,$\dot{F}_2$ 相对于转子的转速必须为 $\Delta n=n_1-n<0$,才能使得 $\dot{F}_2$ 相对于定子绕组的转速为同步转速 n_1,此时转子电流的频率必须为 $f_2=p\Delta n/60=sf_1$ 且 $s=(n_1-n)/n_1<0$,即变流器必须为转子绕组提供频率为 $f_2=|s|f_1$、相序为负(即所产生的旋转磁势相对于转子的转向与 n_1 反方向)的三相对称电流。

同步运行 当发电机转速 $n=n_1$ 时,$\dot{F}_2$ 相对于转子的转速必须为 $\Delta n=n_1-n=0$,才能使得 $\dot{F}_2$ 相对于定子绕组的转速为同步转速 n_1,此时转子电流的频率必须为 $f_2=p\Delta n/60=0$,即变流器必须为转子绕组提供直流的励磁电流,此时的异步发电机相当于同步发电机。

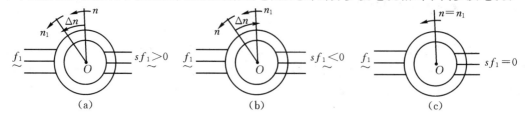

图 16.6 双馈异步发电机的 3 种运行状态
(a) 亚同步运行;(b) 超同步运行;(c) 同步运行

双馈异步发电机只是异步电机的一种运行方式,其等效电路、方程式和相量图均类似于异步电动机。考虑到双馈异步发电机定子端为主馈电端,我们将其作为输出端并采用发电机惯例确定定子电压和电流的参考方向。假设已经完成了从转子向定子的频率归算和绕组归算,所得到的 T 型等效电路如图 16.7 所示。参考此等效电路,可以写出双馈异步发电机的主要方程式,即

$$\begin{cases} \dot{E}_1 = \dot{U}_1 + \dot{I}_1 R_1 + j\dot{I}_1 X_{1\sigma} \\ \dot{E}_2' = \dot{E}_1 \\ \dfrac{\dot{U}_2'}{s} = -\dot{E}_2' + \dot{I}_2' \dfrac{R_2'}{s} + j\dot{I}_2' X_{2\sigma}' \\ \dot{I}_m = \dot{I}_1 + \dot{I}_2' \end{cases} \quad (16.9)$$

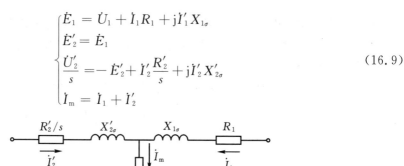

图 16.7 双馈异步发电机等效电路

参看方程式(16.9)和等效电路图 16.7,可以按下述步骤绘制双馈异步发电机的相量图:

(1) 绘制端定子端电压相量 $\dot{U}_1$(绘制在任意方向上);

(2) 绘制定子电流相量 $\dot{I}_1$(假设 $\dot{I}_1$ 滞后于 $\dot{U}_1$ 相位角 φ_1);

(3) 绘制电势相量 $\dot{E}_1=\dot{U}_1+\dot{I}_1 R_1+j\dot{I}_1 X_{1\sigma}=\dot{E}_2'$;

(4) 超前 $\dot{E}_1$ 90°绘制主磁通 $\dot{\Phi}_m$;

(5) 超前 $\dot{\Phi}_m$ 一个铁耗角 α 绘制励磁电流相量 $\dot{I}_m$；

(6) 按相量加法绘制转子电流相量 $\dot{I}_2' = \dot{I}_m + (-\dot{I}_1)$；

(7) 作相量 $-\dot{E}_2'$；

(8) 作电阻压降相量 $\dot{I}_2' R_2'/s$，亚同步运行时与指向相同，超同步运行时与 $\dot{I}_2'$ 指向相反；

(9) 按相量加法绘制转子电压相量 $\dot{U}_2'/s = -\dot{E}_2' + \dot{I}_2' R_2'/s + j\dot{I}_2' X_{2\sigma}'$。

所绘制的相量图如图 16.8 所示。图 16.8(a) 为亚同步运行时的相量图，图 16.8(b) 为超同步运行时的相量图。可以看出，在亚同步运行时，转子电路输入功率 $P_2 = 3(U_2'/s) \cdot I_2' \cos\varphi_2 > 0$，即电网经变流器向转子输送电功率；在超同步运行时，转子电路输入功率 $P_2 = 3(U_2'/s) I_2' \cos\varphi_2 < 0$，即转子经变流器向电网输送电功率。

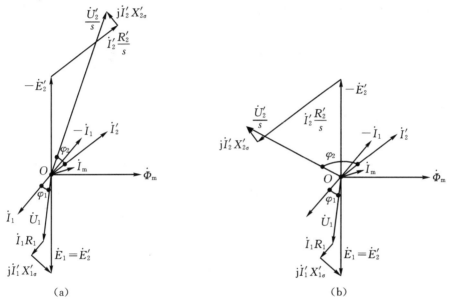

图 16.8 双馈异步发电机相量图
(a)亚同步运行；(b)超同步运行

假设双馈异步发电机没有损耗，则
$$T_1 = T, \qquad P_1 = T_1\Omega = T\Omega \tag{16.10}$$
式中：T_1 为输入转矩，T 为电磁转矩，P_1 为输入机械功率，Ω 为转子机械角速度。

在亚同步运行时，Ω 小于同步机械角速度 Ω_1，即
$$\Omega = (1 - |s|)\Omega_1 \tag{16.11}$$
将式(16.11)代入式(16.10)可得
$$P_1 = T(\Omega_1 - |s|\Omega_1) = P_M - |s|P_M \tag{16.12}$$
式中：$P_M = T\Omega_1$ 为定子电功率，它由输入机械功率转化而成的；$|s|P_M$ 为转子电功率，也称转差功率，它是转子绕组通过变流器从电网吸收的电功率。

可见，双馈异步发电机在亚同步运行时，从转轴上输入的机械功率为 $(1-|s|)P_M$，通过定子绕组向电网输送的电功率为 P_M，通过变流器从电网输入转子绕组的电功率为转差功率 $|s|P_M$。不计发电机损耗时，电网实际获得电功率等于从轴上输入的机械功率即

$(1-|s|)P_M$。

在超同步运行时，Ω 大于同步机械角速度 Ω_1，即

$$\Omega = (1+|s|)\Omega_1 \tag{16.13}$$

将式(16.13)代入式(16.10)可得

$$P_1 = T(\Omega_1 + |s|\Omega_1) = P_M + |s|P_M \tag{16.14}$$

可见，双馈异步发电机在超同步运行时，从转轴上输入的机械功率为 $(1+|s|)P_M$，通过定子绕组向电网输送的电功率为 P_M，通过转子绕组和变流器向电网输送的电功率为转差功率 $|s|P_M$。不计发电机损耗时，电网实际获得电功率等于从轴上输入的机械功率即 $(1+|s|)P_M$。

双馈异步发电机的功率传递关系如图 16.9 所示，图中 P_M 为发电机的电磁功率，$|s|P_M$ 为转差功率。

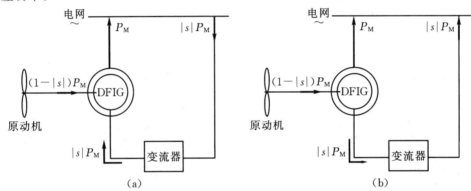

图 16.9　双馈异步发电机组功率流向图
(a) 亚同步运行；(b) 超同步运行

16.5　无刷双馈异步发电机

以绕线转子异步电机为本体所构成的双馈异步发电机是一种有刷结构的发电机，其转子绕组通过滑环和电刷与换流器连接。滑动接触及电刷磨损降低了发电机系统的可靠性并增加了维护成本，而且滑动接触容易产生火花，限制了其应用环境。

采用两台绕线转子异步电机可以实现无刷双馈异步发电机，如图 16.10 所示。两台电机同轴连接，两套转子绕组的输出端不再由滑环和电刷引出，而是在转子上直接相连。第一台异步电机的定子绕组被称为主绕组，直接连电网，第二台异步电机的定子绕组被称为控制绕组，经变流器连电网。

设控制绕组的极对数为 p_2，通过频率为 f_2 的三相对称电流，则所产生的旋转磁场相对于转子的转速为

$$\Delta n_2 = n_2 - n = \frac{60f_2}{p_2} - n = s_2 n_2 \tag{16.15}$$

式中：$s_2 = \Delta n_2/n_2 = (n_2-n)/n_2$ 为第二台异步电机的转差率。

转子电流的频率为

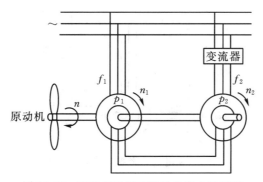

图 16.10 双电机无刷双馈异步发电机系统

$$f_r = \frac{p\Delta n_2}{60} = s_2 f_2 \tag{16.16}$$

该频率的转子电流流过第一台异步电机的转子绕组,所产生的旋转磁场相对于转子的转速为

$$\Delta n_1 = \pm \frac{60 s_2 f_2}{p_1} = \pm s_2 \frac{p_2}{p_1} \frac{60 f_2}{p_2} = \pm \frac{p_2}{p_1} s_2 n_2 \tag{16.17}$$

式中:若 Δn_1 与 n 转向相同,取"+"号,反之取"-"号。

取"-"号时,相对于定子绕组的转速为

$$n_1 = n - \Delta n_1 = n - \frac{p_2}{p_1} s_2 n_2 \tag{16.18}$$

在主绕组中产生的电势频率为

$$f_1 = \frac{p_1(n - \Delta n_1)}{60} = \frac{p_1\left(n - \frac{p_2}{p_1} s_2 n_2\right)}{60} = \frac{p_1 n - p_2 s_2 n_2}{60} = \frac{p_1 n - p_2 (n_2 - n)}{60} = \frac{(p_1 + p_2)n}{60} - f_2 \tag{16.19}$$

或者

$$f_2 = \frac{(p_1 + p_2)n}{60} - f_1 \tag{16.20}$$

可见,当机组转速 n 发生变化时,只要根据式(16.20)调整控制绕组的频率,就能在主绕组中获得频率固定为 f_1 的感应电势,从而实现了变速恒频发电。例如,对于 $p_1 = 3, p_2 = 1$ 的无刷双馈异步发电机系统,当转速 $n = 1050$ r/min 时,要从主绕组输出 $f_1 = 50$ Hz 的交流电,应给控制绕组施加的频率为 $f_2 = \left[\frac{(3+1) \times 1050}{60} - 50\right]$ Hz $= 20$ Hz。

为了节省材料和减小体积,人们又研究出了单电机无刷双馈异步发电机系统,其定子绕组可设计成单绕组变极或双绕组变极结构,转子绕组亦可采用双绕组结构或者特殊设计的笼型转子,有时还可设计成磁阻式转子。单电机无刷双馈异步发电机系统如图 16.11 所示。

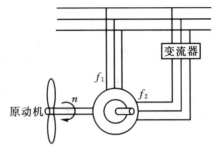

图 16.11 单电机无刷双馈异步发电机系统

本章小结

发电运行是异步电机非常重要的运行方式之一。

笼型转子异步电机有两种发电运行方式——并网发电和独立发电。并网发电的特点是并网手续简单,缺点是要从电网吸收无功电流,降低了电网功率因数。独立发电也称自励发电,必须借助于励磁电容维持励磁电流,要理解自励感应发电机的自励条件和自励过程。

以绕线转子异步电机为本体,可以构建双馈异步发电系统。其定子直接与电网连接,转子通过变流器与电网连接。变流器可以向转子提供频率、相位、大小均可调的励磁电流,可以使系统运行在亚同步或超同步状态,实现定子和转子双通道与电网交换能量。

无刷双馈异步发电机省掉了滑环和电刷,可采用双电机或单电机实现。单电机系统有两套定子绕组——主绕组和控制绕组。主绕组直接连电网,控制绕组经变流器连电网。当转速变化时,通过调节控制绕组的频率,可实现变速恒频发电。

习题与思考题

16-1 一台 4 极三相异步发电机,定子绕组为 △ 接法。已知数据有 $U_N=380$ V, $R_m=1$ Ω, $X_m=6$ Ω, $R_1=R_2'=0.075$ Ω, $X_{1\sigma}=X_{2\sigma}'=0.3$ Ω, $n_N=1550$ r/min。假设机械损耗和附加损耗之和 $p_m+p_\Delta=300$ W。试求:(1) 求该发电机额定运行输出的有功功率、无功功率;(2) 如果用电容器来提供这些无功功率,每相应并联的电容器的容量为多少? (3) 求该发电机的效率。

16-2 一台四极三相绕线式异步电机作为双馈发电机运行。当转速分别为 (1)$n=1480$ r/min、(2)$n=1500$ r/min、(3)$n=1580$ r/min 时,要使得定子绕组产生 $f=50$ Hz 的交流电势,转子绕组施加的电压频率应分别为多少?相序如何确定?

16-3 一台无刷双馈异步发电机,已知主绕组和控制绕组的极对数分别为 $p_1=3$ 和 $p_2=1$,当转子转速分别为(1)$n=1475$ r/min、(2)$n=1500$ r/min、(3)$n=1535$ r/min 时,要使得主绕组产生 $f=50$ Hz 的交流电势,控制绕组电压的频率应分别为多少?相序如何确定?

16-4 笼型异步电机并网发电运行的主要优缺点各有哪些?

16-5 笼型异步电机自励发电运行的条件有哪些?

16-6 什么是自励异步发电机的励磁电容？空载建立额定电压的励磁电容如何计算？

16-7 什么是双馈异步发电系统？如何理解其运行在超同步和亚同步状态时的功率传递关系？

16-8 简述无刷双馈异步发电系统的构成，并说明其实现变速恒频发电的原理。

思政微课

异步电动机技术创新助力中国高铁领先世界发展

中国高铁的发展,特别是CRH380A高速动车组的研发和应用,是中国技术创新和工业进步的重要标志。CRH380A高速动车组是中国铁路总公司研发的具有完全自主知识产权的高速列车,它的最高运营速度可以达到380 km/h。在这款高速动车组中,交流异步电动机作为关键驱动设备,和流线型车头、轻量化车体、高效传动系统等技术一起在高速度和重负载下为列车提供稳定而强大的动力,同时保持能耗低、噪音小、舒适度高的特性。

CRH380A高速动车组

CRH380A高速动车组的异步牵引电机

中国高铁不仅是交通技术的创新成果,更是中国精神和中国智慧的生动体现。中国高铁网络建设"四纵四横",营业里程已达4万余公里,在建设过程中数以万计的高铁建设者们在艰苦的自然环境中克服重重困难确保高铁线路的顺利开通,让我们看到在面对困难和挑战时应有的坚定信念和决心。中国参与印度尼西亚雅万高铁建设、俄罗斯莫斯科至喀山高铁项目等,不仅展示了中国高铁技术的先进性,也传递了中国制造的力量和信誉,激发了我们将中国的技术和产品推向世界的民族自豪感和文化自信心。在高铁建设过程中,从线路设计到施工建设,从车辆制造到运营管理,每个环节都要求精细操作和精确控制,这种严谨精细的工作态度确保了中国高铁的质量和性能达到世界领先水平,也让我们看到注重细节、追求卓越、精益求精的工匠精神。高铁运营过程中各个环节的团结协作是确保高铁安全、高效和稳定运行的关键,司机、调度员、车站工作人员、维修人员之间的密切配合,让我们看到了团队协作能力和集体荣誉感的生动事例。

同学们在学到异步电动机的相关内容时,可以查阅相关技术资料,了解异步电动机在CRH380A中的安装位置和动力分配方式,搜集感人的高铁故事,学习高铁建设中展现出的创新精神和奋斗精神,将其运用到自己的学习和未来的工作中。高铁工作者们用自己的实际行动诠释了忠诚于祖国的内涵。他们是中国高铁发展的基石,也是中国精神的重要组成部分。他们的忠诚和奉献,将激励更多的人为祖国的繁荣和发展贡献力量。同学们也应该通过理解和践行高铁精神,培养自己的创新精神、团队合作精神、敬业精神、安全意识、高效执行力和优质服务意识,树立对社会发展和人类进步的使命感,立志学有所成,服务于国家战略需求与社会发展。

第五篇 同步电机

　　同步电机是一种广泛应用的交流旋转电机,现代电网中流动着的巨量电能几乎全部由同步发电机提供。同步电机有3种主要的运行方式,即作为发电机、电动机和调相机运行。作为发电机运行是同步电机最主要的运行方式,另外作为电动机和调相机运行的同步电机在工矿企业和电力系统中也得到了较为广泛的应用。

第 17 章　同步电机原理和结构

同步发电机与供给其机械能的原动机共同构成发电机组。不同型式的原动机要求不同型式的发电机与其相配套。本章我们从同步发电机的工作原理入手,介绍同步电机的两种主要的结构型式。

17.1　同步发电机原理简述

17.1.1　结构模型

同步发电机和其他类型的旋转电机一样,由固定的定子和可旋转的转子两大部分组成。最常用的**转场式**同步电机(即磁极旋转的同步电机)的定子铁心的内圆均匀分布着齿和槽,槽内嵌放着按一定规律排列的三相对称交流绕组。这种同步电机的定子又被称为电枢,定子铁心和绕组又被称为电枢铁心和电枢绕组。转子铁心上装有制成一定形状的成对磁极,磁极上绕有励磁绕组,通以直流电流时,将会在电机的气隙中形成极性交替的分布磁场,该磁场被称为励磁磁场(也称主磁场、转子磁场)。除了转场式同步电机外,还有**转枢式**同步发电机(即磁极不动,电枢旋转的同步电机),其磁极安装于定子上,而交流绕组分布于转子表面的槽内。这种同步电机的转子充当了电枢。图 17.1 给出了典型的两极转场式同步发电机的结构模型。图中用 AX、BY、CZ 三个在空间错开 120°电角度分布的线圈代表三相对称交流绕组。

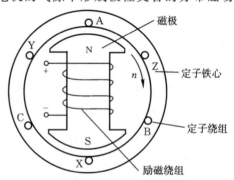

图 17.1　三相同步发电机结构模型

17.1.2　工作原理

同步电机电枢绕组是三相对称交流绕组,当原动机拖动转子旋转时,极性相间的励磁磁场随轴一起旋转并顺次被电枢各相绕组所切割(相当于绕组的导体反向切割励磁磁场),会在电枢各相绕组中分别感应出大小和方向按周期性变化的交变电势,由第 11 章可知,每相感应电势的有效值为

$$E_0 = 4.44 f N \Phi_f k_w \tag{17.1}$$

式中：f——频率,工频为 50 Hz；

N——每相绕组总的串联匝数；

Φ_f——每极基波磁通；

k_w——电枢绕组系数。

E_0 是由励磁绕组产生的磁通 Φ_f 在电枢绕组中感应而得,被称为**励磁电势**(也称主电势、空载电势、转子电势)。三相电枢绕组在空间分布的对称性决定了三相绕组中的感应电势将在时间上呈现出对称性,即在时间相位上相互错开 1/3 周期。通过绕组的出线端将三相感应电势引出后可以作为交流电源。可见,同步发电机可以将原动机提供给转子的旋转机械能转化为电能,并用作三相对称交流电源。

感应电势的频率决定于同步电机的转速 n 和极对数 p,即

$$f = \frac{pn}{60} \tag{17.2}$$

从供电品质考虑,由众多同步发电机并联构成的交流电网的频率应该是一个不变的值,这就要求发电机的频率应该和电网的频率一致。我国电网的频率为 $f = 50$ Hz,故有

$$n = \frac{60f}{p} = \frac{3000}{p} \tag{17.3}$$

当 $p = 1, 2, 3, \cdots$ 时,$n = 3000$ r/min, 1500 r/min, 1000 r/min, $\cdots$。也就是说,要使发电机供给电网 50 Hz 的工频电能,发电机的转速必须为某些固定值,这些固定值被称为**同步转速**。例如两极电机的同步转速为 3000 r/min,4 极电机的同步转速为 1500 r/min,依此类推。只有运行于同步转速,同步电机才能正常运行,这也是同步电机名称的由来。

17.1.3 同步电机的运行方式

同步电机的运行方式有三种,即作为**发电机**、**电动机**和**调相机**(又称补偿机)运行。

作为发电机运行是同步电机最主要的运行方式,现代工农业生产所用的交流电能绝大部分由同步发电机供给。大型同步发电机用在大型电站,其单机容量在几十、几百以至于上千 MW,中小型同步发电机则广泛应用于各种场合。

作为电动机运行是同步电机的另一种重要的运行方式。同步电动机的功率因数可以调节,在不要求调速的场合,应用大型同步电动机可以提高运行效率。近年来,小型同步电动机在变频调速系统中开始得到较多的应用。

同步电机还可以接于电网作为同步调相机。这时电机不带任何机械负载,靠调节转子中的励磁电流向电网发出所需的感性或者容性无功功率,以达到改善电网功率因数的目的。

17.2 同步发电机的型式和结构

17.2.1 同步发电机的两种基本型式

同步发电机必须在原动机的带动下运行,不同型式的原动机要求不同型式的同步电机与之配套。汽轮机和水轮机是两种最主要的原动机,与之配套的**汽轮发电机和水轮发电机**也就代表了同步发电机的两种主要型式。汽轮发电机通常在高转速($n = 3000$ r/min)下运行,而水轮发电机则在较低转速(一般为每分钟几十到几百转)下运行。一般来说,同步电机的定子结构与异步电机的定子结构相似,而转子结构有自身的特点。汽轮发电机和水轮发电机的转子代表了同步电机的两种基本转子结构型式,即**凸极式**和**隐极式**。

1. 凸极式转子

凸极式转子上有明显凸出的成对磁极和励磁线圈,如图17.2(a)所示。当励磁线圈中通过直流励磁电流时,每个磁极就出现一定的极性,相邻磁极交替为N极和S极。对水轮发电机来说,由于水轮机的转速较低,要发出工频电能,发电机的极数就应做得比较多,多极转子做成凸极式结构工艺上较为简单。另外,中小型同步电机大多也做成凸极式。

2. 隐极式转子

隐极式转子上没有凸出的磁极,如图17.2(b)所示。沿着转子本体圆周表面上,开有许多槽,这些槽中嵌放着励磁绕组。在转子表面约1/3部分没有开槽,构成所谓**大齿**,是磁极的中心区。励磁绕组通入励磁电流后,沿转子圆周也会出现N极和S极。在大容量高转速汽轮发电机中,转子圆周线速度极高。为了减小转子本体及转子上的各部件所承受的巨大离心力,大型汽轮发电机都做成细长的隐极式圆柱体转子。由于转子冷却和强度方面的要求较高,隐极式转子的结构与加工工艺较为复杂。

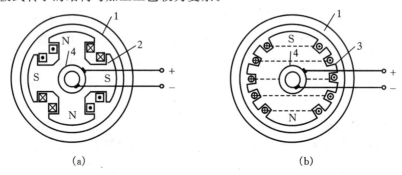

1—定子;2—凸极式转子;3—隐极式转子;4—滑环

图17.2 同步电机基本型式

(a)凸极电机;(b)隐极电机

17.2.2 同步发电机的结构特点

1. 汽轮发电机

汽轮发电机的定子大体上与异步电机相同,定子铁心和交流绕组是其主体。定子铁心由0.35 mm、0.5 mm或其他厚度的电工钢片叠成。定子外径较小时,采用圆形冲片,当定子外径大于1 m时,采用扇形冲片。定子铁心固定在机座上,机座常由钢板焊接而成,它必须有足够的强度和刚度,同时还必须满足通风和散热的需要。铁心一般固定在机座内圆的筋上,铁心外圆与机座壁间留有空间作为通风道。定子绕组的结构同异步电机的定子绕组,汽轮发电机的电压较高,要求定子绕组有足够的绝缘强度,一般采用B级或F级绝缘。

为了减小高速旋转引起的离心力,一般采用隐极式转子,其直径不能太大,外形常做成一个细长的圆柱体。转子铁心一般用含铬、镍和钼的特种合金钢制成,以增强机械强度和导磁性能。转子大多用整块的钢件与轴构成一个整体。转子铁心表面圆周上铣有许多槽,励磁绕组嵌放在这些槽内。有时大齿上也开一些小槽,作为通风用。另外转子槽的底部留有通风沟,如图17.3所示。有时也将通风沟开在槽的侧面。

励磁绕组为同心式绕组，以铜线绕制，并用槽楔将绕组紧固在槽内。绕组端部的表面套有一个高强度合金钢制成的护环，以保证端部不会因离心力而损坏。为了防止励磁绕组轴向移动，绕组的端部用中心环加以固定。励磁绕组引出线与固定在转子上的一对滑环连接，通过电刷与直流电源相接（如图17.2所示）。另外，转轴的一端或两端还装有供电机内部通风用的风扇，以利冷却。

2. 水轮发电机

水轮发电机的特点是：极数多，直径大，轴向长度短，整个转子在外形上与汽轮发电机大不相同。大多数水轮发电机为立式。水轮发电机的直径很大，定子铁心由扇形电工钢片拼装叠成。为了满足散热要求，定子铁心中留有径向通风沟。转子磁极由厚度为1~2 mm的钢片叠成；磁极两端有磁极压板，用来压紧磁极冲片和固定磁极绕组。有些发电机磁极的极靴上开有一些槽，槽内放上铜条，并用端环将所有铜条连在一起构成**阻尼绕组**，其作用是用来抑制短路电流和减弱电机振荡，在电动机运行时还作为起动绕组用。磁极与转子轭部采用T形或鸽尾形连接，如图17.4所示。

图17.3　隐极式转子槽形

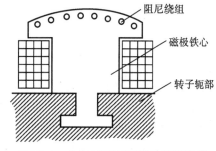

图17.4　凸极与转子轭部用T形连接

17.2.3　同步发电机励磁方式简介

励磁方式是指为同步发电机提供励磁电源的方法。用直流发电机为同步电机提供励磁电源的方式被称为**直流励磁机励磁方式**；用交流发电机为同步电机提供励磁电源的方式则被称为**交流励磁机励磁方式**；不用励磁机而用发电机本身的输出电能经过变换后作为励磁电源，则被称为**自励式静止励磁方式**。励磁方式的演进与整个机组以及电力系统的技术水平紧密相关。早期的发电机容量小，半导体整流技术尚未出现，所以绝大多数机组采用直流励磁机励磁方式。由于高速直流励磁机的容量受到换向器换流能力和离心力的限制，达到500 kW时已接近上限，于是就出现了齿轮减速式低速直流励磁机励磁方式。20世纪60年代以来出现了大功率半导体整流器件，加之发电机组容量的扩大，交流励磁机励磁方式在中大型同步发电机中得到了迅速应用。近年来，随着电力系统容量的进一步扩大，自励式静止励磁方式又异军突起，成了现代励磁系统的主流。

1. 直流励磁机励磁方式

直流励磁机通常与主发电机同轴，采用自励（并励）或者他励接法。如图17.5(a)所示，采用并励接法时，励磁机是一台并励直流发电机，它与同步发电机同轴旋转。励磁机的电枢输出电压通过电刷和集电环加在主发电机励磁绕组两端。励磁机的励磁电路中通常还串接调节电阻，用来调节励磁和发电机输出电压。为了获得较好调节效果，励磁系统通常还带有

自动励磁调节器。 主发电机的电枢端电压和电流通过互感器输入自动励磁调节器,再经过硅整流器整流后反馈到励磁机的励磁绕组,从而实现自动调节。如图 17.5(b)所示,采用他励接法时,励磁机的励磁电流由另一台被称为**副励磁机**的直流发电机供给。通过调节励磁机的励磁电流,来改变主发电机的励磁电压和电流,以达到调节发电机输出电压和无功功率的目的。

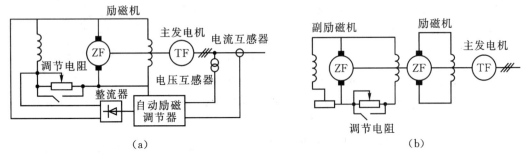

图 17.5 直流励磁机励磁系统
(a) 自励式;(b) 他励式

由于直流励磁机的容量受限于换向器,加上励磁调节的速度慢,可靠性低,随着发电机单机容量的增大,对励磁机功率的要求不断提高,这种励磁方式已无法适应大容量发电机组的对励磁的要求,电力系统中的新增机组已很少采用直流励磁机励磁方式了。

2. 交流励磁机励磁系统

采用没有换向器的交流发电机作为励磁机,可以突破换向器对励磁容量的限制,从而提升发电机组的容量。交流励磁机产生的是交流电,需要通过**整流装置**变换成直流电,才能作为主发电机的励磁电源,所以这种励磁方式又被称为**整流器励磁方式**。通常采用三机(主发电机、励磁机和副励磁机)同轴方式。按照整流装置是否随轴旋转,又可以分为**静止整流器励磁方式**和**旋转整流器励磁方式**两类。

静止整流器励磁方式的原理如图 17.6(a)所示,整流器装在定子上,励磁机是转场式交流发电机,副励磁机可以是带自励恒压器的转场式发电机或者永磁发电机。副励磁机电枢端输出的三相交流电经过静止的晶闸管整流器整流后供给交流励磁机励磁,励磁机电枢端输出 100~150 Hz 的三相交流电,经过静止整流装置整流后供给主发电机的励磁。在这种励磁方式中,整流器输出的直流电流必须经过**电刷**和**集电环**接入转子励磁绕组,增加了系统的故障率。

将上述系统中的励磁机换成**转枢式发电机**,将**主整流器**安装在转轴上,就可以省掉电刷和集电环,从而构成所谓的"**无刷励磁系统**"或者旋转整流器励磁系统,如图 17.6(b)所示。励磁机通常采用 100 Hz 的转枢式同步发电机,从其旋转的电枢端输出交流电,经转子上的旋转整流装置整流后直接进入主发电机的励磁绕组。副励磁机采用转场式**永磁发电机**,其电枢端输出的交流电经静止整流器整流后直接进入励磁机的励磁绕组(位于定子上)。这种无刷励磁系统结构简单、便于维护、可靠性高,特别适合要求防燃、防爆的场合,大多用于中大型汽轮发电机、调相机以及某些特殊要求的电动机中。

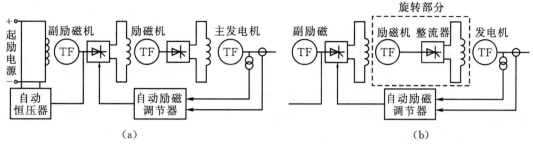

图 17.6 交流励磁机励磁系统
(a) 静止整流器系统；(b) 旋转整流器系统

3. 自并励静止励磁方式

自励方式的特点是励磁电能取自发电机本身，经过**励磁变压器**（或励磁变流器）、静止整流装置后供给励磁绕组。整个励磁系统不存在旋转部分，所以称之为静止励磁方式。自励系统中最简单且最常用的是**自并励方式**，其原理如图 17.7 所示。只用一台接在发电机电枢端的励磁变压器作为励磁电源，通过可控整流装置整流后接发电机的励磁绕组，可控整流装置受励磁调节器控制。自并励方式具有可靠性高、稳定性好、投资小等优点，目前已在国内外大型发电机组中得到较多的应用。

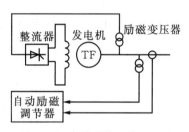

图 17.7 自并励静止励磁系统

17.3 同步电机的额定数据和型号

17.3.1 同步电机的额定数据

额定容量 S_N(VA,kVA,MVA) 或**额定功率** P_N(W,kW,MW)：额定运行时同步电机输出视在功率或有功功率的保证值。发电机的额定容量可以用视在功率或有功功率表示；电动机用有功功率 P_N(W,kW,MW) 表示；调相机则用无功功率 Q_N(var,kvar,Mvar) 表示。

额定电压 U_N(V,kV)：额定运行时电枢的线电压。

额定电流 I_N(A,kA)：额定运行时电枢的线电流。

额定功率因数 $\cos\varphi_N$：额定运行时电机的功率因数。

额定效率 η_N：额定运行时同步电机输出有功功率与输入有功功率的比值。

对于三相同步发电机，有

$$P_N = S_N \cos\varphi_N = \sqrt{3} U_N I_N \cos\varphi_N \tag{17.4}$$

对于三相同步电动机，有

$$P_N = \sqrt{3} U_N I_N \eta_N \cos\varphi_N \tag{17.5}$$

额定频率 f_N：额定运行时电枢的频率。我国标准工业频率规定为 50 Hz。

额定转速 n_N：指额定运行时电机的转速，即同步转速。

除了上述额定值外，铭牌上还会列出一些其他的运行数据，如额定负载时的**温升** τ_N、励

磁容量 P_{fN} 和励磁电压 U_{fN} 等。

17.3.2 国产同步电机的型号

国产大型汽轮发电机有 QFQS、QFSS、QFS 等系列。第 1 和第 2 个字母 QF 表示汽轮发电机;第 3 和第 4 个字母分别表示转子绕组和定子绕组的冷却方式,Q 表示氢内冷,S 表示水内冷。例如,QFS 表示双水内冷汽轮发电机,QFQS—200—2 表示 200MW 的两极汽轮发电机,转子绕组采用氢内冷,定子绕组采用水内冷。

国产水轮发电机有 SF(立式空冷水轮发电机)、SFS(立式双水内冷水轮发电机)、SFW(卧式水轮发电机)、SFG(贯流式水轮发电机)等系列。例如,SF225—48/1264 表示 48 极 225MW 空冷立式水轮发电机,定子铁心外径为 1264cm。

同步电动机有 TD、TDL、TDG 等系列,TD(有些厂家用 T 表示)表示同步电动机,后面的字母表示主要用途。例如,TDG 表示拖动鼓风机的高速同步电动机,TDL 表示立式同步电动机。

同步调相机的系列为 TT。

本章小结

同步发电机的基本原理仍然是电磁感应原理。原动机拖动转子以同步转速旋转,极性交替的转子磁极扫过分布于定子槽内的对称三相交流绕组而在其中感应出三相对称的交变电势,该电势可以作为电源向电网或者电负载提供电能,从而将原动机输入的机械能转变为电能。

作为发电机运行是同步电机的最主要和最普遍的运行方式。由于原动机的要求,汽轮发电机和水轮发电机在设计结构上有较大的差别。汽轮发电机常制成两极隐极式转子结构,机身细长,转动惯量较小,适合于汽轮机的高速拖动;而水轮发电机常制成多极的凸极式转子结构,机身扁平,适合于水轮机的低速拖动。

同步发电机的励磁系统比较复杂,本章简单介绍了直流励磁机励磁、交流励磁机励磁和自并励静止励磁 3 种最基本的励磁系统。

习题与思考题

17-1 同步发电机的转速为什么必须为常数?150 r/min 的水轮发电机应该是多少极的?

17-2 同步电机和异步电机在结构上有哪些异同之处?

17-3 同步电机中隐极式和凸极式各有什么特点,各适用于哪些场合?

17-4 某一台三相同步发电机,$S_N=10$ kVA,$\cos\varphi_N=0.8$(滞后),$U_N=400$ V。试求:(1)电枢电流 I_N;(2)额定功率 P_N;(3)额定无功功率 Q_N。

第 18 章 同步发电机的基本理论

18.1 空载运行分析

三相同步发电机必须能够建立起具有一定大小、一定频率、波形较好的三相对称的交变电势,才能作为实用的交流电源供给特定负载或者向电网输送电能。通过上一章的介绍可知,发电机的感应电势是由转子旋转磁场被电枢绕组切割而感应的,其大小和性质必然与旋转磁场紧密相关。当原动机带动发电机在同步转速下运行,励磁绕组通过适当的励磁电流,电枢绕组不带任何负载时的运行方式,被称为**空载运行**。空载运行是同步发电机最简单的运行方式,其旋转磁场由转子磁势单独建立,分析较为简单。本节从分析气隙中旋转磁场(称为气隙磁场)的波形入手,讨论空载运行的特点。

18.1.1 空载气隙磁场

对于凸极发电机来说,由于定转子间的气隙沿整个电枢圆周分布不均匀,极面下气隙较小,而极间气隙较大,因此在圆周上各点的气隙磁阻也不相等。极面下的磁阻较小,而极间磁阻很大,而且在同一个极面下,磁阻还与极靴的形状有关。在一个极的范围内气隙磁通密度的分布近似为平顶的帽形。极靴以外的气隙磁通密度减少很快,相邻两极中线上的磁通密度为零。气隙磁密 $B_\delta(x)$ 可以用傅里叶谐波分析的方法分解出空间**基波**和一系列**谐波**。图 18.1(a) 中画出了基波波形 $B_{\delta 1}(x)$。通常将极靴的极弧半径做成小于定子的内圆半径,而且两圆弧的圆心不重合(称为**偏心气隙**),从而形成极弧中心处的气隙最小,沿极弧中心线两侧方向气隙逐渐增大,这样可以使得气隙磁通密度的分布较接近正弦波形。

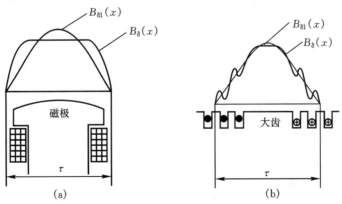

图 18.1 同步电机的空载气隙磁场
(a)凸极电机;(b)隐极电机

隐极电机的励磁绕组嵌埋于转子槽内,沿转子圆周气隙可视为是均匀的。励磁磁势在空间的分布为一个阶梯形,受齿槽磁阻不均的影响,气隙磁密呈现出波动变化。用谐波分析法可求出其基波分量,如图 18.1(b)所示。合理地选择大齿的宽度可以使气隙磁密的分布接近正弦波。

感应电势的波形和大小与气隙磁密的分布形状及幅值大小紧密相关,在设计和制造电机时,应采取适当的措施,以获得尽可能接近正弦分布的气隙磁密,从而得到品质较高的感应电势。在本书以后的分析中,如无特殊说明,我们仅考虑磁通密度和感应电势的基波分量。

18.1.2 空载特性

当空载运行($n=n_1$, $I_a=0$)时,励磁电势随励磁电流变化的关系 $E_0=f(I_f)$ 被称为同步发电机的空载特性。励磁电势 E_0 的大小(有效值)与转子每极磁通 Φ_f 成正比,而励磁电流 I_f 的大小又随作用于同步电机磁路上的励磁磁势 F_f 正比例变化,所以 $E_0=f(I_f)$ 与电机磁路的磁化曲线 $\Phi_f=f(F_f)$ 具有类似的变化规律,如图 18.2 所示。由图可见,当励磁电流较小时,由于磁通较小,电机磁路没有饱和,空载特性呈直线(将其延长后的射线称为**气隙线**)。随着励磁电流的增大,磁路逐渐饱和,磁化曲线开始进入饱和段。为了合理地利用材料,空载额定电压一般设计在空载特性的弯曲处,同步发电机的空载额定电压在空载曲线上的位置如图 18.2 中的 c 点所示。

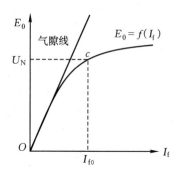

图 18.2 同步发电机的空载特性

空载特性可以通过计算或试验得到。试验测定的方法与直流发电机类似。同步电机的空载特性也常用标幺值表示,以额定电压作为空载电势的基值,以 $E_0=U_N$ 时的励磁电流 I_{f0} 作为励磁电流的基值。用标幺值表示的空载特性具有典型性,不论电机容量的大小,电压的高低,其空载特性彼此非常接近。表 18-1 给出了一组典型的同步发电机空载特性数据。

表 18-1 同步发电机的典型空载特性

I_f^* /A	0.5	1.0	1.5	2.0	2.5	3.0	3.5
E_0^* /V	0.58	1.0	1.21	1.33	1.40	1.46	1.51

空载特性在同步发电机理论中有着重要作用:①将设计好的电机的空载特性与表 18-1 中的数据相比较,如果两者接近,说明电机设计合理。反之,则说明该电机的磁路过于饱和或者材料没有充分利用。②空载特性结合短路特性(在后面介绍)可以求取同步电机的参数。③发电厂可以通过测取空载特性来判断三相绕组的对称性以及励磁系统的故障。

18.2 负载运行和电枢反应分析

18.2.1 负载后的磁势分析

空载时,同步电机中只有一个以同步转速旋转的励磁磁势,它在电枢绕组中感应出三相对称交流电势,其每相有效值为 E_0,称之为励磁电势。电枢绕组每相端电压 $U=E_0$。

负载后电机中的旋转磁势分析如图 18.3 所示。当电枢绕组接上三相对称负载后,电枢绕组和负载一起构成闭合通路,通路中流过的是三相对称的交流电流 $\dot{I}_a$、$\dot{I}_b$ 和 $\dot{I}_c$。我们知道,当三相对称交流电流流过三相对称交流绕组时,将会形成一个以同步速度旋转的旋转磁势。由此可见,负载以后同步电机内部将会产生又一个旋转磁势——电枢旋转磁势。因此,同步发电机接上三

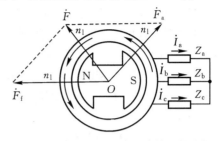

图 18.3 负载后电机中的旋转磁势分析

相对称负载以后,电机中除了随轴一起旋转的励磁磁势(称之为**机械旋转磁势**)外,又多了一个电枢旋转磁势(称之为**电气旋转磁势**)。参看第12章的介绍,不难证明这两个旋转磁势的转速均为同步转速,而且转向一致,二者在空间处于相对静止状态,可以用相量加法将其合成为一个合成磁势。气隙磁场 B_δ 可以看成是由合成磁势在电机的气隙中建立起来的磁场。B_δ 也是以同步转速旋转的旋转磁场。

同步电机稳定运行且只考虑基波时,励磁磁势、电枢磁势和合成磁势都是以同步转速 n_1 或者说同步角速度 ω 旋转的旋转磁势。从空间分布来看,它们都可以看成空间相位角变化的正弦量。与角频率固定、时间相位角变化的时间相量一样,可以把励磁磁势、电枢磁势和合成磁势表示成空间相量 $\dot{F}_f$、$\dot{F}_a$ 和 $\dot{F}$。由于这些空间相量的角速度 ω 的与电流 $\dot{I}$、磁通 $\dot{\Phi}_f$、电压 $\dot{U}$、励磁电势 $\dot{E}_0$ 等时间相量随时间变化的角频率 ω 相等,所以在运用相量分析和计算时,这些空间相量和时间相量可以看成是同频率的相量。

可见同步发电机负载以后,电机内部的磁势和磁场将发生显著变化,这一变化主要由电枢磁势 $\dot{F}_a$ 的出现所致。

18.2.2 电枢反应

电枢磁势的存在,将使气隙磁场的大小和位置发生变化,我们把这一现象称为**电枢反应**。电枢反应会对电机性能产生重大影响。电枢反应的情况决定于空间相量 $\dot{F}_a$ 和 $\dot{F}_f$ 之间的夹角,而这一夹角又和时间相量 $\dot{I}_1$ 和 $\dot{E}_0$ 之间的相位差 ψ 相关联。ψ 被称为**内功率因数角**,其大小由负载的性质决定。下面我们来分析 ψ 与两个同步旋转磁势 $\dot{F}_a$ 和 $\dot{F}_f$ 之间夹角的关系,从而进一步搞清楚同步发电机电枢反应与负载性质之间的内在关系。

图 18.4(a)是同步发电机运行的某个特殊瞬间,此时转子磁通 $\dot{\Phi}_f$ 被 A 相绕组垂直切

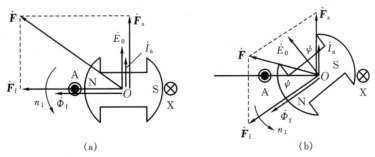

图 18.4 磁势相位与负载的关系

割,所以此时 A 相绕组中的感应电势 $\dot{E}_0$ 达到最大值,此时如果 A 相绕组及其负载所构成的回路为纯电阻性质,则 A 相电流 $\dot{I}_a$ 与感应电势 $\dot{E}_0$ 同相位[参看图 18.4(a)],即 $\dot{I}_a$ 亦达到最大值,内功率因数角 $\psi=0°$。由第 12 章的介绍可知,对于三相对称交流电流产生的旋转磁势而言,当某一相电流达到最大值时,三相合成磁势的轴线将和该相绕组的轴线重合。所以,当 A 相回路为纯电阻性质即 $\psi=0°$ 时,在图 18.4(a)所示瞬间,三相电枢电流产生的合成旋转磁势(即电枢磁势 $\dot{F}_a$)与 A 相绕组的轴线重合,也就是说,$\dot{F}_a$ 和 $\dot{F}_f$ 之间的夹角为 90°电角度。

上述结论是在 A 相回路为纯电阻情况下得到的,不难推广到一般性负载情况下。一般情况下,当 A 相所带的负载使得 A 相电流 $\dot{I}_a$ 滞后于 $\dot{E}_0$ 一个电角度 ψ,也就是说,$\dot{E}_0$ 达到最大值[图 18.4(a)所示瞬间]之后,转子再转过 ψ 电角度之后[图 18.4(b)所示瞬间],A 相电流才达到最大值。此时,电枢磁势 $\dot{F}_a$ 和 A 相绕组轴线重合,$\dot{F}_a$ 滞后 $\dot{F}_f$ 的电角度为 $\psi+90°$。对于 $\dot{I}_a$ 超前于 $\dot{E}_0$ 的情况,可以得到类似的结论,将 ψ 取负值即可。

以上结论虽然是在一个特殊的瞬间(A 相电流达到最大值的时刻)得出的,由于 $\dot{F}_a$ 和 $\dot{F}_f$ 总是同速同步旋转,故在负载一定的情况下,$\dot{F}_a$ 与 $\dot{F}_f$ 的空间相位差是固定的,而且总是等于 $\psi+90°$ 电角度。

可见,在对称负载情况下,同步电机的电枢反应主要取决于每相励磁电势 $\dot{E}_0$ 和每相负载电流 $\dot{I}_a$ 之间的相角差 ψ,亦即取决于负载的性质。下面先对三种特殊负载的电枢反应进行分析,然后给出一般情况下电枢反应的分析方法。

(1) $\dot{I}_a$ 和 $\dot{E}_0$ 同相位,即 $\psi=0°$;
(2) $\dot{I}_a$ 滞后 $\dot{E}_0$ 的电角度为 90°,即 $\psi=90°$;
(3) $\dot{I}_a$ 超前 $\dot{E}_0$ 的电角度为 90°,即 $\psi=-90°$。

1. $\dot{I}_a$ 和 $\dot{E}_0$ 同相位时的电枢反应

此时,电枢电流 $\dot{I}_a$ 与空载电势 $\dot{E}_0$ 之间的相位差为 0°,即 $\psi=0°$[参看图 18.5(a)],电枢磁势 $\dot{F}_a$ 与励磁磁势 $\dot{F}_f$ 之间的夹角为 90°,即二者正交[参看图 18.5(b)],励磁磁势作用在直轴(即磁极的中轴线,简称 d 轴)上,而电枢磁势作用在交轴(一对相邻磁极间的中性线,简称 q 轴)上,电枢反应的结果使得合成磁势的轴线位置产生一定的偏移,幅值发生一定的变化。这种作用在交轴上的电枢反应被称为交轴电枢反应,简称交磁作用。

2. $\dot{I}_a$ 滞后于 $\dot{E}_0$ 的电角度为 90°时的电枢反应

此时,电枢电流 $\dot{I}_a$ 与空载电势 $\dot{E}_0$ 之间的相位差为 90°,即 $\psi=90°$[参看图 18.6(a)],电枢磁势 $\dot{F}_a$ 与励磁磁势 $\dot{F}_f$ 之间的夹角为 180°,即二者反相[参看图 18.6(b)],电枢磁势和励

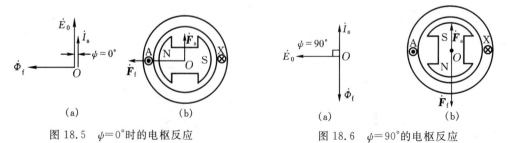

图 18.5 $\psi=0°$ 时的电枢反应 　　　　图 18.6 $\psi=90°$ 的电枢反应

磁磁势作用在直轴的相反方向上,电枢反应为纯去磁作用,合成磁势的幅值减小,这一电枢反应被称为直轴去磁电枢反应。

3. $\dot{I}_a$ 超前于 $\dot{E}_0$ 的电角度为 90°时的电枢反应

此时,电枢电流 $\dot{I}_a$ 与空载电势 $\dot{E}_0$ 之间的相位差为 $-90°$,即 $\psi=-90°$[参看图 18.7(a)],电枢磁势 $\dot{F}_a$ 与励磁磁势 $\dot{F}_f$ 之间的夹角为 0°,即二者同相[参看图 18.7(b)],励磁磁势和电枢磁势作用在直轴的相同方向上,电枢反应的为增磁作用,合成磁势的幅值增大,这一电枢反应被称为直轴增磁电枢反应。

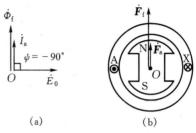

图 18.7 $\psi=-90°$时的电枢反应

4. 一般情况下(ψ 为任意角度时)的电枢反应

以 $\dot{I}_a$ 滞后于 $\dot{E}_0$(即 $0°<\psi<90°$)的情况为例进行分析。如图 18.8(a)所示,可将 $\dot{I}_a$ 分解为直轴分量 $\dot{I}_d$ 和交轴分量 $\dot{I}_q$,$\dot{I}_d$ 滞后于 $\dot{E}_0$ 的电角度为 90°,它产生的直轴电枢磁势 $\dot{F}_{ad}$ 与 $\dot{F}_f$ 反相,起去磁作用;$\dot{I}_q$ 与 $\dot{E}_0$ 同相位,它产生的交轴电枢磁势 $\dot{F}_{aq}$ 与 $\dot{F}_f$ 正交,起交磁作用。根据正交分解原理有

$$\begin{cases} \dot{I}_a = \dot{I}_d + \dot{I}_q \\ I_d = I_a \sin\psi \\ I_q = I_a \cos\psi \end{cases} \quad (18.1)$$

$$\begin{cases} F_{ad} = F_a \sin\psi \\ F_{aq} = F_a \cos\psi \end{cases} \quad (18.2)$$

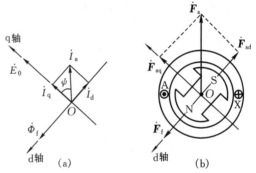

图 18.8 $0°<\psi<90°$时的电枢反应

同理可以分析当 $\dot{I}_a$ 超前于 $\dot{E}_0$ 时(即 $-90°<\psi<0°$)的情况。此时电流仍按 ψ 分解为直轴及交轴两个分量。直轴分量电流超前于 $\dot{E}_0$ 的电角度为 90°,它产生的直轴电枢磁势对主极磁势起增磁作用;交轴分量电流与 $\dot{E}_0$ 同相位,它产生的交轴电枢磁势对主极磁势起交磁作用。

综上所述,当同步发电机供给滞后性电流时,电枢磁势除了一部分产生交轴电枢反应外,还有一部分产生直轴去磁电枢反应;当发电机供给超前电流时,电枢磁势除了一部分产生交轴电枢反应外,还有一部分产生直轴增磁电枢反应。这一结论十分重要,它对发电机性能的影响将在后面章节中提到。

为了分析方便,人们常将时间相量 $\dot{\Phi}_f$、$\dot{\Phi}_a$、$\dot{E}_0$、$\dot{I}_a$ 和空间相量 $\dot{F}_f$、$\dot{F}_a$、$\dot{F}$ 画在一起构成所谓的**时空统一相量图**,如图 18.9 所示。在时空统一相量图中,$\dot{\Phi}_f$ 和 $\dot{F}_f$ 重合(一般与直轴轴线重合),$\dot{E}_0$ 滞后于 $\dot{\Phi}_f$ 的电角度为 90°,$\dot{I}_a$ 和 $\dot{E}_0$ 之间的相位差 ψ 由负载性质决定,由于 $\dot{F}_a$ 与 $\dot{F}_f$ 之间的空间相位差等于 $90°+\psi$,所以 $\dot{F}_a$ 和 $\dot{I}_a$ 重合。

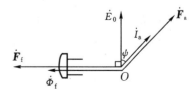

图 18.9 时空统一相量图

18.2.3 电枢反应电抗和同步电抗

当三相对称电枢电流流过电枢绕组时,将产生旋转的电枢磁势 $\dot{F}_a$。$\dot{F}_a$ 将在电机内部产生跨过气隙的电枢反应磁通 $\dot{\Phi}_a$ 和不通过气隙的漏磁通 $\dot{\Phi}_\sigma$。$\dot{\Phi}_a$ 和 $\dot{\Phi}_\sigma$ 将分别在电枢各相绕组中感应出电枢反应电势 $\dot{E}_a$ 和漏磁电势 $\dot{E}_\sigma$。$\dot{E}_a$ 与电枢电流 $\dot{I}_a$ 的大小成正比(不计饱和时),比例常数被称为**电枢反应电抗** X_a,考虑到相位关系后,每相电枢反应电势为

$$\dot{E}_a = -jX_a\dot{I}_a \tag{18.3}$$

电枢反应电抗 X_a 的大小和电枢反应磁通 $\dot{\Phi}_a$ 所经过磁路的磁阻成反比,$\dot{\Phi}_a$ 所经过的磁路与电枢磁势 $\dot{F}_a$ 轴线的位置有关,而 $\dot{F}_a$ 的轴线由 ψ 或者说负载性质决定。对于凸极电机而言,当 $\dot{F}_a$ 和 $\dot{F}_f$ 重合时,即 $\dot{F}_a$ 和磁极的轴线重合时,$\dot{\Phi}_a$ 经过直轴气隙和铁心而闭合(这条磁路被称为直轴磁路),如图 18.10(a) 所示。此时由于直轴磁路中的气隙较短,磁阻较小,所以电枢反应电抗就较大。当 $\dot{F}_a$ 和 $\dot{F}_f$ 正交时,即 $\dot{F}_a$ 和磁极的轴线垂直时,$\dot{\Phi}_a$ 经过交轴气隙和铁心而闭合(这条磁路被称为交轴磁路),如图 18.10(b) 所示。此时由于交轴磁路中的气隙较长,磁阻较大,所以电枢反应电抗就较小。一般情况下,$\dot{F}_a$ 和 $\dot{F}_f$ 之间的夹角由负载的性质决定,为 $90°+\psi$,$\dot{\Phi}_a$ 的流通路径介于直轴磁路和交轴磁路之间,电枢反应电抗的大小也就介于最大值和最小值之间。

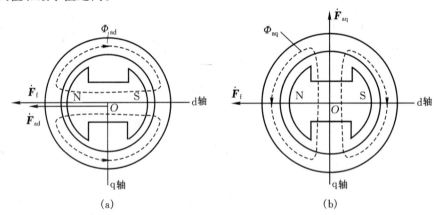

图 18.10 凸极电机中电枢磁路的流通路径
(a)直轴磁路;(b)交轴磁路

由于 $\dot{F}_a$ 和 $\dot{F}_f$ 之间的夹角受制于内功率因数角 ψ(代表负载的性质)。不同负载时,$\dot{F}_a$ 和 $\dot{F}_f$ 之间的夹角不同,对应的 X_a 也就不同,这给分析问题带来了诸多不便。为解决这一问题,可采用正交分解法和叠加原理,将 $\dot{F}_a$ 分解成直轴分量 $\dot{F}_{ad}$ 和交轴分量 $\dot{F}_{aq}$,并认为 $\dot{F}_{ad}$ 单独激励**直轴电枢反应磁通** $\dot{\Phi}_{ad}$,其流通路径为直轴磁路,对应有一个固定的**直轴电枢反应电抗** X_{ad},并在定子每相绕组中产生**直轴电枢反应电势** $\dot{E}_{ad}$;$\dot{F}_{aq}$ 单独激励**交轴电枢反应磁通** $\dot{\Phi}_{aq}$,其流通路径为交轴磁路,对应有一个固定的**交轴电枢反应电抗** X_{aq},并在电枢每相绕组中产生**交轴电枢反应电势** $\dot{E}_{aq}$。电枢绕组总的电枢反应电势 $\dot{E}_a$ 可以写为

$$\dot{E}_a = \dot{E}_{ad} + \dot{E}_{aq} = -jX_{ad}\dot{I}_d - jX_{aq}\dot{I}_q \tag{18.4}$$

再考虑到漏磁通 $\dot{\Phi}_\sigma$ 引起的漏抗电势 $\dot{E}_\sigma = -jX_\sigma\dot{I}_a$($X_\sigma$ 为电枢绕组的漏电抗)后,电枢绕组中由电枢电流引起的总的感应电势为

第 18 章 同步发电机的基本理论

$$\begin{aligned}
\dot{E}_a + \dot{E}_\sigma &= -jX_{ad}\dot{I}_d - jX_{aq}\dot{I}_q - jX_\sigma\dot{I}_a \\
&= -jX_{ad}\dot{I}_d - jX_{aq}\dot{I}_q - jX_\sigma(\dot{I}_d + \dot{I}_q) \\
&= -j(X_{ad} + X_\sigma)\dot{I}_d - j(X_{aq} + X_\sigma)\dot{I}_q \\
&= -jX_d\dot{I}_d - jX_q\dot{I}_q
\end{aligned} \tag{18.5}$$

式中:$X_d = X_{ad} + X_\sigma$ 被定义为**直轴同步电抗**,$X_q = X_{aq} + X_\sigma$ 定义为**交轴同步电抗**。

对于隐极电机来说,由于电枢为圆柱体,忽略转子齿槽分布所引起的气隙微小不均匀后,可以认为隐极电机直轴磁路和交轴磁路的磁阻相等,直轴和交轴电枢反应电抗相等,即 $X_a = X_{ad} = X_{aq}$,结合 $\dot{I}_a = \dot{I}_d + \dot{I}_q$,并代入式(18.5)可得

$$\begin{aligned}
\dot{E}_a + \dot{E}_\sigma &= -jX_{ad}\dot{I}_d - jX_{aq}\dot{I}_q - jX_\sigma\dot{I}_a \\
&= -jX_a\dot{I}_a - jX_\sigma\dot{I}_a \\
&= -j(X_a + X_\sigma)\dot{I}_a = -jX_s\dot{I}_a
\end{aligned} \tag{18.6}$$

式中:$X_s = X_a + X_\sigma$ 被定义为隐极电机的**同步电抗**。

由定义可知,同步电抗包括两部分:电枢绕组的漏电抗和电枢反应电抗。而在实际上,常将二者作为一个整体参数来处理,这样便于分析和测量。

18.3 同步发电机的电势方程及相量图

由前面的分析可知,负载以后,同步发电机的电枢绕组中存在以下电势:①由励磁磁通 $\dot{\Phi}_f$ 产生的励磁电势 $\dot{E}_0$;②由电枢反应磁通 $\dot{\Phi}_a$ 产生的电枢反应电势 $\dot{E}_a$;③由电枢绕组漏磁通 $\dot{\Phi}_\sigma$ 产生的漏磁电势 $\dot{E}_\sigma$。由于电枢绕组的电阻很小,如果忽略电阻压降,则每相感应电势总和即为发电机的端电压 $\dot{U}$,用方程式表示为

$$\dot{E}_0 + \dot{E}_a + \dot{E}_\sigma = \dot{U} \tag{18.7}$$

对于凸极电机来说,$\dot{E}_a + \dot{E}_\sigma = -jX_d\dot{I}_d - jX_q\dot{I}_q$,其方程式可表示为

$$\dot{E}_0 = \dot{U} + jX_d\dot{I}_d + jX_q\dot{I}_q \tag{18.8}$$

对于隐极电机来说,$\dot{E}_a + \dot{E}_\sigma = -jX_s\dot{I}_a$,其方程式可表示为

$$\dot{E}_0 = \dot{U} + jX_s\dot{I}_a \tag{18.9}$$

在以上方程式中,$\dot{E}_0$、$\dot{U}$、$\dot{I}_a$ 均为随时间正弦变化的周期函数,所以用相量来表示。在同步电机理论中,用电势相量图进行分析是十分重要和方便的方法。在作相量图时,我们认为发电机的端电压 $\dot{U}$、电枢电流 $\dot{I}_a$、负载功率因数角 φ(即 $\dot{I}_a$ 与 $\dot{U}$ 之间的相位差)以及同步电抗为已知量,最终可以根据方程式求得励磁电势 $\dot{E}_0$。参看图 18.11(a),电流滞后于电压时,隐极电机相量图可按以下步骤作出:

① 在水平方向作出相量 $\dot{U}$;
② 根据 φ 角找出 $\dot{I}_a$ 的方向并作出相量 $\dot{I}_a$;
③ 在 $\dot{U}$ 的尾端,加上同步电抗压降相量 $jX_s\dot{I}_a$,它超前于 $\dot{I}_a$ 90°;
④ 作出由 $\dot{U}$ 的首端指向 $jX_s\dot{I}_a$ 尾端的相量,该相量便是励磁电势 $\dot{E}_0$。

对于凸极电机来说,需要首先将 $\dot{I}_a$ 分解为直轴分量 $\dot{I}_d$ 和交轴分量 $\dot{I}_q$,然后才能根据方程式(18.8)作出其电势相量图。我们知道,$\dot{E}_0$ 在交轴方向上,也即 $\dot{I}_q$ 与 $\dot{E}_0$ 同方位,$\dot{I}_d$ 与 $\dot{E}_0$ 正交,只要找出 $\dot{E}_0$ 的方位,就可以方便地将 $\dot{I}_a$ 分解为 $\dot{I}_d$ 和 $\dot{I}_q$。为此,可以在方程式(18.8)

两边同时加上 $-j(X_d-X_q)\dot{I}_d$，即
$$\dot{E}_0-j(X_d-X_q)\dot{I}_d=\dot{U}+jX_q(\dot{I}_d+\dot{I}_q)=\dot{U}+jX_q\dot{I}_a$$

上式左边的相量 $\dot{E}_0-j(X_d-X_q)\dot{I}_d$ 显然与 $\dot{E}_0$ 处于同一方位，而右边的相量 $\dot{U}+jX_q\dot{I}_a$ 可以很方便地求得，这样就找到了 $\dot{E}_0$ 的方位。参看图 18.11(b)，电流滞后于电压时，凸极电机的相量图可按下述步骤作出：

① 在水平方位作出电压相量 $\dot{U}$，错开 φ 角作出 $\dot{I}_a$；

② 在 $\dot{U}$ 的尾端，加上相量 $jX_q\dot{I}_a$，它超前于 $\dot{I}_a$ 90°电角度，经过 $\dot{U}$ 首端和 $jX_q\dot{I}_a$ 尾端的直线就确定了 $\dot{E}_0$ 的方位，也即确定了 q 轴，与 q 轴正交的方位即为 d 轴；

③ 将 $\dot{I}_a$ 分解为其交轴分量 $\dot{I}_q$ 和直轴分量 $\dot{I}_d$；

④ 根据方程式(18.8)即可作出 $\dot{E}_0$。

电流超前于电压时的相量图可根据同样的步骤作出，如图 18.11(c)和图 18.11(d)所示。

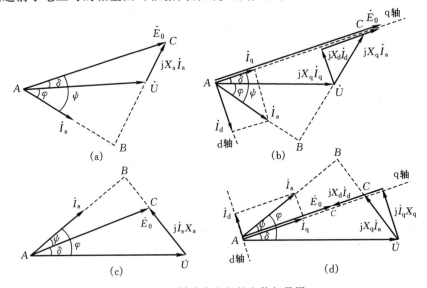

图 18.11 同步发电机的电势相量图
(a)隐极电机电流滞后时；(b)凸极电机电流滞后时；
(c)隐极电机电流超前时；(d)凸极电机电流超前时

电势相量图很直观地显示了同步电机各个相量之间的数值关系和相位关系，对于分析和计算同步电机的许多问题有较大的帮助作用。

对于凸极电机来说，在图 18.11(b)的 $\triangle ABC$ 中，$\overline{AB}=U\cos\varphi$，$\overline{BC}=U\sin\varphi+X_qI_a$，所以
$$\psi=\arctan\frac{U\sin\varphi+X_qI_a}{U\cos\varphi} \tag{18.10}$$

而对于隐极电机来说，有
$$\psi=\arctan\frac{U\sin\varphi+X_sI_a}{U\cos\varphi} \tag{18.11}$$

以上两式在分析同步电机问题时经常用到。

18.4 同步发电机的基本特性及电抗测定

同步发电机的空载特性、短路特性、零功率因数特性和外特性等都是其基本特性,通过这些特性可以求出同步电抗及漏电抗,并且进一步确定同步发电机的性能参数。空载特性在 18.1 节已经介绍过了,本节主要介绍短路特性、零功率因数特性、外特性以及电抗的测定。

18.4.1 短路特性

同步发电机运行于同步转速时,将电枢绕组三相的端点持续稳态短路,然后加上励磁电流,被称为稳态短路运行。这时端电压 $U=0$,如果改变励磁电流 I_f,励磁电势 E_0 和电枢短路电流的有效值 I_k 也会随之改变。短路特性就是指 I_k 随 I_f 变化的关系曲线 $I_k = f(I_f)$。

稳态短路运行时,$\dot{I}_k$ 和励磁电势 $\dot{E}_0$ 之间的相位差 ψ 仅受同步电抗和绕组本身电阻的制约,在忽略绕组电阻时,整个电枢回路是一个纯感性回路,$\dot{I}_k$ 滞后于 $\dot{E}_0$ 的电角度为 $90°$,全部作用于直轴,交轴分量 $\dot{I}_q = 0$,其电枢反应表现为纯去磁作用。去磁作用减少了电机中的磁通,磁路处于不饱和状态,励磁电势的有效值 E_0 和励磁电流 I_f 之间在数量上呈线性关系。由于短路电流 $\dot{I}_k = -j\dot{E}_0/X_s$,所以短路电流的有效值 I_k 和励磁电流在数量也呈线性关系,短路特性就是一条通过原点的直线,如图 18.13 中的 $I_k = f(I_f)$ 曲线。可见,稳态短路时,电机中的电枢反应为纯去磁作用,电机的磁通和感应电势较小,短路电流也不会过大,所以三相稳态短路运行没有危险。

图 18.12 给出了隐极同步发电机稳态短路运行的等效电路和相量图。对凸极式电机来说,短路时交轴电枢磁势 $F_{aq}=0$,故分析方法同隐极电机,只需将 X_s 用 X_d 代替,将 $\dot{I}_a$ 用 $\dot{I}_d$ 来代替即可。

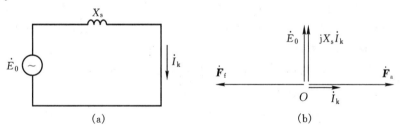

图 18.12　隐极同步发电机稳态短路运行
(a)等效电路;(b)相量图

18.4.2 利用短路特性和空载特性求同步电抗

在 18.1 节中曾指出,利用空载特性和短路特性可以求发电机的同步电抗。下面就具体讨论这一问题。

设励磁电流为 I_f,每相空载电势为 E_0,如果把电枢端点短路,测得每相短路电流为 I_k,显然在略去电枢电阻时,同步电抗上的压降 $X_s I_k$(对于凸极电机为 $X_d I_k$)即为 E_0[参看图 18.12(a)]。根据此关系可以得到测定同步电抗的简单方法:① 用原动机带动同步发电机在同步转速下运转,测取其空载和短路特性。② 将测取的数据在同一坐标纸上绘制成曲线,并作出气隙线(图 18.13)。③ 选取一固定的 I_f,求得对应的短路电流 I_k 和对应于气隙线上的电势 E'_0,则同步电抗可按下式求得

$$X_s \text{ 或 } X_d = \frac{E'_0}{I_k} \quad (18.12)$$

按照上述方法求得的是**不饱和同步电抗**,而在额定值附近运行时,磁路总是有点饱和,求取同步电抗饱和值的近似方法为:从空载曲线求得对应于额定电压 U_N 的励磁电流 I_{f0},再从短路特性求得对应于 I_{f0} 的短路电流 I_{k0},则

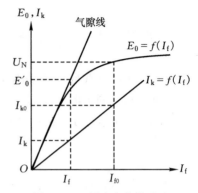

图 18.13 同步电抗的求取

$$X_s \text{ 或 } X_d \text{ 的饱和值} = \frac{U_N}{I_{k0}} \quad (18.13)$$

凸极电机的交轴同步电抗可以利用经验公式求得:

$$X_q \approx 0.65 X_d \quad (18.14)$$

18.4.3 零功率因数负载特性

同步发电机的**零功率因数负载特性**是指在 $n=n_1$、$I_a=I_N$、$\cos\varphi=0$ 条件下,发电机端电压 U 随励磁电流 I_f 变化的关系曲线 $U=f(I_f)$。发电机以同步转速旋转,电枢端部外接三相对称纯电感负载,当增加励磁电流时,感应电势 E_0、端电压 U 以及电枢电流 I_a 都会增加。如果在增大励磁电流的同时,增大负载电抗的值,使得电枢电流 I_a 维持在额定值,而将端电压 U 与励磁电流 I_f 的变化关系绘成曲线,就得到零功率因数负载特性。

由于同步发电机是在纯感性负载下运行,而电枢绕组本身可以近似看成纯感性(忽略电枢电阻),所以电枢与负载构成的回路为纯感性回路,即 $\psi=90°$,此时的电枢反应为直轴纯去磁效应。励磁磁势被电枢反应磁势抵消一部分后,剩余部分在电机气隙内产生磁通。励磁电流上升到一定值时,磁路逐渐饱和,电压上升逐渐缓慢,使曲线弯曲。零功率因数特性曲线的形状与空载特性曲线颇为相似,下面研究其关系。

从相量图(图 18.14)可以看出,$\dot{U}$、$\dot{E}_0$、$jX_d\dot{I}_d$ 处于同一方位,其相量加减可简化为代数加减,即

$$U = E_0 - X_d I_d = E_0(I_f) - X_d I_N \quad (18.15)$$

在已知空载特性 $E_0 = f(I_f)$ 和同步电抗 X_d(或 X_s)的情况下,由式(18.15)可以作出同步电机的零功率因数特性曲线,见图 18.15。反之通过测取空载特性和零功率因数特性就可以求得同步电抗,经过进一步的处理,还可以求得定子漏抗。

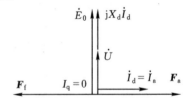

图 18.14 $\cos\varphi=0$ 时同步电机相量图

在图 18.15 中,当 $U=0$ 时,在空载特性上,$I_f=0$;而在零功率因数特性上 $I_f=\overline{OC}$,即电压为零时,励磁电流不为零。其原因是:①零功率因数特性是在电流为一定值时测得的,该

电流会产生漏抗压降 I_aX_σ,所以需要一定的励磁电流 $\overline{OB}$ 产生电势 $\overline{AB}$ 来平衡此漏抗压降。②在纯感性负载下,电枢反应为纯去磁效应,需要一定的励磁电流 $\overline{BC}$ 抵消此去磁作用。可见,在零功率因数特性上,$U=0$ 时,励磁电流是不能为零的。△ABC 被称为特性三角形,它的垂直边是定子漏抗压降,水平边正比于电枢反应去磁磁势,这两条边都正比于电枢电流,因此当电枢电流一定时,该三角形的形状和大小是不变的。所以当三角形的 A 点在空载特性上移动时,C 点的轨迹就是零功率因数特性。

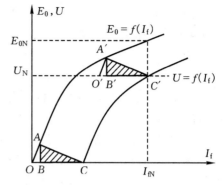

图 18.15 零功率因数负载特性与空载特性

18.4.4 利用零功率因数特性和空载特性求直轴电枢磁势和定子漏抗

1. 直轴电枢磁势

参看图 18.15,结合空载特性曲线和 $I_d=I_a=I_N$ 对应的零功率因数特性曲线,作出特性三角形△ABC 或△A'B'C',就可以很方便地求出额定电流 I_N 对应的直轴等效电枢磁势(用励磁电流表示),即

$$k_{ad}F_a = I_{fa} = \overline{BC} = \overline{B'C'} \tag{18.16}$$

2. 定子漏抗

$U=0$ 时,对应于零功率因数特性上的励磁电流 $I_f = \overline{OC}$,将该电流分为两部分,$\overline{OB}$ 段用来产生漏抗电势 $\dot{E}_\sigma$ 以平衡定子漏抗压降 $\overline{AB} = X_\sigma I_d$,$\overline{BC}$ 段用来产生电枢反应电势 $\dot{E}_{ad}$ 以平衡电枢反应电抗压降 $X_{ad}I_d$,可见△ABC 的 $\overline{BC}$ 边代表纯去磁的电枢反应磁势,$\overline{AB}$ 边代表定子漏抗压降。所以只要求得特性三角形,我们就可以很方便地求得定子漏抗,即

$$X_\sigma = \frac{\overline{AB}}{I_d} \tag{18.17}$$

下面介绍特性三角形的作法。

对于一定的电枢电流 I_d,由于△ABC 是固定的,所以在空载特性曲线上移动△ABC 的顶点 A 时,C 的轨迹即为零功率因数特性。如果我们在零功率因数特性曲线上向上平移△OAC 的顶点 C 到额定电压 U_N 时,将得到△A'O'C',并且 $\overline{O'C'} = \overline{OC}$,$O'A' \parallel OA$,由此可得到特性三角形的作法:① 在额定电压 U_N 处作一水平线交零功率因数曲线于 C',截取 $\overline{O'C'} = \overline{OC}$;② 过 O'作 OA(近似为直线)的平行线交空载特性曲线于 A';③ 过 A'作 A'B'垂直 O'C'于 B',则△A'B'C'即为特性三角形(见图18.15)。

18.4.5 外特性和电压调整率

外特性是指 $n=n_1$、I_f = 常数、$\cos\varphi$ = 常数的条件下,同步发电机作单机运行时,端电压 U 随负载电流 I_a 而变化的关系,即 $U=f(I_a)$ 曲线。外特性曲线的走向和负载的性质有关。

对于感性负载,$0<\varphi<90°$,在励磁电流不变的情况下,随着电枢电流的增大,有两个因

素导致端电压下降,其一是电枢反应的去磁作用增强,其二是漏抗压降增大,所以感性负载时,同步电机的外特性是下降的曲线。

对于容性负载,当 $-90°<\varphi<0$ 时,电枢反应表现为增磁作用,随着电枢电流的增大,端电压反而增大。图18.16给出了同步发电机各种负载情况下的外特性曲线。

发电机的端电压随着负载电流的改变而变,保持额定运行($U=U_N$、$\cos\varphi=\cos\varphi_N$、$I=I_N$、$n=n_1$)时的励磁电流 I_{fN} 和转速不变,将发电机完全卸载,发电机的端电压将由 U_N 变化为空载电势 E_0,电压变化的幅度可以用**电压调整率**来表示

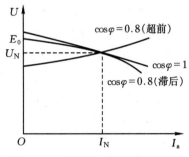

图 18.16 同步发电机外特性曲线

$$\Delta U = \frac{E_0 - U_N}{U_N} \times 100\% \tag{18.18}$$

ΔU 是发电机的性能指标之一,按国家标准规定,ΔU 应不大于40%。

例 18.1 一台汽轮发电机,额定功率 $P_N=12000$ kW,额定电压 $U_N=6300$ V,定子绕组为 Y 接法,额定功率因数 $\cos\varphi_N=0.8$(滞后)。空载试验及短路试验数据如下(忽略电枢电阻):

空载试验数据

线电压/V	0	4500	5500	6000	6300	6500	7000	7500	8000
励磁电流/A	0	60	80	92	102	111	130	190	286

短路试验数据

电枢电流	0	I_N
励磁电流/A	0	158

求:(1) 同步电抗的不饱和值;
(2) 额定负载运行时的励磁电流;
(3) 电压变化率。

解:(1) 该电机的额定电流为

$$I_N = \frac{P_N}{\sqrt{3}U_N\cos\varphi_N} = \frac{12000 \times 10^3}{\sqrt{3} \times 6300 \times 0.8} \text{ A} = 1374.6 \text{ A}$$

根据给出的试验数据画出空载特性和短路特性曲线,并作出气隙线,如图18.17所示。

任取励磁电流 $I_f=100$ A,在空载气隙线上查出线电势 $E_0=7500$ V,在短路特性上查出短路电流,$I_k=870.0$ A。

据此可以求出同步电抗的不饱和值为

$$X_s = \frac{E_0}{\sqrt{3}I_k} = \frac{7500}{\sqrt{3} \times 870.0} \text{ Ω} = 4.98 \text{ Ω}$$

(2) 发电机额定负载运行时,根据相量图可知(将 E_0 转化为线电势):

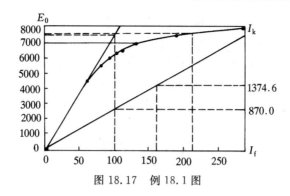

图 18.17 例 18.1 图

$$E_0 = \sqrt{3}\sqrt{(U\cos\varphi_N)^2 + (U\sin\varphi_N + IX_s)^2}$$
$$= \sqrt{3}\sqrt{\left(0.8 \times \frac{6300}{\sqrt{3}}\right)^2 + \left(0.6 \times \frac{6300}{\sqrt{3}} + 1374.6 \times 4.98\right)^2} \text{ V}$$
$$= 16423 \text{ V}$$

在气隙线上对应于 $E_0 = 16423$ V 的励磁电流为额定励磁电流：

$$I_{fN} = \left(100 \times \frac{16423}{7500}\right) \text{A} = 218.97 \text{ A}$$

（3）根据 $I_{fN} = 218.97$ A 在空载特性曲线上求得空载运行时励磁电势为 $E_0 = 7849$ V，故电压变化率为

$$\Delta U = \frac{E_0 - U_N}{U_N} = \frac{7849 - 6300}{6300} \times 100\% = 24.59\%$$

本章小结

空载运行时，同步发电机气隙磁场仅由旋转励磁磁势 $\dot{F}_f$ 单独激励，它扫过电枢绕组时，在其中感应出励磁电势 $\dot{E}_0$，其大小 E_0 由励磁电流 I_f 决定，E_0 和 I_f 之间的关系曲线被称为空载特性。

对称负载运行时，电枢绕组中将通过对称负载电流，并产生电枢磁势 $\dot{F}_a$。$\dot{F}_a$ 和 $\dot{F}_f$ 均以同步速旋转，在空间处于相对静止状态，$\dot{F}_a$ 对 $\dot{F}_f$ 的影响被称为电枢反应。$\dot{E}_0$ 滞后于励磁磁通 $\dot{\Phi}_f$ 90°电角度，而电枢反应磁通 $\dot{\Phi}_a$ 和电枢电流 $\dot{I}_a$ 同相位，所以 $\dot{I}_a$ 和 $\dot{E}_0$ 之间的相位差 ψ（被称为内功率因数角）决定了 $\dot{\Phi}_a$ 和 $\dot{\Phi}_f$ 之间的相位差（90°+ψ），而 $\dot{F}_a$ 和 $\dot{F}_f$ 之间的消长关系反映了电枢反应的性质。所以说 $\dot{I}_a$ 和 $\dot{E}_0$ 之间的相位差决定了电枢反应的特点。另外从负载角度来看，ψ 角反映了负载的性质，所以电枢反应实质上是由负载的性质决定的。

不计饱和时，可以认为电枢磁势和励磁磁势各自产生相应的磁通，并在电枢绕组中分别产生相应的感应电势。对于隐极电机，电枢反应电势 $\dot{E}_a = -jX_a\dot{I}_a$，$X_a$ 被称为电枢反应电抗，$X_s = X_a + X_\sigma$ 被称为隐极电机同步电抗。对于凸极电机，因直轴磁路和交轴磁路的磁阻不同，将电枢磁势分解为 $\dot{F}_{ad}$ 和 $\dot{F}_{aq}$，对应的电枢反应电势分别为 $\dot{E}_{ad} = -jX_{ad}\dot{I}_d$ 和 $\dot{E}_{aq} = -jX_{aq}\dot{I}_q$。$X_{ad}$ 和 X_{aq} 分别为直轴和交轴电枢反应电抗，$X_d = X_{ad} + X_\sigma$ 和 $X_q = X_{aq} + X_\sigma$ 则分别为直轴和交轴同步电抗。

将电枢反应的效应化成一个电抗压降来处理,就可以导出同步电机的电势平衡方程。对于隐极电机有 $\dot{E}_0 = \dot{U} + j\dot{I}_a X_s$;对于凸极电机有 $\dot{E}_0 = \dot{U} + j\dot{I}_d X_d + j\dot{I}_q X_q$。根据电势方程可以画出相量图,它是分析同步电机性能的有力工具。

通过空载试验和短路试验可以求得同步电抗的不饱和值,通过空载试验和零功率因数试验可以得到同步电抗的饱和值。

习题与思考题

18-1 一台三相同步发电机,$P_N = 2500$ kW,$U_N = 10.5$ kV,电枢绕组为 Y 接法,$\cos\varphi_N = 0.8$(滞后),作单机运行。已知同步电抗 $X_s = 7.52$ Ω,电枢电阻不计,每相的励磁电势 $E_0 = 7520$ V。试求:下列几种负载下的电枢电流 $\dot{I}_a$,并说明电枢反应的性质:
(1) 相值为 7.52 Ω 的三相平衡纯电阻负载;
(2) 相值为 7.52 Ω 的三相平衡纯电感负载;
(3) 相值为 15.04 Ω 的三相平衡纯电容负载;
(4) 相值为 $(7.52 - j7.52)$ Ω 的三相平衡电阻电容负载。

18-2 一台三相凸极同步发电机,电枢绕组为 Y 接法,每相额定电压 $U_{pN} = 230$ V,额定相电流 $I_{pN} = 9.06$ A,额定功率因数 $\cos\varphi_N = 0.8$(滞后)。已知该机运行于额定状态,每相励磁电势 $E_0 = 410$ V,内功率因数角 $\psi = 60°$,不计电阻压降。试求:I_d、I_q、X_d 和 X_q 各为多少?

18-3 一台三相隐极同步发电机,电枢绕组为 Y 接法,额定电压 $U_N = 6300$ V,额定电流 $I_N = 572$ A,额定功率因数 $\cos\varphi_N = 0.8$(滞后)。该机在同步速下运转,励磁绕组开路,电枢绕组端点外施三相对称线电压 $U = 2300$ V,测得定子电流为 572 A。如果不计电阻压降,试求此电机在额定运行下的励磁电势 E_0 和功角 δ。

18-4 一台凸极同步发电机,电枢绕组为 Y 接法,额定相电压 $U_N = 230$ V,额定电流 $I_N = 6.45$ A,额定功率因数 $\cos\varphi_N = 0.9$(滞后),并知其同步电抗 $X_d = 18.6$ Ω,$X_q = 12.8$ Ω。不计电阻压降,试求此发电机在额定状态下运行时的 I_d、I_q 和 E_0。

18-5 一台三相隐极同步发电机,电枢绕组为 Y 接法,额定功率 $P_N = 25000$ kW,额定电压 $U_N = 10500$ V,额定转速 $n_N = 3000$ r/min,额定电流 $I_N = 1720$ A,并知同步电抗 $X_s = 2.3$ Ω。如不计电阻,试求:
(1) $I_a = I_N$,$\cos\varphi = 0.8$(滞后)时的电势 E_0 和功角 δ;
(2) $I_a = I_N$,$\cos\varphi = 0.8$(超前)时的电势 E_0 和功角 δ。

18-6 一台三相水轮发电机,电枢绕组为 Y 接法,额定容量 $S_N = 7500$ kVA,额定电压 $U_N = 6300$ V,额定功率因数 $\cos\varphi_N = 0.8$(滞后),频率 $f = 50$ Hz。由试验测得如下数据:

空载试验数据

I_f/A	103	200	272	360	464
E_0/V	3460	6300	7250	7870	8370

短路试验数据

I_f/A	50	100	150	200	250
I_k/A	180	360	540	720	900

$I_a = I_N$ 时的零功率因数特性实验数据

I_f/A	183	330	380	433	475
U/V	0	4720	5660	6330	6600

试求：

(1) 通过空载特性和短路特性求出 X_d 的不饱和值；

(2) 通过空载特性和零功率因数特性求出漏抗 X_σ。

18-7 同步电机在对称负载下稳定运行时，电枢电流产生的磁通是否与励磁绕组匝链？它会在励磁绕组中感应电势吗？

18-8 同步电机在对称负载下运行时，气隙磁场由哪些磁势建立？它们各有什么特点？

18-9 同步电机的内功率因数角 ψ 由什么因素决定？

18-10 什么是同步电机的电枢反应？电枢反应的性质决定于什么？

18-11 为什么说同步电抗是与三相有关的电抗而它的数值又是每相值？

18-12 隐极电机和凸极电机的同步电抗有何异同？

18-13 测定发电机短路特性时，如果电机转速由额定值降为原来的一半，对测量结果有何影响？

18-14 为什么同步电机稳态对称短路电流不太大而变压器的稳态对称短路电流值却很大？

18-15 如何通过试验来求取同步电抗的饱和值与不饱和值？

第 19 章 同步发电机的并网运行

单机供电的缺点是明显的:既不能保证供电质量(电压和频率的稳定性)和可靠性(发生故障就得停电),又无法实现供电的灵活性和经济性。这些缺点可以通过多机并联来改善。通过并联可将几台电机或几个电站并成一个电网。现代发电厂中都是把几台同步发电机并联起来接在共同的汇流排上(见图19.1),一个地区总是有好几个发电厂并联起来组成一个强大的电力系统(电网)。电网供电比单机供电有许多优点:①提高了供电的可靠性。一台电机发生故障或定期检修不会引起停电事故。②提高了供电的经济性和灵活性。例如水电厂与火电厂并联时,在枯水期和旺水期,两种电厂可以调配发电,使得水资源得到合理使

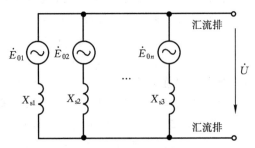

图 19.1 同步发电机并网运行示意图

用。在用电高峰期和低谷期,可以灵活地决定投入电网的发电机数量,提高了发电效率和供电灵活性。③提高了供电质量。电网的容量巨大(相对于单台发电机或者个别负载可视为无穷大),单台发电机的投入与停机、个别负载的变化,对电网的影响甚微,衡量供电质量的重要指标电压和频率可视为恒定不变的常数。

电网对单台发电机来说可视为无穷大电网或无穷大汇流排。同步发电机并联到电网后,它的运行情况要受到电网的制约,也就是说它的电压、频率要和电网一致而不能单独变化。可见发电机并联运行与单机运行时的分析方法将会有所不同,本章将主要介绍发电机与电网并联的条件和方法及并网运行时调节电机向电网输送功率的方法。

19.1 并联条件及并联方法

把同步发电机并联至电网的过程称为投入并联,或称为并列、并车、整步。在并车时必须避免产生巨大的冲击电流,以防止同步发电机受到损坏、电网遭受干扰。为此并车前必须检查发电机和电网是否适合以下条件:

(1) 双方应有相等的电压;
(2) 双方应有同样或者十分接近的频率和相位;
(3) 双方应有一致的相序。

下面研究这些条件之一得不到满足时会发生的情况。

(1) 如果双方电压有效值不相等,即在图 19.2(电网用一个等效发电机 A 来表示,B 表

示即将并车的发电机)中的 U 不等于 U_1,在开关 K 的两端,会出现一定的差额电压 ΔU,此时如果闭合 K,在发电机和电网组成的回路中必然会出现瞬态冲击电流。因此在并车时,电压的有效值必须相等。

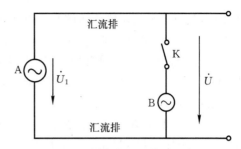

图 19.2　同步发电机并入示意图

(2) 如果双方频率或者相位不相等,则 U 和 U_1 不能同步变化,即 U 和 U_1 的瞬时值将不相等,并车后也会出现电压差 ΔU,从而引起并车冲击电流。因此要求频率必须相等或十分接近。

(3) 如果双方相序不等,U 和 U_1 的瞬时值将会出现较大的差值电压,错误并车将会产生很大的冲击电流。因此并车时,必须严格保证相序一致。

上述条件中,除相序一致是绝对条件外,其他条件都是相对的,因为通常电机可以承受不太大的冲击电流。

并车的准备工作是**检查并车条件**和**确定合闸时刻**。通常用电压表测量电网电压 U_1,并调节发电机的励磁电流使得发电机的输出电压 $U=U_1$,再借助同步指示器检查并调整频率和相位以确定合闸时刻。

除了专用的同步指示器产品外,实验室通常用三组灯泡充当同步指示器,其接线方法通常有以下两种。

1. 灯光明暗法(或称直接法)

如图 19.3(a)所示,将三只灯泡直接跨接于电网与发电机的**对应相**之间,灯泡两端的电压即为发电机端电压 U 与电网电压 U_1 的差值 $\Delta \dot{U}=\dot{U}_1-\dot{U}$。在图 19.4 中,用相量 A_1、B_1、C_1 表示电网的电压相量,A、B、C 代表发电机的电压相量。如果发电机和电网的电压相等,相序一致,而频率略有差异,则两组相量之间将存在一定的角速度差 $\Delta\omega=\omega_1-\omega$($\omega_1$ 为电网角频率,固定不变;ω 为发电机角频率,可以通过调节发电机转速进行调节),其相位差在 0~

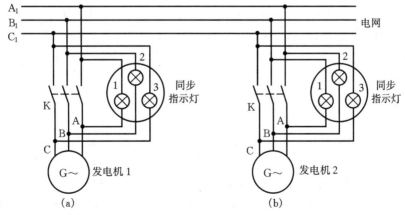

图 19.3　三相同步发电机整步
(a)灯光明暗法;(b)灯光旋转法

180°变化,对应相之间差值电压的有效值在 $0 \sim 2U_1$ 变化,三只灯泡的灯光呈现出明暗交替变化。调整发电机的转速使得 ω 十分接近 ω_1,待两组相量完全重合时,说明两组相量的相位相同了,$\Delta U = 0$,灯泡熄灭,此一时刻是合闸并车的最佳时刻。

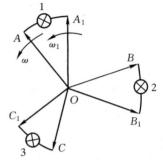

图 19.4 灯光明暗法电压相量图

综上所述,**明暗法**并车方法为:①通过调节发电机励磁电流的大小使得 $U = U_1$;②电压调整好后,如果相序一致,灯光应表现为明暗交替,如果灯光不是明暗交替,则说明相序不一致,这时应调整发电机的出线相序或电网的引线相序,严格保证相序一致;③通过调节发电机的转速改变 U 的频率,直到灯光明暗交替十分缓慢时,说明 U 和 U_1 的频率已十分接近,这时等待灯光完全变暗的瞬间到来时,即可合闸并车。

2. 灯光旋转法

参看图 19.3(b)和图 19.5,灯 1 跨接于 AB_1,灯 2 跨接于 BA_1,灯 3 跨接于 CC_1。如果两组相量大小相等、相序一致、频率接近,则加于三只指示灯的电压 ΔU_1、ΔU_2、ΔU_3 的大小将交替变化。假设 ω 快于 ω_1,并认为 A_1、B_1、C_1 不动,A、B、C 以角速度 $\omega - \omega_1$ 旋转,当 C 和 C_1 重合时,3 熄灭,2 和 1 亮度一样;当 C 和 B_1 重合时(也即 B 将和 A_1 重合),2 熄灭,1、3 同亮;当 C 和 A_1 重合时(也即 A 将和 B_1 重合),1 熄灭,3、2 同亮。可见灯光发亮的顺序为 21→13→32→21…,在圆形的指示器上,相当于灯光逆时针旋转。同理,如果 ω_1 快于 ω 则灯光顺时针旋转。调整发电机转速,直到灯光旋转十分缓慢,等待灯 3 完全熄灭时,合闸并车。

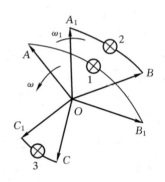

图 19.5 灯光旋转法电压相量图

综上所述,灯光旋转法并车方法为:①通过调节发电机励磁电流的大小使得 $U = U_1$;②电压调整好后,如果相序一致,则灯光旋转,否则说明相序不一致,这时应调整发电机的出线相序或电网的引线相序,严格保证相序一致;③通过调节发电机的转速改变 U 的频率,直到灯光旋转十分缓慢时,说明 U 和 U_1 频率已十分接近,这时等待灯 3 完全熄灭的瞬间到来,即可合闸并车。

灯光法对并网的每一个条件都严格检查,操作正确时在并网过程中基本上不会产生冲击电流,所以又称为理想整步法。由于它对并车条件逐一检查和调整,所以费时较多。一般可采用简单的自整步法,如图 19.6 所示,在相序一致的情况下,通过适当的电阻 R(称为灭磁电阻)用开关 K_2 将励磁绕组短接,再用原动机将发电机拖动到接近同步转速(与同步转速相差 2%~5%),在没有接通励磁电流的情况下将发电机通过开关 K_1 接入电网,再将开关 K_2 合向励磁电源并调节励磁强弱,依靠定子磁场和转子磁场之间的电磁转矩将转子拉入同步转速,并车过程即告结束。需要注意的是,励磁绕组必须通过一限流电阻短接,因为直接开路,将在其中感应出危险的高压;直接短路,将在定、转子绕组中产生很大的冲击电流。自同步法的优点是:操作简单,方便快捷。缺点是:合闸时有冲击电流。

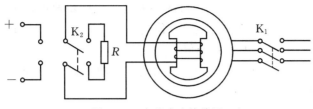

图 19.6 自整步法接线图

19.2 功率平衡方程和功角特性

19.2.1 功率平衡方程

同步发电机的功能是将转轴上由原动机输入的机械功率,通过电磁感应作用,转化为电枢绕组输出的电功率。如果励磁功率由另外的直流电源提供,则转轴输入的机械功率 P_1 首先要支付两类损耗:一类为机械损耗 p_m,包括轴与轴承间的摩擦、电刷与集电环之间的摩擦、转动部分与空气的摩擦及通风设备的损耗等;另一类为铁心损耗 p_{Fe},包括定子铁心中的涡流和磁滞损耗。除了这两类损耗后,剩余的功率 $P_1-(p_m+p_{Fe})$ 通过电磁感应作用转变为定子绕组上的电功率,被称为电磁功率 P_M。如果是负载运行,定子绕组的电阻上还存在一定的欧姆损耗,被称为定子铜耗 p_{Cu1}。扣除 p_{Cu1} 后,其余的电功率 $P_2=P_M-p_{Cu1}$ 就是发电机的输出功率。图 19.7 给出了同步发电机功率流程图。

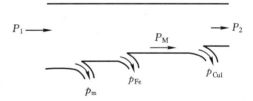

图 19.7 同步发电机功率流程图

同步发电机的功率平衡方程为

$$\begin{cases} P_1 = P_M + p_{Fe} + p_m \\ P_M = P_2 + p_{Cu1} \end{cases} \quad (19.1)$$

19.2.2 功角及功角特性

定子绕组的电阻一般较小,其铜耗可以忽略不计,则有

$$P_M = P_2 = mUI_a\cos\varphi = mUI_a\cos(\psi-\delta) \quad (19.2)$$

式中:ψ 为**内功率因数角**,φ 为负载功率因数角,$\delta=\psi-\varphi$ 定义为**功角**,表示发电机的励磁电势 $\dot{E}_0$ 和端电压 $\dot{U}$ 之间相角差。功角 δ 对于研究同步电机的功率变化和运行的稳定性有重要意义。图 19.8 给出了同步电机功角的物理意义分析图。图中忽略了定子绕组的漏磁电势,认为 $\dot{U}\approx\dot{E}_0+\dot{E}_a$,$\dot{E}_0$ 对应于励磁磁势 $\dot{F}_f$,$\dot{E}_a$ 对应

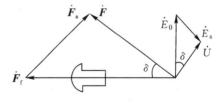

图 19.8 功角的物理意义分析图

于电枢磁势 $\dot{F}_a$,所以可近似认为端电压 $\dot{U}$ 由合成磁势 $\dot{F}=\dot{F}_f+\dot{F}_a$ 所感应。$\dot{F}$ 和 $\dot{F}_f$ 之间的空间相角差即为 $\dot{E}_0$ 和 $\dot{U}$ 之间的时间相角差 δ,可见**功角 δ 在时间上表示端电压和励磁电势之间的相位差,在空间上表现为合成磁场轴线与转子磁场轴线之间夹角**。并网运行时,$\dot{U}$ 为

电网电压,其大小和频率不变,对应的合成磁势 $\dot{F}$ 总是以同步速度 $\omega_1=2\pi f$ 旋转,因此功角 δ 的大小只能由励磁磁势的角速度 ω 决定。稳定运行时,$\omega=\omega_1$,因此 $\dot{F}$ 与 $\dot{F}_f$ 之间无相对运动,对应每一种稳定状态,δ 具有固定的值。

功角特性是指电磁功率 P_M 随功角 δ 变化的关系曲线 $P_M=f(\delta)$。下面分别推导凸极发电机和隐极发电机的功角特性。

1. 凸极电机的功角特性

由式(19.2)可知

$$P_M = mUI_a\cos(\psi-\delta)$$
$$= mUI_a\cos\psi\cos\delta + mUI_a\sin\psi\sin\delta$$
$$= mUI_q\cos\delta + mUI_d\sin\delta \tag{19.3}$$

从凸极发电机的电势相量图[图 19.9(a)]可知

$$\begin{cases} I_q X_q = U\sin\delta \Rightarrow I_q = \dfrac{U\sin\delta}{X_q} \\ I_d X_d = E_0 - U\cos\delta \Rightarrow I_d = \dfrac{E_0 - U\cos\delta}{X_d} \end{cases} \tag{19.4}$$

所以有

$$P_M = mU\dfrac{U\sin\delta}{X_q}\cos\delta + mU\dfrac{E_0-U\cos\delta}{X_d}\sin\delta$$
$$= m\dfrac{UE_0}{X_d}\sin\delta + m\dfrac{U^2}{2}\left(\dfrac{1}{X_q}-\dfrac{1}{X_d}\right)\sin2\delta$$
$$= P'_M + P''_M \tag{19.5}$$

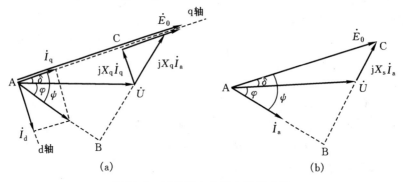

图 19.9 同步发电机的电势相量图
(a) 凸极发电机;(b) 隐极发电机

式中:$P'_M = m\dfrac{UE_0}{X_d}\sin\delta$——基本电磁功率;

$P''_M = m\dfrac{U^2}{2}\left(\dfrac{1}{X_q}-\dfrac{1}{X_d}\right)\sin2\delta$——附加电磁功率。

令 $\dfrac{dP_M}{d\delta}=0$,可以求出对应于最大电磁功率 P_{Mmax} 的功角 δ_m。一般来说,凸极发电机的 δ_m 为 $45°\sim90°$。图 19.10(a)给出了凸极发电机的功角特性曲线。

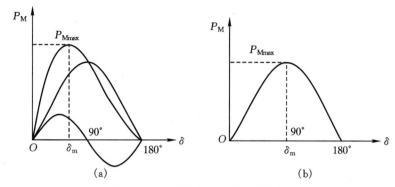

图 19.10 同步发电机的功角特性
(a) 凸极发电机；(b) 隐极发电机

2. 隐极发电机

对于隐极发电机来说，由相量图[图 19.9(b)]也可以方便地推导出其功角特性。更方便的方法是在式(19.5)中，令 $X_d = X_q = X_s$ 得

$$P_M = m \frac{UE_0}{X_s} \sin\delta \tag{19.6}$$

其最大值位于 $\delta = 90°$ 处。图 19.10(b)给出了隐极发电机的功角特性曲线。

比较凸极电机和隐极发电机的功角特性可知，凸极发电机有一个附加电磁功率 P''_M，这是由于直轴与交轴磁阻不相等而引起的，因此又被称为磁阻功率。这一功率的大小正比于 $\left(\dfrac{1}{X_q} - \dfrac{1}{X_d}\right)$，在隐极发电机中，由于 $X_d = X_q = X_s$，所以其附加电磁功率为零。

最大功率与额定功率的比值定义为同步发电机的**过载能力**。即

$$K_M = \frac{P_{Mmax}}{P_N} = \frac{T_{max}}{T_N} \tag{19.7}$$

对隐极发电机来说

$$K_M = \frac{P_{Mmax}}{P_N} = \frac{1}{\sin\delta_N} \tag{19.8}$$

19.3 并网后有功功率及无功功率的调节、V 形曲线

同步发电机并联到无穷大电网以后，就可以向电网提供交流电能了。交流电功率通常包含有功和无功成分。怎样有效地控制或调节发电机输送给电网的有功功率和无功功率呢？下面就具体讨论这一问题。

19.3.1 有功功率的调节

功角特性 $P_M = f(\delta)$ 反映了同步发电机的电磁功率随着功角变化的情况。稳态运行时，同步发电机的转速由电网的频率决定，恒等于同步转速，也就是说发电机的电磁转矩 T 和电磁功率 P_M 之间成正比关系：

$$T = \frac{P_M}{\Omega} \tag{19.9}$$

式中:Ω 为转子的机械角速度。电磁转矩作为主要的阻力转矩,与输入转矩即原动机提供的动力转矩满足以下转矩平衡方程:

$$T_1 = T + T_0 \tag{19.10}$$

式中:T_0 为空载转矩(因摩擦、风阻等引起的阻力转矩)。

由于电磁功率与电磁转矩成正比,要改变发电机输送给电网的有功功率即电磁功率 P_M,就必须设法使电磁转矩 T 得以改变。由式(19.10)可知,这一改变可以通过改变输入转矩来达到,而输入转矩的改变通常通过调节水轮机的进水量或汽轮机的汽门来实现。

当增大输入转矩,使得功角由 0 到 δ_m 变化时,电磁功率 P_M 和电磁转矩 T 也随之增大,同步发电机在这一区间能够稳定运行。而当 $\delta > \delta_m$ 时,随着 δ 的增大,P_M 和 T 反而减小,电磁转矩无法与输入转矩相平衡,发电机转速越来越大,发电机将失去同步,故在这一区间发电机不能稳定运行。

同步发电机失去同步后,必须立即减小原动机输入的机械功率,否则将使转子达到极高的转速,以致离心力过大而损坏转子。另外,失去同步后,发电机的频率和电网频率不一致,定子绕组中将出现一个很大的电流而可能烧坏定子绕组。因此,保持同步是十分重要的。

综上所述,可得出结论:并联于电网的发电机所承担的有功功率可以通过调节原动机输入的机械功率(即改变输入转矩)来改变。而且电机承担的有功功率的极限是 P_{Mmax}。当 $0 < \delta < \delta_m$ 时发电机可以稳定运行;$\delta > \delta_m$ 时,发电机不能稳定运行。

应当注意,当发电机的励磁电流 I_f 不变时,功角 δ 的变化也会引起无功功率的变化。这可以从下面简单的分析中看出。参看图 19.11,有

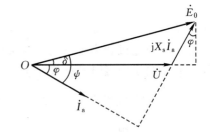

图 19.11 无功功率受有功功率的影响

$$E_0 \cos\delta = U + X_s I_a \sin\varphi \qquad mUE_0 \cos\delta = mU^2 + mX_s I_a U \sin\varphi$$

$$Q = mUI_a \sin\varphi = \frac{mUE_0}{X_s}\cos\delta - \frac{mU^2}{X_s}$$

可见,无功功率随着有功功率(或 δ 角)的增加而减少,甚至可能导致无功功率改变符号,这是应当避免的。因此,如果只要求改变发电机所承担的有功功率时,应该在调节发电机有功功率的同时适当调节发电机的无功功率。

19.3.2 无功功率的调节

接在电网上运行的负载类型很多,多数负载除了消耗有功功率外,还要消耗电感性无功功率,如接在电网上运行的异步电机、变压器、电抗器等。所以,电网除了供应有功功率外,还要供应大量滞后性的无功功率。电网所供给的全部无功功率一般由并网的发电机分担,可见调节并网发电机输送给电网的无功功率对于电力系统的正常运行有着重要意义。

电网的电压和频率不会因为一台发电机运行情况的改变而改变,即并网发电机的电压和频率将维持常数。如果保持原动机的输入转矩 T_1 不变(即不调节原动机的汽门、油门或

水门),那么发电机输出的有功功率亦将保持不变。此时调节发电机励磁电流的大小,发电机的运行状态将会发生怎样的变化呢?下面我们作详细的分析。

在保持发电机的有功功率不变时有

$$P_2 = mUI_a\cos\varphi = 常数 \tag{19.11}$$

$$P_2 = m\frac{UE_0}{X_s}\sin\delta = 常数 \tag{19.12}$$

由于 m、U、X_s 均可视为常数,所以

$$I_a\cos\varphi = 常数 \tag{19.13}$$

$$E_0\sin\delta = 常数 \tag{19.14}$$

图 19.12 给出了有功功率不变而空载电势 E_0 变化时,隐极发电机的电势相量图。为了满足式(19.13)和式(19.14),$\dot{I}_a$ 和 $\dot{E}_0$ 的矢端必须落在直线 CD 和 AB 上。由于原点 O 到 CD 的距离等于有功电流 $I_a\cos\varphi$,所以,在电力系统中,通常把 CD 线称为**有功电流线**;同样由于原点 O 到 AB 的距离等于 $E_0\sin\delta$,由式(19.12)可知,它反映了有功功率的大小,所以在电力系统中称 AB 线为**有功功率线**。下面通过相量图来分析同步发电机的各种励磁状态。

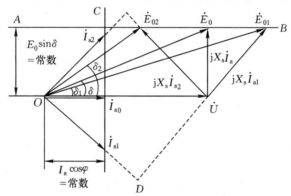

图 19.12 同步发电机无功功率的调节

励磁电势 E_0 与励磁电流 I_f 之间有着一一对应的变化关系即空载特性 $E_0 = f(I_f)$。通过调节励磁电流 I_f,就可以改变励磁电势 E_0。下面分析在保持有功功率不变的前提下,调节 I_f 时,发电机的相量图以及无功率功率的变化情况。

(1)参看图 19.12,如果在某一励磁电流 I_{f0} 时,电枢电流 $\dot{I}_a = \dot{I}_{a0}$ 正好与端电压 $\dot{U}$ 平行,此时发电机的有功功率 $P_2 = 3UI_{a0}$,而无功功率 $Q_2 = 0$,我们定义此时发电机的励磁状态为**正常励磁**状态。

(2)在正常励磁状态的基础上,如果增大励磁电流到 $I_{f1} > I_{f0}$,相应的励磁电势也会增大;由于有功功率不变,当 I_f 增大时,相量 $\dot{E}_0$ 的端点只能在水平直线 AB 向右移动。假设 I_{f1} 对应的励磁电势为图 19.12 中的 $\dot{E}_{01}$,根据电势相量图的作法,相量 $\dot{I}_a$ 的端点只能沿图 19.12中的直线 CD 下移,使得 $\dot{I}_a = \dot{I}_{a1}$。显然 $I_{a1} > I_{a0}$,且 $\dot{I}_{a1}$ 滞后于 $\dot{U}$ 一个相位角 φ_1,发电机除了输出固定的有功功率 $P_2 = 3UI_{a1}\cos\varphi_1 = 3UI_{a0}$ 外,还输出滞后性(即电感性)的无功功率 $Q_2 = 3UI_{a1}\sin\varphi_1$。由于该状态下的励磁电流大于正常励磁电流,所以称之为**过励状态**。

(3)在正常励磁状态的基础上,如果减小励磁电流到 $I_{f2} < I_{f0}$,励磁电势也会相应地减

小;由于有功功率不变,当 I_f 减小时,相量 $\dot{E}_0$ 的端点只能沿水平直线 AB 向左移动。假设 I_f2 对应的励磁电势为图 19.12 中的 $\dot{E}_\mathrm{02}$,根据电势相量图的作法,电枢电流相量的端点只能沿直线 CD 上移,使得 $\dot{I}_\mathrm{a}=\dot{I}_\mathrm{a2}$。显然 $I_\mathrm{a2}>I_\mathrm{a0}$,且 $\dot{I}_\mathrm{a1}$ 超前于 $\dot{U}$ 一个相位角 φ_2,发电机除了输出固定的有功功率 $P_2=3UI_\mathrm{a2}\cos\varphi_2=3UI_\mathrm{a0}$ 外,还输出超前性(即电容性)的无功功率 $Q_2=3UI_\mathrm{a2}\sin\varphi_2$。由于该状态下的励磁电流小于正常励磁电流,所以被称为**欠励状态**。

(4) 在减少励磁电流时,相量 $\dot{E}_0$ 的端点会沿直线 AB 向左移动,功角 δ 会逐渐增大,当 δ 接近 δ_m(最大功率对应的功角)时,可能会导致发电机运行不稳定。所以发电机欠励状态下增加容性无功功率时,既要考虑电流大小的限制,还要考虑机组稳定运行的要求。

可见,通过调节励磁电流可以达到调节同步发电机无功功率的目的。当从某一欠励状态开始增加励磁电流时,发电机输出的超前无功功率开始减少,电枢电流中的无功分量也开始减小;达到正常励磁状态时,无功功率变为零,电枢电流中的无功分量也变为零,此时 $\cos\varphi=1$;如果继续增加励磁电流,发电机将输出滞后性的无功功率,电枢电流中的无功分量又开始增加。电枢电流随励磁电流变化的关系表现为一个 V 形曲线。V 形曲线是一簇曲线,每一条 V 形曲线对应一定的有功功率。每条 V 形曲线上都有一个最低点,对应 $\cos\varphi=1$ 的情况。将所有的最低点连接起来,将得到与 $\cos\varphi=1$ 对应的线。该线左边为欠励状态,输出超前性(容性)无功功率;右边为过励状态,输出滞后性(感性)无功功率(见图 19.13)。

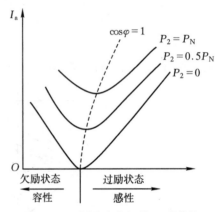

图 19.13 同步发电机的 V 形曲线

V 形曲线可以利用图 19.12 所示的电势相量图及发电机参数大小来计算求得,亦可直接通过负载试验求得。

例 19.1 一台 2 极汽轮发电机与无穷大电网并联运行,定子绕组为 Y 接法,数据为:额定电压 $U_\mathrm{N}=18000$ V,额定电流 $I_\mathrm{N}=11320$ A,功率因数 $\cos\varphi=0.85$(滞后),同步电抗 $X_\mathrm{s}=2.1$ Ω(不饱和值),电枢绕组电阻可以忽略不计。当发电机承担的负载等于其额定功率时,试求:

(1) 励磁电势 E_0;
(2) 额定负载时的功角 δ_N;
(3) 电磁功率 P_M;
(4) 过载能力 K_M。

解:(1) 作出电势相量图如图 19.14 所示。由已知数据可知

$$\varphi_\mathrm{N}=\arccos 0.85=31.8°$$

由于定子绕组为 Y 接法,所以相电压和相电流分别为

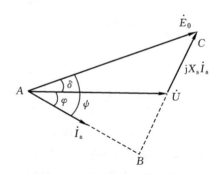

图 19.14 例 19.1 电势相量图

$$U = \frac{U_N}{\sqrt{3}} = \frac{18000}{\sqrt{3}} \text{ V} = 10392.305 \text{ V}, \quad I_a = I_N = 11320 \text{ A}$$

从相量图可知，E_0 为直角 $\triangle ABC$ 的斜边，故

$$\begin{aligned}
E_0 &= \sqrt{AB^2 + BC^2} = \sqrt{(U\cos\varphi_N)^2 + (U\sin\varphi_N + X_s I_a)^2} \\
&= \sqrt{(10392.305\cos 31.8°)^2 + (10392.305\sin 31.8° + 2.1 \times 11320)^2} \text{ V} \\
&= 30552.782 \text{ V}
\end{aligned}$$

(2) 从相量图可知

$$\begin{aligned}
\delta_N &= \psi_N - \varphi_N = \arctan\frac{BC}{AB} - \varphi_N = \arctan\frac{U\sin\varphi_N + X_s I_a}{U\cos\varphi_N} - \varphi_N \\
&= \arctan\frac{10392.305\sin 31.8° + 2.1 \times 11320}{10392.305\cos 31.8°} = 41.397°
\end{aligned}$$

(3) $P_M = \dfrac{3UE_0\sin\delta_N}{X_s} = \dfrac{3 \times 10392.305 \times 30552.782 \times \sin 41.397°}{2.1}$ W $= 273.865$ MW

(4) $K_M = \dfrac{P_{M\max}}{P_M} = \dfrac{1}{\sin\delta_N} = \dfrac{1}{\sin 41.397°} = 1.512$

例 19.2 一台并联于无穷大电网运行汽轮发电机，定子绕组为 Y 接法，$S_N = 31250$ kVA，$U_N = 10.5$ kV，$\cos\varphi_N = 0.8$（滞后），同步电抗 $X_s = 7.0$ Ω。试求：

(1) 求额定运行时的电磁功率、励磁电势及功角；

(2) 保持额定运行时的励磁电流不变，而将有功功率减小到原来的一半，求稳定后发电机的功角及功率因数；

(3) 若保持额定运行时的有功功率不变，而将励磁电流增加 10%，求稳定后发电机的功角和功率因数。（假设励磁电势与励磁电流成正比。）

解：(1) 额定运行时的电磁功率约等于额定有功功率，即

$$P_M = S_N \cos\varphi_N = (31250 \times 0.8) \text{ kW} = 25000 \text{ kW}$$

相电压为

$$U = \frac{U_N}{\sqrt{3}} = \frac{10.5 \times 10^3}{\sqrt{3}} \text{ V} = 6062.18 \text{ V}$$

额定运行的电枢电流为

$$I = \frac{S_N}{\sqrt{3}U_N} = \frac{31250}{\sqrt{3} \times 10.5} \text{ A} = 1718.30 \text{ A}$$

电流滞后于电压的相位角为

$$-\arccos 0.8 = -36.87°$$

以电压为参考相量，则

$$\dot{U} = 6062.18\angle 0° \text{ V}$$
$$\dot{I} = 1718.30\angle -36.87° \text{ A}$$

根据电势方程式，有

$$\begin{aligned}
\dot{E}_0 &= \dot{U} + jX_s\dot{I} = (6062.18\angle 0° + j7.0 \times 1718.30\angle -36.87°) \text{ V} \\
&= (13279.06 + j9622.504) \text{ V} = 16398.96\angle 35.93° \text{ V}
\end{aligned}$$

所以，励磁电势 $E_0 = 16398.96$ V，功角 $\delta = 35.93°$。

(2) 保持励磁电流不变，则励磁电势不变，即 $E_0 = 16398.96$ V；有功功率减少到 $P'_M = \dfrac{25000}{2}$ kW = 12500 kW，根据功角特性 $P_M = \dfrac{3E_0 U}{X_s}\sin\delta$ 可得

$$12500 \times 10^3 = \dfrac{3 \times 16398.96 \times 6062.18}{7.0}\sin\delta'$$

解得 $\delta' = 17.06°$

$$\dot{E}'_0 = 16398.96\angle 17.06° \text{ V}$$

电枢电流为

$$\dot{I}' = \dfrac{\dot{E}'_0 - \dot{U}}{jX_s} = \dfrac{16398.96\angle 17.06° \text{ V} - 6062.18}{j7.0} \text{ A} = 1535.95\angle -63.42° \text{ A}$$

功率因数为

$$\cos\varphi' = \cos(-63.42°) = 0.45$$

(3) 有功功率保持不变，仍为 $P_M = 25000$ kW；励磁电流增大 10%，励磁磁势将变为

$$E''_0 = 1.1 \times E_0 = (1.1 \times 16398.96) \text{ V} = 18038.86 \text{ V}$$

根据功角特性 $P_M = \dfrac{3E_0 U}{X_s}\sin\delta$ 可得

$$25000 \times 10^3 = \dfrac{3 \times 18038.86 \times 6062.18}{7.0}\sin\delta''$$

解得 $\delta'' = 32.24°$

则 $\dot{E}''_0 = 18038.86\angle 32.24°$ V

电枢电流为

$$\dot{I}'' = \dfrac{\dot{E}''_0 - \dot{U}}{jX_s} = \dfrac{18038.86\angle 32.24° - 6062.18}{j7.0} \text{ A} = 1901.46\angle -43.70° \text{ A}$$

功率因数为

$$\cos\varphi'' = \cos(-43.70°) = 0.723$$

本章小结

并网运行是同步发电机最主要的运行方式。发电机并网时必须满足相序一致、电压相等、频率相等或十分接近的条件，并掌握合适的合闸瞬间。

发电机一旦并联于无穷大电网运行时，其电压和频率将成为固定不变的量，这是并网运行与单机运行的区别所在。

功角 δ 被定义为 $\dot{E}_0$ 和 $\dot{U}$ 之间的时间相角差，它在电机的气隙圆周空间上表现为合成磁场轴线与转子磁场轴线之间夹角。$P_M = f(\delta)$ 被称为功角特性，可以通过调节原动机的输入功率来达到调节发电机有功功率的目的。当 $0 < \delta < \delta_m$ 时，同步发电机能够稳定运行；而当 $\delta > \delta_m$ 时，同步发电机将失去同步。

通过调节励磁电流的大小可以达到调节发电机无功功率的目的。处于过励状态时，发电机向电网输送滞后的无功功率；处于欠励状态时，发电机向电网输送超前的无功功率。在有功功率一定时，电枢电流随励磁电流变化的曲线被称为发电机的 V 形曲线。

习题与思考题

19-1 一台汽轮发电机,$P_N=12000$ kW,$U_N=6300$ V,定子绕组为 Y 接法,$m=3$,$\cos\varphi_N=0.8$(滞后),$X_s=4.5$ Ω。发电机并网运行,输出额定频率 $f_N=50$ Hz 时,试求:
(1) 每相空载电势 E_0;
(2) 额定运行时的功角 δ_N;
(3) 最大电磁功率 P_{Mmax};
(4) 过载能力 K_M。

19-2 一台凸极三相同步发电机,$U_N=400$ V,每相空载电势 $E_0=370$ V,定子绕组为 Y 接法,每相直轴同步电抗 $X_d=3.5$ Ω,交轴同步电抗 $X_q=2.4$ Ω。该电机并网运行,试求:
(1) 额定功角 $\delta_N=24°$ 时,输向电网的有功功率 $P_{M24°}$ 是多少?
(2) 能向电网输送的最大电磁功率 P_{Mmax} 是多少?
(3) 过载能力 K_M 为多大?

19-3 一台三相隐极同步发电机并网运行,电网电压 $U_N=400$ V,发电机每相同步电抗 $X_s=1.2$ Ω,定子绕组为 Y 接法,当发电机输出有功功率为 80 kW 时,$\cos\varphi=1$。若保持励磁电流不变,减小有功功率至 20 kW,不计电阻压降。试求:
(1) 功角 δ;
(2) 功率因数 $\cos\varphi$;
(3) 电枢电流 I_a;
(4) 输出的无功功率 Q,超前还是滞后?

19-4 一台三相隐极同步发电机并网运行,定子绕组为 Y 接法,在状态 I 下运行时,每相励磁电势 $E_0=270$ V,功率因数 $\cos\varphi=0.8$(滞后),功角 $\delta=12.5°$,输出电流 $I=120$ A。今调节发电机励磁使得每相励磁电势变为 236 V,减小原动机输入功率使得功角变为 9°(状态 II)。不计电阻压降,试求:
(1) 状态 II 时的输出电流和功率因数;
(2) 两种状态下,发电机输出的有功功率和无功功率各为多少?

19-5 一台三相隐极同步发电机并网运行,额定数据为:$S_N=7500$ kVA,$U_N=3150$ V,定子绕组为 Y 接法,2 极,50 Hz,$\cos\varphi_N=0.8$(滞后),同步电抗 $X_s=1.60$ Ω,电阻压降不计。试求:
(1) 额定运行状态时,发电机的电磁转矩 T 和功角 δ;
(2) 在不调节励磁的情况下,将发电机的输出功率减到额定值的一半时的功角 δ 和功率因数 $\cos\varphi$。

19-6 一台三相凸极同步发电机并网运行,额定数据为:$S_N=8750$ kVA,$U_N=11$ kV,定子绕组为 Y 接法,$\cos\varphi_N=0.8$(滞后),每相直轴同步电抗 $X_d=18.2$ Ω,交轴同步电抗 $X_q=9.6$ Ω,电阻不计。试求:
(1) 额定运行状态时,发电机的功角 δ_N 和每相励磁电势 E_0;

(2) 最大电磁功率 P_{Mmax}。

19-7 三相同步发电机投入并联时应满足哪些条件？怎样检查发电机是否已经满足并网条件？如不满足某一条件,并网时,会发生什么现象？

19-8 功角 δ 在时间上及空间上各表示什么含义？功角改变时,有功功率如何变化？无功功率会不会变化？为什么？

19-9 并网运行时,同步发电机的功率因数由什么因素决定？

19-10 为什么V形曲线的最低点随有功功率增大而向右偏移？

第 20 章 同步电动机

20.1 同步电动机工作原理

作为电动机运行是同步电机又一种重要的运行方式。同步电机接于频率一定的电网上运行,其转速恒定,不会随负载的变动而变动;另外,同步电动机的功率因数可以调节,在需要改变功率因数和对调速要求不高的场合,例如在大型空气压缩机、粉碎机、离心泵等设备中,常常优先采用同步电动机。

先从一台并联在无穷大电网上的同步发电机着手分析。同步电机的气隙中同时存在着对应于电网电压 $\dot{U}$ 的合成磁势 $\dot{F}$ 和对应于励磁电势 $\dot{E}_0$ 的励磁磁势 $\dot{F}_f$。$\dot{F}$ 的转速由电网频率决定,是固定不变的。

在发电机运行状态时,$\dot{F}_f$ 超前于 $\dot{F}$ 一个 δ 角,或者说,$\dot{F}_f$ 拖着 $\dot{F}$ 一起旋转,二者之间的电磁转矩 T 对转子来说是阻力转矩。转子在原动机的带动下克服阻力转矩,将转子边的机械能转化为定子边的电能[图 20.1(a)]。如果减小原动机提供给转子的机械功率,即动力转矩逐渐减小,则 δ 角逐渐缩小,在不计空载损耗时,当 δ 缩小到 0 时,电机处于理想空载状态,既不向电网提供有功功率,也不从电网吸收有功功率[图 20.1(b)]。

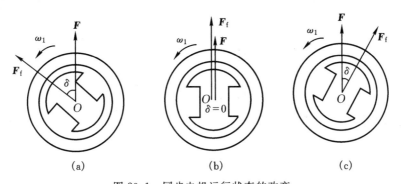

图 20.1 同步电机运行状态的改变
(a)发电机状态;(b)理想空载;(c)电动机状态

这时,如果把原动机撤掉并在转子上加上机械负载,则 δ 将改变符号,即 $\dot{F}_f$ 落后于 $\dot{F}$,或者说,$\dot{F}$ 拖着 $\dot{F}_f$ 一起旋转,二者之间的电磁转矩 T 对转子来说变成了动力转矩,T 带动转子克服机械负载的阻力转矩而做功,从而将电网提供的电能转化为转子边的机械能。此时同步电机运行于电动机状态[图 20.1(c)]。

由以上分析可知,同步电机可以从发电机运行方式过渡为电动机运行方式。产生这一过程的本质在于转子旋转磁势 $\dot{F}_f$(由原动机拖动)和合成旋转磁势 $\dot{F}$(由交流电网的频率决定)之间主从关系的改变。当从转轴上获得的是原动机提供的动力转矩时,$\dot{F}_f$ 超前于 $\dot{F}$,同步电机处于发电状态,功角 $\delta>0$,有功功率从电机流向电网;当从转轴上获得是负载提供的阻力转矩时,$\dot{F}_f$ 将滞后于 $\dot{F}$,同步电机处于电动机运行状态,功角 $\delta<0$,有功功率从电网流向电机。可以用与分析发电机类似的方法分析同步电动机,以下对同步电动机运行作简单介绍。

20.2 同步电动机电势平衡方程和相量图

研究同步电动机的方法和研究同步发电机的方法相似。可以采用发电机惯例或者电动机惯例,我们以电动机惯例进行分析。图 20.2 给出了隐极同步电动机的等效电路和运行在过励状态的相量图。根据等效电路,很容易写出其电势方程式:

$$\dot{U}=\dot{E}_0+jX_s\dot{I}_a \tag{20.1}$$

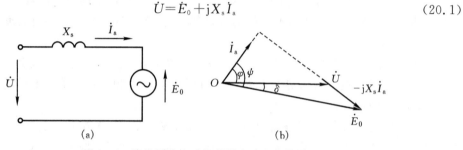

图 20.2 隐极同步电动机等效电路和相量图
(a)等效电路;(b)相量图

对于凸极同步电动机,用电动机观点直接写出其电势平衡方程式:

$$\dot{U}=\dot{E}_0+jX_d\dot{I}_d+jX_q\dot{I}_q \tag{20.2}$$

采用与凸极同步发电机类似的方法和步骤可以作出凸极同步电动机的相量图,如图 20.3 所示,具体过程读者自行分析。

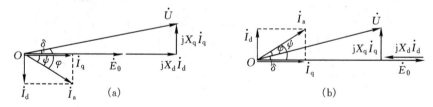

图 20.3 凸极同步电动机相量图
(a)电流滞后于电压;(b)电流超前于电压

需要指出的是,电动机惯例规定电枢电流进入电枢绕组为正方向,而发电机惯例规定电枢电流流出电枢绕组为正方向。在分析同步电机电枢反应时,若采用发电机惯例,当电枢电流 $\dot{I}_a$ 滞后于励磁电势 $\dot{E}_0$ 时,电枢反应有去磁作用,当 $\dot{I}_a$ 超前于 $\dot{E}_0$ 时,电枢反应有增磁作用;若采用电动机惯例,当 $\dot{I}_a$ 滞后于 $\dot{E}_0$ 时,有增磁作用,当 $\dot{I}_a$ 超前于 $\dot{E}_0$ 时,有去磁作用。

20.3 同步电动机的优点

接在电网上的负载绝大部分都是感性负载（如异步电机、电抗器等），都需要从电网吸收大量滞后性电流，使得电网及其输电线路可供给的有功功率减小、损耗增加、压降增大。因此发电厂要求用户的功率因数限制在一定的数值以内，以使电网能得到合理、经济的利用。那么用户怎样提高功率因数呢？基本方法有二：其一是在线路上并联电容器来补偿电网的滞后性功率因数；其二是用同步电动机代替部分异步电动机，因为同步电动机能吸收超前性电流，即作为容性负载来改善电网的功率因数。

与同步发电机类似，保持负载不变（即保持有功功率不变）时，调节同步电动机励磁电流时，其电枢电流的大小 I_a、相位角 φ 均会随之改变。

如果调节 I_f，使 $\dot{I}_a$ 与 $\dot{U}$ 同相位，即 $\varphi=0$，则电动机只吸收有功功率 $P_1=mUI_a$，不吸收无功功率，这时我们说同步电动机处于正常励磁状态，电枢反应的性质为去磁兼交磁。

在正常励磁状态基础上，增大 I_f，将会使 $\dot{I}_a$ 超前于 $\dot{U}$，且有效值增大。此时，电动机除了吸收有功功率 $P_1=mUI_a\cos\varphi$ 外，还吸收超前性（容性）无功功率 $Q_1=mUI_a\sin\varphi$，处于过励状态，电枢反应的性质为去磁兼交磁。

在正常励磁状态基础上，减小 I_f，将会使 $\dot{I}_a$ 滞后于 $\dot{U}$，且有效值增大。此时，电动机除了吸收有功功率 $P_1=mUI_a\cos\varphi$ 外，还吸收滞后性（感性）无功功率 $Q_1=mUI_a\sin\varphi$，电动机处于欠励状态，电枢反应的性质通常为增磁兼交磁。

可见，通过调节励磁电流，可以达到调节同步电动机功率因数的目的。在负载不变的情况下，调节励磁电流到正常励磁状态时，$\cos\varphi=1$；调节励磁电流到过励状态时，电枢电流增大且功率因数角超前；调节励磁电流到欠励状态时，电枢电流增大且功率因数角滞后。在正常励磁点的两边，电枢电流都会高出，电枢电流随着励磁电流变化的曲线也是 V 形曲线（见图 20.4）。

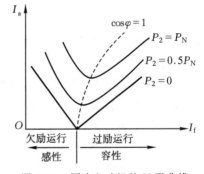

图 20.4 同步电动机的 V 形曲线

但是同步电动机亦有一些缺点，如起动性能较差，结构上较异步电动机复杂，还要有直流电源来励磁，价格比较贵，维护又较为复杂，所以一般在小容量设备中还是采用异步电动机。在中大容量的设备中，尤其是在低速、恒速的拖动设备中，应优先考虑选用同步电动机，如拖动恒速轧钢机、电动发电机组、压缩机、离心泵、球磨机、粉碎机、通风机等。利用同步电动机能够改变电网功率因数这一优点，可以设计制造专门用作改变电网功率因数的电动机，不带任何机械负载，这种不带机械负载的同步电动机称之为**同步调相机**或**同步补偿机**。同步调相机是在**过励情况**下空载运行的同步电动机。

20.4 同步电动机的功角特性

同步电动机以凸极转子结构比较多,因此以凸极电机的功角特性为例来研究。

同步电动机的功角特性公式和发电机的一样,可以从相量图中导出来。电动机的功角δ是$\dot{U}$超前$\dot{E}_0$的角度,如将发电机功角特性中的δ用$-\delta$替代,这样电磁功率就变成了负值,电动机状态下是电网向电动机提供有功功率,所以写电动机公式时,将负号去掉,于是功角特性就和发电机的功角特性具有相同的形式:

$$P_M = m\frac{UE_0}{X_d}\sin\delta + m\frac{U^2}{2}\left(\frac{1}{X_q} - \frac{1}{X_d}\right)\sin2\delta$$
$$= P'_M + P''_M \tag{20.3}$$

相应的电磁转矩为

$$T = \frac{P_M}{\Omega} = \frac{P'_M + P''_M}{\Omega} = T' + T'' \tag{20.4}$$

从式(20.3)和式(20.4)可以看出:同步电动机的电磁转矩包括**基本电磁转矩** T' 和**附加电磁转矩** T'' 两部分,当励磁电流为零时,即 $E_0=0$ 时,仍具有附加电磁转矩 T''_M。利用此原理,可以制成所谓的磁阻同步电动机。这种电机的转子上没有励磁绕组,是凸极式的,靠它的直轴与交轴磁阻不相等而产生电磁转矩。它的容量一般很小,常常做成 10 kW 以下的电动机,能在变频、变压的电源下运行,而且速度比较均匀,常在转速需要均匀的情况下被采用,如精密机床工业、人造纤维工业、电子计算机等方面。

20.5 同步电动机的异步起动法

如果一台三相同步电机的转子磁极上没有装设阻尼绕组,将其定子绕组直接接到工频三相电源上,转子上加上适当的励磁电流,它能不能转动起来呢? 我们根据图 20.5 来分析这一问题。图 20.5 中的定子上旋转的 N、S 极是由三相对称电源产生的等效的旋转磁极,转子上的 N、S 极则是由加有励磁电流的励磁绕组产生的。假设在合闸后的某个瞬间,定、转子磁极的相对位置如图 20.5(a)所示的位置,注意,定子磁极以同步转速旋转,而转子磁极尚未起动。在此时刻,定、转子磁极之间将会产生电磁转矩,倾向于使转子逆时针旋转。图20.5(b)给出的另一时刻定、

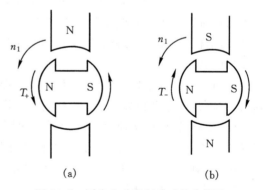

图 20.5 同步电动机起动时的分析图
(a)转向为逆时钟;(b)转向为顺时钟

转子磁极的相对位置,此刻定、转子磁极之间将会产生使转子倾向于顺时针旋转的电磁转矩。由于定子磁极以同步速高速旋转,而转子磁极由于机械惯性而尚未起动,在一定的时间

段内定、转子磁极之间的相对位置会在图(a)和图(b)之间不断切换,电磁转矩的作用方向也不断地交变,使得在一定时间段内电磁转矩的平均值为 0。可见同步电机如果没有阻尼绕组,将无法直接起动。如果通过某种方法,使得定、转子磁极达到了同步旋转,即二者的相对位置固定,则电磁转矩将具有固定的方向,同步电机就可以作为电动机持续运转。

我们把依靠定、转子磁极(磁场)相互作用而形成的电磁转矩称为**同步转矩**。只有当定、转子磁极同步时,同步转矩才具有固定的方向。在起动过程中,定、转子磁极不同步,所以同步转矩为零;当同步电机正常运行时,定、转子磁极同步,所以具有固定方向的同步转矩。要想利用同步转矩,就必须设法让转子达到或接近同步转速,使得定、转子磁极同步或接近同步。

同步电动机通常采用的起动方法有如下几种。

(1) 辅助电动机起动:通常选用与同步电动机极数相同的异步电动机作为辅助电动机。先用辅助电动机将同步电动机拖动到接近同步转速,然后用自整步法将其投入电网,再切断辅助电动机电源。因为辅助电动机的功率为主电动机的 5%~15%,所以这种方法仅适用于主电动机空载起动的情形,而且所需设备较多,操作稍显复杂。

(2) 变频起动:通过变频设备降低电源频率,在开始起动时使得定子绕组所产生的旋转磁极转速极低,转子加上励磁,定、转子磁极相对速度极小,转子会被拉入同步;逐渐增大定子频率,转子就会不断地被拉入新的同步转速,直至工频同步转速。采用此法时,需要变频电源,成本较高。

(3) 异步起动法:在同步电动机的转子上装设阻尼绕组(作为电动机运行时称之为起动绕组),起动绕组类似于笼型异步电动机的转子短路绕组,如图 20.6 所示。为了得到较大的起动转矩,起动绕组通常用阻值较大的黄铜制成。

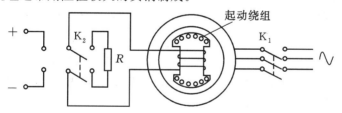

图 20.6 异步起动法接线示意图

在起动时,先把开关 K_2 合向一限流电阻 R,再合上开关 K_1,定子绕组接通工频交流电源,产生同步旋转的定子磁场,起动绕组切割磁力线,产生感应电流和电磁转矩,这种导体感应电流与磁场相互作用而形成的电磁转矩被称为**异步转矩**。在异步转矩的作用下,转子就按照异步电动机的原理转动起来。在转速上升到接近同步转速时,再将开关 K_2 合向励磁电源,电机中将会瞬间产生一个接近同步转速的转子旋转磁场,此刻定、转子磁场接近同步,依靠同步转矩,可以将转子直接拉入同步。实际的拉入同步过程分析比较复杂,如果条件不合适,不一定能成功。一般来说,在加入直流励磁使得转子拉入同步的瞬间,同步电动机的转差愈小、惯量愈小、负载愈轻,拉入同步就愈容易。

综上所述,同步电动机的起动过程分为两个阶段:① 首先是异步起动,使得转子转速接近于同步速;② 加入直流励磁,使得转子拉入同步。由于附加转矩的作用,凸极同步电动机较容易拉入同步。甚至在未加励磁电流的情况下,有时转子也能拉入同步。因此为了改善起动性能,同步电动机大多采用凸极转子结构。

同步电动机异步起动时,励磁绕组不能开路,因为励磁绕组的匝数较多,旋转磁场切割励磁绕组而在其中感应一危险的高电压,容易使得励磁绕组绝缘击穿或引起人身事故。在起动时,励磁绕组必须短路。为了避免在励磁绕组中产生过大的短路电流,励磁绕组短路时必须串入比本身电阻大 5～10 倍的外加电阻。

例 20.1 某企业工业用电总功率为 300 kW, $\cos\varphi = 0.68$(滞后);其中包括一台异步电动机,输入功率为 100 kW,功率因数为 0.8。今欲将该异步电动机用同功率的同步电动机代替,并希望将企业总功率因数提高到 0.90,试求:

(1)该同步电动机的容量;

(2)该同步电动机的功率因数,并说明是处于过励状态还是欠励状态。

解:(1)企业总功率为 $P = 300$ kW,功率因数为 $\cos\varphi = 0.68$(滞后),所以该企业原来总的无功功率为

$$Q = P\tan\varphi = [300\tan(\arccos 0.68)] \text{ kvar} = 323.78 \text{ kvar}$$

异步电动机的输入功率 $P_1 = 100$ kW,功率因数 $\cos\varphi_1 = 0.8$,其无功功率为

$$Q_1 = P_1\tan\varphi_1 = [100\tan(\arccos 0.80)] \text{ kvar} = 75 \text{ kvar}$$

企业除了该异步电动机外,其余的无功功率为

$$Q_2 = Q - Q_1 = (323.48 - 75) \text{ kvar} = 248.48 \text{ kvar}$$

用同步电动机替代该异步电动机后企业总的有功功率仍为 $P = 300$ kW;而无功功率将变为

$$Q' = P\tan(\arccos 0.9) = [300\tan(\arccos 0.9)] \text{ kvar} = 145.30 \text{ kvar}$$

所以同步电动机应为该企业提供的无功功率为

$$Q_1' = Q_2 - Q' = (248.48 - 145.30) \text{ kvar} = 103.18 \text{ kvar}$$

同步电动机的容量为

$$S = \sqrt{P_1^2 + Q_1'^2} = \sqrt{100^2 + 103.18^2} \text{ kVA} = 143.69 \text{ kVA}$$

(2)同步电动机必须输出感性无功功率到该企业区域网,所以同步电动机必须运行在过励状态,其功率因数为

$$\cos\varphi_1 = \frac{P_1}{S} = \frac{100}{143.69} = 0.696\text{(超前)}$$

20.6 磁阻同步电动机

磁阻电动机是一种转子上没有装设励磁绕组的凸极同步电动机,它依靠直轴和交轴两条磁路上磁阻不等而产生电磁转矩,所以被称为磁阻同步电动机。由式(20.3)和式(20.4)可知,只要是凸极转子,且当 $X_d \neq X_q$ 时,即使转子上不装设励磁绕组,也会存在电磁功率和对应的电磁转矩,其大小为

$$P_M = m\frac{U^2}{2}\left(\frac{1}{X_q} - \frac{1}{X_d}\right)\sin 2\delta \tag{20.5}$$

$$T_M = m\frac{U^2}{2\Omega}\left(\frac{1}{X_q} - \frac{1}{X_d}\right)\sin 2\delta \tag{20.6}$$

由式(20.6)可见,电磁转矩与功角 δ 的关系是按 sin2δ 规律变化的。当 δ=0°时,转矩等于零;δ=45°时,转矩最大;δ=90°时,转矩又会变为零,这种情况可由图 20.7 来说明。

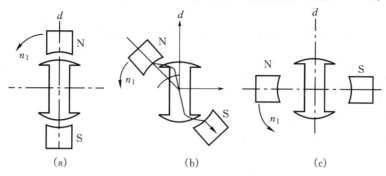

图 20.7 磁阻电动机运行模型
(a)δ=0°; (b)δ=45°; (c)δ=90°

图 20.7(a)是磁阻电动机的空载情况,不计机械损耗时,电机产生的电磁转矩 $T \approx 0$,故定子磁场轴线与磁极轴线重合(即 δ=0°),磁力线不发生扭弯。当电动机加上负载时,转子直轴将落后于定子旋转磁场轴线 δ 角,如图 20.7(b)所示(图中 δ=45°)。由图可见,这个磁场被扭弯了。由于**磁通具有使其所经路径的磁阻为最小的性质**,从而力图使转子直轴方向与定子磁场轴线取得一致,因此产生与定子旋转磁场同转向的磁阻转矩 T,和负载转矩相平衡。当 δ 增大到 90°时,由图 20.7(c)可见,气隙磁场又对称分布,其合成转矩又变成零。

磁阻同步电动机只存在电枢反应磁场,故又被称为反应式同步电动机。

由式(20.5)和式(20.6)可见,电磁功率和电磁转矩的最大值为

$$P_{Mmax} = \frac{mU^2}{2}\left(\frac{1}{X_q} - \frac{1}{X_d}\right) = \frac{mU^2}{2X_d}\left(\frac{X_d}{X_q} - 1\right) \tag{20.7}$$

$$T_{max} = \frac{mU^2}{2\Omega}\left(\frac{1}{X_q} - \frac{1}{X_d}\right) = \frac{mU^2}{2\Omega X_d}\left(\frac{X_d}{X_q} - 1\right) \tag{20.8}$$

可以看出,当电机 $\frac{X_d}{X_q}$ 的数值愈大,则 T_{max} 的数值也愈大。为了增大 X_d 与 X_q 的差别,转子常采用如图 20.8 所示的钢片和非磁性材料(如铝、铜)相间镶嵌的结构,其中铝或铜部分可起到笼型绕组的作用,使电机起动。在电机正常运行时,由于交轴磁路多次跨过非磁性区域,遇到的磁阻很大,对应的 X_q 很小。

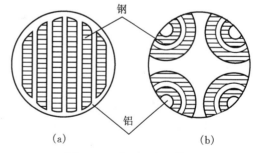

图 20.8 磁阻电动机转子
(a)2 极式;(b)4 极式

磁阻电动机一般靠实心转子的感应涡流并借助于铝或铜所起笼型绕组的作用起动。当转子接近同步速时,借助凸极效应产生的磁阻转矩,转子会自动拉入同步。磁阻电动机转子上既无励磁绕组也没有集电环而使得结构简单,工作可靠,在控制系统、自动记录装置、电钟等需要保持恒速的场合获得了广泛的应用。

20.7 开关磁阻电动机简介

开关磁阻电动机(switched reluctance motor,SR 电动机)系双凸极可变磁阻电动机。其定、转子的凸极均由普通的硅钢片叠压而成。转子既非永磁体也无励磁绕组,定子上装设集中绕组,径向相对的两个绕组串联构成一对磁极,被称为"一相"。图 20.9 给出了三相(6/4 极)SR 电动机的结构原理图。为简单计,图中只画出了 A 相及其供电线路。

SR 电动机的运行原理遵循"**磁阻最小原理**",即磁通总要沿着磁阻最小的路径闭合,而具有一定形状的转子铁心要移动到最小磁阻位置,就必须使自己的主轴线与磁场的轴线重合。图 20.9 中,当定子 C-C′ 励磁时,所产生的磁力使转子旋转到转子极轴线 1-1′ 与定子极轴线 C-C′ 重合的位置,并使励磁相绕组的电感最大。若以图中定、转子所处的相对位置为起始位置,则依次给 C→A→B 相绕组通电,转子即会逆着励

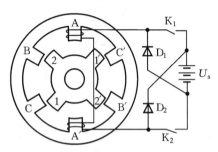

图 20.9 6/4 极 SR 电动机结构

磁顺序以顺时针方向连续旋转;反之若依次给 B→A→C 相通电,则电动机会沿逆时针方向旋转。可见 SR 电动机的转向与相绕组的电流方向无关,而仅取决于相绕组通电的顺序。另外,当开关器件 K_1、K_2 导通时,A 相绕组从直流电源 U_s 吸收电能,而当 K_1、K_2 关断时,绕组电流经续流二极管 D_1、D_2 继续流通,并将电能回馈给电源 U_s。因此 SR 电动机具有能量再生作用,系统效率高。

SR 电动机结构简单、坚固,工作可靠,效率高。特别是由 SR 电动机构成的开关磁阻电动机调速系统(switched reluctance motor drive,SRD)运行性能和经济指标比普通的交流调速系统,甚至比晶闸管-直流电动机系统都好,具有很大的应用潜力。

本章小结

作为电动机运行是同步电机又一种重要的运行方式。同步电机接于频率一定的电网上运行,其转速恒定,不会随负载变动而变动;另外,同步电动机的功率因数可以调节,在需要改变功率因数和不需要调速的场合,常优先采用同步电动机。

通过调节励磁电流可以方便地改变同步电动机的无功功率。过励时,同步电动机从电网吸收超前电流;欠励则吸收滞后电流。能够改善电网的功率因数是同步电动机的最大优势。

从同步电动机的原理来看,它不能自行起动;在同步电动机的转子上装设起动绕组,可借助异步电动机的原理来完成其起动过程。

习题与思考题

20-1 一台三相凸极 Y 连接的同步电动机,额定线电压 $U_N=6000$ V,额定频率 $f_N=50$ Hz,额定转速 $n_N=300$ r/min,额定电流 $I_N=57.87$ A,额定功率因数 $\cos\varphi_N=0.8$(超前),同步电抗 $X_d=64.2$ Ω,$X_q=40.8$ Ω,不计电阻压降。试求:
(1) 额定负载时的励磁感应电势 E_0;
(2) 额定负载下的电磁功率 P_M 和电磁转矩 T_M。

20-2 某企业电源电压为 6000 V,内部使用了多台异步电动机,其总输出功率为 1500 kW,平均效率为 70%,功率因数为 0.8(滞后)。企业新增一台功率为 400 kW 的设备,计划采用运行于过励状态的同步电动机拖动,补偿企业的功率因数到 1。(不计发电机本身损耗)试求:
(1) 同步电动机的容量;
(2) 同步电动机的功率因数。

20-3 一台三相隐极 Y 连接的同步电动机,同步电抗 $X_s=5.8$ Ω,额定电压 $U_N=380$ V,额定电流 $I_N=23.6$ A。不计电阻压降,当输入功率为 15 kW 时,试求:
(1) 功率因数 $\cos\varphi=1$ 时的功角 δ;
(2) 每相电势 $E_0=250$ V 时的功角 δ 和功率因数 $\cos\varphi$。

20-4 某厂变电所的容量为 2000 kVA,变电所本身的负荷为 1200 kW,功率因数 $\cos\varphi=0.65$(滞后)。今该厂欲添一同步电动机,额定数据为:$P_N=500$ kW,$\cos\varphi_N=0.8$(超前),效率 $\eta_N=95\%$。问:当同步电动机额定运行时,全厂功率因数是多少?变电所是否过载?

20-5 怎样使得同步电机从发电机运行方式过渡到电动机运行方式?其功角、电流、电磁转矩如何变化?

20-6 增加或减少同步电动机的励磁电流时,对电机内的磁场产生什么效应?

20-7 比较同步电动机与异步电动机的优缺点。

20-8 为什么起动过程中,同步转矩的平均值为零?

20-9 同步电动机运行过程中,是否存在异步转矩,为什么?

20-10 同步调相机的原理和作用是什么?

第 21 章 同步发电机的异常运行

通常的三相电力负载都是对称负载，即使有少许的不对称一般仍可以按照对称运行来分析。随着工业的发展，出现了大容量的单相负载，如冶金用的单相电炉、铁路上的单相电气铁道干线等。它们作为三相电网的负载就会使同步发电机处于不对称运行状态。此外，输电线中出现一相断线等不对称故障时，也会使同步电机处于不对称运行状态。

稳态对称运行时，电机的输入功率总与输出功率相平衡，电机端电压 $\dot{U}$ 和励磁电势 $\dot{E}_0$ 之间有着固定的相角差 δ。但实际工作着的电机常常会由于某些原因而使运行状态受到干扰或改变。从一个稳定运行状态突变至另一稳定运行状态所经历的过程被称为**瞬变过程**。研究同步发电机不对称运行和瞬变过程具有重大的实际意义。

21.1 三相同步发电机不对称运行的分析方法

当负载不对称时，发电机的三相端电压及电流都将不对称。由于流过电枢各相的电流有效值各不相同，它们所产生的合成电枢磁势不再是一个幅值不变的圆形旋转磁势，其电枢反应情况较对称运行时复杂得多，所以不能直接用分析对称运行的方法来分析不对称运行的情况。

分析稳态不对称运行的最简单方法是对称分量法（有关对称分量法的原理，请参看本书第二篇"变压器"中的有关内容），即把不对称的三相电流（或电压）分解成三组对称的电流（或电压）分量：正序分量、负序分量和零序分量。各个对称分量可视为相互独立，分别研究它们独立作用的效果，然后叠加起来得到最后结果。用这个方法时假设电路是线性的，忽略了磁路饱和现象。

励磁电势 $\dot{E}_A$、$\dot{E}_B$、$\dot{E}_C$ 只与励磁电流及转速有关，不受负载的影响，所以只有正序分量。在具体计算不对称运行时，常把实际负载端的不对称三相电压和电流分解成三组对称的分量，如图 21.1 所示。每组对称分量对各相绕组均对称，故可以按一相的情况来分析。

参看图 21.1(b)，按叠加原理，每相都可以列出三个相序的电势平衡方程并画出它们的等效电路。应该注意到，励磁电势只在正序的电势平衡方程中出现。各相电流流过电枢绕组时的电枢反应情况，反映在等效电路和方程式中是各相序电流遇到不同的电抗（略去了电阻）。设各相序电流遇到的电抗分别为：正序电抗 X_+，负序电抗 X_-，零序电抗 X_0。以 A 相为例，各相序的电势平衡方程式为

$$\dot{E}_0 = \dot{U}_{A+} + jX_+ \dot{I}_{A+} \tag{21.1}$$

$$0 = \dot{U}_{A-} + jX_- \dot{I}_{A-} \tag{21.2}$$

$$0 = \dot{U}_{A0} + jX_0 \dot{I}_{A0} \tag{21.3}$$

第21章 同步发电机的异常运行

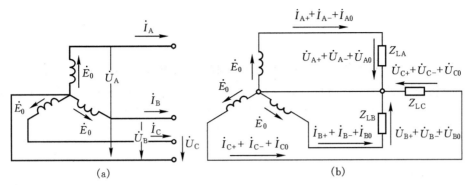

图 21.1 用对称分量法分析发电机不对称运行
(a)原不对称电路;(b)对称分量电路

以上方程适合于任何不对称负载或短路情况。根据这三个方程式,对于给定参数的电机,若知道不对称的电流情况就能解出不对称的电压。反之亦然。下面对各相序电流遇到的电抗加以说明。

1. 正序电抗 X_+

同步发电机在对称运行时只有正序电抗,因此对称运行时的同步电抗,即为正序电抗,从而有 $X_+ = X_s$。对于凸极同步电机,如果电机短路,则正序电枢反应只作用在直轴上,且为去磁效应,使得电机不饱和,正序电抗应该采用 X_d 的不饱和值。

2. 负序电抗 X_-

负序电抗为负序电流所遇到的电抗。负序电流流过电枢绕组时产生反转的基波旋转磁场,这一磁场以2倍同步速度扫过转子绕组(包括励磁绕组和阻尼绕组),并在其中感应出2倍频率的电势和电流。对于负序磁场而言,转子绕组的作用与一个短路绕组的作用相当。负序电流和负序电压之间的关系可以用类似异步电机的等效电路来分析。如果不计定、转子电阻,负序等效电路如图 21.2 所示。其中 $X_{1\sigma}$ 为定子漏抗,$X_{F\sigma}$ 为励磁绕组漏抗,$X_{Zd\sigma}$ 和 $X_{Zq\sigma}$ 分别为折算到直轴和交轴的阻尼绕组漏抗。由于励磁绕组仅作用在直轴磁路上,所以交轴电抗中不出现励磁漏抗。X_{d-} 为直轴等效电抗,X_{q-} 为交轴等效电抗。

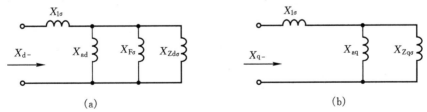

图 21.2 同步电机负序等效电抗
(a)直轴电抗;(b)交轴电抗

由图 21.2 的等效电路图,可列出如下方程:

$$X_{d-} = X_{1\sigma} + \frac{1}{\frac{1}{X_{ad}} + \frac{1}{X_{F\sigma}} + \frac{1}{X_{Zd\sigma}}} \tag{21.4}$$

$$X_{q-} = X_{1\sigma} + \cfrac{1}{\cfrac{1}{X_{aq}} + \cfrac{1}{X_{Zq\sigma}}} \tag{21.5}$$

凸极电机直轴磁路与交轴磁路的磁阻是不同的,负序磁场相对于转子转动时,负序电抗 X_- 的数值将介于 X_{d-} 和 X_{q-} 之间作连续周期性变化。利用对称分量法无法计及负序电抗的变化。计算时取两个轴上电抗的平均值来作为负序电抗的近似值:

$$X_- = \frac{X_{d-} + X_{q-}}{2} \tag{21.6}$$

3. 零序电抗 X_0

零序电抗是零序电流所遇到的电抗。零序电流大小相等、相位相同,所产生的三相脉动磁势在时间上同相。因为三相绕组在空间间隔 120°,所以气隙中的三相合成基波磁势互相抵消,即零序电流在气隙中不产生基波磁场。

把三相绕组首尾串联起来接到单相电源上,绕组中通过的便是零序电流。测定零序电抗时,可采用如图 21.3 所示的电路。在端点上外施适当大小的、具有额定频率的电压,使得流入的零序电流数值等于额定电流。电机转子由原动机带动以同步速旋转,转子励磁绕组应被短接,如果忽略电枢电阻,则有

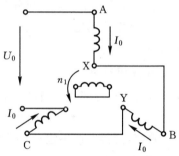

$$X_0 = \frac{U_0}{3I_0} \tag{21.7}$$

图 21.3 测定零序电抗线路图

21.2 稳态不对称短路分析

用对称分量法分析同步发电机不对称短路是很方便的。不对称短路是不对称运行的特殊情况。电力系统遇到的故障短路通常是不对称短路,例如线对线短路或线对中点短路。故障短路将会出现很大的冲击电流,不过冲击电流的持续时间是很短暂的,这一过程属于瞬变过程。瞬变过程完毕后就进入稳态短路。本节只讨论稳态不对称短路问题。

同步电机不对称短路的情况有多种。本节以两个典型的例子说明分析该类问题的方法。在下面所举的例子中假设短路发生在发电机端,而且短路前发电机为空载运行。

21.2.1 单相线对中点短路

如图 21.4 所示,设 A 相对中点短路。其端点方程式为

$$\begin{cases} \dot{I}_A = \dot{I}_k \\ \dot{I}_B = \dot{I}_C = 0 \\ \dot{U}_A = 0 \end{cases} \tag{21.8}$$

对 A 相实施对称分量法得

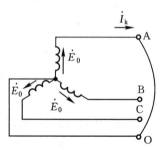

图 21.4 单相线对中点短路

$$\begin{cases} \dot{I}_{A+} = \frac{1}{3}(\dot{I}_A + a\dot{I}_B + a^2\dot{I}_C) = \frac{1}{3}\dot{I}_k \\ \dot{I}_{A-} = \frac{1}{3}(\dot{I}_A + a^2\dot{I}_B + a\dot{I}_C) = \frac{1}{3}\dot{I}_k \\ \dot{I}_{A0} = \frac{1}{3}(\dot{I}_A + \dot{I}_B + \dot{I}_C) = \frac{1}{3}\dot{I}_k \end{cases} \quad (21.9)$$

根据各相序的电流,求出各相序的电压为

$$\begin{cases} \dot{U}_{A+} = \dot{E}_0 - jX_+\dot{I}_{A+} = \dot{E}_0 - \frac{1}{3}jX_+\dot{I}_k \\ \dot{U}_{A-} = 0 - jX_-\dot{I}_{A-} = -\frac{1}{3}jX_-\dot{I}_k \\ \dot{U}_{A0} = 0 - jX_0\dot{I}_{A0} = -\frac{1}{3}jX_0\dot{I}_k \end{cases} \quad (21.10)$$

由于 A 相对中点短路,故有

$$\dot{U}_{A+} + \dot{U}_{A-} + \dot{U}_{A0} = \dot{E}_0 - \frac{1}{3}j(X_+ + X_- + X_0)\dot{I}_k = 0$$

即

$$\dot{I}_K = -j\frac{3\dot{E}_0}{X_+ + X_- + X_0} \approx -j\frac{3\dot{E}_0}{X_+} \quad (21.11)$$

由于负序电抗和零序电抗比正序电抗小得多,故单相短路电流比三相稳态短路电流大,其比值接近 3。实际上要比 3 稍小一些,例如某 125 MW 气轮发电机的各相序阻抗分别为 $X_+ = 1.867, X_- = 0.22, X_0 = 0.069$,经计算该比值为 2.6。

21.2.2 两相线对线短路

如图 21.5 所示,设 B、C 两相短路,其端点方程为

$$\begin{cases} \dot{I}_A = 0 \\ \dot{I}_B = -\dot{I}_C \\ \dot{U}_B = \dot{U}_C \end{cases} \quad (21.12)$$

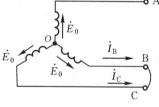

图 21.5 两相线对线短路

对 A 相实施对称分量法得

$$\begin{cases} \dot{I}_{A+} = \frac{1}{3}(\dot{I}_A + a\dot{I}_B + a^2\dot{I}_C) = \frac{1}{3}(a\dot{I}_B - a^2\dot{I}_B) = j\frac{\sqrt{3}}{3}\dot{I}_B \\ \dot{I}_{A-} = \frac{1}{3}(\dot{I}_A + a^2\dot{I}_B + a\dot{I}_C) = \frac{1}{3}(a^2\dot{I}_B - a\dot{I}_B) = -j\frac{\sqrt{3}}{3}\dot{I}_B \\ \dot{I}_{A0} = \frac{1}{3}(\dot{I}_A + \dot{I}_B + \dot{I}_C) = 0 \end{cases} \quad (21.13)$$

$$\begin{cases} \dot{U}_{A+} = \frac{1}{3}(\dot{U}_A + a\dot{U}_B + a^2\dot{U}_C) = \frac{1}{3}(\dot{U}_A - \dot{U}_B) = \dot{E}_0 - jX_+\dot{I}_{A+} = \dot{E}_0 + \frac{\sqrt{3}}{3}X_+\dot{I}_B \\ \dot{U}_{A-} = \frac{1}{3}(\dot{U}_A + a^2\dot{U}_B + a\dot{U}_C) = \frac{1}{3}(\dot{U}_A - \dot{U}_B) = 0 - jX_-\dot{I}_{A-} = -\frac{\sqrt{3}}{3}X_-\dot{I}_B \\ \dot{U}_{A0} = \frac{1}{3}(\dot{U}_A + \dot{U}_B + \dot{U}_C) = \frac{1}{3}(\dot{U}_A - \dot{U}_B) = 0 - jX_0\dot{I}_{A0} = 0 \end{cases} \quad (21.14)$$

由于 $\dot{U}_{A+} = \dot{U}_{A-}$ 故

$$\dot{E}_0 + \frac{\sqrt{3}}{3}X_+ \dot{I}_B = -\frac{\sqrt{3}}{3}X_- \dot{I}_B \Rightarrow \dot{I}_B = -\frac{\sqrt{3}\dot{E}_0}{X_+ + X_-} \approx -\sqrt{3}\frac{\dot{E}_0}{X_+} \tag{21.15}$$

以上说明两相线对线稳态短路电流为三相稳态短路电流的约 1.7 倍。根据前述汽轮发电机的相序阻抗，可求得该比值为 1.55。

21.3 三相突然短路分析

电力系统发生突然短路故障时，虽然从突然短路到进入稳态短路的过程所持续的时间很短，但突然短路时产生的冲击电流可高达额定电流的 10～20 倍，会在电机内产生极大的电磁力，这种电磁力可能会扯断电机绕组的端部或将转轴扭弯，对电机造成不良后果。

21.3.1 分析的基本方法——超导闭合回路磁链不变原则

由电路定律可知，对于任何一个匝链着磁通的闭合线圈，都可以写出下面的方程式：

$$ri + \frac{d\psi}{dt} = 0 \tag{21.16}$$

式中：ψ 为闭合线圈的磁链，包括自链和互链。如果略去电阻，则由上式可得出 ψ = 常数。可见，在没有电阻的闭合回路中（又被称为超导回路）磁链将保持不变。如果外界磁通进入线圈，则线圈中必然立即产生一个电流，这一电流产生的磁通与外加磁通的大小相同、方向相反，以此保持线圈匝链的总磁链仍然不变。这就是**超导闭合回路磁链不变原则**。

在实际的闭合回路中，由于电阻的影响，磁链会发生变化。但是在最初瞬间仍然遵循超导闭合回路磁链不变原则，因此可以认为磁链是不会改变的，分析突然短路的基本方法是先由磁链不变原则求出突然短路瞬间的电流，然后把电阻的作用考虑进去。在绕组电阻的作用下，瞬变时出现的电流最终将衰减为稳态短路电流。

21.3.2 三相突然短路的物理过程

应用超导闭合回路磁链不变原理，我们来分析同步发电机在发生三相突然短路时的物理现象。假定突然短路之前，发电机处于空载状态，气隙磁场由励磁磁势 $\dot{F}_f$ 单独产生，$\dot{F}_f$ 随转子以同步速旋转。如图 21.6 所示，短路前 A 相电枢绕组匝链的励磁 ψ_{A0} 随着转子位置角 α（$\dot{F}_f$ 与 A 相绕组轴线的夹角）作余弦变化。

假定在 $\alpha = \alpha_0$ 的瞬间定子绕组突然三相对称短路，此瞬间，A 相绕组的磁链为

$$\psi_{A0} = \psi_m \cos\alpha_0 \tag{21.17}$$

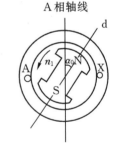

图 21.6 三相突然短路的瞬间示意图

式中：ψ_m 为 $\dot{F}_f$ 与 A 相轴线重合时在 A 相绕组中所形成的磁链。

短路后，励磁系统仍然保持原状，原动机带动转子仍然以同步速旋转，即 $\dot{F}_f$ 在 A 相绕组中形成的磁链将随时间的变化而变化，即

$$\psi_A = \psi_m \cos(\alpha_0 + \omega t) \tag{21.18}$$

式中：ω 为转子的角速度，t 为时间变量。

也就是说，突然短路发生后，$\dot{F}_f$"注入"A 相绕组的磁链试图由 ψ_{A0} 变为 ψ_A，变化量为

$$\Delta\psi_A = \psi_m\cos(\alpha_0 + \omega t) - \psi_m\cos\alpha_0 \tag{21.19}$$

假定短路发生的瞬间，A 相绕组为超导闭合绕组，遵循超导闭合回路磁链不变原则。电枢绕组会产生一个与 $\Delta\psi_A$ 相反的电枢反应磁链，以抵消 $\Delta\psi_A$，从而维持 A 相绕组的磁链不变。所以，短路后，A 相所产生的电枢反应磁链为

$$\psi_{Aa} = -\Delta\psi_A = \psi_m\cos\alpha_0 - \psi_m\cos(\alpha_0 + \omega t) = \psi_{A=} + \psi_{A\sim} \tag{21.20}$$

式中：$\psi_{A=} = \psi_m\cos\alpha_0$ 为非周期性的直流分量，$\psi_{A\sim} = -\psi_m\cos(\alpha_0 + \omega t)$ 为周期性的交变分量。

可见，突然短路发生后，电枢绕组为了维持短路瞬间的磁链不变，必须产生两部分磁链，即直流分量 $\psi_{A=}$ 和交流分量 $\psi_{A\sim}$，相应的短路电流 i_{AK} 中就包含了直流分量 $i_{A=}$ 和交变分量 $i_{A\sim}$。

分析表明，如果不考虑电流的衰减，电枢绕组所产生的三相对称的交变电流 $i_{A\sim}$、$i_{B\sim}$、$i_{C\sim}$ 将会产生一个与转子同步的旋转磁势 $\dot{F}_{A\sim}$；而三相绕组所产生电流的直流分量 $i_{A=}$、$i_{B=}$、$i_{C=}$ 将产生一个不动的稳定的磁势 $\dot{F}_{A=}$。

同步发电机的转子上有励磁绕组 F 和阻尼绕组 Z。分析短路问题时，可以先假定励磁绕组和阻尼绕组都是超导闭合回路，同样遵循磁链不变原则。

突然短路后，电枢磁势 $\dot{F}_{A\sim}$ 和 $\dot{F}_{A=}$ 突然强加在电机磁路上，转子上的励磁绕组 F 和阻尼绕组 Z 将对此作出如下反应，以阻止其本身磁链的变化。

(1) 对于 $\dot{F}_{A\sim}$ 的反应：由于 $\dot{F}_{A\sim}$ 与转子相对静止，它所产生的电枢反应磁通 Φ_{ad}（短路时只有直轴分量）作用在直轴上，Φ_{ad} 欲通过直轴磁路去匝链转子上的励磁绕组 F 和阻尼绕组 Z，F 和 Z 将分别产生非周期性的直流电流 $i_{F=}$ 和 $i_{Z=}$，这些电流产生恒定磁通以抵消 Φ_{ad}（或者说阻止 Φ_{ad}），使得 Φ_{ad} 无法通过励磁绕组和阻尼绕组，只能"绕道"而行（即通过励磁绕组和阻尼绕组的漏磁路闭合），如图 21.7(a) 所示。这条磁路要"曲折"地穿越较长的空气路段，磁阻很大，要形成一定量的 Φ_{ad}，需要很大的电枢电流，所以突然短路电枢电流很大。

(2) 对 $\dot{F}_{A=}$ 的反应：$\dot{F}_{A=}$ 在空间静止不动，但它与转子绕组之间有相对运动，它将在励磁绕组 F 和阻尼绕组 Z 中产生交变的感应电流 $i_{F\sim}$ 和 $i_{Z\sim}$，以阻止 $\dot{F}_{A=}$ 所产生的磁通的通过。$\dot{F}_{A=}$ 所产生的磁通在遇到具有超导性质的励磁绕组和阻尼绕组时同样要"绕道"而行，会遇到较大的磁阻，所以电枢短路电流中的直流分量也比较大。

可见，短路后，电枢绕组会产生很大的短路电流，其中包括直流分量和交变分量，对 A 相来说，$i_{AK} = i_{A=} + i_{A\sim}$；同样励磁绕组和阻尼绕组中也会产生一定的电流，也包括相应的直流分量和交变分量，即 $i_F = i_{F=} + i_{F\sim}$，$i_Z = i_{Z=} + i_{Z\sim}$。

以上结论是基于发电机中各绕组没有电阻的这一假设而得出的。事实上，发电机各绕组中均有电阻存在，使得短路电流会逐渐衰减，最终达到稳态短路。由上可知，i_F 和 i_Z 的出现使得短路后的电枢反应磁通 Φ_{ad} "不得不绕道"而行，导致磁路的磁阻 R_m 增大，进而导致电枢短路电流 i_{AK} 增大。所以 i_F 和 i_Z 的衰减直接影响到电枢电流的衰减。分析表明，阻尼绕组的时间常数比励磁绕组的时间常数小得多。为了分析方便，可以认为短路以后，i_Z 首先单独衰减完毕，i_F 再开始单独衰减。这样，就把突然短路后的物理过程分为三个阶段：短路瞬

间到 i_Z 衰减完毕这一阶段被称为**超瞬变过程**；超瞬变过程结束后，i_F 开始衰减到衰减完毕这一阶段被称为**瞬变过程**；i_F 衰减完毕后发电机就进入**稳态短路**运行。

21.3.3 突然短路时的电抗

如图 21.7(a)(b)(c)所示，在超瞬变、瞬变和稳态三个阶段，电枢反应磁通 Φ_{ad} 所经过的路径有所不同。在超瞬变阶段，i_F 和 i_Z 均存在并形成相应的反磁势以阻止 Φ_{ad} 穿过 F 和 Z，使得该阶段 Φ_{ad} 的流通路径如图 21.7(a)所示；在瞬变阶段，i_Z 衰减到完毕，i_F 仍然存在，Φ_{ad} 能穿过 Z 而无法穿过 F，其路径如图 21.7(b)所示；进入稳态阶段后，i_F 和 i_Z 均衰减完毕，Φ_{ad} 可以顺畅地通过转子铁心，其路径如图 21.7(c)所示。

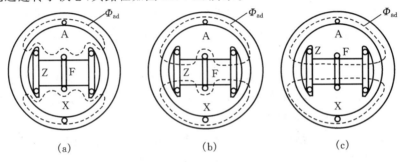

图 21.7 瞬态短路各瞬间电枢反应磁通路径
(a)超瞬变过程开始瞬间；(b)瞬变过程开始瞬间；(c)稳态开始瞬间

电枢反应磁通 Φ_{ad} 由电枢短路电流产生，产生一定量的 Φ_{ad} 究竟需要多大的电枢电流，要看 Φ_{ad} 所经历的磁路状况。在超瞬变阶段，磁路曲折，磁阻最大，相应的电枢电流就最大；在稳态阶段，磁路通畅，磁阻最小，所以稳态电枢电流最小；瞬变阶段的磁阻大小界于超瞬变和稳态之间，其电流也介于二者之间。

Φ_{ad} 所经历磁路磁阻的大小反映到电枢电路中，就是不同的磁阻对应电枢绕组不同的电感或电抗值，有

$$X = \omega L = \omega \frac{N^2}{R_m} = \omega N^2 \Lambda \tag{21.21}$$

式中：N 为电枢绕组等效为集中绕组的等效匝数，R_m 为磁阻，Λ 为磁导。

在超瞬变阶段，Φ_{ad} 对应的磁路见图 21.7(a)，在忽略铁心磁阻的假设下，这条磁路的磁阻包括气隙磁阻、阻尼绕组漏磁阻和励磁绕组漏磁阻，相应的磁导为

$$\Lambda''_{ad} = \frac{1}{\dfrac{1}{\Lambda_{ad}} + \dfrac{1}{\Lambda_{Zd\sigma}} + \dfrac{1}{\Lambda_{F\sigma}}} \tag{21.22}$$

式中：Λ_{ad} 为气隙磁导，$\Lambda_{F\sigma}$ 为励磁绕组漏磁导，$\Lambda_{Zd\sigma}$ 为直轴阻尼绕组漏磁导。

对应的电枢反应电抗为**直轴超瞬变电枢反应电抗**，即

$$X''_{ad} = \frac{1}{\dfrac{1}{X_{ad}} + \dfrac{1}{X_{Zd\sigma}} + \dfrac{1}{X_{F\sigma}}} \tag{21.23}$$

式中：X_{ad} 就是稳态运行时的直轴电枢反应电抗，$X_{Zd\sigma}$ 和 $X_{F\sigma}$ 为直轴阻尼绕组和励磁绕组的漏

电抗。

再考虑到电枢绕组的漏电抗 X_σ，就可得到**直轴超瞬变同步电抗** X''_d，简称**直轴超瞬变电抗**，即

$$X''_d = X_\sigma + X''_{ad} = X_\sigma + \frac{1}{\frac{1}{X_{ad}} + \frac{1}{X_{Zd\sigma}} + \frac{1}{X_{F\sigma}}} \tag{21.24}$$

当短路过程进入瞬变阶段时，阻尼绕组中的电流已经衰减完毕，此时 Φ_{ad} 对应的磁路见图 21.7(b)。同样可以写出相应的**直轴瞬变同步电抗** X'_d，简称**瞬变电抗**，即

$$X'_d = X_\sigma + \frac{1}{\frac{1}{X_{ad}} + \frac{1}{X_{F\sigma}}} \tag{21.25}$$

进入稳态短路后，所有阻止 Φ_{ad} 的转子绕组电流已经衰减完毕，此时 Φ_{ad} 对应的磁路见图 21.7(c)。对应的电抗即为同步发电机的**直轴同步电抗** X_d，即

$$X_d = X_\sigma + X_{ad} \tag{21.26}$$

如果是非直接短路，除了直轴电抗外，还会有交轴电抗。励磁绕组 F 只作用在直轴磁路上，所以交轴电抗表达式中没有励磁绕组的漏电抗。

交轴超瞬变电抗为

$$X''_q = X_\sigma + X''_{aq} = X_\sigma + \frac{1}{\frac{1}{X_{aq}} + \frac{1}{X_{Zq\sigma}}} \tag{21.27}$$

式中：X''_{aq} 为交轴超瞬变电枢反应电抗，$X_{Zq\sigma}$ 为交轴阻尼绕组的漏电抗。

$$X'_q = X_\sigma + X'_{aq} = X_\sigma + \frac{1}{\frac{1}{X_{aq}}} = X_\sigma + X_{aq} = X_q \tag{21.28}$$

可见，交轴瞬变电抗就等于交轴同步电抗，即 $X'_q = X_q$。

21.4 突然短路电流

在了解了突然短路的物理过程以及超瞬变电抗和瞬变电抗后，就可以分析突然短路发生后，电枢电流的变化情况。以 A 相为例，与式(21.20)相对应，电枢电流也有直流分量交变分量两部分，即

$$i_{Ak} = i_{A=} + i_{A\sim} = \sqrt{2} I'' \cos\alpha_0 - \sqrt{2} I'' \cos(\alpha_0 + \omega t) \tag{21.29}$$

式中：$i_{A=} = \sqrt{2} I'' \cos\alpha_0$ 为直流分量电流，$i_{A\sim} = -\sqrt{2} I'' \cos(\alpha_0 + \omega t)$ 为交变分量电流，$\sqrt{2} I''$ 为短路最初瞬间分量电流的幅值。

根据电势平衡方程，有

$$I'' = \frac{E_0}{X''_d} \tag{21.30}$$

式中：E_0 为励磁电势有效值。

当超瞬变阶段结束时，交变电流分量将从 I'' 衰减到 $I' = \frac{E_0}{X'_d}$，这一阶段电流的衰减量为

$(I''-I')$,衰减的时间常数为 T''_d,主要由阻尼绕组的等效电感和电阻决定。

当瞬变阶段结束时,交流电流分量将从 I' 衰减到 $I=\dfrac{E_0}{X_d}$ 即稳态短路电流。电流的衰减量为 $(I'-I)$,衰减的时间常数为 T'_d,主要由励磁绕组的等效电感和电阻决定。

电枢电流的直流分量 $i_{A=}$ 的衰减由电枢绕组本身的时间常数 T_d 决定。衰减结束后,直流分量将变为零。

根据以上分析,突然短路后电枢电流可以写为

$$i_{Ak}=\sqrt{2}I''\cos\alpha_0 e^{-\frac{t}{T_d}}-\sqrt{2}[(I''-I')e^{-\frac{t}{T''_d}}+(I'-I)e^{-\frac{t}{T'_d}}+I]\cos(\alpha_0+\omega t) \quad (21.31)$$

当 $\alpha_0=0°$,即 $\psi_0=\psi_m$ 时,发生突然短路,则短路电流中除了交变分量外,还有一个最大的直流分量。短路瞬间,直流分量与交流分量大小相等,方向相反,相互抵消,相当于短路前的空载情况;经过半个周期后,直流分量与交流分量方向相同,相互叠加,将产生最大的短路电流点,最大电流是 $\sqrt{2}I''$ 的 1.8~1.9 倍,此后直流分量和交变分量将逐渐衰减,直流分量最终衰减为零,交变分量最终衰减为稳态短路电流。图 21.8 给出的就是这种情况下短路电流的变化波形。

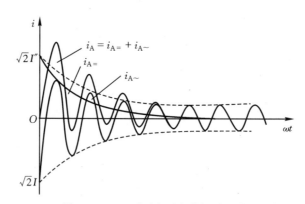

图 21.8 $\alpha_0=0°$ 时定子突然短路电流

当 $\alpha_0=90°$,即 $\psi_0=0$ 时,发生突然短路,则短路电流中只有交流分量,直流分量为零。短路瞬间,交流分量亦为零,相当于短路前的空载情况;经过半个周期后,交变分量达到最大值约为 $\sqrt{2}I''$,此后逐渐衰减直到稳态短路电流。

例如,有一台汽轮发电机,$E_0^*=1.1$,$X''^*_d=0.145$,则三相突然短路的最大冲击电流值为 $i^*_{kmax}=(1.8\sim1.9)\dfrac{\sqrt{2}E_0^*}{X''^*_d}=\left[(1.8\sim1.9)\dfrac{\sqrt{2}\times1.1}{0.145}\right]$ A $=(19.3\sim20.4)$ A。可见三相稳态突然短路最大冲击电流可以达到额定电流的 20 倍以上。巨大的短路冲击电流将对发电机产生不利甚至致命的负面影响。

21.5 同步电机的振荡

同步电机在实际运行中,有多种原因可能导致振荡。比如原动机输入转矩的突然变化、电网参数的改变、励磁调节器发生故障、外部负载不稳定或突然变化等因素都能引起电机转

速、电流、电压、功率以及转矩的振荡;用自整步法使同步发电机与电网并联以及同步电动机合闸时牵入同步过程也可能引起振荡。电机振荡对于电机本身及相关联的电力系统和其他电器设备都是不利的,严重时可能造成电机与电力系统失去同步、中断供电或使与电网相关联的电器设备受到损坏。因此,了解和研究同步电机振荡的本质有重要的实际意义。

在振荡过程中电机的转速不再是恒速,同步电机的方程式呈非线性,振荡问题的分析十分复杂。本节仅对同步电机的小值振荡进行定性分析。所谓小值振荡是指同步电机的功角围绕一个恒定值 δ_b 作小幅度周期性变化(变化幅度一般为 $\pm 10°$ 以下),电机转速也围绕着同步速作周期性变化。小值振荡是比较常见的,同步发电机的有功功率的调节过程、同步电动机的拉入同步过程等都伴随有小值振荡。

举例来说,同步发电机与电网并联以后,气隙合成磁势 $\dot{F}$ 受电网频率的制约,以同步转速 n_1 旋转,功角的大小仅决定于转子的转速及位置。参看图 21.9,设发电机起初稳定运行于 a 点,此时,原动机的输入功率与发电机的电磁功率相平衡,即 $P_a = P_{Ma}$,原动机的转矩也和发电机的电磁转矩相平衡,即 $T_a = T_{Ma}$。由于电网供电的需要,要求把发电机的电磁功率增大到 P_{Mb},整个调节过程为:①增大原动机的输出功率到 P_b,原动机的转矩也增大到 T_b;②由于 $\Delta T = T_b - T_{Ma} > 0$,发电机转子在 ΔT 的作用下加速,功角由 δ_a 开始增大,达到 δ_b 时,发电机的电磁功率也达到 P_{Mb},电磁转矩达到 T_{Mb},并与原动机的转矩 T_b 相平衡,发电机转子的加速度变为零,但速度达到最大值;③由于惯性作用,转子以大于同步速继续前进,功角由 δ_b 继续增大到 δ_c,发电机的电磁功率也增大到 P_{Mc},电磁转矩增大到 T_{Mc};④由于 $\Delta T = T_b - T_{Mc} < 0$,发电机的转子在 ΔT 的作用下开始减速,功角由 δ_c 开始减小,达到 δ_b 时,发电机的电磁功率也达到 P_{Mb},电磁转矩达到 T_{Mb},并与原动机的转矩 T_b 相平衡,发电机转子的加速度又变为零,但速度又达到最小值;⑤由于惯性作用,转子以小于同步速前进,功角由 δ_b 继续缩小到 δ_a,发电机的电磁功率也减小到 P_{Ma},电磁转矩减小到 T_{Ma}。至此,完成了一个振荡周期,如果没有阻尼作用,这一过程会持续下去。事实上,由于机械阻尼和阻尼绕组的作用,振荡很快会衰减。振荡结束后,同步发电机又会在新的平衡位置稳定运行。

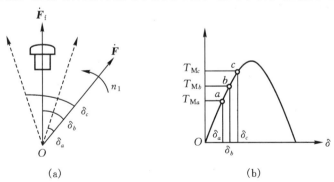

图 21.9 同步发电机的小值振荡
(a)磁极位置;(b)转矩变化

对装有阻尼绕组的同步发电机来说,在振荡过程中,阻尼绕组中将出现感应电势和电流,并形成异步转矩。当转子转速高于同步速时,异步转矩起制动作用,而当转子转速低于同步转速时,异步转矩又具有驱动作用。采用阻尼绕组能大大抑制同步电机的振荡。

21.6 不对称运行和突然短路的影响

21.6.1 不对称运行的影响

不对称运行时,负序电流产生的负序旋转磁场相对于转子以 2 倍同步速运转,并在转子绕组(包括励磁绕组和阻尼绕组)中感应出 2 倍频率的电流以及在转子表面感应出涡流,这些电流将在绕组中和铁心表面引起额外损耗并产生热量,使得转子温升增高。特别是汽轮发电机,涡流在转子表面轴向流动,在转子端部沿圆周方向流动而形成环流,这些电流不仅流过转子本体,还流过护环;它们流经转子的槽楔与齿、护环与转子之间的许多接触面,这些地方具有接触电阻,发热尤为严重,可能产生局部高温,破坏转子部件与励磁绕组绝缘。水轮发电机散热条件较好,负序磁场引起的转子过热的影响相对小些。

由于负序旋转磁场与转子磁场之间有 2 倍速的相对运动,因而它们之间将产生以 2 倍频率(100 Hz)脉动的转矩,这个附加转矩同时作用在转子轴和定子机座上,并引起 100 Hz 的振动和噪声。水轮发电机中大量的焊接机座结构容易被振动损坏,因此水轮发电机中必须采用阻尼绕组以削弱负序磁场。

为此,对不对称负载运行要给予必要的限制。对于同步发电机,常从转子发热的角度出发限制负序电流与额定电流之比。

不对称运行除了对发电机本身的影响外,对电网其他设备及附近的通信设施也产生不良影响。发电机的不对称运行导致电网电压的不对称,不对称的电压加于用户的设备上会产生不良影响。如使得异步电动机的电磁转矩、输出功率和效率降低,并引起转子过热等。另外,发电机绕组中因有负序电流而出现更高次的谐波电流,这些高频电流会对输电线附近的通信线路产生音频干扰。

为了减少负序电流的影响,通常在转子上装置阻尼绕组。阻尼绕组对负序磁场有很好的去磁作用,能降低负序磁场对转子造成的过热以及减小脉动转矩。

21.6.2 突然短路的影响

同步电机突然短路后不仅破坏了电机电磁方面的平衡,而且破坏了电机机械方面和热方面的平衡。一般由于电磁瞬变过程持续时间很短,可以认为在这个短时内只有电磁方面的影响。经验证明,突然短路后,最受威胁的是绕组端部。由于冲击电流很大,它所产生的强大的电磁力作用于绕组端部会造成严重的后果,所以同步电机绕组端部的可靠固定是电机设计制造者必须考虑的问题。

突然短路后,由于电压的降低引起发电机输出功率的突然下降,而原动机输给发电机的转矩又不能及时调节,故转矩平衡被破坏,造成同步发电机失去同步,使得系统的稳定受到影响。不对称短路时还会在没有短路的绕组内产生过电压,造成电力系统过电压的后果。

本章小结

分析不对称运行采用的是对称分量法。把一组不对称电量(电压、电流)按对称分量法分解成正序、负序和零序三组对称分量,然后将三组对称分量分别作用于电机,再将结果叠加。

正序系统所产生的作用和三相稳态运行情况一样,对应的正序电抗就是发电机的同步电抗。负序系统产生的磁场相对转子以 2 倍同步转速反转,并掠过转子上的各绕组,在其中产生感应电流,由于转子绕组的作用使得负序电抗大大减小。零序系统在气隙中产生的基波磁场相互抵消,零序电抗和定子漏抗相等。

分析突然短路的物理过程,采用超导闭合回路磁链不变原则来解释。通过此原则,可以说明发生突然短路时,电机内部各绕组对磁场的作用以及磁场的变化情况,从而可以计算绕组电抗和电流的大小。

由于绕组的电阻相对于电抗很小,计算短路电流时可以忽略不计。但电阻的存在是短路电流衰减的根源,所以考虑电流衰减时应予计入。

为了分析方便,一般可以把突然短路电流的衰减过程分为两个阶段,即超瞬变过程和瞬变过程。在超瞬变过程中,由于阻尼绕组中电流的衰减,使得电枢电抗从超瞬变电抗变化到瞬变电抗,电枢电流也从超瞬变电流变化到瞬变电流。在瞬变过程中,由于励磁绕组中电流的衰减,使得电枢电抗从瞬变电抗变化到同步电抗,电流也从瞬变电流变化到稳态短路电流。

不对称运行和突然短路会对电机本身、电力系统以及附近的通信线路产生不良的影响。因此要尽量避免不对称运行和故障短路的发生。

习题与思考题

21-1 一台同步发电机,各相序电抗为 $X_+ = 1.871, X_- = 0.219, X_0 = 0.069$,计算其单相稳态短路电流为三相稳态短路电流的多少倍?

21-2 一台同步发电机,$S_N = 300000$ kVA,已知 $X_d = 2.27, X'_d = 0.2733, X''_d = 0.204$(均为标幺值),时间常数 $T'_d = 0.993$ s,$T''_d = 0.0317$ s,$T_d = 0.246$ s。若该机在空载电压为额定值时发生三相短路,试求:

(1) 在最不利情况下,电枢短路电流的表达式;

(2) 最大瞬时冲击电流。

21-3 为什么负序电抗比正序电抗小?而零序电抗又比负序电抗小?

21-4 同步发电机发生突然短路时,短路电流中为什么会出现非周期性分量?什么情况下非周期性分量最大?

21-5 比较同步发电机各种电抗的大小:$X_d, X'_d, X''_d, X_q, X'_q, X''_q$。

21-6 突然短路后,同步发电机电枢电流为什么会衰减?简述其衰减过程。

> 思政微课

中国在同步发电机领域取得的辉煌成就

新中国成立70多年来,中国工业经历了由弱到强、由落后到先进的发展历程,取得了举世瞩目的巨大成就。其中一个很重要的方面是电力工业技术水平和装备能力大幅提升,特高压输电技术、新能源发电并网技术、核电技术和发电设备生产能力都取得了重大突破,步入了世界先进行列。如今中国拥有全球第一的特高压直流输电工程、全球在役最大火力发电厂、全球第一的电源装机总规模、全球规模最大的特高压交直流混合电网、全球单机容量最大的百万千瓦水轮发电机组。

中国电力工业的发展历程,尤其是汽轮发电机、水轮发电机、大型电力变压器等大型发电装备的发展,以及它们在三峡电站、大亚湾核电站、1000 kV 特高压输电等国家重大工程的应用,充分展示了中国科研工作者的自主创新能力和坚韧不拔的奋斗精神。以"华龙一号"核电机组的研发为例,它是我国自主研发的第三代核电技术,它的研发过程充满了艰辛与挑战。在国际封锁核电核心技术的情况下,我国核电工作者不断探索新的技术路径,创新核电机组的设计和运行理念,充分发挥团队协作精神,合力攻克了一系列技术难题,使我国核电技术实现了跨越式发展。"华龙一号"的面世,不仅打破了国外核电技术的垄断与知识产权的限制,实现了核电从"跟跑"到"并跑"的跨越,而且成为我国科技自立自强的"国家名片"。它不仅在国内得到了广泛应用,在海外也取得了重要突破。巴基斯坦恰希玛核电站5号机组就是采用"华龙一号"技术,预计年发电量近100亿千瓦时,能够满足当地超过400万户家庭全年的用电需求。

我国 1000 kV 特高压输电线路

"华龙一号"核电机组福建福清核电 5 号机组

同学们在学习同步发电机相关内容时,可以查阅、了解"华龙一号"核电机组研发过程中获得的 580 余项奖项和专利,感受我国科研工作者在自主创新中认真、务实、严谨、求实的科研作风,深刻认识到科技创新是国家强盛的重要基石。"华龙一号"核电机组的成功研发和应用,不仅展现了我国在核电领域的强大实力,更为我们提供了许多宝贵品质和精神的载体。同学们,让我们以"华龙一号"核电机组研发人员为榜样,坚定信念,努力学习,为实现中华民族的伟大复兴贡献我们的智慧和力量! 让我们携手共进,为实现中国梦而努力奋斗,为祖国的明天贡献我们的智慧和力量!

第六篇
交流伺服技术

  交流电机主要分为异步电机和同步电机两大类。这里介绍的交流伺服技术主要是用于异步电动机和同步电动机的转速控制和转矩控制技术。

  在交流旋转电机的伺服控制方面，将介绍交流伺服控制系统的主要构成形式，以目前应用最为广泛的矢量控制和直接转矩控制为例，介绍异步电动机和同步电动机的伺服控制策略；同时，为了更好地阐明伺服控制的原理，将介绍基于坐标变换的交流电机的数学模型；此外，还将介绍三种常用于伺服控制的典型特种电机：步进电动机、自整角机和电机扩大机。

  在变频器供电对电机性能的影响方面，将介绍伺服控制系统中采用变频器供电系统的分类情况，重点介绍变频器供电对电机功率因数、转矩、噪声、损耗和效率的影响，还将介绍变频器供电下系统电流和电压谐波的动态抑制方法。

第 22 章 交流旋转电机的伺服控制

根据实际工作中应用需求的不同,控制变量的种类也不同,可以是速度、转矩、位置、角度等变量。依据不同的控制要求,可以选用不同的伺服控制结构和伺服电机种类。早先直流电动机因其优良的调速性能被广泛应用于数控机床、电力机车、轧钢机等大型机械设备中,但是随着大容量和高速伺服系统的发展,换向器的换向能力限制了直流电机的大规模发展,特别是其噪声和维护保养问题使其难以满足日益增长的伺服要求。而 20 世纪 70 年代矢量控制理论的提出使得交流伺服系统真正获得了如同直流伺服系统同样优良的理想性能,成为伺服系统的主流结构型式。交流旋转电机伺服控制系统的提出,不仅拓宽了传统意义上交流电机的内涵,同时也将研究对象从以前单一的电机提升到系统,研究电机个体在系统中的行为特征和系统总体的特性。和传统交流电机不同的是,此类电机为了系统的运行特征,需要采用融合了计算机技术和智能控制算法的伺服控制器,通过变频器进行非正弦供电,实现性能上的高效率和高功率因数。本章主要以异步电动机和同步电动机为例,推导其动态数学模型,然后从正弦稳态下的基本方程和时空统一相量图出发,阐述矢量控制系统和直接转矩控制系统的基本思想和构成。另外,也将介绍三种常用于伺服控制的典型特种电机。

22.1 交流电机伺服控制系统

交流电机伺服控制系统主要由交流电机、伺服控制器和功率变换器构成,图 22.1 给出了常用的闭环式交流电机伺服控制系统示意图。

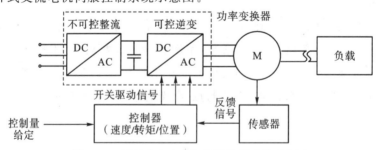

图 22.1 闭环式交流电机伺服控制系统示意图

图 22.1 中的 M 表示作为主要执行元件的交流电机,包括前面各章所述的异步电动机或同步电动机。图中的电机供电环节采用了目前市场上低压变频器的主要型式——交直交电压型(其他结构型式的变频器读者可参见相关专业书籍进行学习),主要由整流单元(交流变直流)、电容滤波单元和逆变单元(直流变交流)构成,常采用不可控整流和可控逆变的结

构。幅值和频率固定不变的交流电经过不可控整流变成了幅值固定的直流电,控制器再输出开关驱动信号对逆变器开关管的导通和关断时刻进行控制,这样直流电就变成了幅值和频率可控的交流电输出给电机绕组端。根据控制器所采用的控制策略,传感器将采集的电压、电流、转速、转矩、位置或角度等信号反馈给控制器,控制器根据反馈值与目标值进行比较,最终实现对伺服系统的速度控制、转矩控制、位置控制或角度控制。变频器常见的控制方式有恒压频比(V/f)控制、转差频率控制(只有异步电动机有)、矢量控制和直接转矩控制。V/f控制因其结构简单,是目前通用变频器普遍采用的方式,但因其属于开环控制,其静态和动态性能一般。因此,对于有更高要求的异步电动机伺服控制系统,可以采用转差频率控制。但是,由于转差频率控制系统设计时采用的是近似动态结构图,较强的假定使设计结果和实际仍有一定差距,当伺服系统对静态和动态性能要求更高时,这种控制方式仍赶不上直流伺服系统。这样,就需要采用基于电机动态数学模型的矢量控制和直接转矩控制方式,两者在性能上各有千秋,是现代高动态性能伺服系统的主要控制方式,也是本章的主要阐述内容。

交流电机伺服控制的目的是使交流电动机获得和直流电动机相仿的高动态性能,为什么直流电动机的动态性能如此优异?无论是速度控制、转矩控制、位置控制或角度控制都可以归结为对电磁转矩的控制,因此先来看看直流电机电磁转矩的影响因素。直流电机电磁转矩的表达式可写为 $T=C_T\Phi I_a$,可以看出,直流电机电磁转矩 T 的大小和励磁磁通 Φ、电枢电流 I_a 都有关系。直流电机的主要特点有:①其机电能量转换是由可独立调节的励磁磁势和电枢磁势相互作用而产生的。其中,励磁磁势由定子磁极产生,励磁磁势的大小由励磁电流调节;电枢磁势由电枢绕组通电产生,电枢磁势的大小由电枢电流调节;励磁电流和电枢电流在各自的回路中,可以分别调节和控制。②依靠换向器的作用使电枢电流在 N 极和 S 极下方发生变化,并采用补偿绕组和调节碳刷位置的方式防止电枢反应使磁场扭曲,因此励磁磁势和电枢磁势总是能保持相互垂直。正是因为直流电机的 Φ 和 I_a 相互独立,可以单独控制和调节,所以才具有较好的动态性能。

而反观交流异步电机,$T=C_T\Phi_1 I_2'\cos\varphi_2$,电磁转矩是由气隙中的主磁通与转子电流的有功分量相互作用而产生的,Φ_1 的大小由励磁电流控制,励磁电流和转子电流同处在定子回路中,存在强耦合关系,转子磁势和定子磁势之间也不存在垂直关系,因此磁场和转矩无法分开调节和控制而无法获得良好的动态性能。对于交流同步电机,定子磁势和转子磁势之间不存在固定的垂直关系,耦合性强,无法像直流电机一样对励磁磁场和输出电磁转矩进行独立控制。试想,如果在控制上能够想办法实现直流电机的上述特点,是否就能使交流电机也能获得如同直流电机一样优良的动态性能?这就是矢量控制的基本思想。下面以绕线转子异步电动机(笼型转子可等效为绕线转子)为例介绍一下矢量控制的基本思路。为了便于分析,后面交流电机的数学模型都基于如下的三相"理想电机"假设:

(1)电机定子绕组三相完全对称,空间上互差 120°电角度;
(2)电机定子电流在气隙中产生正弦分布的磁势,磁场的空间高次谐波忽略不计;
(3)定子和转子表面光滑,气隙均匀;
(4)忽略铁心中的磁滞损耗和涡流损耗;
(5)忽略铁磁材料 B-H 曲线的非线性,假设磁路为线性。

这样,实际的异步电动机就可以等效为图 22.2 所示的三相异步电动机物理模型。图中,定子三相绕组的轴线 A、B、C 在空间是固定的,转子绕组的轴线 a、b、c 随转子以 ω 旋转,转子 a 轴超前定子 A 轴的电角度为 θ。由前面的内容可知,三相对称绕组 A、B、C 通入三相对称电流 i_A、i_B、i_C 产生的合成磁势为以同步速 ω_1 旋转的圆形旋转磁势,这样的磁势也同样可以由两相静止的垂直绕组 α、β(类似于直流电机的励磁绕组和电枢绕组)产生,此时两相绕组中需通入空间和时间上都互差 90°的两相交流电。如果想像控制直流电机一样,让两相绕组中流过直流电,那么只需要使包含两个绕组在内的整个铁心以 ω_1 旋转,就能获得和三相对称绕组通三相对称电流一样的旋转磁势了,这两相旋转绕组命名为 d_c 和 q_c。这样,以产生同样旋转磁势为准则,三相静止绕组 A、B、C;两相静止绕组 α、β;两相旋转绕组 d_c、q_c 就实现了彼此等效。当观察者站在两相旋转绕组 d_c、q_c 中,从所在的铁心上看,它们就是通以直流电而且相互垂直的直流电机绕组,如果能够使 i_{dc}、i_{qc} 分别控制励磁磁通和输出转矩,就和直流电机的控制没有本质上的区别了。那如何确定 i_{dc}、i_{qc} 和励磁磁通、输出转矩之间的对应关系呢?首先要解决的是 i_{dc}、i_{qc} 和 i_A、i_B、i_C 之间的准确等效关系。这就是坐标变换的任务。

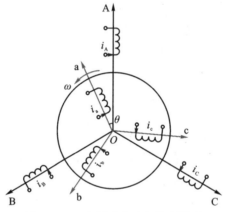

图 22.2 三相异步电动机物理模型

22.2 坐标变换

坐标变换是指将一个坐标系中的变量用另一个坐标系中的变量去替换,使分析计算得以简化。在这里,不同坐标系中的等效原则是:**在不同坐标系中所产生的磁动势完全一致**。前一节中涉及的三个常用坐标系是本节坐标变换的主要对象,包括:

(1)三相静止 ABC 坐标系:固定于定子本身的坐标系,在空间中是静止的,它是建立三相绕组磁链方程和电压方程的自然坐标系。

(2)两相静止 $\alpha\beta 0$ 坐标系:固定于定子本身的两相绕组的坐标系,在空间中是静止的,其中 α 轴与 A 相绕组轴线重合,β 轴超前 α 轴 90°电角度,零(0)序绕组则是一个孤立的系统。

(3)两相同步速旋转 $d_c q_c 0$ 坐标系:在空间中旋转的坐标系,转速和电机同步速相同,其中 q_c 轴超前 d_c 轴 90°电角度,零(0)序绕组也是一个孤立的系统。

为了从 ABC 坐标系变换到 $d_c q_c 0$ 坐标系,一般分两步走:ABC 坐标系变换到 $\alpha\beta 0$ 坐标系,即 3s/2s(stationary 静态)变换;αβ0 坐标系变换到 $d_c q_c 0$ 坐标系,即 2s/2r(rotary,旋转)变换。为了使变换矩阵简单好记,同一坐标变换下电压、电流、磁链都取同一矩阵。下面分别介绍这几种变换。

1. 3s/2s 变换

根据磁势不变的原则,静止坐标系中的 A、B、C 三相绕组通三相对称正弦电流时,产生的合成磁势可以用 α、β 两相绕组通两相对称正弦电流产生的合成磁势等效。如图 22.3 所示的坐标变换下,A、B、C 三相绕组各自产生的磁势可以表示为 α、β 两相绕组合成磁势在 A、B、C 轴上的投影,即

$$\begin{cases} F_A = Ni_A = Ni_\alpha + Ni_0 \\ F_B = Ni_B = -\frac{1}{2}Ni_\alpha + \frac{\sqrt{3}}{2}Ni_\beta + Ni_0 \\ F_C = Ni_C = -\frac{1}{2}Ni_\alpha - \frac{\sqrt{3}}{2}Ni_\beta + Ni_0 \end{cases} \tag{22.1}$$

写成矩阵形式,即

$$\begin{bmatrix} i_A \\ i_B \\ i_C \end{bmatrix} = \begin{bmatrix} 1 & 0 & 1 \\ -\frac{1}{2} & \frac{\sqrt{3}}{2} & 1 \\ -\frac{1}{2} & -\frac{\sqrt{3}}{2} & 1 \end{bmatrix} \begin{bmatrix} i_\alpha \\ i_\beta \\ i_0 \end{bmatrix} \Rightarrow \boldsymbol{i}_{ABC} = \boldsymbol{C}_{2s/3s} \boldsymbol{i}_{\alpha\beta} \tag{22.2}$$

式中:$\boldsymbol{C}_{2s/3s}$ 为从两相静止坐标 2s 到三相静止坐标 3s 的变换矩阵。

相应地,从三相静止坐标 3s 到两相静止坐标 2s 的变换矩阵为 $\boldsymbol{C}_{3s/2s}$,常被称为克拉克(Clark)变换,即

$$\boldsymbol{C}_{3s/2s} = \boldsymbol{C}_{2s/3s}^{-1} = \frac{2}{3}\begin{bmatrix} 1 & -\frac{1}{2} & -\frac{1}{2} \\ 0 & \frac{\sqrt{3}}{2} & -\frac{\sqrt{3}}{2} \\ \frac{1}{2} & \frac{1}{2} & \frac{1}{2} \end{bmatrix} \tag{22.3}$$

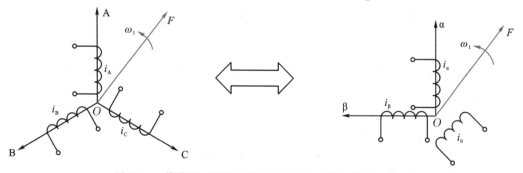

图 22.3 等效的三相交流绕组和两相交流绕组的物理模型

2. 2s/2r 变换

根据磁势不变的原则,静止坐标系中的 α、β 两相绕组通两相对称正弦电流时,产生的合成磁势可以用 d_c、q_c 两相绕组通直流电流产生的合成磁势等效。如图 22.4 所示的坐标变换下,α、β 两相绕组各自产生的磁势可以表示为 d_c、q_c 两个绕组合成磁势在 α、β 轴上的投影,其中 φ 为 d_c 轴超前 A 轴的电角度,则有

$$\begin{cases} F_\alpha = Ni_\alpha = Ni_{dc}\cos\varphi - Ni_{qc}\sin\varphi \\ F_\beta = Ni_\beta = Ni_{dc}\sin\varphi + Ni_{qc}\cos\varphi \end{cases} \tag{22.4}$$

写成矩阵形式,即

$$\begin{bmatrix} i_\alpha \\ i_\beta \end{bmatrix} = \begin{bmatrix} \cos\varphi & -\sin\varphi \\ \sin\varphi & \cos\varphi \end{bmatrix} \begin{bmatrix} i_{dc} \\ i_{qc} \end{bmatrix} \Rightarrow \boldsymbol{i}_{\alpha\beta} = \boldsymbol{C}_{2r/2s}\boldsymbol{i}_{dcqc} \tag{22.5}$$

式中:$\boldsymbol{C}_{2r/2s}$ 为从两相旋转坐标 2r 到两相静止坐标 2s 的变换矩阵。

相应地,从两相静止坐标 2s 到两相旋转坐标 2r 的变换矩阵为 $\boldsymbol{C}_{2s/2r}$ 可写为

$$\boldsymbol{C}_{2s/2r} = \boldsymbol{C}_{2r/2s}^{-1} = \begin{bmatrix} \cos\varphi & \sin\varphi \\ -\sin\varphi & \cos\varphi \end{bmatrix} \tag{22.6}$$

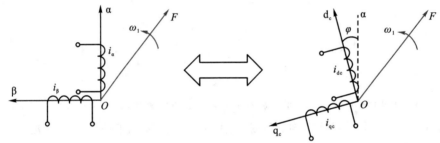

图 22.4 等效的两相交流绕组和旋转直流绕组的物理模型

3. 3s/2r 变换

直接从 ABC 变换到 $d_c q_c 0$ 坐标系的变换矩阵记为 $\boldsymbol{C}_{3s/2r}$,常被称为派克(Park)变换,可以表示为

$$\boldsymbol{C}_{3s/2r} = \boldsymbol{C}_{3s/2s}\boldsymbol{C}_{2s/2r} = \frac{2}{3}\begin{bmatrix} \cos\varphi & \cos(\varphi-120°) & \cos(\varphi+120°) \\ -\sin\varphi & -\sin(\varphi-120°) & -\sin(\varphi+120°) \\ \frac{1}{2} & \frac{1}{2} & \frac{1}{2} \end{bmatrix} \tag{22.7}$$

相应地,从 $d_c q_c 0$ 变换到 ABC 坐标系的变换矩阵记为 $\boldsymbol{C}_{2r/3s}$,也被称为反派克(inverse Park)变换,可以表示为

$$\boldsymbol{C}_{2r/3s} = \boldsymbol{C}_{3s/2r}^{-1} = \begin{bmatrix} \cos\varphi & -\sin\varphi & 1 \\ \cos(\varphi-120°) & -\sin(\varphi-120°) & 1 \\ \cos(\varphi+120°) & -\sin(\varphi+120°) & 1 \end{bmatrix} \tag{22.8}$$

上述坐标变换不仅适用于电流,也同时适用于电压。

此外,由于 $\boldsymbol{C}_{3s/2s} = \boldsymbol{C}_{2s/3s}^{-1} \neq \boldsymbol{C}_{2s/3s}^{T}$,$\boldsymbol{C}_{3s/2r} = \boldsymbol{C}_{2r/3s}^{-1} \neq \boldsymbol{C}_{2r/3s}^{T}$,因此上述变换均不满足功率不变约束,变换前后功率不守恒。以 3s/2r 变换为例,变换前总瞬时功率 $p_{3s} = u_A i_A + u_B i_B + u_C i_C$,变

换后总瞬时功率 $p_{2r}=u_{dc}i_{dc}+u_{qc}i_{qc}+u_0i_0$，根据式(21-8)可以将 3s 坐标系中的变量用 2r 坐标系中的变量表示，可得

$$p_{3s}=[\cos^2\varphi+\cos^2(\varphi+120°)+\cos^2(\varphi-120°)]u_{dc}i_{dc}+$$
$$[\sin^2\varphi+\sin^2(\varphi+120°)+\sin^2(\varphi-120°)]u_{qc}i_{qc}+3u_0i_0 \quad (22.9)$$
$$=\frac{3}{2}u_{dc}i_{dc}+\frac{3}{2}u_{qc}i_{qc}+3u_0i_0 \neq p_{2r}$$

为了使变换前后总功率不变，可以假设另一套 2r 坐标系中的绕组 $(\tilde{u}_{dc},\tilde{i}_{dc})$、$(\tilde{u}_{qc},\tilde{i}_{qc})$ 和 $(\tilde{u}_0,\tilde{i}_0)$，使其满足

$$\frac{u_{dc}}{\tilde{u}_{dc}}=\frac{\tilde{i}_{dc}}{i_{dc}}=\frac{u_{qc}}{\tilde{u}_{qc}}=\frac{\tilde{i}_{qc}}{i_{qc}}=\sqrt{\frac{2}{3}}, \quad \frac{u_0}{\tilde{u}_0}=\frac{\tilde{i}_0}{i_0}=\sqrt{\frac{1}{3}} \quad (22.10)$$

则有 $p_{3s}=u_Ai_A+u_Bi_B+u_Ci_C=\tilde{u}_{dc}\tilde{i}_{dc}+\tilde{u}_{qc}\tilde{i}_{qc}+\tilde{u}_0\tilde{i}_0$。

由此，从 d_cq_c0 变换到 ABC 坐标系的功率不变变换矩阵 $\tilde{C}_{2r/3s}$ 可写为

$$\tilde{C}_{2r/3s}=\sqrt{\frac{2}{3}}\begin{bmatrix} \cos\varphi & -\sin\varphi & \frac{1}{\sqrt{2}} \\ \cos(\varphi-120°) & -\sin(\varphi-120°) & \frac{1}{\sqrt{2}} \\ \cos(\varphi+120°) & -\sin(\varphi+120°) & \frac{1}{\sqrt{2}} \end{bmatrix} \quad (22.11)$$

相应地，从 ABC 变换到 d_cq_c0 坐标系的功率不变变换矩阵 $\tilde{C}_{3s/2r}$ 可写为

$$\tilde{C}_{3s/2r}=\sqrt{\frac{2}{3}}\begin{bmatrix} \cos\varphi & \cos(\varphi-120°) & \cos(\varphi+120°) \\ -\sin\varphi & -\sin(\varphi-120°) & -\sin(\varphi+120°) \\ \frac{1}{\sqrt{2}} & \frac{1}{\sqrt{2}} & \frac{1}{\sqrt{2}} \end{bmatrix} \quad (22.12)$$

此外，从三相静止坐标 3s 到两相静止坐标 2s 的功率不变变换矩阵 $\tilde{C}_{3s/2s}$ 和从两相静止坐标 2s 到三相静止坐标 3s 的功率不变变换矩阵 $\tilde{C}_{2s/3s}$ 分别可以写为

$$\tilde{C}_{3s/2s}=\sqrt{\frac{2}{3}}\begin{bmatrix} 1 & -\frac{1}{2} & -\frac{1}{2} \\ 0 & \frac{\sqrt{3}}{2} & -\frac{\sqrt{3}}{2} \\ \frac{1}{\sqrt{2}} & \frac{1}{\sqrt{2}} & \frac{1}{\sqrt{2}} \end{bmatrix}; \quad \tilde{C}_{2s/3s}=\sqrt{\frac{2}{3}}\begin{bmatrix} 1 & 0 & \frac{1}{\sqrt{2}} \\ -\frac{1}{2} & \frac{\sqrt{3}}{2} & \frac{1}{\sqrt{2}} \\ -\frac{1}{2} & -\frac{\sqrt{3}}{2} & \frac{1}{\sqrt{2}} \end{bmatrix} \quad (22.13)$$

也可采用线性代数中的施密特(Schmidt)正交化方法直接将非功率不变变换的变换矩阵转化为与其等价的标准正交矩阵，即为功率不变变换矩阵，有 $\tilde{C}_{3s/2s}=\tilde{C}_{2s/3s}^{-1}=\tilde{C}_{2s/3s}^T$，$\tilde{C}_{3s/2r}=\tilde{C}_{2r/3s}^{-1}=\tilde{C}_{2r/3s}^T$。这两种变换矩阵的应用都十分广泛，阅读相关文献时要注意区分。下面将采用功率不变变换矩阵进行交流电机数学模型和控制策略的介绍。

22.3 异步电动机的控制

要实现异步电动机高动态性能的伺服控制，首先要掌握其非线性、强耦合、多变量的数

学模型,包括电压方程、磁链方程、转矩方程和运动方程。经过坐标变换之后,复杂的异步电动机模型最终会变成两轴相互垂直、没有互感耦合关系的等效直流电机模型,为控制策略的实施奠定基础。下面将采用上一节介绍的功率不变变换矩阵详细阐述异步电动机在不同坐标系中的数学模型,并对两种常用的高动态性能伺服控制技术的基本原理进行简单介绍。

22.3.1 异步电动机的数学模型

基于"理想电机"的假设,可以得到异步电动机的电感特性如下:定子绕组自感为常数 L_1;转子绕组自感为常数 L_2;定转子绕组互感为随定转子轴线间夹角 θ 变化的余弦函数(互感最大值 M_{12} 为定转子轴线一致时的互感);定子绕组互感为常数 M_1;转子绕组互感为常数 M_2(无论笼型还是绕线式转子都等效为绕线式,并折算到定子侧,折算后定转子绕组匝数相等,且个绕组之间互感磁通都通过气隙,磁阻相等,因此可以认为 $-M_1=M_2=M_{12}\cos 120°=-\frac{1}{2}M_{12}$);所有电感都不随绕组电流大小变化。其电感矩阵 L 可以写成分块矩阵的形式

$$L = \begin{bmatrix} L_{ss} & L_{sr} \\ L_{rs} & L_{rr} \end{bmatrix} = \begin{bmatrix} L_{AA} & L_{AB} & L_{AC} & L_{Aa} & L_{Ab} & L_{Ac} \\ L_{BA} & L_{BB} & L_{BC} & L_{Ba} & L_{Bb} & L_{Bc} \\ L_{CA} & L_{CB} & L_{CC} & L_{Ca} & L_{Cb} & L_{Cc} \\ L_{aA} & L_{aB} & L_{aC} & L_{aa} & L_{ab} & L_{ac} \\ L_{bA} & L_{bB} & L_{bC} & L_{ba} & L_{bb} & L_{bc} \\ L_{cA} & L_{cB} & L_{cC} & L_{ca} & L_{cb} & L_{cc} \end{bmatrix}$$

$$= \begin{bmatrix} L_1 & -M_{12}/2 & -M_{12}/2 & M_{12}\cos\theta & M_{12}\cos(\theta+120°) & M_{12}\cos(\theta-120°) \\ -M_{12}/2 & L_1 & -M_{12}/2 & M_{12}\cos(\theta-120°) & M_{12}\cos\theta & M_{12}\cos(\theta+120°) \\ -M_{12}/2 & -M_{12}/2 & L_1 & M_{12}\cos(\theta+120°) & M_{12}\cos(\theta-120°) & M_{12}\cos\theta \\ M_{12}\cos\theta & M_{12}\cos(\theta-120°) & M_{12}\cos(\theta+120°) & L_2 & -M_{12}/2 & -M_{12}/2 \\ M_{12}\cos(\theta+120°) & M_{12}\cos\theta & M_{12}\cos(\theta-120°) & -M_{12}/2 & L_2 & -M_{12}/2 \\ M_{12}\cos(\theta-120°) & M_{12}\cos(\theta+120°) & M_{12}\cos\theta & -M_{12}/2 & -M_{12}/2 & L_2 \end{bmatrix}$$

(22.14)

式中:$L_{sr}=L_{rs}^T$。

可以看出,L_{sr} 和 L_{rs} 两个互感矩阵与转子位置 θ 有关,它们的元素呈非线性,这也是其控制复杂的一个根本原因。后面还会详细讨论如何通过坐标变换,将互感矩阵变为常数阵。

根据异步电动机的"理想电机"假设,并规定各绕组电压、电流、磁链的正方向符合电动机惯例和右手螺旋定则,可以得到异步电动机在不同坐标系中的数学模型如下。

1. 三相静止坐标系 ABC 中的数学模型

(1)电压方程

$$\begin{bmatrix} u_s \\ u_r \end{bmatrix} = \begin{bmatrix} R_s & \\ & R_r \end{bmatrix} \begin{bmatrix} i_s \\ i_r \end{bmatrix} + p \begin{bmatrix} \psi_s \\ \psi_r \end{bmatrix} \quad (22.15)$$

式中

$$u_s = \begin{bmatrix} u_A \\ u_B \\ u_C \end{bmatrix}, u_r = \begin{bmatrix} u_a \\ u_b \\ u_c \end{bmatrix}, \psi_s = \begin{bmatrix} \psi_A \\ \psi_B \\ \psi_C \end{bmatrix}, \psi_r = \begin{bmatrix} \psi_a \\ \psi_b \\ \psi_c \end{bmatrix} \quad (22.16)$$

$$\pmb{i}_s = \begin{bmatrix} i_A \\ i_B \\ i_C \end{bmatrix}, \pmb{i}_r = \begin{bmatrix} i_a \\ i_b \\ i_c \end{bmatrix}, \pmb{R}_s = \begin{bmatrix} R_s & & \\ & R_s & \\ & & R_s \end{bmatrix}, \pmb{R}_r = \begin{bmatrix} R_r & & \\ & R_r & \\ & & R_r \end{bmatrix} \tag{22.17}$$

(2) 磁链方程

$$\begin{bmatrix} \pmb{\psi}_s \\ \pmb{\psi}_r \end{bmatrix} = \pmb{L} \begin{bmatrix} \pmb{i}_s \\ \pmb{i}_r \end{bmatrix} \tag{22.18}$$

式中：电感矩阵 $\pmb{L}$ 如式(22.14)所示。

(3) 转矩方程

$$\begin{aligned} T &= \frac{1}{2} p \pmb{i}^T \frac{\partial \pmb{L}}{\partial \theta} \pmb{i} = -pM_{12}[(i_A i_a + i_B i_b + i_C i_c)\sin\theta + \\ &\quad (i_A i_a + i_B i_b + i_C i_c)\sin(\theta + 120°) + (i_A i_a + i_B i_b + i_C i_c)\sin(\theta - 120°)] \\ &= -pM_{12} |\pmb{i}_s \times \pmb{i}_r| \end{aligned} \tag{22.19}$$

(4) 运动方程

$$T = T_L + K\Omega + J\frac{d\Omega}{dt} \tag{22.20}$$

式中：Ω 表示转子的机械角速度。

2. 两相同步旋转坐标系 $d_c q_c 0$ 中的数学模型

(1) 电压方程

利用从两相同步旋转坐标到三相静止坐标的功率不变变换矩阵 $\widetilde{\pmb{C}}_{2r/3s}$ 将 ABC 坐标系中的定子电压方程用 $d_c q_c 0$ 坐标系中的参数表示，即

$$\begin{aligned} \pmb{u}_s &= \pmb{R}_s \pmb{i}_s + \frac{d\pmb{\psi}_s}{dt} \\ \Rightarrow \widetilde{\pmb{C}}_{2r/3s} \pmb{u}_{dqc1} &= \pmb{R}_s \widetilde{\pmb{C}}_{2r/3s} \pmb{i}_{dqc1} + \frac{d\widetilde{\pmb{C}}_{2r/3s} \pmb{\psi}_{dqc1}}{dt} \\ &= \pmb{R}_s \widetilde{\pmb{C}}_{2r/3s} \pmb{i}_{dqc1} + \widetilde{\pmb{C}}_{2r/3s} \frac{d\pmb{\psi}_{dqc1}}{dt} + \frac{d\widetilde{\pmb{C}}_{2r/3s}}{dt} \pmb{\psi}_{dqc1} \end{aligned} \tag{22.21}$$

式中：下标 dqc1 表示两相旋转 $d_c q_c 0$ 坐标系中定子侧参数。

在式(22.21)两端同时乘以 $\widetilde{\pmb{C}}_{2r/3s}^{-1}$，可以得到

$$\begin{aligned} \pmb{u}_{dqc1} &= \pmb{R}_s \pmb{i}_{dqc1} + \frac{d\pmb{\psi}_{dqc1}}{dt} + \widetilde{\pmb{C}}_{2r/3s}^{-1} \frac{d\widetilde{\pmb{C}}_{2r/3s}}{dt} \pmb{\psi}_{dqc1} \\ &= \pmb{R}_s \pmb{i}_{dqc1} + \frac{d\pmb{\psi}_{dqc1}}{dt} + \begin{bmatrix} 0 & -1 & 0 \\ 1 & 0 & 0 \\ 0 & 0 & 0 \end{bmatrix} \frac{d\varphi}{dt} \pmb{\psi}_{dqc1} \end{aligned} \tag{22.22}$$

其中

$$\pmb{u}_{dqc1} = \begin{bmatrix} u_{d1} \\ u_{q1} \\ u_{01} \end{bmatrix}, \pmb{\psi}_{dqc1} = \begin{bmatrix} \psi_{d1} \\ \psi_{q1} \\ \psi_{01} \end{bmatrix}$$

利用从两相同步旋转坐标到三相转子旋转坐标的功率不变变换矩阵 $\widetilde{\pmb{C}}_{2r/3r}$ 将转子坐标系中的转子电压方程用 $d_c q_c 0$ 坐标系中的参数表示，$\widetilde{\pmb{C}}_{2r/3r}$ 在形式上和式(22.11)相同，只是式中

φ 改为 φ_r，表示 d_c 轴超前 a 轴的电角度，即

$$u_r = R_r i_r + \frac{d\boldsymbol{\psi}_r}{dt}$$

$$\Rightarrow \widetilde{\boldsymbol{C}}_{2r/3r} u_{dqc2} = \boldsymbol{R}_r \widetilde{\boldsymbol{C}}_{2r/3r} i_{dqc2} + \frac{d\widetilde{\boldsymbol{C}}_{2r/3r} \boldsymbol{\psi}_{dqc2}}{dt} \tag{22.23}$$

$$= \boldsymbol{R}_r \widetilde{\boldsymbol{C}}_{2r/3r} i_{dqc2} + \widetilde{\boldsymbol{C}}_{2r/3r} \frac{d\boldsymbol{\psi}_{dqc2}}{dt} + \frac{d\widetilde{\boldsymbol{C}}_{2r/3r}}{dt} \boldsymbol{\psi}_{dqc2}$$

式中：下标"dqc2"表示两相旋转 $d_c q_c 0$ 坐标系中转子侧参数。

把式(22.23)两端同时乘以 $\widetilde{\boldsymbol{C}}_{2r/3r}^{-1}$，可以得到

$$u_{dqc2} = \boldsymbol{R}_r i_{dqc2} + \frac{d\boldsymbol{\psi}_{dqc2}}{dt} + \widetilde{\boldsymbol{C}}_{2r/3r}^{-1} \frac{d\widetilde{\boldsymbol{C}}_{2r/3r}}{dt} \boldsymbol{\psi}_{dqc2}$$

$$= \boldsymbol{R}_r i_{dqc2} + \frac{d\boldsymbol{\psi}_{dqc2}}{dt} + \begin{bmatrix} 0 & -1 & 0 \\ 1 & 0 & 0 \\ 0 & 0 & 0 \end{bmatrix} \frac{d\varphi_r}{dt} \boldsymbol{\psi}_{dqc2} \tag{22.24}$$

式中

$$\boldsymbol{u}_{dqc2} = \begin{bmatrix} u_{d2} \\ u_{q2} \\ u_{02} \end{bmatrix}, \boldsymbol{\psi}_{dqc2} = \begin{bmatrix} \psi_{d2} \\ \psi_{q2} \\ \psi_{02} \end{bmatrix}$$

最后，在两相旋转 $d_c q_c 0$ 坐标系中的电压方程可写为

$$\begin{bmatrix} u_{d1} \\ u_{q1} \\ u_{01} \\ u_{d2} \\ u_{q2} \\ u_{02} \end{bmatrix} = \begin{bmatrix} R_s & & & & & \\ & R_s & & & & \\ & & R_s & & & \\ & & & R_r & & \\ & & & & R_r & \\ & & & & & R_r \end{bmatrix} \begin{bmatrix} i_{d1} \\ i_{q1} \\ i_{01} \\ i_{d2} \\ i_{q2} \\ i_{02} \end{bmatrix} + \frac{d}{dt} \begin{bmatrix} \psi_{d1} \\ \psi_{q1} \\ \psi_{01} \\ \psi_{d2} \\ \psi_{q2} \\ \psi_{02} \end{bmatrix} + \begin{bmatrix} -\omega_1 \psi_{q1} \\ \omega_1 \psi_{d1} \\ 0 \\ -s\omega_1 \psi_{q2} \\ s\omega_1 \psi_{d2} \\ 0 \end{bmatrix} \tag{22.25}$$

(2) 磁链方程

$$\boldsymbol{\psi}_{dqc1} = \widetilde{\boldsymbol{C}}_{2r/3s}^{-1} \boldsymbol{L}_{ss} \widetilde{\boldsymbol{C}}_{2r/3s} \boldsymbol{i}_s + \widetilde{\boldsymbol{C}}_{2r/3s}^{-1} \boldsymbol{L}_{sr} \widetilde{\boldsymbol{C}}_{2r/3r} \boldsymbol{i}_r$$

$$\boldsymbol{\psi}_{dqc2} = \widetilde{\boldsymbol{C}}_{2r/3r}^{-1} \boldsymbol{L}_{rs} \widetilde{\boldsymbol{C}}_{2r/3s} \boldsymbol{i}_s + \widetilde{\boldsymbol{C}}_{2r/3r}^{-1} \boldsymbol{L}_{rr} \widetilde{\boldsymbol{C}}_{2r/3r} \boldsymbol{i}_r \tag{22.26}$$

式中

$$\widetilde{\boldsymbol{C}}_{2r/3s}^{-1} \boldsymbol{L}_{ss} \widetilde{\boldsymbol{C}}_{2r/3s} = \frac{2}{3} \begin{bmatrix} \cos\varphi & \cos(\varphi-120°) & \cos(\varphi+120°) \\ -\sin\varphi & -\sin(\varphi-120°) & -\sin(\varphi+120°) \\ \frac{1}{\sqrt{2}} & \frac{1}{\sqrt{2}} & \frac{1}{\sqrt{2}} \end{bmatrix} \begin{bmatrix} L_1 & -M_{12}/2 & -M_{12}/2 \\ -M_{12}/2 & L_1 & -M_{12}/2 \\ -M_{12}/2 & -M_{12}/2 & L_1 \end{bmatrix} \times$$

$$\begin{bmatrix} \cos\varphi & -\sin\varphi & \frac{1}{\sqrt{2}} \\ \cos(\varphi-120°) & -\sin(\varphi-120°) & \frac{1}{\sqrt{2}} \\ \cos(\varphi+120°) & -\sin(\varphi+120°) & \frac{1}{\sqrt{2}} \end{bmatrix} = \begin{bmatrix} L_1 + M_{12}/2 & & \\ & L_1 + M_{12}/2 & \\ & & L_1 - M_{12} \end{bmatrix}$$

$$\tag{22.27}$$

$$\widetilde{\boldsymbol{C}}_{2r/3r}^{-1} \boldsymbol{L}_{rr} \widetilde{\boldsymbol{C}}_{2r/3r} = \frac{2}{3} \begin{bmatrix} \cos\varphi_r & \cos(\varphi_r - 120°) & \cos(\varphi_r + 120°) \\ -\sin\varphi_r & -\sin(\varphi_r - 120°) & -\sin(\varphi_r + 120°) \\ \frac{1}{\sqrt{2}} & \frac{1}{\sqrt{2}} & \frac{1}{\sqrt{2}} \end{bmatrix} \begin{bmatrix} L_2 & -M_{12}/2 & -M_{12}/2 \\ -M_{12}/2 & L_2 & -M_{12}/2 \\ -M_{12}/2 & -M_{12}/2 & L_2 \end{bmatrix} \times$$

$$\begin{bmatrix} \cos\varphi_r & -\sin\varphi_r & \frac{1}{\sqrt{2}} \\ \cos(\varphi_r - 120°) & -\sin(\varphi_r - 120°) & \frac{1}{\sqrt{2}} \\ \cos(\varphi_r + 120°) & -\sin(\varphi_r + 120°) & \frac{1}{\sqrt{2}} \end{bmatrix} = \begin{bmatrix} L_2 + M_{12}/2 & & \\ & L_2 + M_{12}/2 & \\ & & L_2 - M_{12} \end{bmatrix}$$

(22.28)

$$\widetilde{\boldsymbol{C}}_{2r/3s}^{-1} \boldsymbol{L}_{sr} \widetilde{\boldsymbol{C}}_{2r/3r} = \frac{2}{3} \begin{bmatrix} \cos\varphi & \cos(\varphi - 120°) & \cos(\varphi + 120°) \\ -\sin\varphi & -\sin(\varphi - 120°) & -\sin(\varphi + 120°) \\ \frac{1}{\sqrt{2}} & \frac{1}{\sqrt{2}} & \frac{1}{\sqrt{2}} \end{bmatrix} \times$$

$$\begin{bmatrix} M_{12}\cos\theta & M_{12}\cos(\theta + 120°) & M_{12}\cos(\theta - 120°) \\ M_{12}\cos(\theta - 120°) & M_{12}\cos\theta & M_{12}\cos(\theta + 120°) \\ M_{12}\cos(\theta + 120°) & M_{12}\cos(\theta - 120°) & M_{12}\cos\theta \end{bmatrix} \times$$

$$\begin{bmatrix} \cos\varphi_r & -\sin\varphi_r & \frac{1}{\sqrt{2}} \\ \cos(\varphi_r - 120°) & -\sin(\varphi_r - 120°) & \frac{1}{\sqrt{2}} \\ \cos(\varphi_r + 120°) & -\sin(\varphi_r + 120°) & \frac{1}{\sqrt{2}} \end{bmatrix} = \begin{bmatrix} 3M_{12}/2 & & \\ & 3M_{12}/2 & \\ & & 0 \end{bmatrix}$$

(22.29)

$$\widetilde{\boldsymbol{C}}_{2r/3r}^{-1} \boldsymbol{L}_{rs} \widetilde{\boldsymbol{C}}_{2r/3s} = \frac{2}{3} \begin{bmatrix} \cos\varphi_r & \cos(\varphi_r - 120°) & \cos(\varphi_r + 120°) \\ -\sin\varphi_r & -\sin(\varphi_r - 120°) & -\sin(\varphi_r + 120°) \\ \frac{1}{\sqrt{2}} & \frac{1}{\sqrt{2}} & \frac{1}{\sqrt{2}} \end{bmatrix} \times$$

$$\begin{bmatrix} M_{12}\cos\theta & M_{12}\cos(\theta - 120°) & M_{12}\cos(\theta + 120°) \\ M_{12}\cos(\theta + 120°) & M_{12}\cos\theta & M_{12}\cos(\theta - 120°) \\ M_{12}\cos(\theta - 120°) & M_{12}\cos(\theta + 120°) & M_{12}\cos\theta \end{bmatrix} \times$$

(22.30)

$$\begin{bmatrix} \cos\varphi & -\sin\varphi & \frac{1}{\sqrt{2}} \\ \cos(\varphi - 120°) & -\sin(\varphi - 120°) & \frac{1}{\sqrt{2}} \\ \cos(\varphi + 120°) & -\sin(\varphi + 120°) & \frac{1}{\sqrt{2}} \end{bmatrix} = \begin{bmatrix} 3M_{12}/2 & & \\ & 3M_{12}/2 & \\ & & 0 \end{bmatrix}$$

此外应注意,上述式子中涉及的 3 个角度 φ、φ_r、θ,表示的角度略有不同,分别表示 d_c 轴超前 A 轴的电角度,d_c 轴超前 a 轴的电角度,a 轴超前 A 轴的电角度(即转子位置)。

最后,在两相旋转 $d_c q_c 0$ 坐标系中的磁链方程可写为

$$\begin{bmatrix} \psi_{d1} \\ \psi_{q1} \\ \psi_{01} \\ \psi_{d2} \\ \psi_{q2} \\ \psi_{02} \end{bmatrix} = \begin{bmatrix} L_s & & & L_m & & \\ & L_s & & & L_m & \\ & & L_{L1} & & & \\ L_m & & & L_r & & \\ & L_m & & & L_r & \\ & & & & & L_{L2} \end{bmatrix} \begin{bmatrix} i_{d1} \\ i_{q1} \\ i_{01} \\ i_{d2} \\ i_{q2} \\ i_{02} \end{bmatrix} \quad (22.31)$$

式中：$L_s = L_1 + M_{12}/2$ 表示等效两相定子绕组自感，$L_r = L_2 + M_{12}/2$ 表示等效两相转子绕组自感，$L_m = 3M_{12}/2$ 表示等效定转子绕组之间的互感，$L_{L1} = L_1 - M_{12} = L_s - L_m$ 表示定子绕组漏感，$L_{L2} = L_2 - M_{12} = L_r - L_m$ 表示转子绕组漏感。

对比式(22.14)和式(22.31)可以看出，经过坐标变换，定转子绕组的自感矩阵和互感矩阵都变成了常数对角阵，互感磁链只与本轴上的绕组有关，说明两轴之间没有互感耦合的关系，这也是坐标变换有利于简化数学模型的原因。

(3) 转矩方程

利用 $\widetilde{C}_{2r/3s}$ 和 $\widetilde{C}_{2r/3r}$ 可以将式(22.19)简化为

$$T = \frac{3}{2} p M_{12} (i_{q1} i_{d2} - i_{d1} i_{q2}) \quad (22.32)$$

(4) 运动方程

$$T = T_L + K\Omega + J \frac{d\Omega}{dt} \quad (22.33)$$

式中：Ω 表示 $d_c q_c 0$ 坐标系相对于定子的机械角速度和其相对于转子的机械角速度之差，这里和式(22.20)一样，仍表示转子机械角速度。

22.3.2 矢量控制

矢量控制技术的关键在于通过坐标变换完成磁场定向，使电流矢量分为励磁分量和转矩分量，分别控制磁场和转矩，让交流电机也能获得如同直流电机一样优良的动态性能。通过 22.3.1 节的数学模型变换，可以看出，当三相静止 ABC 坐标系中的变量为正弦函数时，两相旋转 $d_c q_c 0$ 坐标系中的变量是直流，说明通过数学模型的变换已经可以将交流电机等效为直流电机控制了。但是，两相旋转 $d_c q_c 0$ 坐标系只规定了旋转速度，它和电机旋转磁场的相对位置仍有多种选择依据，这就是磁场定向，磁场定向的原则会影响数学模型的进一步简化程度，也会影响多变量之间进一步解耦的水平，即影响矢量控制交流系统的动静态性能和直流电机相媲美的能力。下面将通过介绍异步电动机磁场定向的原则阐述矢量控制的基本思想。

结合式(22.25)和式(22.31)，分别定义异步电动机的定转子电流矢量 i_s、i_r，磁链矢量 ψ_s、ψ_r，电压矢量 u_s、u_r 和气隙磁链矢量 ψ_m 如下：

第22章 交流旋转电机的伺服控制

$$\begin{cases} \boldsymbol{i}_s = i_{d1} + \mathrm{j}i_{q1} \\ \boldsymbol{i}_r = i_{d2} + \mathrm{j}i_{q2} \\ \boldsymbol{\psi}_s = \psi_{d1} + \mathrm{j}\psi_{q1} = L_{L1}\boldsymbol{i}_s + L_m(\boldsymbol{i}_s + \boldsymbol{i}_r) \\ \boldsymbol{\psi}_r = \psi_{d2} + \mathrm{j}\psi_{q2} = L_{L2}\boldsymbol{i}_r + L_m(\boldsymbol{i}_s + \boldsymbol{i}_r) \\ \boldsymbol{\psi}_m = \psi_{dm} + \mathrm{j}\psi_{qm} = L_m(\boldsymbol{i}_s + \boldsymbol{i}_r) \\ \boldsymbol{u}_s = u_{d1} + \mathrm{j}u_{q1} = R_s\boldsymbol{i}_s + p\boldsymbol{\psi}_s + \mathrm{j}\boldsymbol{\psi}_s\omega_1 \\ \boldsymbol{u}_r = u_{d2} + \mathrm{j}u_{q2} = R_r\boldsymbol{i}_r + p\boldsymbol{\psi}_r + \mathrm{j}\boldsymbol{\psi}_r s\omega_1 \end{cases} \quad (22.34)$$

$d_c q_c 0$ 坐标系按照不同的磁链矢量方向进行定向就形成了3种常用的矢量控制系统：转子磁场定向、气隙磁场定向和定子磁场定向。为了简单起见，下面以笼型电机为例（$\boldsymbol{u}_r = \boldsymbol{0}$）进行阐述。

1. 转子磁场定向控制

如果 d_c 轴与转子磁链方向一致，可根据式（22.34）得到转子磁场定向控制下的异步电动机矢量图如图22.5所示。

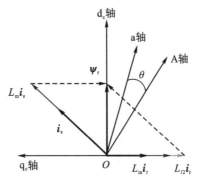

图22.5 转子磁场定向控制下的异步电机矢量图

此时，$\psi_r = \psi_{d2}$，$\psi_{q2} = L_m i_{q1} + L_r i_{q2} = 0 \Rightarrow i_{q1} = -\dfrac{L_r}{L_m} i_{q2}$

在 $d_c q_c 0$ 坐标系中的电压方程可写为

$$\begin{bmatrix} u_{d1} \\ u_{q1} \\ 0 \\ 0 \end{bmatrix} = \begin{bmatrix} R_s & & & \\ & R_s & & \\ & & R_r & \\ & & & R_r \end{bmatrix} \begin{bmatrix} i_{d1} \\ i_{q1} \\ i_{d2} \\ i_{q2} \end{bmatrix} + \dfrac{\mathrm{d}}{\mathrm{d}t}\begin{bmatrix} \psi_{d1} \\ \psi_{q1} \\ \psi_{d2} \\ 0 \end{bmatrix} + \begin{bmatrix} -\omega_1\psi_{q1} \\ \omega_1\psi_{d1} \\ 0 \\ s\omega_1\psi_{d2} \end{bmatrix} \quad (22.35)$$

其中，因为零序分量相互独立，且对 d_c、q_c 轴变量没有影响，后续将不再考虑零序分量。

在 $d_c q_c 0$ 坐标系中的磁链方程可写为

$$\begin{bmatrix} \psi_{d1} \\ \psi_{q1} \\ \psi_{d2} \\ 0 \end{bmatrix} = \begin{bmatrix} L_s & & L_m & \\ & L_s & & L_m \\ L_m & & L_r & \\ & L_m & & L_r \end{bmatrix} \begin{bmatrix} i_{d1} \\ i_{q1} \\ i_{d2} \\ i_{q2} \end{bmatrix} \quad (22.36)$$

在 $d_c q_c 0$ 坐标系中的转矩方程可写为

$$T = \frac{3}{2} p M_{12}(i_{q1}i_{d2} - i_{d1}i_{q2}) = \frac{3}{2} p \frac{M_{12}}{L_r} i_{q1} \psi_r \qquad (22.37)$$

根据式(22.35)和(22.36)可推得：$i_{d1} = \frac{\psi_r}{L_m} + \frac{L_r}{L_m R_r} \frac{d\psi_r}{dt}$，表明了定子直轴电流 i_{d1} 和转子磁链 ψ_r 的动态关系，控制 ψ_r 实质上就是控制 i_{d1}。当转子磁链恒定时，有

$$T = p \frac{L_m^2}{L_r} i_{q1} i_{d1} \qquad (22.38)$$

可见，电磁转矩可以表示成两个电流分量的乘积，如果保持 i_{d1} 不变，调节 i_{q1} 的值就可以线性地改变电磁转矩的值。i_{d1} 被称为励磁电流分量，i_{q1} 被称为转矩电流分量，两者之间不存在耦合，可以独立自主地进行控制，从而实现磁链和转矩的解耦控制。于是，在 $d_c q_c 0$ 坐标系按照转子磁场定向后，异步电动机的转矩控制等效为了直流电动机的转矩控制，在动态和稳态情况下都能实现较好的控制精度和控制品质。实际系统中，异步电动机的转子磁场定向控制框图如图 22.6 所示。转子磁场定向控制达到了磁链和转矩的完全解耦，理论上最大转矩可以是无穷大，但是转子磁链的观测受转子时间常数的影响大，实际操作中不易获得。相对而言，气隙磁链和定子磁链更容易检测或估计。

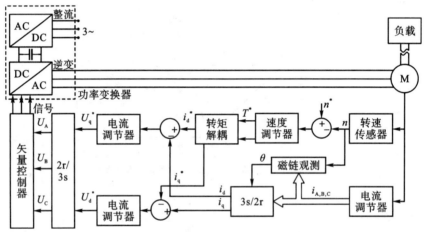

图 22.6 异步电动机转子磁场定向控制框图

2. 气隙磁场定向控制

如果 d_c 轴与气隙磁链方向一致，可根据式(22.34)得到气隙磁场定向控制下的异步电动机矢量图如图 22.7 所示。

此时，$\psi_m = \psi_{dm} = L_m(i_{d1} + i_{d2})$；$\psi_{qm} = L_m(i_{q1} + i_{q2}) = 0 \Rightarrow i_{q1} = -i_{q2}$

在 $d_c q_c 0$ 坐标系中的电压方程可写为

$$\begin{bmatrix} u_{d1} \\ u_{q1} \\ 0 \\ 0 \end{bmatrix} = \begin{bmatrix} R_s & & & \\ & R_s & & \\ & & R_r & \\ & & & R_r \end{bmatrix} \begin{bmatrix} i_{d1} \\ i_{q1} \\ i_{d2} \\ i_{q2} \end{bmatrix} + \frac{d}{dt} \begin{bmatrix} \psi_{d1} \\ \psi_{q1} \\ \psi_{d2} \\ \psi_{q2} \end{bmatrix} + \begin{bmatrix} -\omega_1 \psi_{q1} \\ \omega_1 \psi_{d1} \\ -s\omega_1 \psi_{q2} \\ s\omega_1 \psi_{d2} \end{bmatrix} \qquad (22.39)$$

在 $d_c q_c 0$ 坐标系中的磁链方程可写为

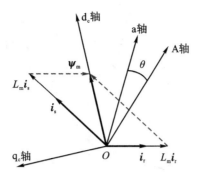

图 22.7 气隙磁场定向控制下的异步电机矢量图

$$\begin{cases} \psi_{d1} = L_s i_{d1} + L_m i_{d2} = L_{L1} i_{d1} + \psi_m \\ \psi_{q1} = L_s i_{q1} + L_m i_{q2} = L_{L1} i_{q1} \\ \psi_{d2} = L_m i_{d1} + L_r i_{d2} = L_{L2} i_{d2} + \psi_m \\ \psi_{q2} = L_m i_{q1} + L_r i_{q2} = L_{L2} i_{q2} \end{cases} \tag{22.40}$$

在 $d_c q_c 0$ 坐标系中的转矩方程可写为

$$T = pL_m(i_{q1}i_{d2} - i_{d1}i_{q2}) = pL_m(i_{d2} + i_{d1})i_{q1} = p\psi_m i_{q1} \tag{22.41}$$

可以看出,当保持气隙磁链 ψ_m 恒定时,调节定子交轴电流 i_{q1} 就可以线性地调节电磁转矩 T。根据 $i_{q2} = -i_{q1}$,$i_{d2} = \dfrac{\psi_m - L_m i_{d1}}{L_m}$,将式(22.40)代入式(22.39)可得:$R_r i_{d1} + L_{L2} \dfrac{\mathrm{d}i_{d1}}{\mathrm{d}t} = \dfrac{R_r}{L_m}\psi_m + \dfrac{L_{L2} + L_m}{L_m}\dfrac{\mathrm{d}\psi_m}{\mathrm{d}t} + s\omega_1 L_{L2} i_{q1}$,表明可以通过改变 i_{d1} 的值调节 ψ_m 的大小,但同时也受到 i_{q1} 的影响。由于 ψ_m 和 i_{d1}、i_{q1} 的耦合关系,虽然进行了气隙磁场定向,但是仍然无法像转子磁场定向控制一样,可以通过定子电流两个分量去独立控制励磁和转矩。为了达到独立控制气隙磁链和电磁转矩的目的,需要消除耦合项的影响,这就比转子磁场定向控制要复杂些。但是,相对于转子磁链,气隙磁链更容易观测,且电机磁通的饱和程度与气隙磁通一致,气隙磁场定向控制更适合于需要处理饱和效应的场合。

3. 定子磁场定向控制

如果 d_c 轴与定子磁链方向一致,可根据式(22.34)得到定子磁场定向控制下的异步电动机矢量图如图 22.8 所示。

此时,$\psi_s = \psi_{d1}$,$\psi_{q1} = L_s i_{q1} + L_m i_{q2} = 0 \Rightarrow i_{q1} = -\dfrac{L_m}{L_s} i_{q2}$

在 $d_c q_c 0$ 坐标系中的电压方程可写为

$$\begin{bmatrix} u_{d1} \\ u_{q1} \\ 0 \\ 0 \end{bmatrix} = \begin{bmatrix} R_s & & & \\ & R_s & & \\ & & R_r & \\ & & & R_r \end{bmatrix} \begin{bmatrix} i_{d1} \\ i_{q1} \\ i_{d2} \\ i_{q2} \end{bmatrix} + \dfrac{\mathrm{d}}{\mathrm{d}t}\begin{bmatrix} \psi_{d1} \\ 0 \\ \psi_{d2} \\ \psi_{q2} \end{bmatrix} + \begin{bmatrix} 0 \\ \omega_1 \psi_{d1} \\ -s\omega_1 \psi_{q2} \\ s\omega_1 \psi_{d2} \end{bmatrix} \tag{22.42}$$

在 $d_c q_c 0$ 坐标系中的磁链方程可写为

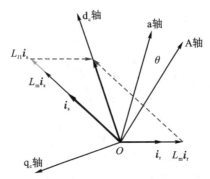

图 22.8 定子磁场定向控制下的感应电机矢量图

$$\begin{bmatrix} \psi_{d1} \\ 0 \\ \psi_{d2} \\ \psi_{q2} \end{bmatrix} = \begin{bmatrix} L_s & & L_m & \\ & L_s & & L_m \\ L_m & & L_r & \\ & L_m & & L_r \end{bmatrix} \begin{bmatrix} i_{d1} \\ i_{q1} \\ i_{d2} \\ i_{q2} \end{bmatrix} \quad (22.43)$$

在 $d_c q_c 0$ 坐标系中的转矩方程可写为

$$T = pL_m(i_{q1}i_{d2} - i_{d1}i_{q2}) = p\psi_s i_{q1} \quad (22.44)$$

可以看出,当保持定子磁链 ψ_s 恒定时,调节定子交轴电流 i_{q1} 就可以线性地调节电磁转矩 T。根据 $i_{d2} = \dfrac{\psi_s - L_s i_{d1}}{L_m}$;$i_{q2} = -\dfrac{L_s}{L_m}i_{q1}$,将式(21-43)代入式(21-42),可推得

$$i_{d1} + \frac{L_s L_r - L_m^2}{L_s R_r}\frac{di_{d1}}{dt} = \frac{\psi_s}{L_s} + \frac{L_r}{L_s R_r}\frac{d\psi_s}{dt} + s\omega_1 i_{q1}\frac{L_s L_r - L_m^2}{L_s R_r}$$

该式表明,可以通过改变 i_{d1} 的值调节 ψ_s 的大小,但同时也受到 i_{q1} 的影响。由于 ψ_s 和 i_{d1}、i_{q1} 的耦合关系,虽然进行了定子磁场定向,但是也无法像转子磁场定向控制一样,可以通过定子电流两个分量去独立控制励磁和转矩。为了达到独立控制定子磁链和电磁转矩的目的,需要消除耦合项的影响,也比转子磁场定向控制要复杂些。但是定子磁链比转子磁链、气隙磁链都容易观测,且不需要考虑对温度变化敏感的转子参数,电压方程也比转子磁场定向、气隙磁场定向简单得多,定子磁场定向控制更适合于一般调速范围内恒功率调速的场合。

综上所述,矢量控制的关键在于获取定向磁链的空间位置和大小,只有在 d_c 轴线与定向磁链重合且保持定向磁链幅值大小恒定时,才能获得如直流电机一样的解耦控制特性。按照获取定向磁链的空间位置的方式不同,磁场定向控制有两种实现方法:直接法和间接法。按照获取定向磁链的大小的方式不同,定向磁链的计算可以分为两类:开环计算(估计器)和闭环计算(观测器)。具体的计算方法和流程可参见相关的专业论著(参考文献[15]、[16])。

22.3.3 直接转矩控制

与矢量控制不同,直接转矩控制直接将定子磁链和转矩作为控制变量,直接采用的是静止两相 αβ 坐标系,无需进行磁场定向和旋转矢量变换,可以进一步提高系统的动态响应能力。

在 αβ 坐标系上,异步电动机的数学模型在形式中与 $d_c q_c 0$ 坐标系中的相同,只是 $\omega_1 = 0$。

定子电压方程可以写为

$$\begin{bmatrix} u_{\alpha 1} \\ u_{\beta 1} \end{bmatrix} = \begin{bmatrix} R_s & \\ & R_s \end{bmatrix} \begin{bmatrix} i_{\alpha 1} \\ i_{\beta 1} \end{bmatrix} + \frac{d}{dt} \begin{bmatrix} \psi_{\alpha 1} \\ \psi_{\beta 1} \end{bmatrix} \quad (22.45)$$

定子磁链方程可以写为

$$\begin{bmatrix} \psi_{\alpha 1} \\ \psi_{\beta 1} \end{bmatrix} = \begin{bmatrix} L_s & & L_m & \\ & L_s & & L_m \end{bmatrix} \begin{bmatrix} i_{\alpha 1} \\ i_{\beta 1} \\ i_{\alpha 2} \\ i_{\beta 2} \end{bmatrix} \quad (22.46)$$

转矩方程可以写为

$$T = pL_m(i_{\beta 1}i_{\alpha 2} - i_{\alpha 1}i_{\beta 2}) = p(i_{\beta 1}\psi_{\alpha 1} - i_{\alpha 1}\psi_{\beta 1}) = p|\boldsymbol{\psi}_s \times \boldsymbol{i}_s| \quad (22.47)$$

根据式(22.34),可知 $\boldsymbol{i}_s = \dfrac{\boldsymbol{\psi}_s}{L_s - \dfrac{L_m^2}{L_r}} - \dfrac{L_m}{(L_s - \dfrac{L_m^2}{L_r})L_r}\boldsymbol{\psi}_r$,代入式(22.27)可得

$$T = p\frac{L_m}{\left(L_s - \dfrac{L_m^2}{L_r}\right)L_r}|\boldsymbol{\psi}_r \times \boldsymbol{\psi}_s| = p\frac{L_m}{\left(L_s - \dfrac{L_m^2}{L_r}\right)L_r}|\boldsymbol{\psi}_r| \cdot |\boldsymbol{\psi}_s|\sin\delta_{sr} \quad (22.48)$$

由此可见,异步电动机的电磁转矩由 $\boldsymbol{\psi}_r$、$\boldsymbol{\psi}_s$ 的幅值和它们之间的夹角 δ_{sr} 决定。在转矩控制过程中,为了保证铁心的充分利用,一般保持定子磁链 $\boldsymbol{\psi}_s$ 的幅值为额定值,而转子磁链 $\boldsymbol{\psi}_r$ 由负载决定,其变化总是滞后于 $\boldsymbol{\psi}_s$ 的变化,一般认为在转矩变化的短暂过程中 $\boldsymbol{\psi}_r$ 不变,因此可以通过调节 δ_{sr} 有效控制电磁转矩,这就是直接转矩控制的基本原理。定子磁链空间矢量实际代表着定子三相磁链的合成矢量,在实际控制中保持基本恒定,其轨迹为正六边形(逆变器控制程序简单,主电路开关频率低,但定子磁链偏差较大)或接近圆形(逆变器控制程序复杂,主电路开关频率高,定子磁链接近恒定),转矩和磁链的控制常采用两个滞环比较器(即 Bang-Bang 控制)产生控制信号,控制逆变器中产生电压开关信号,其控制框图如图22.9 所示。

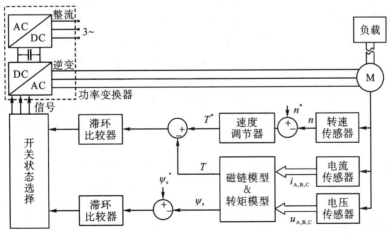

图 22.9 异步电动机直接转矩控制框图

根据定子电压方程 $\boldsymbol{\psi}_s = \int (\boldsymbol{u}_s - R_s \boldsymbol{\psi}_s) \mathrm{d}t$ 可知,在一个采样周期内,定子磁链增量为

$$\Delta \boldsymbol{\psi}_s \approx \boldsymbol{u}_s \Delta T \tag{22.49}$$

因此,可以通过控制定子电压空间矢量来控制定子磁链的幅值和旋转速度,从而在保持磁通恒定的情况下改变 δ_{sr} 的大小,达到改变电磁转矩的目的。具体如何根据两个滞环比较器的输出信号来选择电压空间矢量和逆变器的开关状态,可参见相关专业论著。其主要目的是根据磁链偏差和转矩偏差来决定采用哪个最合适的非零电压矢量,从而控制磁链和电磁转矩在相应的范围内。

直接转矩控制因为采用 Bang-Bang 控制,实际转矩必然在上下限内脉动,不完全恒定。此外,由于磁链计算采用了带积分环节的电压模型,积分初值、累计误差和定子电阻的变化都会影响磁链计算的准确度,且在低速时尤为明显,因此直接转矩控制系统的调速范围没有矢量控制系统的宽。

22.4 同步电动机的控制

同异步电动机一样,要实现同步电动机的高动态性能伺服控制,首先要掌握其非线性、强耦合、多变量的数学模型,包括电压方程、磁链方程、转矩方程和运动方程。经过坐标变换之后,复杂的同步电动机模型最终会变成两轴相互垂直、没有互感耦合关系的等效直流电机模型,为控制策略的实施奠定基础。下面同样采用功率不变变换矩阵详细阐述同步电动机在不同坐标系中的数学模型,并对两种常用的高动态性能伺服控制技术的基本原理进行简单介绍。

22.4.1 同步电动机的数学模型

同步电动机的定子部分和异步电动机一样,因此定子的基本假定和研究异步电动机数学模型时的假设条件相同。同步电动机的转子结构和异步电动机的不同,同步电动机转子上有直流励磁绕组(或永久磁铁)和阻尼绕组,这里把它们等效为在 d 轴和 q 轴各自短路的两个独立的绕组。此外,同步电动机的转子有隐极式和凸极式之分,隐极式的电机气隙是均匀的,凸极式电机的 d 轴气隙小,q 轴气隙大。本章以凸极式同步电动机为例进行阐述,在此基础上进行简化,可以容易地获得隐极同步电动机的相关内容。两极同步电动机的物理模型如图 22.10 所示。其中定子 A、B、C 轴是静止的,转子 d、q 轴以转子转速 ω 旋转(转子转速和同步速相同),θ 为 d 轴超前 A 轴的电角度,励磁磁极的轴线为 d 轴,励磁绕组由励磁电压 u_{fd} 供电并流过励磁电流 i_{fd}。

首先对电感矩阵 $\boldsymbol{L}$ 进行定义,对应电感的磁通可以根据磁路的欧姆定律 $\Phi = F \Lambda_m$ 获得。不同于气隙均匀的异步电动机和隐极同步电动机,凸极同步电动机的单位气隙磁导主要表现为恒定分量和二次谐波,因此凸极同步电动机的三相定子绕组自感和互感可以表示为[具体的推导过程比较复杂,可参见相关文献(参考文献[17]、[18])]:

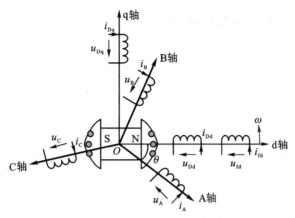

图 22.10 两极同步电动机的物理模型

$$\begin{cases} L_{AA} = L_{s0} + L_{s2}\cos2\theta \\ L_{BB} = L_{s0} + L_{s2}\cos2(\theta - 120°) \\ L_{CC} = L_{s0} + L_{s2}\cos2(\theta + 120°) \\ M_{AB} = M_{BA} = -L_{m0} - L_{m2}\cos2(\theta + 30°) \\ M_{BC} = M_{CB} = -L_{m0} - L_{m2}\cos2(\theta - 90°) \\ M_{CA} = M_{AC} = -L_{m0} - L_{m2}\cos2(\theta + 150°) \end{cases} \quad (22.50)$$

式中:L_{s0}、L_{s2}、L_{m0}、L_{m2} 分别表示定子绕组自感的恒定分量、定子绕组自感的二次谐波幅值、定子绕组互感的恒定分量、定子绕组互感的二次谐波幅值。

凸极同步电动机的定子绕组和转子绕组互感可以表示为

$$\begin{cases} L_{Af} = L_{fA} = L_{sf}\cos\theta \\ L_{Bf} = L_{fB} = L_{sf}\cos(\theta - 120°) \\ L_{Cf} = L_{fC} = L_{sf}\cos(\theta + 120°) \\ L_{AD} = L_{DA} = L_{sD}\cos\theta \\ L_{BD} = L_{DB} = L_{sD}\cos(\theta - 120°) \\ L_{CD} = L_{DC} = L_{sD}\cos(\theta + 120°) \\ L_{AQ} = L_{QA} = -L_{sQ}\sin\theta \\ L_{BQ} = L_{QB} = -L_{sQ}\sin(\theta - 120°) \\ L_{CQ} = L_{QC} = -L_{sQ}\sin(\theta + 120°) \end{cases} \quad (22.51)$$

式中:下标"f""D""Q"分别表示转子励磁绕组、直轴阻尼绕组和交轴阻尼绕组的相关参数,L_{sf}、L_{sD}、L_{sQ} 分别表示定转子绕组间互感的幅值。

转子励磁绕组和阻尼绕组之间垂直且相对静止,所以它们的自感和互感都保持常值,和转子角 θ 无关。

所有符号的含义和其正方向的规定都与分析异步电动机时一致,由此可以得到同步电动机在不同坐标系中的数学模型如下。

1. 三相静止 ABC 坐标系中的数学模型

(1) 电压方程

$$\begin{bmatrix} \boldsymbol{u}_s \\ \boldsymbol{u}_r \end{bmatrix} = \begin{bmatrix} \boldsymbol{R}_s & \\ & \boldsymbol{R}_r \end{bmatrix} \begin{bmatrix} \boldsymbol{i}_s \\ \boldsymbol{i}_r \end{bmatrix} + p \begin{bmatrix} \boldsymbol{\psi}_s \\ \boldsymbol{\psi}_r \end{bmatrix} \tag{22.52}$$

式中

$$\boldsymbol{u}_s = \begin{bmatrix} u_A \\ u_B \\ u_C \end{bmatrix}, \boldsymbol{u}_r = \begin{bmatrix} u_f \\ 0 \\ 0 \end{bmatrix}, \boldsymbol{\psi}_s = \begin{bmatrix} \psi_A \\ \psi_B \\ \psi_C \end{bmatrix}, \boldsymbol{\psi}_r = \begin{bmatrix} \psi_f \\ \psi_D \\ \psi_Q \end{bmatrix} \tag{22.53}$$

$$\boldsymbol{i}_s = \begin{bmatrix} i_A \\ i_B \\ i_C \end{bmatrix}, \boldsymbol{i}_r = \begin{bmatrix} i_f \\ i_D \\ i_Q \end{bmatrix}, \boldsymbol{R}_s = \begin{bmatrix} R_s & & \\ & R_s & \\ & & R_s \end{bmatrix}, \boldsymbol{R}_r = \begin{bmatrix} R_f & & \\ & R_D & \\ & & R_Q \end{bmatrix} \tag{22.54}$$

(2) 磁链方程

$$\begin{bmatrix} \boldsymbol{\psi}_s \\ \boldsymbol{\psi}_r \end{bmatrix} = \boldsymbol{L} \begin{bmatrix} \boldsymbol{i}_s \\ \boldsymbol{i}_r \end{bmatrix} \tag{22.55}$$

式中

$$\boldsymbol{L} = \begin{bmatrix} \boldsymbol{L}_{ss} & \boldsymbol{L}_{sr} \\ \boldsymbol{L}_{rs} & \boldsymbol{L}_{rr} \end{bmatrix} = \begin{bmatrix} L_{AA} & L_{AB} & L_{AC} & L_{Af} & L_{AD} & L_{AQ} \\ L_{BA} & L_{BB} & L_{BC} & L_{Bf} & L_{BD} & L_{BQ} \\ L_{CA} & L_{CB} & L_{CC} & L_{Cf} & L_{CD} & L_{CQ} \\ \hline L_{fA} & L_{fB} & L_{fC} & L_{ff} & L_{fD} & 0 \\ L_{DA} & L_{DB} & L_{DC} & L_{Df} & L_{DD} & 0 \\ L_{QA} & L_{QB} & L_{QC} & 0 & 0 & L_{QQ} \end{bmatrix} \tag{22.56}$$

(3) 转矩方程

$$\begin{aligned} T &= \frac{1}{2} p \boldsymbol{i}^T \frac{\partial \boldsymbol{L}}{\partial \theta} \boldsymbol{i} \\ &= -pL_{s2}[i_A^2 \sin 2\theta + i_B^2 \sin(2\theta + 120°) + i_C^2 \sin(2\theta - 120°) - \\ &\quad 2i_A i_B \sin 2(\theta + 30°) - 2i_B i_C \sin 2(\theta - 90°) - 2i_C i_A \sin 2(\theta + 150°)] - \\ &\quad pL_{sf} i_f [i_A \sin\theta + i_B \sin(\theta - 120°) + i_C \sin(\theta + 120°)] - \\ &\quad pL_{sD} i_D [i_A \sin\theta + i_B \sin(\theta - 120°) + i_C \sin(\theta + 120°)] - \\ &\quad pL_{sQ} i_Q [i_A \cos\theta + i_B \cos(\theta - 120°) + i_C \cos(\theta + 120°)] \end{aligned} \tag{22.57}$$

(4) 运动方程

$$T = T_L + K\Omega + J \frac{d\Omega}{dt} \tag{22.58}$$

式中:Ω 表示转子的机械角速度。

2. 两相同步旋转(转子转速 ω 旋转)dq0 坐标系中的数学模型

(1) 电压方程

参照异步电动机的坐标变换原理,凸极同步电动机在 dq0 坐标系中的定子电压方程可以写为

$$\begin{bmatrix} u_d \\ u_q \\ u_0 \\ u_f \\ 0 \\ 0 \end{bmatrix} = \begin{bmatrix} R_s & & & & & \\ & R_s & & & & \\ & & R_s & & & \\ \hdashline & & & R_f & & \\ & & & & R_D & \\ & & & & & R_Q \end{bmatrix} \begin{bmatrix} i_d \\ i_q \\ i_0 \\ i_f \\ i_D \\ i_Q \end{bmatrix} + \frac{d}{dt} \begin{bmatrix} \psi_d \\ \psi_q \\ \psi_0 \\ \psi_f \\ \psi_D \\ \psi_Q \end{bmatrix} + \begin{bmatrix} -\omega\psi_q \\ \omega\psi_d \\ 0 \\ 0 \\ 0 \\ 0 \end{bmatrix} \quad (22.59)$$

(2) 磁链方程

在两相旋转 dq0 坐标系中的磁链方程可写为

$$\begin{bmatrix} \psi_d \\ \psi_q \\ \psi_0 \\ \psi_f \\ \psi_D \\ \psi_Q \end{bmatrix} = \begin{bmatrix} L_d & & & L_{sf} & L_{sD} & \\ & L_q & & & & L_{sQ} \\ & & L_0 & & & \\ \hdashline 1.5L_{sf} & & & L_{ff} & L_{fD} & \\ & 1.5L_{sD} & & L_{Df} & L_{DD} & \\ & & 1.5L_{sQ} & & & L_{QQ} \end{bmatrix} \begin{bmatrix} i_d \\ i_q \\ i_0 \\ i_f \\ i_D \\ i_Q \end{bmatrix} \quad (22.60)$$

式中：$L_d = L_{s0} + L_{m0} + 1.5L_{s2} = L_\sigma + L_{ad}$ 表示直轴同步电感，$L_q = L_{s0} + L_{m0} - 1.5L_{s2} = L_\sigma + L_{aq}$ 表示交轴同步电感，$L_0 = L_{s0} - 2L_{m0}$ 表示零序电感。

由式(22.60)可以看出，经过坐标变换，定转子绕组的自感矩阵和互感矩阵都变成了常数阵，定子 d 轴和 q 轴绕组间的互感都变成了 0，转子不再与 θ 有关，零序绕组与 d、q 轴绕组之间也没有互感。这样，在 dq 坐标系中的各磁链之间关系完全实现了解耦。

(3) 转矩方程

$$T = p(\psi_d i_q - \psi_q i_d) = pL_{sf} i_f i_q + p(L_d - L_q)i_d i_q + p(L_{sD} i_D i_q - L_{sQ} i_Q i_d) \quad (22.61)$$

式中：最右侧表达式第一项 $pL_{sf}i_f i_q$ 是转子励磁磁动势和定子电枢反应磁动势的转矩分量相互作用产生的电磁转矩，是同步电动机的主要转矩；第二项 $p(L_d - L_q)i_d i_q$ 是凸极效应造成的磁阻变化在电枢反应磁动势作用下产生的电磁转矩，称为磁阻转矩，在隐极电动机中该项为零；第三项 $p(L_{sD} i_D i_q - L_{sQ} i_Q i_d)$ 是阻尼绕组磁动势和电枢反应磁动势相互作用产生的电磁转矩，如果没有阻尼绕组(或稳态运行阻尼绕组不工作)，此项为零。将 $i_d = i_s\cos\beta$、$i_q = i_s\sin\beta$ 代入同步电动机的电磁转矩公式，也可以得到同样的结果。

(4) 运动方程

$$T = T_L + K\Omega + J\frac{d\Omega}{dt} \quad (22.62)$$

式中：Ω 表示 dq0 坐标系相对于定子的机械角速度和其相对于转子的机械角速度之差，这里仍表示转子机械角速度。

22.4.2 矢量控制

同步电动机的矢量控制基本原理和异步电动机的矢量控制相似，也是通过坐标变换完成磁场定向，把同步电动机等效为直流电动机，再模仿直流电机的控制方法进行控制。dq0 坐标系按照不同的磁链矢量方向进行定向就形成了不同的矢量控制系统：转子励磁磁场定向、气隙磁场定向和定子磁场定向等。为了简单起见，下面将忽略阻尼绕组的影响介绍同步电动机矢量控制的基本思想。

结合式(22.59)和式(22.60),首先定义同步电动机的定子电流矢量 $\boldsymbol{i}_s$、磁链矢量 $\boldsymbol{\psi}_s$、气隙磁链 $\boldsymbol{\psi}_m$ 和电压矢量 $\boldsymbol{u}_s$ 如下

$$\begin{cases} \boldsymbol{i}_s = i_d + ji_q \\ \boldsymbol{\psi}_s = \psi_d + j\psi_q \\ \boldsymbol{\psi}_m = \psi_{dm} + j\psi_{qm} = (L_{ad}i_d + L_{sf}i_f) + j(L_{aq}i_q) = \boldsymbol{\psi}_s - L_\sigma \boldsymbol{i}_s \\ \boldsymbol{u}_s = u_d + ju_q \end{cases} \quad (22.63)$$

1. 转子励磁磁场定向控制

如果 d 轴与转子磁链方向一致,当 $\boldsymbol{u}_s$ 和 d 轴正交($i_d=0$)时,定子电流全部为 q 轴分量,其电压方程和磁链方程可写为

$$\begin{aligned} \psi_d &= L_{sf}i_f, & \psi_q &= L_q i_q \\ u_d &= -\omega L_q i_q, & u_q &= R_s i_q + \omega L_{sf} i_f \end{aligned} \quad (22.64)$$

由此,可得到转子磁场定向控制下的同步电动机矢量图如图 22.11 所示。

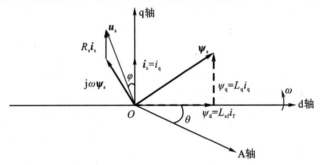

图 22.11　转子励磁磁场定向控制下的同步电动机矢量图

此时,根据式(22.61),电磁转矩可以写为

$$T = pL_{sf}i_f i_q = k_t i_q \quad (22.65)$$

当励磁电流 i_f 为常数时,k_t 为常数,电磁转矩与定子电流呈线性比例关系,可以得到比较好的解耦特性和动静态控制性能,i_q 也被称为转矩电流。对比直流电机可以看出,交轴电流 i_q 相当于他励直流电动机的电枢电流。

2. 气隙磁场定向控制

因为凸极同步电动机的转子轴线普遍定义为 d 轴,这里为了避免误解,dq0 坐标系仍为沿转子磁场定向的同步旋转轴系,定义 MT 轴为沿气隙磁场定向的同步旋转轴系,即 M 轴和气隙磁链的方向一致,T 轴超前 M 轴 90°。根据式(22.63)可以得到气隙磁场定向控制下的同步电动机矢量图如图 22.12 所示。

定子磁链矢量和电流矢量的幅值可以表示为

$$\begin{cases} \psi_d = |\boldsymbol{\psi}_m|\cos\delta + L_\sigma i_d \\ \psi_q = |\boldsymbol{\psi}_m|\sin\delta + L_\sigma i_q \\ i_d = -|\boldsymbol{i}_s|\sin(\delta+\delta_1) \\ i_q = |\boldsymbol{i}_s|\cos(\delta+\delta_1) \end{cases} \quad (22.66)$$

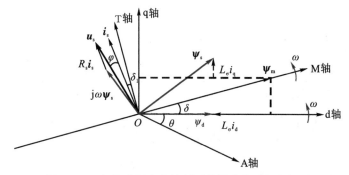

图 22.12 气隙磁场定向控制下的同步电动机矢量图

将数学模型变换到 MT 坐标系中(变换的过程和变换到 dq0 坐标系的过程是一样的,只是原来 d 轴超前 A 轴的夹角 θ 变为 M 轴超前 A 轴的夹角 $\delta+\theta$),根据 $\psi_T=0$,$\psi_M=\psi_m$,可以推得电压方程为

$$u_M = R_s i_M + \frac{d\psi_m}{dt}, \quad u_T = R_s i_T + \omega\psi_m \tag{22.67}$$

式中:下标"M""T"表示各变量在 M 轴和 T 轴上的分量。

此时,根据式(22.61),电磁转矩可以写为

$$T = p(\psi_d i_q - \psi_q i_d) = p|\boldsymbol{\psi}_s \times \boldsymbol{i}_s| = p|(\boldsymbol{\psi}_m + L_\sigma \boldsymbol{i}_s) \times \boldsymbol{i}_s| = p\psi_m i_{sT} \tag{22.68}$$

可以看出,当保持气隙磁链 ψ_m 恒定时,调节定子 T 轴电流 i_{sT} 就可以线性地调节电磁转矩 T。由于 ψ_m 和 i_{sT} 相互垂直,因此可以像直流电动机一样,独立地用 ψ_m 和 i_{sT} 控制电磁转矩。和转子磁场定向控制相比,虽然控制的仍然是定子电流,但控制是在 MT 坐标系内进行的,定子电流分解为了 i_{sM} 和 i_{sT},通过控制 i_{sM} 和 i_f 来保持 ψ_m 恒定,通过控制 i_{sT} 来控制转矩。通过控制定子电流矢量在 MT 坐标系中的相位 δ_1,即可控制功率因数角 φ。如果控制 $i_{sM}=0$,$i_s=i_{sT}$,功率因数最接近 1,可以提高电机的利用率。气隙磁通在定子中感应的电动势与外加电压基本平衡,正常运行的同步电动机大多希望气隙磁通保持恒定,实际系统中,同步电动机的气隙磁场定向控制框图如图 22.13 所示。

3. 定子磁场定向控制

和气隙磁场定向控制一样,dq0 坐标系仍为沿转子磁场定向的同步旋转轴系,这里定义 MT 轴为沿定子磁场定向的同步旋转轴系,即 M 轴和定子磁链的方向一致,T 轴超前 M 轴 90°。根据式(22.63)可以得到定子磁场定向控制下的同步电动机矢量图如图 22.14 所示。

定子磁链矢量和电流矢量的幅值可以表示为

$$\begin{cases} \psi_d = |\boldsymbol{\psi}_s|\cos\delta_s \\ \psi_q = |\boldsymbol{\psi}_s|\sin\delta_s \\ i_d = -|\boldsymbol{i}_s|\sin(\delta_s - \delta_1) \\ i_q = |\boldsymbol{i}_s|\cos(\delta_s - \delta_1) \end{cases} \tag{22.69}$$

将数学模型变换到 MT 坐标系中(变换的过程和变换到 dq0 坐标系的过程是一样的,只是原来 d 轴超前 A 轴的夹角 θ 变为 M 轴超前 A 轴的夹角 $\delta_s+\theta$),根据 $\psi_T=0$,$\psi_M=\psi_s$,可以推得电压方程为

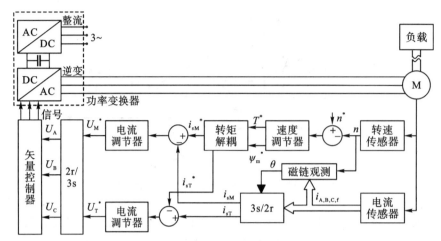

图 22.13 同步电动机气隙磁场定向控制框图

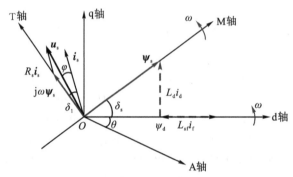

图 22.14 定子磁场定向控制下的同步电动机矢量图

$$u_M = R_s i_M + \frac{d\psi_s}{dt}, \quad u_T = R_s i_T + \omega \psi_s \tag{22.70}$$

式中：下标"M""T"表示各变量在 M 轴和 T 轴上的分量。

此时，根据式(22.61)，电磁转矩可以写为

$$T = p(\psi_d i_q - \psi_q i_d) = p|\boldsymbol{\psi}_s \times \boldsymbol{i}_s| = p\psi_s i_{sT} \tag{22.71}$$

可以看出，当保持定子磁链 ψ_s 恒定时，调节定子 T 轴电流 i_{sT} 就可以线性地调节电磁转矩 T。由于 ψ_s 和 i_{sT} 相互垂直，因此可以像直流电动机一样，独立地用 ψ_s 和 i_{sT} 控制电磁转矩。和气隙磁场定向控制一样，控制方式仍然是在 MT 坐标系内控制定子电流，将定子电流分解为 i_{sM} 和 i_{sT}，通过控制 i_{sM} 和 i_f 来保持 ψ_s 恒定，通过控制 i_{sT} 来控制转矩。通过控制定子电流矢量在 MT 坐标系中的相位 δ_1，即可控制功率因数角 φ。如果控制 $i_{sM}=0$，$i_s=i_{sT}$，功率因数近乎为1，电机的利用率最高。

综上所述，同步电动机的矢量控制基本思想和异步电动机的类似，定向磁链的空间位置和大小的获取方法也大同小异。目前常用的是永磁同步电动机的矢量控制系统。永磁同步电机用永久磁铁代替了电励磁同步电机中的电励磁系统(不存在 i_f，直接用永磁磁链 ψ_f 代替 $L_s i_f$)，从而省去了励磁线圈、集电环和电刷(不存在励磁绕组和阻尼绕组的相关数学模型)，其数学模型是本节所述的电励磁同步电动机数学模型的简化，其矢量控制常采用转子磁场

定向控制。具体到工况,基速以下常采用恒转矩控制,基速以上常采用弱磁控制。此外,上述的矢量控制基本原理是在一系列假定条件下得到的近似结果,实际考虑到阻尼绕组、定子绕组电阻、漏磁电抗和非线性磁化曲线等因素,系统的控制解耦和控制算法都比本节所述内容复杂得多。

22.4.3 直接转矩控制

同步电动机的电磁转矩可以看成是转子励磁磁场 ψ_f 和定子磁场 ψ_s 相互作用的结果,因此电磁转矩 $T \propto |\psi_f| \times |\psi_s| \sin\delta_{sf}$。在转矩控制过程中,若能保持定子磁链 ψ_s 的幅值为额定值,就可以通过调节 δ_{sf} 有效控制电磁转矩。就直接转矩的原理和方式而言,同步电动机与异步电动机并没有太多不同,两者都是通过控制定子磁链矢量幅值和负载角来控制电磁转矩。只是异步电动机的 δ_{sr}(定子磁链矢量 ψ_s 与转子磁链矢量 ψ_r 间的夹角)换成同步电动机的 δ_{sf}(定子磁链矢量 ψ_s 与转子励磁磁链矢量 ψ_f 间的夹角)。这里对具体过程就不赘述了,可参见感应电机的直接转矩控制系统。

22.5 特种电机及其伺服控制

特种电机或控制电机按用途可分为:执行元件、量测元件和放大元件。执行元件是控制电信号转换为机械运动信号,例如交、直流伺服电动机,步进电动机,无刷电动机和直线电动机等;量测元件是将机械运动信号转换为电信号,例如交、直流测速发电机,自整角机,旋转变压器等;放大元件是将控制的信号进行功率放大,例如交磁放大机(又被称为电机扩大机)、磁放大器等。本节分别以步进电动机、自整角机和电机扩大机为例,介绍三种特种电机的典型结构和工作特点。

22.5.1 步进电动机

步进电动机是一种将数字脉冲电信号转换为机械角位移、转速或线位移等机械运动信号的执行元件。它需要专用电源供给电脉冲,每输入一个脉冲,电动机转子就转过一个角度或前进一步,故而得名。按原理,步进电动机可分为反应式、永磁式和混合式三类。这里以反应式步进电动机为例进行介绍。反应式步进电动机是利用了物理上"磁力线总是力图沿磁阻最小的路径闭合"的原理,从而产生磁阻转矩,因此也被称为磁阻式步进电动机。三相磁阻式步进电动机的基本结构和运行原理如图 22.15 所示。定、转子铁心都由硅钢片或其他软磁材料制成;定子铁心有 6 个均匀分布的磁极,各磁极上按规律绕有三相绕组,径向的两个磁极构成一相;转子铁心上均匀分布齿数 $Z_R=4$,分别标记为 1、2、3、4 号齿,转子相邻两个齿中心线间所跨过的圆周角为齿距角 $\theta_t = \dfrac{360°}{Z_R} = 90°$。电机的主要运行方式有如下三种。

1. 三相单三拍运行

定子绕组按照 A→B→C→A… 的顺序通电。当 A 相绕组单独通电时,由于"磁力线总是力图沿磁阻最小的路径闭合"的特点,转子齿 1 和 3 的轴线力图与定子 A 相磁极轴线对齐,

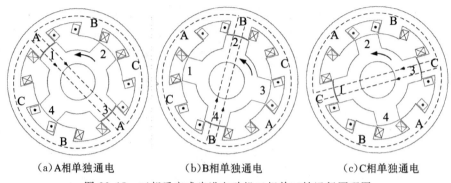

(a) A相单独通电　　　　(b) B相单独通电　　　　(c) C相单独通电

图 22.15　三相反应式步进电动机三相单三拍运行原理图

如图 22.15(a)所示。当 B 相绕组单独通电时,转子齿 2 和 4 的轴线力图与定子 B 相磁极轴线对齐,转子按逆时针方向旋转 30°,即 $\frac{1}{3}\theta_t$,如图 22.15(b)所示。当 C 相绕组单独通电时,转子转子齿 1 和 3 的轴线力图与定子 C 相磁极轴线对齐,转子又按逆时针方向旋转 $\frac{1}{3}\theta_t$,如图 22.15(c)所示。当 A 相绕组再次单独通电时,转子再次逆时针旋转 $\frac{1}{3}\theta_t$,使得转子齿 2 和 4 的轴线与定子 A 相磁极轴线对齐,相对图 22.15(a)转过了 1 个转子齿。说明一个循环的通电方式步进了一个转子齿。若按照 A→B→C→A…的方式循环通电,转子就会一步步地按逆时针方向连续转动,其转速取决于各绕组通断电所输入的脉冲频率。若按照 A→C→B→A…的方式循环通电,转子就会一步步地按顺时针方向连续转动。因此转向取决于定子绕组轮流导通的顺序。

2. 三相单双六拍运行

定子绕组按照 A→AB→B→BC→C→CA→A…的顺序通电。某一通电状态只有一相绕组通电(如 A 相),下一瞬间需要两相绕组同时导通(如 A、B 相),两种状态交替进行,每个循环有 6 种通电状态,每个循环电机转子前进 6 步,每一步转子转过 15°,即 $\frac{1}{6}\theta_t$。

3. 三相单双六拍运行

定子绕组按照 AB→BC→CA→AB…的顺序通电。每个循环有 3 种通电状态,每个循环电机转子前进 3 步,每一步转子转过 30°,即 $\frac{1}{3}\theta_t$。这与第一种"三相单三拍"的结论是相同的。

假设 N 为定子绕组在一个循环内的不同通电方式数,即拍数,则每一步转子转过的角度(即步距角)可表示为

$$\theta_b = \frac{\theta_t}{N} = \frac{360°}{NZ_R} \tag{22.72}$$

当 $N=m$(相数)时,称之为单拍制工作方式;当 $N=2m$ 时,称之为双拍制工作方式。

电机转速和脉冲频率 f 成正比,每输入一个脉冲,定子绕组就换一次通电状态,转子就转过一个步距角 θ_b,转子转过的角度是整个圆周的 $\frac{1}{NZ_R}$,因此电机转速可表示为

$$n = \frac{60f}{NZ_R}(\text{r/min}) = \frac{f}{6}\theta_b(\text{r/min}) \tag{22.73}$$

齿距角 θ_t 是机械角度,对应定子绕组通电的一个循环,即 360°。如果用电角度表示齿距角,则有 $\theta_{te}=360°$;用电角度表示步距角,则有 $\theta_{be}=360°/N=Z_R\theta_b$。

对步进电机伺服控制系统稳定可靠工作影响比较大的是矩角特性和矩频特性:矩角特性是转矩 T 随转子电角度之间的关系,近似为正弦曲线;矩频特性是转矩 T 和控制脉冲频率 f 之间的关系,随着 f 的增加,T 逐渐下降。步进电机可以在较宽的范围内通过频率来调速,能快速起动、自锁、制动和反转。它具有较好的开关稳定性,也可以采用闭环控制技术来满足对精度和速度控制的高要求,广泛用于雷达设备、加工中心、绘图仪、军用仪器和尖端设备等。

22.5.2 自整角机

自整角机的显著特点是"自动跟踪",常常两台或两台以上组合使用,可以将两台电机的角度差(或和)转换为电信号,以实现远距离测量或控制等。按照结构和原理来分,自整角机可分为控制式、力矩式、霍尔式、多极式、固态式、无刷式和四线式等。按照使用要求来分,自整角机可分为控制式和力矩式。若成对使用控制式自整角机,一台被称为控制式发送机(简称 ZKF),另一台被称为控制式变压器(简称 ZKB)。若成对使用力矩式自整角机,一台被称为力矩式发送机(简称 ZLF),另一台被称为力矩式接收机(简称 ZLJ)。自整角机的结构类似于三相同步电机,但有两个区别:一是不同于同步电机的励磁绕组加直流电,自整角机作为 ZKF、ZLF 或 ZLJ 工作时转子需要加单相交流电励磁;二是自整角机的体积和重量都比较小,属于微电机。下面介绍两种常用自整角机的工作原理。

1. 控制式自整角机

控制式自整角机的工作原理示意图如图 22.16 所示。其中,θ_1 为 ZKF 转子绕组轴线与定子 D_1 绕组轴线的夹角,θ_2 为 ZKB 转子绕组轴线与定子 D_1' 绕组轴线的夹角,ZKF 与 ZKB 的定子三相绕组对应连接。

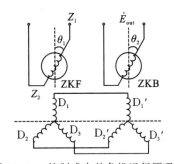

图 22.16 控制式自整角机运行原理图

假设给 ZKF 的转子励磁绕组加交流电压,转子励磁绕组将产生一个脉振磁场,磁场的方向与转子绕组轴线 Z_2-Z_1 的方向重合,假设脉振磁场磁密最大值为 B_{fm},则磁密瞬时值 B_f 可表示为

$$B_f = B_{fm}\cos\omega t\cos X \tag{22.74}$$

转子脉振磁场在 ZKF 定子三相绕组中感应变压器电势有效值为

$$\begin{cases} E_1 = E\cos\theta_1 \\ E_2 = E\cos(\theta_1 + 120°) \\ E_3 = E\cos(\theta_1 - 120°) \end{cases} \tag{22.75}$$

式中:E 为定子绕组轴线与转子绕组轴线重合时 E_1 的有效值。各相电势时间上同相位,其大小与定、转子轴线夹角 θ_1 有关。

由于 ZKF 和 ZKB 的定子绕组各相对应连接,因此两个电机的定子三相绕组均有电流流过,其有效值为

$$\begin{cases} I_1 = I\cos\theta_1 \\ I_2 = I\cos(\theta_1 + 120°) \\ I_3 = I\cos(\theta_1 - 120°) \end{cases} \tag{22.76}$$

式中:$I=E/Z_s$,Z_s 为每相连接线的总阻抗。两电机相电流大小相等,方向相反。

ZKF 和 ZKB 的定子合成磁场都为脉振磁场,但方向相反。ZKB 定子脉振磁场在转子绕组上感应的输出电势可表示为

$$E_{out} = E_{outm}\cos\delta = E_{outm}\sin\gamma \tag{22.77}$$

式中:两个电机转子轴线的夹角 $\delta = \theta_2 - \theta_1$,失调角 $\gamma = 90° - \delta$ 表示实际 ZKB 转子绕组轴线偏离协调位置($E_{out}=0$)的角度。

控制式自整角机的 ZKB 转轴不直接带负载,而是根据输出电势由伺服电动机来驱动负载。若直接带负载,则为力矩式运行。

2. 力矩式自整角机

力矩式自整角机的工作原理示意图如图 22.17(a)所示。ZLF 和 ZLJ 的转子绕组都需加额定励磁电压,其功能示意图如图 22.17(b)所示。

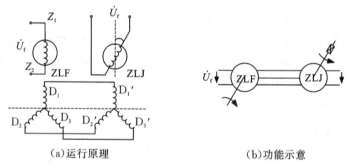

图 22.17　力矩式自整角机运行原理和功能示意图

两个电机转子轴线的夹角 $\delta = \theta_2 - \theta_1$ 被转换为 ZLJ 的输出转矩信号,直接驱动轻负载,如指针或刻度盘等。当 $\theta_1 \neq \theta_2$ 时,称 δ 为失调角,输出转矩 T 由电磁作用产生,也称之为整步转矩,和 $\sin\delta$ 成正比。当 $\theta_1 = \theta_2$ 时,$\delta=0$,$T=0$,称 ZLF 与 ZLJ 处于协调位置。输出转矩的方向由 δ 的正负来决定,$+\delta$ 产生 $+T$,$-\delta$ 产生 $-T$。

22.5.3　电机扩大机

电机扩大机是一种旋转式放大元件,主要用作功率放大。对于小容量系统,可以直接用它对直流电动机供电;对于大容量系统,需要由扩大机来增大控制信号的功率或电流,以便控制执行机构完成自动控制和调节的作用。电机扩大机实际上是具有共磁系统的两级放大的他励直流发电机,其电枢绕组、机座、端盖和轴承等结构都与普通的直流发电机相似,但是换向器上安放有两对电刷,一对电刷放在磁极的中性线上用导线短接起来,称之为交轴电刷,即与磁极轴线正交;另外一对电刷放在磁极轴线上,称之为直轴电刷。扩大机的定子铁

心由硅钢片叠压而成，制成隐极式结构，如图 22.18 所示。两个大槽内嵌放 2~4 个控制绕组和部分补偿绕组，小槽内嵌放分布式补偿绕组，中槽内嵌放换向极绕组。如果有助磁绕组，则一边嵌放在中槽内，另一边嵌放在大槽内。大槽轭上还绕有交流去磁绕组。定子磁路系统由两个大槽隔成两个主磁极，中槽之间形成换向磁极，即扩大机属于两极电机。有的放大机的刷握直接用绝缘材料包好直接固定在端盖上，省去了电刷架。

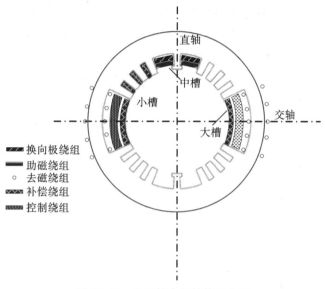

图 22.18　电机扩大机结构示意图

电机扩大机的工作原理可以用图 22.19 来解释。当控制电压加到控制绕组 K 时，有控制电流 I_K 流过，I_K 产生直轴磁通 ϕ_K。原动机拖动扩大机转子以转速 n 顺时针旋转，此时，电枢导体切割磁通 ϕ_K 产生电势 E_q，其方向由右手定则确定，如图 22.19 中圆圈外侧的"×"和"·"所示。同时，由于交轴电刷 q_1、q_2 短路，于是 q_1、q_2 之间产生短路电流 I_q，进而产生电枢反应磁通 ϕ_q，这个磁通比 ϕ_K 大得多，而且和 ϕ_K 相互垂直，因此也被称为交轴磁通。电枢导体切割磁通 ϕ_q 又会产生电势 E_d，其方向如图 22.19 中圆圈内侧的"×"和"·"所示，其大小和 ϕ_q 成正比，因此 E_d 远大于 E_q，即直轴电刷 d_1、d_2 之间输出功

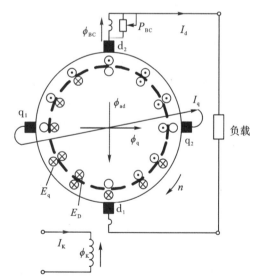

图 21-19　电机扩大机结构示意图

率很大，完成第二级放大，使电机扩大机的扩大系数达到 500~5000。

当电机扩大机接上负载后，负载电流 I_d 会产生直流电枢反应磁通 ϕ_{ad}，其方向与直轴磁通 ϕ_K 相反，对 ϕ_K 有强烈的去磁作用。随着负载电流的增大，可能会导致扩大机无法正常工

作。为了消除 ϕ_{ad} 的影响,可以在定子上加装补偿绕组,它与电枢绕组串联,其磁通 ϕ_{BC} 与 ϕ_K 方向相同,而且随着输出电流的变化而变化,可以补偿 ϕ_{ad} 的去磁作用。补偿绕组与补偿调节电阻 R_{BC} 并联,调节 R_{BC} 的值可以改变补偿绕组的补偿程度。因为电枢绕组沿转子圆周分布,为了更好地抵消 ϕ_{ad},补偿绕组采用不均匀分布绕组,安放在定子铁心的小槽和大槽中。

为了改善电机扩大机的换向,在定子的直轴中槽中设有换向绕组,换向绕组和直轴电路串联。因电机交轴方向的大槽中绕组较多,不便安装换向极和换向绕组,故在直轴的中槽中设置交轴助磁绕组与两交轴电刷串联,使其产生的磁通和 ϕ_q 方向相同,这样可保持 ϕ_q 不变的情况下减小 I_q 以及改善交轴换向。为了削弱由磁滞效应引起的剩磁电压对电机特性的影响,通常在定子大槽轭部绕制去磁绕组,加工频低压交流电源,使固有磁滞回线变窄,从而提高电机转速稳定性和减少剩磁电压。

电机扩大机具有如下特点:①惯性小。控制绕组的时间常数一般为 0.03~0.06 s,交流回路的时间常数一般为 0.05~0.1 s。②控制方便。电机具有 2~4 个控制绕组,可以同时加入几种不同的信号电压进行叠加或比较,以满足控制系统的要求。③过载能力大。其瞬时过载功率可达 2 倍,瞬时过电压可达 1.5 倍,瞬时过电流可达 3.5 倍,而控制绕组的过载能力一般为 5~9 倍,能加快自动控制系统的起停、调速、反转等过渡过程。④剩磁电压大。一般不加去磁绕组时电机扩大机的剩磁电压为额定输出电压的 15%,比一般直流电压要大,这将会对自动控制系统产生不利影响,通过加设两匝去磁绕组,可以减小到额定输出电压的 5% 以下。

本章小结

交流旋转电机的伺服控制系统是对电动机定子电流矢量相位和幅值的控制,对电动机稳态运行和瞬态运行都适用。本章以异步电动机和同步电动机为例,介绍了矢量控制和直接转矩的基本思想,说明了如何通过坐标变换实现交流电机像直流电机那样进行转矩控制,给出了变换前后电机的数学模型。在介绍它的控制原理时,推导了类似直流电动机的电磁转矩表达式,表明了电磁转矩与磁通以及转子电流的关系。

同时介绍了三种常用于伺服控制的典型特种电机。步进电动机是一种将数字脉冲电信号转换为机械角位移、转速或线性位移的执行元件。它可以在较宽的范围内通过频率来调速,实现快速起动、自锁、制动和反转。自整角机是测位置用微特电机中最常用的一种量测元件,其显著的功能是可以实现"自动跟踪"。自整角机在系统中往往是两台或两台以上组合使用,它可以将两台电机的角度差或和转换为电信号,以实现远距离测量或控制等。电机扩大机是自动控制系统中的一种旋转式功率放大元件,相当于具有两级放大的他励直流发电机。它由两对电刷正交放置,其负载上的功率可以比输入的励磁功率大几千倍,实现了功率放大。

习题与思考题

22-1 试完成 3s/2s 电流变换矩阵的推导。

第 22 章 交流旋转电机的伺服控制 347

22-2 试完成矢量旋转变换矩阵 2s/2r 的推导。

22-3 试写出三相异步电动机在两相任意旋转(dq)坐标系上的数学模型。

22-4 步进电机的步距角为 θ_s,当连续脉冲的频率为 f_c 时,试写出步进电机的转速和每一转要走多少步的表达式。

22-5 实际应用交流电机数学模型时,常采用哪些简化假设?这些假设忽略了什么因素?给计算带来哪些方便?

22-6 坐标变换的基本思路是什么?

22-7 异步电动机定子绕组和转子绕组的自感系数和互感系数哪些同转子的位置角有关?它们有什么样的变化规律?

22-8 试说明矢量控制与传统变频调速本质上的不同。

22-9 矢量控制和直接转矩控制的本质区别是什么?

22-10 转子磁场定向控制、气隙磁场定向控制和定子磁场定向控制有什么区别?

22-11 写出步进电动机四相八拍的通电方式,如果要改变电机转向可以如何改变通电方式?

22-12 步进电动机的步距角由哪些因素决定?步进电动机的转速由哪些因素决定?

22-13 自整角机的运行方式有哪几种?

22-14 简述电机扩大机的基本结构和原理。

第 23 章　变频器供电对电机性能的影响

随着计算机技术、现代电力电子技术、现代测控技术、数字信号处理技术和电工技术的不断融合，先进控制技术的不断发展，电机的概念已经由电机本体向电机系统转变。电机系统的特点是强电和弱电、器件与系统、软件与硬件综合，体现了电机技术与计算机技术、电力电子技术、控制理论的结合。电机系统和传统电机相比：在结构上，增加了功率变换装置和控制器（在异步电动机和同步电动机系统中被合称为变频器）；在运行特征上，其参数特点是变压变频；在性能上，具有较高的效率和功率因数。变频器的使用虽然有利于实现电机的高性能伺服，但是也使交流电机中的电压和电流多为非正弦波，包含了大量的高次谐波，而这些谐波将对电机产生一系列不利影响。本书第三篇和第四篇的交流电机理论是建立在正弦波供电基础之上的，并未考虑变频器供电对电机性能的影响。通过第 22 章的介绍已经说明了如何通过不同坐标系下的数学模型变换将交流电机等效为直流电机控制，然后将计算得到的控制信号输出给变频器的开关来控制交流绕组的通电时间。本章主要从变频器的使用给交流电机带来的不利影响出发，聚焦功率因数、转矩、噪声、损耗和效率等性能指标，阐述变频器供电下电机系统的参数特点和谐波抑制方法。

23.1　变频器供电系统的分类

采用变频器供电进行伺服控制具有许多其他调速方式不可比拟的优势，如：能够实现无级调速，调速平滑性好，调速精度大大提高；具有平滑软起动能力，可以降低起动冲击电流，减少变压器占有量，确保电机安全；在机械允许的情况下可以通过提高变频器的输出频率提高工作速度；能够提高电机功率因数，实现节能需求；能够非常方便接入通信网络控制，实现生产自动化控制。按照控制方式，变频器可以分为通用变频器和专用变频器。通用变频器常内置 V/f 控制方式，结构和控制策略简单，性能一般，价格便宜。专用变频器常采用矢量控制方式，结构和控制策略复杂，性能高，价格贵。按照功率变换方式，变频器可以分为交交变频器和交直交变频器，它们都由主电路和控制电路组成，图 23.1 给出了变频器基本构成示意图。

交交变频器在结构上没有明显的中间直流环节（或"中间直流储能环节"，或"中间滤波环节"），来自电网的交流电被直接变换为电压、频率均可调的交流电，所以也被称为直接式变频器。交交变频器的最高输出频率受电网频率的限制，一般不超过电网频率的 1/2，但因为省去了换流环节，低频时波形较好，电动机的谐波损耗和转矩脉动都大大减小，在大功率低频范围的应用场合具有很大的优势，一般用于轧机主传动、球磨机、水泥回转窑等大容量、低速的调速系统，供电直接驱动低速电机时还可以省去庞大的齿轮减速机构。常用的交交

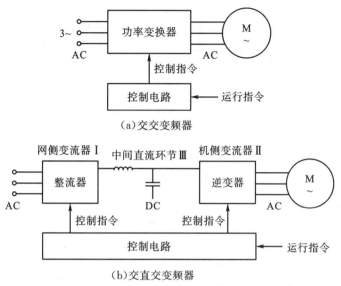

图 23.1 变频器基本构成示意图

变频器输出的每一相都是一个由正（VF）、反（VR）两组晶闸管可控整流装置反并联的可逆线路，也就是说，每一相都相当于一套直流可逆调速系统的反并联可逆电路，如图 23.2 所示。常用的控制方式为相位控制。整半周控制是指正、反两组晶闸管按一定周期相互切换，在负载上就获得交变的输出电压 u_0，其幅值取决于各组可控整流装置的控制相位角 α，其频率取决于正、反两组整流装置的切换频率。如果控制相位角 α 一直不变，则输出平均电压是方波。若想要获得正弦波输出，就需要在每一组整流装置导通期间按正弦规律不断改变 α。

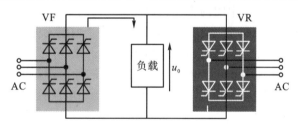

图 23.2 交交变频器每一相的可逆电路

最常用的三相交交变频器实际上是由三组输出电压互差 120°的单相交交变频电路构成的，它主要有两种构成方式：公共交流母线进线方式和输出星形连接方式。公共交流母线进线方式是由三组彼此独立的单相交交变频器构成，它们的电源线端通过进线电抗器接在公共的交流母线上，所以三组单相交交变频电路的输出端需要隔离，交流电机三相绕组各自独立，其电路简图如图 23.3(a)所示。输出星形连接方式的输出端是星形连接的电动机三相绕组，因此电源进线端需要隔离，分别采用三个变压器供电，其电路简图如图 23.3(b)所示。可以看出，如果每一相绕组连接的可控整流装置都是图 23.2 所示的桥式 VF 和 VR 的反并联电路，那么构成三相变频电路的 6 组桥式电路需要 36 个晶闸管。这样的三相交交变频器虽然在结构上只有一个变换环节，省去了中间换流环节，但是所用的器件数量却很多，总体设备庞大。同时，输入功率因数较低，谐波电流含量大，频谱复杂，通常需要增加配置谐波滤

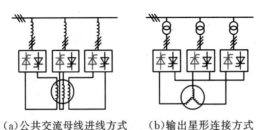

(a) 公共交流母线进线方式　　(b) 输出星形连接方式

图 23.3　三相交交变频电路简图

波和无功补偿设备。目前,在电机的伺服驱动领域应用得更为广泛的是交直交变频器。

交直交变频器首先将电网中的交流电经过整流器变为直流电,再用逆变器将直流电变为频率可变的交流电。根据中间直流回路滤波器的种类不同,可以将交直交变频器分为电压型和电流型交直交变频器,其电路结构如图 23.4 所示。具体到电路结构,可以是晶闸管可控整流加晶闸管可控逆变,也可以是二极管不可控整流加 MOSFET 或 IGBT 等全控型器件组成的逆变。电压型交直交变频器在中间的直流回路中并入一个大电容作为储能环节,由于电容对电压有稳压作用,直流电部分在理想情况下是一个内阻为零的恒压源,输出交流电压是矩形波或阶梯波,电流波形接近正弦,逆变器的每个桥臂均由一个可控开关器件和一个不控器件(二极管)反并联组成。对负载电动机而言,此类变频器是一个交流电压源。在不超过容量限度的情况下,可驱动多台电机并联运行,具有不选择负载的通用性。但是,这种结构在电机处于再生发电状态时,回馈到直流侧的无功能量无法回馈给交流电网(中间直流环节大电容钳制电压极性不能迅速反向,电流受器件单向导电性的制约也不能反向),若要实现再生能量的回馈需要采用可逆变流器,即在整流环节采用两套全控器件的整流器反并联。电流型交直交变频器在中间的直流回路中串入一个大电感作为储能环节,由于电感对电流变化有平抑作用,直流电部分在理想情况下是一个内阻无穷大的电流源,直流电流波形比较平直,输出电流为方波或阶梯波,电压波形接近正弦,将近似一个电流源。此类变频器的突出优点是可以方便地实现再生能量的回馈而无需任何附加设备。因此,这种变频器适用于四象限运行和快速调速(直流电压可迅速改变,动态响应较快)的场合,可用于频繁急加减速的大容量电动机传动。

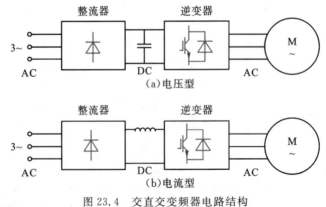

图 23.4　交直交变频器电路结构

第23章 变频器供电对电机性能的影响

变频器中的逆变器开关器件有很多换流和导通方式,下面以应用较为广泛的180°导通电压型逆变器和脉宽调制型逆变器为例,说明变频器供电和理想正弦波供电的区别,为后面分析变频器供电对电机性能的影响奠定基础。

23.1.1 180°导通电压型逆变器供电系统

比较常见的电路结构是晶闸管可控整流加晶闸管可控逆变。逆变器主电路图如图23.5(a)所示,其中 $VT_1 \sim VT_6$ 是主电路开关器件,$VD_1 \sim VD_6$ 是续流二极管。任意时刻每一个桥臂上各有一个开关管导通,同一桥臂上、下两个开关管之间互相换流,每个开关管的导通角度为180°,这样的电压型逆变器称作180°导通电压型逆变器。假设 $0 \sim t_1$ 时刻,VT_5、VT_6、VT_1 导通,$U_{AN'} = U_{CN'} = -U_{BN'} = \dfrac{U_d}{2}$;$t_1 \sim t_2$ 时刻,VT_5 关断、VT_2 导通,$U_{AN'} = -U_{CN'} = -U_{BN'} = \dfrac{U_d}{2}$;$t_2 \sim t_3$ 时刻,VT_6 关断、VT_3 导通,$U_{AN'} = -U_{CN'} = U_{BN'} = \dfrac{U_d}{2}$;$t_3 \sim t_4$ 时刻,VT_1 关断、VT_4 导通,$-U_{AN'} = -U_{CN'} = U_{BN'} = \dfrac{U_d}{2}$;$t_4 \sim t_5$ 时刻,VT_2 关断、VT_5 导通,$-U_{AN'} = U_{CN'} = U_{BN'} = \dfrac{U_d}{2}$;$t_5 \sim t_6$ 时刻,VT_3 关断、VT_6 导通,$-U_{AN'} = U_{CN'} = -U_{BN'} = \dfrac{U_d}{2}$;接着继续重复 $0 \sim t_1$ 时刻。可以看出,每个工作周期开关管换流6次,每次导通180°,开关管每隔60°换流一次,每个时刻总有3个开关器件同时导通,每个工作周期有6种不同的状态,此类逆变器也被称为六拍、六脉冲或六阶梯电压型逆变器。根据 $0 \sim t_6$ 时刻 A、B、C 三点的电位情况,可以推得三相负载的电压和电流情况。A 相的线电压、相电压、相电流情况如图23.5(b)所示。

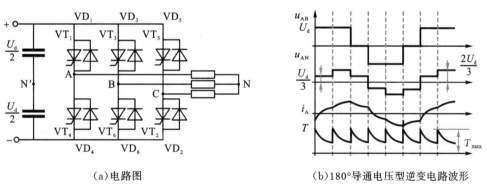

(a)电路图　　　　　(b)180°导通电压型逆变电路波形

图23.5　电压型逆变器

对于图23.5(b)所示星形接线电机定子绕组的线电压 u_{AB} 和相电压 u_{AN} 进行谐波分析,可以得到其表达式为

$$u_{AB} = -\frac{2\sqrt{3}}{\pi}U_d\left[\cos\omega t + \frac{1}{5}\cos 5\omega t - \frac{1}{7}\cos 7\omega t - \frac{1}{11}\cos 11\omega t + \frac{1}{13}\cos 13\omega t + \cdots\right] \tag{23.1}$$

$$u_{AN} = \frac{2}{\pi}U_d\left[\sin\omega t + \frac{1}{5}\sin 5\omega t + \frac{1}{7}\sin 7\omega t + \frac{1}{11}\sin 11\omega t + \frac{1}{13}\sin 13\omega t + \cdots\right] \tag{23.2}$$

对于三角形接线电机定子绕组,线电压和相电压相等,都是 120°的方波,其表达式都可以用式(23.1)表示。实际工作中,为了防止上下桥臂开关管不会因为开关速度问题发生同时导通而击穿,需要设置一个保护时段(死区),即当一个开关管导通后关闭,再经过一段死区才能让另一个开关管导通。死区时间的长短视器件的开关速度而定,器件的开关速度越快死区时间可以越短,死区时间会造成输出电压波形的畸变,其谐波含量分量不确定,本章不讨论此类情况。

由上可知,六拍电压型逆变器供电的电机,其相电压和线电压的谐波分量是确定值,但谐波电压产生的谐波电流大小与电机绕组的参数和电机的运行工况有关,需要用求解电机方程的方式确定。此外,逆变器输出电压中存在的较强的 5、7、11、13 次等较低次的谐波分量对电机的运行性能会产生不利影响。为此,常采用脉宽调制型逆变器解决这个问题。

23.1.2 脉宽调制型逆变器供电系统

脉宽调制型逆变器也有电压型和电流型之分,这里以应用较为广泛的电压型脉宽调制来说明其较低次谐波抑制的原理。脉宽调制(pulse width modulation,PWM)是指脉冲宽度的调制,将一个周期的逆变电压分割成几个脉冲,分配脉冲时使电源谐波成分尽量减少。通过改变脉冲数和脉冲宽度,使供给电动机的基波电压与频率成比例变化。比较常见的主电路结构是二极管不可控整流加 MOSFET 或 IGBT 等全控型器件组成的逆变电路,变频器的输出频率和输出电压的调节均由逆变器按 PWM 的方式来完成。PWM 变频器有许多优点:①逆变器同时实现调压和调频,结构简单,动态响应不受中间直流环节滤波器参数的影响,系统的动态性高;②逆变器采用全控型的功率开关器件,只通过驱动电压脉冲进行控制,电路简单,效率高;③采用不可控二极管整流器,电源侧功率因数较高,且不受逆变输出电压大小的影响。

在通用变频器中,最常采用的方案是利用正弦参考信号获得输出电压平均值近似为正弦波的脉宽调制方式,也被称为正弦 PWM(sinusoidal PWM,SPWM)。SPWM 以正弦波作为逆变器输出的期望波,以频率比期望波高得多的等腰三角形为载波,并用频率和期望波相同的正弦波作为调制波。当调制波与载波相交时,由它们的交点确定逆变器开关器件的通断时刻,从而获得在正弦调制波的半个周期内呈两边窄中间宽的一系列等幅不等宽的矩形波,如图 23.6 所示。按照波形面积相等的原则,每个矩形波的面积与相应位置的正弦波面积相等,因而这个序列的矩形波与期望波等效,这种序列的矩形波被称为 SPWM 波。输出电压的频率调节由调制波的频率决定,载波 u_c 和调制波 u_m 的频率之比被称为载波比 N(一般为奇数)。幅值调节由脉冲的宽度决定,而脉冲宽度是由调制波的幅值决定的,若要改变等效输出 SPWM 波的幅值,需要调节调制波的幅值,调制波的幅值与三角波幅值之比被称为调幅比 A。

图 23.6(b)所示的输出电压 u_o 为奇函数,可以表示成傅里叶级数

$$u_o = \sum_{k=1}^{\infty} b_k \sin(k\omega t) \qquad (23.3)$$

式中

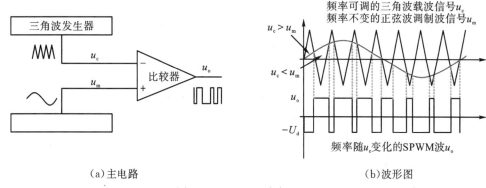

(a) 主电路　　　　　　　　　　(b) 波形图

图 23.6　SPWM 波产生原理

$$b_k = \frac{2}{\pi}\left\{2U_d\left[\int_{\alpha_1}^{\alpha_2}\sin(k\omega t)\mathrm{d}(\omega t) + \int_{\alpha_3}^{\alpha_4}\sin(k\omega t)\mathrm{d}(\omega t) + \cdots + \int_{\alpha_{N-1}}^{N}\sin(k\omega t)\mathrm{d}(\omega t)\right] - \int_0^{\pi}U_d\sin(k\omega t)\mathrm{d}(\omega t)\right\}$$

$$= \frac{4}{k\pi}U_d\left[\sum_{j=2}^{N-1}(\cos k\alpha_{j-1} - \cos k\alpha_j) - 1\right]$$

(23.4)

通过研究载波比 N、调幅比 A 和谐波含量的关系可知,当 A 较小时,次数等于 N 的谐波分量较大,甚至可以大大超过基波分量。N 次谐波分量随着 A 的增大而减小,但其他 3 次、5 次等谐波分量将增大。增大 N 可提高输出电压中具有较大幅值的谐波分量次数,可以实现较低次谐波分量的抑制。

SPWM 波具有如下特点:①载波频率高使电流的谐波成分减小,电流波形十分接近于正弦波,因此电磁噪声减小,电动机的转矩增大;②开关器件的驱动电路取用电流小,几乎不消耗功率;③在瞬间停电或变频器因误动作而跳闸后,栅极控制电压衰减较慢,开关管不会立即进入放大状态,允许自动重合闸,而可以不必跳闸,从而增强了对常见故障的自处理能力。

23.2　变频器供电对电机电流的影响

当不考虑铁心磁饱和等非线性因素的影响时,可利用叠加原理把电源中的谐波分量看成是一系列独立的电源分别加到电机绕组上,然后借助谐波等效电路对各次谐波电流进行估算。对于 k 次谐波的电压和电流,异步电机的谐波 T 型等效电路和基波类似。对于高次谐波磁场,其转差率的变化不大,即 $s_k \approx 1$。此外,T 型等效电路中的励磁电抗一般比定、转子漏磁电抗的值要大许多倍,因此可使用谐波简化等效电路进行分析,如图 23.7 所示(不考虑铁心饱和和集肤效应等非线性因素)。

变频器的结构型式有许多种,其电压和电流谐波分量、电机接线方式以及运行方式都有很大关系。下面以不考虑集肤效应的异

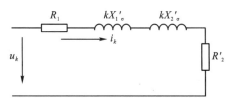

图 23.7　异步电机的谐波简化等效电路

步电机为例,对具有确定谐波分量的 180°导通电压型逆变器供电和电压脉宽调制型逆变器供电的情况进行分析计算。

23.2.1　180°导通电压型逆变器供电对电机电流的影响

根据 23.1.1 节的分析可知,180°导通电压型逆变器供电的电机相电压谐波分量是确定的,k 次谐波相电压的有效值 U_k 为基波电压有效值 U_1 的 $1/k$,则其在电机绕组中产生的 k 次谐波电流有效值为

$$I_k = U_k / \sqrt{(R_1 + R'_2)^2 + (kX_{1\sigma} + kX'_{2\sigma})^2} \approx U_k / k(X_{1\sigma} + X'_{2\sigma}) = U_1 / k^2(X_{1\sigma} + X'_{2\sigma}) \tag{23.5}$$

式中:考虑到 $k \geqslant 5$ 时,$R_1 + R'_2 \ll k(X_{1\sigma} + X'_{2\sigma})$。

用标幺值表示总的相电流有效值为

$$I^* = \sqrt{(I_1^*)^2 + \sum_{k=5,7,\cdots}(I_k^*)^2} = \sqrt{1 + \sum_{k=5,7,\cdots}\left(\frac{U_1/k^2(X_{1\sigma} + X'_{2\sigma})}{I_N}\right)^2} \\ = \sqrt{1 + \sum_{k=5,7,\cdots}\left(U_1^* \frac{U_N}{k^2(X_{1\sigma} + X'_{2\sigma})I_N}\right)^2} = \sqrt{1 + \sum_{k=5,7,\cdots}\left(\frac{1}{k^2 X^*}\right)^2} \tag{23.6}$$

式中:定转子漏电抗的标幺值 $X^* = \dfrac{(X_{1\sigma} + X'_{2\sigma})I_N}{U_N}$,基波电压标幺值 U_1^* 和电流标幺值 I_1^* 均为 1。

假设 $X^* = 0.1$,则总的相电流标幺值为 $I^* \approx 1.099$。可以看出,和正弦波电压供电相比,考虑谐波电流后相电流有效值大约增加了 10%,其中总谐波电流有效值达基波电流有效值的 45.6%。

23.2.2　电压脉宽调制型逆变器供电对电机电流的影响

电压脉宽调制型逆变器输出电压的谐波分量与所采用的脉宽调制方式有关。下面以载波比 $N=7$、调幅比 $A=1$ 的脉宽调制,电机定子绕组采用 Y 接法为例说明该供电情况下电流相电流的分析方法。

根据 23.1.2 节的分析可知,电压脉宽调制型逆变器供电的异步电机绕组相电流中有 5、7、11、13 等次谐波电流,同式(23.5),用标幺值表示在电机绕组中产生的 k 次谐波电流有效值为

$$I_k^* \approx \frac{U_k/k(X_{1\sigma} + X'_{2\sigma})}{I_N} = \frac{U_k U_N/k(X_{1\sigma} + X'_{2\sigma})}{U_N I_N} = \frac{U_k^*}{kX^*} \tag{23.7}$$

则用标幺值表示总的相电流有效值为

$$I^* = \sqrt{(I_1^*)^2 + \sum_{k=5,7,\cdots}(I_k^*)^2} = \sqrt{1 + \sum_{k=5,7,\cdots}\left(\frac{U_k^*}{kX^*}\right)^2} \tag{23.8}$$

式中:定转子漏电抗的标幺值 $X^* = \dfrac{(X_{1\sigma} + X'_{2\sigma})I_N}{U_N}$,基波电流标幺值 I_1^* 为 1。

在 $N=7$、$A=1$ 的电压脉宽调制型逆变器供电下,供电电压中各次谐波的相电压有效值标幺值为 $U_5^* = 0.318, U_7^* = 0.596, U_{11}^* = 0.245, U_{13}^* = 0.173$。假设 $X^* = 0.1$,则总的相电流

标幺值约为 1.28。可以看出，和正弦波电压供电相比，考虑谐波电流后相电流有效值大约增加了 28%，其中总谐波电流有效值达基波电流有效值的 80.4%。可见，电压脉宽调制型逆变器在 N 较小时，供电电流中的谐波分量是比较大的，考虑集肤效应后总谐波电流有效值可达基波电流有效值的 160%。当 N 增大以后，幅值较大的谐波次数提高，相应的总谐波电流将减小。

23.3　变频器供电对电机转矩的影响

对于定子和转子极数相同的交流电机，定子磁场和转子磁场极数相同、转速相同时相互作用将产生恒定的电磁转矩，定子磁场和转子磁场极数相同、转速不同时相互作用将产生脉动的电磁转矩，定子磁场和转子磁场极数不同时相互作用将不产生电磁转矩。第三篇和第四篇的交流电机理论是建立在正弦波供电且具有空间正弦分布的绕组和均匀气隙，因此绕组电流仅考虑了基波分量，在电磁转矩计算时都只计算了定子基波电流产生的基波磁场与转子基波磁场相互作用产生的恒定转矩。当考虑变频器供电时，丰富的时间谐波会产生极对数相同但频率各不相同的磁场，它们之间相互作用会得到异步附加转矩、同步谐波转矩和脉动谐波转矩。除了变频器供电产生的时间谐波，由于电机内部磁势和磁阻在空间上分布不均匀/非正弦而引起的空间谐波也会导致异步、同步和脉动谐波转矩的产生，本章仅对变频器供电产生的时间谐波导致的上述谐波转矩进行分析。

异步谐波转矩是由定子产生的一个谐波旋转磁场，与其在转子感应产生的一个极数相同、转速和转向也相同的谐波旋转磁场相互作用产生的转矩。这个转矩的作用是企图使转子与磁场同步，当转子转速低于同步速时使转子加速，而高于同步速时则使转子减速，达到同步速时则转矩为零。只要确定异步谐波转矩的同步点就可以确定它对基波转矩的影响。以定子绕组星接的异步电机为例，180°导通电压型逆变器和电压脉宽调制型逆变器供电下电机相电流的谐波主要成分为 5、7、11、13 等次分量。5 次谐波电流产生的空间基波磁动势反向旋转、转速为同步速的 1/5，7 次谐波电流产生的空间基波磁动势正向旋转、转速为同步速的 1/7，11 次谐波电流产生的空间基波磁动势反向旋转、转速为同步速的 1/11，13 次谐波电流产生的空间基波磁动势正向旋转、转速为同步速的 1/13，依此类推。当转子转速等于 k 次谐波磁场的转速 n_k 时，对于 k 次谐波磁场来说，转子与它同步，这个速度对于基波磁场，用转差率可以表示为

$$s_k = \frac{n_1 - n_k}{n_1} \tag{23.9}$$

由此可知，5 次异步谐波转矩的同步点为 $s=1+1/5=6/5$，7 次异步谐波转矩的同步点为 $s=1-1/7=6/7$，11 次异步谐波转矩的同步点为 $s=1+1/11=12/11$，13 次异步谐波转矩的同步点为 $s=1-1/13=12/13$。这样我们便可以在基波的 T-s 曲线上画出这一类谐波产生的异步谐波转矩（其中以 5 次和 7 次谐波磁场的影响较大）曲线如图 23.8(a)所示，将它们与基波叠加（图 23.8(b)），可以看到异步谐波转矩使整个 T-s 曲线发生畸变，使异步电机起动性能变差。

同步谐波转矩是指定、转子两边具有相同极数和相同转向的两个相互独立的谐波磁场，

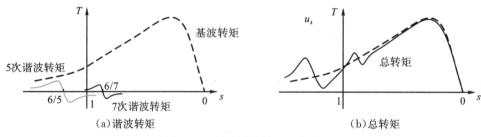

图 23.8 异步附加转矩示意图

在转子转速为某一个特定速度时,在空间相对静止,两个谐波磁场相互作用会产生相当于同步电机一样的转矩,当转子速度改变时自动消失。在 T-s 曲线中,同步谐波转矩表现为在特定转速处的一个跳变,在其他转速下不存在同步谐波转矩。若同步谐波转矩发生在 $s=1$ 处,常形成"死点",使电机无法起动。

如上所述,异步和同步谐波转矩主要影响电机的起动性能。对于变频器供电的交流调速系统来说,可以通过改变电机供电频率的方式改善起动性能,而不必担心由固定频率电源供电时异步电机起动加速过程中出现"死点"问题。此外,在一般变频器设计中,都采用了一定的方法削弱了低次谐波分量,所以实际存在的谐波次数总是较大,因此在变频器供电的交流调速系统中一般把研究重点放在脉动谐波转矩上。

脉动谐波转矩是当电机转速离开特定转速后,产生同步转矩的一对定转子谐波磁场失去同步后相互作用产生的转矩。这个转矩相对运动一周的平均转矩为零,但是瞬时值并不为零。脉动谐波转矩并不限于极数相同的定转子谐波磁场之间的相互作用,在极数不同的各次定转子谐波磁场都会产生脉动转矩。一般情况下,脉动谐波转矩对电机的正常运行影响不大。但是在低频运行时,换流频率过低会造成严重的转矩脉动,相应的也会产生速度脉动,当传动系统的机械惯量较小时,会使电机出现卡滞现象,影响调速系统的性能。以定子绕组星接的异步电机为例,180°导通电压型逆变器供电下电机相电流如图 23.5(b)所示,由于绕组具有电感特性,相电流以某一时间常数按指数规律增大或减小。由于相电压在 60°范围内是常数,定子电流按指数变化,转子电流也按指数规律变化,因此电机电磁转矩在 60°范围内也按指数规律变化,逆变器每隔 60°换流一次,在换流点电机相电压发生突变时转矩相应突变,每个 60°电角度内转矩的变化规律是相同的,最小对称周期为 $1/(6f)$,其中 f 为电源供电频率。这样转矩在 60°内会衰减为 $T_{\max} e^{-R_2/(6fL_{2\sigma})}$(转矩最小值),其中转子电流时间常数 $\tau_2 = L_{2\sigma}/R_2$,这样转矩脉动的相对幅值为

$$\frac{T_{\max} - T_{\max} e^{-R_2/(6fL_{2\sigma})}}{T_{\max}} = 1 - e^{-R_2/(6fL_{2\sigma})} \tag{23.10}$$

可以看出,随着供电频率越低,转矩脉动的幅值越大。为了保证电机系统的正常工作,转矩脉动幅值不能过大。当转子电流时间常数已知时,可根据允许转矩脉动值求出最小允许频率 $f_{\min}$。

23.4 变频器供电对电机损耗的影响

和正弦波供电的交流电机相比,变频器供电下的交流电机还增加了谐波分量产生的附

加损耗,统称之为谐波损耗。主要可以分为三部分:①定、转子绕组谐波电流产生的铜耗;②谐波电流产生的主磁通在铁心中引起的铁耗;③其他因电源谐波产生的附加损耗,即谐波杂散损耗。

23.4.1 对定转子谐波铜耗的影响

电源中的谐波在电机定转子绕组中产生谐波电流,进而产生定转子谐波铜耗。对于电压源逆变器供电的电机,谐波电流不仅与电源中谐波电压的大小有关,还与电机参数有关。利用谐波等效电路图 23.7,可以求得 k 次谐波电流,则 k 次谐波在定转子绕组中产生的铜耗为

$$p_{\mathrm{Cu}k} = I_k^2(R_{1k} + R'_{2k}) \tag{23.11}$$

式中: I_k 为 k 次谐波电流的有效值, R_{1k} 和 R'_{2k} 分别为计入集肤效应后的定、转子绕组电阻。若不考虑集肤效应,谐波电流产生的总的定转子谐波铜耗可以写为

$$\sum p_{\mathrm{Cu}k} = \sum I_k^2(R_1 + R'_2) \tag{23.12}$$

对于 180°导通电压型逆变器供电的异步电机,电压谐波分量已知,根据式(23.6)可知, k 次谐波电流与基波电流之比的近似表达式为

$$\frac{I_k}{I_1} = \frac{1}{k^2 X^*} \tag{23.13}$$

由此可得,谐波电流产生的定转子铜耗与基波电流产生的基本铜耗之比为

$$\frac{\sum p_{\mathrm{Cu}k}}{p_{\mathrm{Cu}1}} = \frac{\sum I_k^2(R_1 + R'_2)}{I_1^2(R_1 + R'_2)} = \sum_{k=5,7,\cdots} \left(\frac{1}{k^2 X^*}\right)^2 = \frac{0.0021}{(X^*)^2} \tag{23.14}$$

假设 $X^* = 0.1$,则可以计算得出谐波铜耗与基波铜耗之比为 0.21。

对于电压脉宽调制型逆变器供电的异步电机,根据式(23.7)可知, k 次谐波电流与基波电流之比的近似表达式

$$\frac{I_k}{I_1} = \frac{U_k^*}{kX^*} \tag{23.15}$$

由此可得,谐波电流产生的定转子铜耗与基波电流产生的基本铜耗之比为

$$\frac{\sum p_{\mathrm{cu}k}}{p_{\mathrm{cu}1}} = \frac{\sum I_k^2(R_1 + R'_2)}{I_1^2(R_1 + R'_2)} = \sum_{k=5,7,\cdots} \left(\frac{U_k^*}{kX^*}\right)^2 \tag{23.16}$$

在 $N=7$、$A=1$ 的电压脉宽调制型逆变器供电下,供电电压中各次谐波的相电压有效值标幺值为 $U_5^* = 0.318, U_7^* = 0.596, U_{11}^* = 0.245, U_{13}^* = 0.173$。假设 $X^* = 0.1$,则可以计算得出谐波铜耗与基波铜耗之比为 1.2。

通过对两种逆变器供电时电流谐波产生的绕组谐波铜耗的计算对比,可以看出:谐波铜耗的大小与定转子漏电抗 X^* 有很大关系, X^* 越小,产生的谐波铜耗越大,实际工作中影响电机参数的因素较多,这里的两个例子仅具有数量级意义;电压脉宽调制型逆变器在 N 较小时,谐波铜耗较大,当 N 增大以后,幅值较大的谐波次数提高,相应的谐波铜耗将减小;假设每次谐波电压幅值相同时,谐波次数越高,谐波电流有效值越小,谐波铜耗越小。

23.4.2 对谐波铁耗的影响

交流电机的转子以同步速 n_1 或接近同步速旋转,而基波电流产生的旋转磁场以同步速

n_1 旋转，此时转子铁心中磁通变化的频率很低，因此可以认为基波电流产生的旋转磁场仅在定子铁心中产生铁耗，而转子铁心的铁耗忽略不计。k 次谐波电流产生的旋转磁场的转速为同步速的 k 倍，因此谐波电流产生的旋转磁场在定子和转子铁心中都产生铁耗。谐波次磁场相对于定子和转子的旋转速度虽然不同，但比较接近，而且当谐波次数 k 越高，二者越是接近。如对于异步电机，5 次谐波电流产生的旋转磁场相对于定子以 $5n_1$ 反向旋转，以接近 $6n_1$ 相对转子旋转；7 次谐波电流产生的旋转磁场相对于定子以 $7n_1$ 正向旋转，以接近 $6n_1$ 相对转子旋转。因此，为了简化计算，可近似认为谐波磁场在定子和转子铁心中的交变频率相等，且谐波频率 $f_k=kf_1$。谐波铁耗可以根据不同的铁耗模型进行精确计算，本节中为了阐明其中的物理概念，忽略了磁饱和等非线性因素，根据谐波铁耗和基波铁耗大小比例关系，推导获得 k 次谐波电流产生的铁耗 p_{Fek} 和基波电流产生的基本铁耗 p_{Fe1} 之比的表达式为

$$\frac{p_{Fek}}{p_{Fe1}} = \frac{(G_s+G_r)}{G_s} \frac{B_k^2 f_k^{1.3}}{B_1^2 f_1^{1.3}} \tag{23.17}$$

式中：G_s 和 G_r 分别为定子铁心和转子铁心的质量，B_k 和 B_1 分别为 k 次谐波和基波磁通密度的幅值。谐波磁场产生的总谐波铁耗与基波电流产生的基本铁耗之比可表示为

$$\frac{p_{Fek}}{p_{Fe1}} = \frac{(G_s+G_r)}{G_s} \sum \frac{B_k^2 f_k^{1.3}}{B_1^2 f_1^{1.3}} \tag{23.18}$$

对于 180°导通电压型逆变器供电的异步电机，根据谐波磁通密度和谐波电动势之间的关系，以及谐波电动势和谐波电压的近似关系，可以直接得到谐波电压表示谐波磁密的近似表达式：

$$\frac{B_k}{B_1} = \frac{\Phi_k}{\Phi_1} = \frac{E_k f_1}{f_k E_1} \approx \frac{U_k}{U_1} \frac{f_1}{f_k} \tag{23.19}$$

由此可得，谐波铁耗与基本铁耗之比为

$$\frac{p_{Fek}}{p_{Fe1}} = \frac{(G_s+G_r)}{G_s} \sum \frac{U_k^2}{U_1^2} \frac{f_1^{0.7}}{f_k^{0.7}} \tag{23.20}$$

假设 $\frac{(G_s+G_r)}{G_s} \approx 2$，并考虑到 $\frac{U_k}{U_1}=\frac{1}{k}$，$\frac{f_1}{f_k}=\frac{1}{k}$，则可以计算得出

$$\frac{p_{Fek}}{p_{Fe1}} = 2 \sum_{k=5,7,\cdots} \frac{1}{k^{2.7}} \approx 0.042 \tag{23.21}$$

对于电压脉宽调制型逆变器供电的异步电机，根据式（23.21）以及 $\frac{(G_s+G_r)}{G_s} \approx 2$ 的假设，考虑 $N=7$、$A=1$ 的电压脉宽调制方式中，$\frac{U_5}{U_1}=0.318$，$\frac{U_7}{U_1}=0.596$，$\frac{U_{11}}{U_1}=0.245$，$\frac{U_{13}}{U_1}=0.173$，可知谐波铁耗与基本铁耗之比为

$$\frac{p_{Fek}}{p_{Fe1}} = 2 \sum \frac{U_k^2}{U_1^2} \frac{1}{k^{0.7}} = 0.32 \tag{23.22}$$

通过对两种逆变器供电时谐波磁场产生的谐波铜耗的计算对比，可以看出：当谐波幅值相同时，谐波次数越高，谐波铁耗越小；180°导通电压型逆变器供电下谐波铁耗较小；电压脉宽调制型逆变器供电下谐波铁耗较大，但随着 N 增大，具有较大幅值的谐波次数相应提高，谐波铁耗将相应降低。

23.4.3 对谐波附加杂散损耗的影响

谐波电流产生的磁场还会产生附加的杂散损耗,比如定转子端部的谐波漏磁场在铁心中产生的铁损、谐波磁场在转子绕组中感生电流引起的铜耗、斜槽转子中扭斜谐波漏磁场引起的附加损耗等。由于准确计算谐波附加杂散损耗比较困难,一般进行近似估算。也可以利用谐波等效电路,假设各次谐波电压分别作用在电机上,对应各次谐波电压分别计算杂散损耗。相对来说,谐波附加杂散损耗数值较小,此处不再详述。

综上所述,考虑变频器供电引起的电源谐波后,电机损耗为正弦波供电时电机的总损耗加上谐波损耗。相应地,谐波损耗的加入会使电机温升增加,使用寿命缩短,效率下降。对于不同容量、不同供电方式、不同运行工况的电机,效率的下降率大不相同,一般效率下降率为 $1\%\sim3\%$,温升增加 $5\sim10$ K。

23.5 变频器供电下谐波的抑制方法

上一节介绍了由于变频器供电非正弦产生的电压和电流谐波对电机定子电流、电磁转矩、电机损耗、效率、温升方面的不利影响。对于比较严重的谐波影响,应当采取必要的预防和处理方法。变频器由于采用了大量的非线性电力电子开关器件,无法连续地从电网中吸取能量,只能以脉动的断续方式向电网索取电流,这种脉动电流和电网的沿路阻抗共同形成脉动电压降叠加在电网的电压上,使电压发生畸变,造成了供电系统和用电设备的谐波"污染"。目前谐波抑制的主要方式分为主动谐波抑制和被动谐波抑制。主动谐波抑制是指从谐波产生的源头出发,使设备本身不产生谐波或抑制谐波的产生。被动谐波抑制是指变频器产生谐波之后再通过谐波抑制装置来抑制谐波对系统的影响,如无源谐波抑制滤波器、有源谐波抑制滤波器、混合型有源电力滤波器和电能质量调节器等。针对变频器供电的电机系统,这里主要讨论如何从根本上减少供电电源向电机注入谐波电流,即主动谐波抑制技术。

23.5.1 正弦波逆变器调制方法

最直接的办法是采用 23.1.2 节中介绍的 SPWM 方法,使变频器输出含有基波分量较大的矩形电压脉冲序列,当三角波载波的频率较高时,变频器输出电压中具有较大幅值的谐波分量次数增高,这样负载电机可直接免受谐波的危害。同理,对于交流变频器也可采用相应的触发脉冲控制方式实现正弦电压的输出,如余弦交点法、积分控制法和锁相控制法等。

23.5.2 多重移相叠加技术

对于大功率变频器,比较有代表性的主动谐波抑制技术是采用多重移相叠加技术。多重移相叠加技术是指把两个或两个以上输出频率和波形都相同的整流或逆变电路按一定的相位差叠加起来,使它们的交流输入或交流输出波形的低次谐波相位相差 180°而互相抵消,从而得到谐波含量较少的准正弦阶梯波的一种技术。多重叠加可以是等幅波形的叠加,也可以是变幅波形的叠加;可以是串联叠加,也可以是并联叠加。根据叠加环节的不同,可以分为多重化整流和多重联结逆变,由此构成多重叠加交直交变频器或整流变压器组别优化接法的交交变频器等。

1. 多重化整流

多重化整流是指按一定移相联结规律将两个或更多个相同结构的整流电路进行组合,得到多脉动整流系统。以 12 脉动整流电路为例,图 23.9 给出了两重整流电路串联和并联联结而成的电路原理图。其中,T 为移相变压器,一次侧采用 Y 接法,二次侧采用 Y 接法和 △ 接法,后端分别接 1 组脉动宽度为 60°的 6 脉动三相全波整流桥串联或并联,共同向直流负载供电。Y 接法绕组三相之间间隔 60°,△ 接法绕组三相之间间隔 60°,Y 接法和 △ 接法对应的每相绕组之间间隔 30°,从而使得输出整流电压在一个电源周期中脉动 12 次,故称之为 12 脉冲整流电路。并联电路与串联电路相比,多使用了一个平衡电抗器,其作用是平衡两组整流器的电流,保证任一瞬间每组三相桥电路同时工作。由于移相变压器二次绕组分别采用 Y 接法和 △ 接法,为保证两组电压的大小相等,变压器一次和二次绕组的匝数比为 $1:1(Y):\sqrt{3}(\triangle)$。

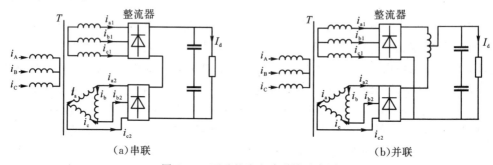

图 23.9 两重整流电路联结示意图

采用快速傅里叶变换(fast Fourier transform,FFT)的分析方法,假设取 i_{a1} 为基准,即

$$i_{a1} = \frac{2\sqrt{3}}{\pi}I_d\left(\sin\omega t - \frac{1}{5}\sin5\omega t - \frac{1}{7}\sin7\omega t + \frac{1}{11}\sin11\omega t + \frac{1}{13}\sin13\omega t + \cdots\right) \quad (23.23)$$

则有

$$i_{a2} = \frac{2\sqrt{3}}{\pi}I_d\left[\sin\left(\omega t + \frac{\pi}{6}\right) - \frac{1}{5}\sin5\left(\omega t + \frac{\pi}{6}\right) - \frac{1}{7}\sin7\left(\omega t + \frac{\pi}{6}\right) + \right.$$
$$\left. \frac{1}{11}\sin11\left(\omega t + \frac{\pi}{6}\right) + \frac{1}{13}\sin13\left(\omega t + \frac{\pi}{6}\right) + \cdots\right] \quad (23.24)$$

$$i_a = \frac{1}{3}(i_{a2} - i_{c2}) = \frac{2}{\pi}I_d\left[\sin\left(\omega t + \frac{\pi}{6}\right) + \frac{1}{5}\sin5\left(\omega t + \frac{\pi}{6}\right) + \frac{1}{7}\sin7\left(\omega t + \frac{\pi}{6}\right) + \right.$$
$$\left. \frac{1}{11}\sin11\left(\omega t + \frac{\pi}{6}\right) + \frac{1}{13}\sin13\left(\omega t + \frac{\pi}{6}\right) + \cdots\right] \quad (23.25)$$

当不计励磁电流时,移相变压器一次侧和二次侧的磁动势平衡,则有

$$i_A = (i_{a1} + \sqrt{3}i_a)/K = \frac{4\sqrt{3}}{\pi K}I_d\left[\sin\left(\omega t + \frac{\pi}{6}\right) + \frac{1}{11}\sin11\left(\omega t + \frac{\pi}{6}\right) + \frac{1}{13}\sin13\left(\omega t + \frac{\pi}{6}\right) + \cdots\right]$$
$$(23.26)$$

式中：匝数比 $K=N_A/N_{a1}$。

可以看出，采用两重整流电路之后，基本 6 脉动整流电路中的 5、7、17、19 次等谐波分量将不存在，只剩下 $12k\pm1(k=1,2,3\cdots)$ 次谐波。同理，利用变压器二次绕组接法的不同，互相错开 20°，可将三相桥构成三重联结电路，为 18 脉冲整流电路，只剩 $18k\pm1$ 次谐波。若二次绕组移相 15°，则可将三相桥构成四重联结电路，为 24 脉冲整流电路，只剩 $24k\pm1$ 次谐波。这里不再给出具体电路。对应于采用 Y 接 △ 接组合无法移开的角度，可以采用曲折接法。通过整流电路的多重化不仅可以大大减少交流输入电流的谐波，也可以减小直流输出电压中的谐波幅值和脉动。

2. 多重联结逆变

多重联结逆变是将多重移相联结技术用于逆变器，把几个逆变电路的输出按照一定的相位差组合起来，使它们所含的某些主要谐波分量相互抵消，就可以得到较为接近正弦波的阶梯波，以减少变频器输出谐波。对于大功率变频器，通过多重化联结可以将大功率逆变器划分为几个小功率的逆变器，并使其每个逆变器的换流时间错开一个角度，则换流回路可轮流使用。不仅减少了换流回路的容量，而且提高了利用率。此外，更重要的是通过逆变器多重移相联结，其总输出电流不再是 120°的方波，而是阶梯波。多重化联结的逆变器个数越多，阶梯越多，输出电流波形就越接近正弦波，提高了谐波次数而降低了谐波幅值，从而使电机产生的转矩脉动减小，转矩脉动频率提高，有利于避开机械谐振频率，系统运行更稳定。从输出端看，目前多重联结逆变的两种主流结构为直接叠加输出（即单元联结多重化）和变压器耦合叠加输出，如图 23.10 所示。通过分析可知，二重化逆变相当于 12 脉冲整流电路，可以消除 5、7 次等谐波分量，三重化逆变相当于 18 脉冲整流电路，可以消除 5、7、11、13 次等谐波分量。而由于主回路换流的相互影响以及控制回路、耦合变压器的复杂结构等原因，一般常用的多重联结逆变只用到四重化联结方式。

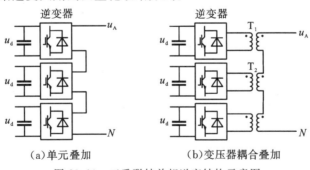

图 23.10 三重联结单相逆变结构示意图

23.5.3 多电平技术

多电平逆变器由若干个基本变换单元，如 H 桥逆变器、两电平逆变器、三电平逆变器等，通过串联或并联的方式联结而形成单相或多相逆变器。每一个逆变单元可以输出方波或阶梯波，通过输出波形的叠加合成，形成更多电平台阶的阶梯波，以逼近正弦输出电压或电流。多电平逆变器由于输出电平数增加，使得输出波形具有更好的谐波频谱和较小的

dv/dt，且每个开关管器件承受的电压应力较小，特别适合于高压大功率的场合。其结构型式种类较多，这里不作赘述，可参见相关参考文献。

此外，逐渐发展起来的矩阵变换器技术也是一种能够抑制低次谐波的交交变频器型式。它具有如下优点：输出电压幅值和频率可独立控制；采用四象限开关，可以实现能量双向流动；输出频率可以高于、低于输入频率，理论上可以达到任意值；输入功率因数能够灵活调节并达到 0.99 以上。当然，目前矩阵式变换器依然存在很多问题有待进一步解决，但随着研究的不断深入，电力电子器件的应用技术以及微机控制技术的发展，控制理论的日益完善，成本的不断降低，它将以其独特的优点在未来产品化方面形成优势，日益接近实用化。

本章小结

变频器供电对电机的主要影响包括：电流谐波使定子电流增加，同时增加了无功功率使电机功率因数降低；谐波附加损耗降低电机效率，增加电机温升；谐波转矩的产生引起电机的振动和噪声。本章在介绍它的影响机理时，主要推导了 180°导通电压型变频器和脉宽调制型变频器供电主电路作用下对电机的影响机理。最后，介绍了变频器供电下主动谐波抑制的主要方法，主要思路是通过变频器拓扑结构的改变使其产生和谐波次数相同而相位相反的谐波，从而抵消原有的谐波分量，实现正弦波输出。当然仅从这一方面入手是不够的，还需要考虑增设电抗器、采用谐波动态吸收装置、降低共模干扰、加装隔离变压器等其他手段，多管齐下，共同实现对谐波的最终治理。

习题与思考题

23-1 试说明电压型交直交变频器和电流型交直交变频器的区别。
23-2 简述变频器供电对电机的不利影响。
23-3 针对变频器供电的电机系统，举例说明有哪些主动谐波抑制技术？

> 思政微课

中国古代机关术与现代交流伺服控制技术

交流伺服控制技术是现代工业控制系统中的一种核心技术,它广泛应用于航天航空、火炮导弹、电力系统、医疗系统、交通运输等关系国计民生的重要领域。这种技术的核心是精确控制电机的位置、速度和力矩,以实现高精度的运动控制,其本质是在没有人直接参与的情况下,借助附加装置使被控制对象的物理量按照预定要求变化。

中国古代伺服控制理论为我们理解和应用现代伺服控制技术提供了宝贵的启示,它的发展和现代伺服控制技术的应用之间存在着一种跨越时空的联系。中国古代的机关术就是实现伺服控制功能的一项杰出技术,它被广泛应用于中国古代的计时器,如刻漏、水运仪象台等,以及指南车、木牛流马等装置中,凝结了以墨子、鲁班、诸葛亮等人为代表的中国古人的智慧。以1086—1089年苏颂和韩公廉所造的水运仪象台为例,它是古代中国用于观测天文、气象和计时的一种复杂机械装置。该装置用水作为动力来驱

水运仪象台复原图

动一个枢轮,而枢轮必须做恒速旋转来驱动浑象和浑仪两个齿轮系,并利用张衡的铜壶滴漏原理通过漏水量的等时性保证枢轮转动的等时性,可以看成一个利用误差进行负反馈的伺服系统。水运仪象台不仅展示了古代中国智慧的精髓,也为现代伺服控制技术的发展提供了宝贵的借鉴。它比工业上应用自动控制的例子——蒸汽机离心调速器的发明要早近700年。这些杰出的创造绝非偶然,而是古代中国在天文、数学、水利、机械等科学技术领域长期积累和发展的结果。这些成就不仅在古代世界中独树一帜,而且在现代社会中仍然具有深远的影响和重要的价值。

木牛流马模型

在学习交流伺服控制技术篇时,同学们可以在老师的介绍和引导下,了解古代中国的伺服控制理论和技术,更好地认识到中华文化的价值和魅力,增强文化自信,坚定信念,进行正确的价值判断。文化自信是一个国家、一个民族在文化上的自我认同和自豪感。中国古代的科技成就,正是中华文化自信的重要基础。这些古代成就不仅为我们提供了宝贵的知识和技能,而且反映了中华文化在面对挑战、解决问题时的深厚底蕴。我们作为中华优秀传统文化的传承者和弘扬者,应该珍视这些成就,将它们与现代科技相结合,推动科技的发展和创新,肩负起实现中华民族和中华文化复兴的历史使命,高举中华民族的精神火炬,书写中华民族精神的新篇章。

参考文献

[1] 阎治安. 电机学(第3版)习题解析及实验[M]. 西安:西安交通大学出版社,2016.
[2] 汪国梁. 电机学[M]. 北京:机械工业出版社,1987.
[3] 汤蕴璆,史乃. 电机学[M]. 北京:机械工业出版社,2001.
[4] 阎治安,崔新艺.电机学(含拖动基础)重点难点及典型题解析[M].2版.西安:西安交通大学出版社,2005.
[5] 阎治安,崔新艺.电机学要点与解题[M].西安:西安交通大学出版社,2006.
[6] 许实章. 电机学[M].北京:机械工业出版社,1995.
[7] 李发海,王岩. 电机与拖动基础[M]. 北京:中央广播电视大学出版社,1994.
[8] 艾维超. 电机学[M]. 北京:机械工业出版社,1991.
[9] 电机工程手册第二版编辑委员会.电机工程手册[M].2版.北京:机械工业出版社,1996.
[10] 曹承志.电机、拖动与控制[M].北京:机械工业出版社,2000.
[11] FITZGERALD A E, KINGSLEY C, UMANS S D. Electric Machinery[M]. 6th ed. New York:McGraw-Hill,2003.
[12] 王建华. 电气工程师手册[M].3版.北京:机械工业出版社,2012.
[13] 宋成. 实用电机修理手册[M].济南:山东科学技术出版社,1994.
[14] 陈隆昌,阎治安,刘新正.控制电机[M].4版.西安:西安电子科技大学出版社,2013.
[15] 陈伯时,陈敏逊.交流调速系统[M].3版.北京:机械工业出版社,2013.
[16] 潘月斗,楚子林.现代交流电机控制技术[M].北京:机械工业出版社,2018.
[17] 阮毅,杨影,陈伯时.电力拖动自动控制系统 运动控制系统[M].北京:机械工业出版社,2016.
[18] 高景德,王祥珩,李发海.交流电机及其系统的分析[M].北京:清华大学出版社,2005.
[19] 王凤翔.交流电机的非正弦供电[M].北京:机械工业出版社,1997.
[20] 王兆安,刘进军,王跃,等.谐波抑制和无功功率补偿[M].3版.北京:机械工业出版社,2015.
[21] 阎治安,苏少平,崔新艺.电机学[M].3版.西安:西安交通大学出版社,2016.